Informationstechnik

Ch. Hentschel

Video-Signalverarbeitung

Informationstechnik

Herausgegeben von

Prof. Dr.-Ing. Dr.-Ing. E. h. Norbert Fliege, Mannheim
Prof. Dr.-Ing. Martin Bossert, Ulm

In der Informationstechnik wurden in den letzten Jahrzehnten klassische Bereiche wie analoge Nachrichtenübertragung, lineare Systeme und analoge Signalverarbeitung durch digitale Konzepte ersetzt bzw. ergänzt. Zu dieser Entwicklung haben insbesondere die Fortschritte in der Mikroelektronik und die damit steigende Leistungsfähigkeit integrierter Halbleiterschaltungen beigetragen. Digitale Kommunikationssysteme, digitale Signalverarbeitung und die Digitalisierung von Sprache und Bildern erobern eine Vielzahl von Anwendungsbereichen. Die heutige Informationstechnik ist durch hochkomplexe digitale Realisierungen gekennzeichnet, bei denen neben Informationstheorie Algorithmen und Protokolle im Mittelpunkt stehen. Ein Musterbeispiel hierfür ist der digitale Mobilfunk, bei dem die ganze Breite der Informationstechnik gefragt ist.

In der Buchreihe „Informationstechnik" soll der internationale Standard der Methoden und Prinzipien der modernen Informationstechnik festgehalten und einer breiten Schicht von Ingenieuren, Informatikern, Physikern und Mathematikern in Hochschule und Industrie zugänglich gemacht werden. Die Buchreihe soll grundlegende und aktuelle Themen der Informationstechnik behandeln und neue Ergebnisse auf diesem Gebiet reflektieren, um damit als Basis für zukünftige Entwicklungen zu dienen.

Video-Signalverarbeitung

Von Dr.-Ing. habil. Christian Hentschel
Philips Research Laboratories, Eindhoven (Niederlande)

Mit 188 Bildern, 33 Farbbildern und 14 Tabellen

 B. G. Teubner Stuttgart 1998

Die Deutsche Bibliothek – CIP-Einheitsaufnahme

Hentschel, Christian :
Video-Signalverarbeitung / von Christian Hentschel.
Stuttgart : Teubner, 1998
  (Informationstechnik)

ISBN 978-3-322-90249-8   ISBN 978-3-322-90248-1 (eBook)
DOI 10.1007/978-3-322-90248-1

© B. G. Teubner Stuttgart 1998

Softcover reprint of the hardcover 1st edition 1998

Vorwort

Die Einführung der heutigen Fernsehsysteme hatte das Ziel, eine breite Bevölkerungsschicht audiovisuell zu erreichen. Dem Anspruch, qualitativ hochwertige Bilder darstellen zu können, stand ein immenser technischer Aufwand und die damit verbundenen Kosten entgegen. Inzwischen hat der Fortschritt und insbesondere der Übergang zur digitalen Signalverarbeitung Möglichkeiten geschaffen, die weit über die der Analogtechnik hinausgehen.

Zunächst stand aus wirtschaftlichen Erwägungen der Ersatz analoger Schaltungen im Vordergrund, jedoch ist dies nicht gleichzeitig mit einer besseren Qualität verbunden. Durch die neue Technik - speziell die Realisierung exakter Zeitverzögerungen - gibt es aber enorme Möglichkeiten, durch entsprechende Nachverarbeitung des Videosignals eine Qualitätsverbesserung zu bewirken.

Neben der Qualitätsverbesserung im Empfänger sind neue hochauflösende Fernsehsysteme im Gespräch, deren erfolgreiche Einführung in naher Zukunft wegen der hohen Kosten bei der Produktion, Übertragung und Wiedergabe noch nicht absehbar ist. Stattdessen sollen neue Fernsehsysteme, basierend auf digitaler Kompression (MPEG) und Übertragung (z. B. DVB) den Empfang einer Vielzahl von Programmen ermöglichen. Die analoge Übertragung wird aber noch bis weit in das nächste Jahrtausend eine feste Stellung in der Medienlandschaft haben, weshalb es sich auf diesem Gebiet lohnt, die Vorzüge der Digitaltechnik sender- und empfangsseitig zu nutzen.

Um die Möglichkeiten der Signalverarbeitung optimal auszuschöpfen, ist die Kenntnis der Eigenschaften des menschlichen Gesichtssinns unumgänglich. Daher widmet sich das erste Kapitel den augenphysiologischen Eigenschaften und deren Bedeutung in der Systemtheorie. Die Systemtheorie ermöglicht die Analyse des mehrdimensionalen Videospektrums in der Zeit- und Frequenzebene, wobei neben den Vorzügen auch die Grenzen einer Signalverarbeitung aufgezeigt werden können.

Am hochauflösenden Fernsehen ist neben der deutlich höheren Auflösung besonders das geänderte Bildseitenverhältnis auf 16:9 attraktiv, das besser an den menschlichen Gesichtssinn angepaßt ist und einen Kompromiß bei der Vielzahl der bestehenden Breitbildformate darstellt. Dieses Format ist nicht zwangsläufig mit dem hochauflösenden Fernsehen verknüpft. Zunächst wurde das zu PAL inkompatible D2-MAC System mit einem 16:9-Bildseitenverhältnis entwickelt, das sich jedoch nicht durchsetzen konnte. Bessere Aussichten auf eine breite Markteinführung hat das PALplus-System, das kompatibel zu dem eingeführten PAL-System das Bildseitenverhältnis von 16:9

überträgt. Der Aufwand hierfür ist gegenüber neuen Übertragungsnormen vergleichsweise gering. Als wesentliche Merkmale der kompatiblen PALplus-Übertragungen werden die Möglichkeiten der Rasterkonversion und Helpersignalverarbeitung erläutert und auch Übertragungsstörungen berücksichtigt. Diese Untersuchungen wurden dankenswerter Weise von der Firma Valvo (Philips) in Hamburg gefördert.

Die Signalverarbeitung im Fernsehempfänger nach dem PAL- oder NTSC-System ermöglicht eine an das Spektrum besser angepaßte Luminanz-Chrominanz-Trennung, um Cross-Störungen in den jeweils anderen Kanal zu reduzieren. Darüber hinaus tragen Schaltungen zur Rauschreduktion, Kantenanschärfung, Flimmerreduktion oder Bewegungskompensation wesentlich zur Qualitätsverbesserung bei. Allen gemeinsam ist die digitale Filtertechnik, zu denen lineare und nichtlineare Filter gehören.

Die linearen Filter sind mit den Methoden der Systemtheorie umfassend beschreibbar. Diese Filter bieten in der Regel für bestimmte Bildinhalte eine Qualitätsverbesserung, bei anderen wirken sie sich negativ aus. Nichtlineare Filter arbeiten bildinhaltsabhängig und besitzen keine allgemein gültige Übertragungsfunktion. Die Eigenschaften können in weiten Bereichen variieren und besser an den menschlichen Gesichtssinn angepaßt werden. Vor allem die nichtlinearen adaptiven Filter sind sehr flexibel, da der Bildinhalt über Detektoren analysiert und anschließend ein geeignetes Filter zur Signalverarbeitung ausgewählt werden kann. Die Detektoren beeinflussen entscheidend die erzielbare Bildqualität, weshalb ihnen besondere Aufmerksamkeit geschenkt wird.

Die Kapitel zur Qualitätsverbesserung enthalten einen Überblick über die anwendungsbezogenen Filter und deren Eigenschaften. Darüber hinaus werden weitere Verfahren vorgestellt, die besonders gut an das spezifische Problem angepaßt sind. Die Ergebnisse werden anhand zahlreicher Graphiken, Messungen, Tabellen und Fotos dokumentiert.

Dieses Buch entstand während meiner Tätigkeit als Wissenschaftlicher Assistent am Institut für Nachrichtentechnik der Technischen Universität Braunschweig und wurde als Habilitationsschrift angenommen. Herrn Prof. em. Dr.-Ing. H. Schönfelder danke ich ganz besonders für seine Anregungen, sein großes Interesse an dieser Arbeit, für seine stets wohlwollende Förderung und für die kritische Durchsicht des Manuskriptes. Weiterhin gilt mein Dank der Prüfungskommission, und besonders den Herren Prof. em. Dr. rer. nat. Dr. h.c. F.-J. In der Smitten und Prof. Dr.-Ing. M. Hausdörfer für ihr entgegengebrachtes Interesse und für die gründliche und rasche Durchsicht.

Nicht zu unterschätzen ist die Unterstützung der Mitarbeiter und Mitarbeiterinnen des Instituts für Nachrichtentechnik sowie die an diesen Arbeiten beteiligten Studenten, die alle zum Gelingen beigetragen haben. Frau S. Senkpiel danke ich für die sorgfältige Ausführung der Zeichenarbeiten, und Herrn Prof. Dr.-Ing. W.-P. Buchwald für zahlreiche intensive Diskussionen und Ratschläge. Abschließend möchte ich Herrn Prof. Dr.-Ing. Dr.-Ing. E.h. N. J. Fliege meinen Dank aussprechen für die Unterstützung zur Veröffentlichung des Buches, und natürlich auch dem B. G. Teubner Verlag, stellvertretend durch Herrn Dr. J. Schlembach, für die ausgezeichnete Zusammenarbeit und hochwertige Ausstattung des Buches sowie allen Beteiligten, die nicht namentlich erwähnt sind.

Eindhoven (Niederlande), Februar 1998   Christian Hentschel

Inhaltsverzeichnis

1 Augenphysiologie und Signalverarbeitung

1.1 Hellempfindung und Entzerrung eines Übertragungssystems

Eine Übertragungsstrecke beinhaltet coderseitig die Umwandlung optischer in elektrische Signale, die elektrische Übertragung und decoderseitig die Rückwandlung der elektrischen in optische Signale. Sehr einfach kann eine Übertragungskette mit linearen Wandlern aufgebaut werden, in denen sich die Leuchtdichte proportional zur Spannung verhält. Ohne Berücksichtigung der Augencharakteristik erweist sich dies jedoch als äußerst ungünstig, da zum einen bereits geringe Übertragungsstörungen (Rauschen) und zum anderen bei einer digitalen Signalverarbeitung auch eine zu grobe Quantisierung (z. B. 8 bit) in dunklen Bereichen stark sichtbar werden.

Die Hellempfindung des menschlichen Auges soll nun gezielt mit Hilfe der nichtlinearen Signalverarbeitung zur Optimierung der Übertragungsstrecke verwendet werden. Eine nichtlineare Kompandierungskennlinie kann genutzt werden, um einen gleichmäßigen Rauscheindruck möglichst unabhängig von der Helligkeit (Leuchtdichte oder Luminanz L) zu bekommen und damit den Gesamtrauscheindruck zu reduzieren. Die *Webersche Regel* besagt, daß das menschliche Auge eine Zunahme der Leuchtdichte ΔL um 1 % ... 2 % erkennt [SCHMIDT]. Unter Annahme der Allgemeingültigkeit formulierte *Fechner* durch Integration über ΔL das *Weber-Fechnersche Gesetz*. Danach hat das menschliche Auge eine logarithmische Charakteristik für die subjektive Hellempfindung E nach der Formel

$$E = k \cdot \log\left(\frac{L}{L_0}\right) + c \ ,$$

(1.1)

k, c: Konstanten

mit einem gleichabständigen Kontrasteindruck [SCHMIDT]. Problematisch ist bei dem *Weber-Fechnerschen Gesetz*, daß diese Charakteristik nur für einen mittleren Helligkeitsbereich gilt und bei sehr hohen und insbesondere bei niedrigen Helligkeiten die Kontrastschwellen zunehmend ansteigen. Daher kann - je nach Toleranzvorgabe - in etwa der Bereich zwischen 1 ... 1000 cd/m^2 angegeben werden, in dem das Gesetz näherungsweise gültig ist. Abschätzungen hierzu sind in [LANDOIS, BOFF, POYNTON] zu finden.

Mit der Kenntnis des genauen Verlaufs der Hellempfindung wäre es möglich, eine optimale Entzerrung auf dem Übertragungskanal mit einer Signalanpassung an eine lineare subjektive Hellempfindung zu erreichen und damit den amplitudenabhängigen Rauscheindruck zu minimieren. Leider ist dies nach der obigen Formel 1.1 nicht möglich. Mit der logarithmischen Funktion kann zwar ein oberer Wert festgelegt werden (z. B. 100 cd/m^2 entspricht 0,7 V), der quantitative Kurvenverlauf ist aber noch stark abhängig von der Wahl des unteren Wertes, der den Nulldurchgang auf der Abszisse festlegt. Oberer und unterer Helligkeitswert bestimmen das Kontrastverhältnis einer Szene, für die eine Entzerrung optimiert werden kann. Neben wechselnden Kontrastverhältnissen kommt erschwerend hinzu, daß das *Weber-Fechnersche Gesetz* in sehr dunklen Bereichen seine Gültigkeit verliert.

In einer späteren Untersuchung von *Stevens* wurde die subjektive Hellempfindung - wie auch andere physiologische Eigenschaften der Sinne - durch eine Potenzfunktion angenähert, deren Gültigkeitsbereich weit über den des *Weber-Fechnerschen Gesetzes* hinausgeht [STEVEN 1, STEVEN 2, STEVEN 3]. Die *Stevenssche Potenzfunktion* lautet

$$E = k \cdot \left(L - L_0 \right)^n \; , \tag{1.2}$$

wobei L die Leuchtdichte und L_0 die Sehschwelle beschreibt. Für den Helligkeitseindruck ist der gemessene Exponent n in einem 5° beleuchteten Feld mit dunklem Hintergrund nach *Stevens* 0,33, für Punktlichtquellen fand er den Exponenten 0,5 [STEVEN 3]. Messungen auf der Basis der direkten Schätzung von Vielfachen einer Empfindungsintensität (Rationalskala) in einem Bereich von 0,003 cd/m^2 bis über 10000 cd/m^2 wurden durch einen Intermodalen Intensitätsvergleich in einem Bereich von 0,12 cd/m^2 bis 1200 cd/m^2 verifiziert [STEVEN 1]. Beim Intermodalen Intensitätsvergleich wird eine Empfindung nicht verbal geäußert, sondern indirekt durch die Messung des ausgeübten Druckes einer Hand bestimmt (Handkraft).

Die Auswirkungen der subjektiven Hellempfindung auf Fernsehübertragungssysteme soll nun eingehender betrachtet werden. Dazu zeigt Bild 1.1 verschieden entzerrte Systeme von der optoelektrischen Wandlung in der Kamera bis zur elektrooptischen Wandlung im Monitor. Die Kamera wird als linearer Wandler betrachtet, da die Nichtlinearitäten unterschiedlicher Bildaufnehmer individuell kompensiert werden. Die auf der Wiedergabeseite liegenden Kathodenstrahlröhren (CRT: Cathode Ray Tube) der Monitore besitzen eine nichtlineare Kennlinie bei der elektrooptischen Wandlung. Das Ansteigen der Leuchtdichte L in Abhängigkeit von der Eingangsspannung U hat die Form

$$L = k \cdot U^\gamma \; , \tag{1.3}$$

wobei γ Werte zwischen 2,2 und 2,8 annimmt. Auffallend ist die Ähnlichkeit der Gleichung mit der *Stevensschen Potenzfunktion*, jedoch bedeutet ein Exponent größer eins eine gegenläufige Charakteristik zur subjektiven Hellempfindung. Ohne Berücksichtigung der subjektiven Hellempfindung könnte die Nichtlinearität eines CRT-Monitors direkt entzerrt werden, was in Bild 1.1a als lineares Übertragungssystem mit einer Proportionalität zwischen Leuchtdichte und Spannung dargestellt ist. Nach der Philosophie, daß ein hoher Aufwand senderseitig sinnvoll ist, um die Empfänger kostengünstig zu halten, wurde eine gemeinsame Gradationsentzerrung für Kamera und Empfänger bereits senderseitig eingeführt (Bild 1.1b). Der Empfänger wird mit dem Exponenten $1/2,2 = 0,45$ berücksichtigt.

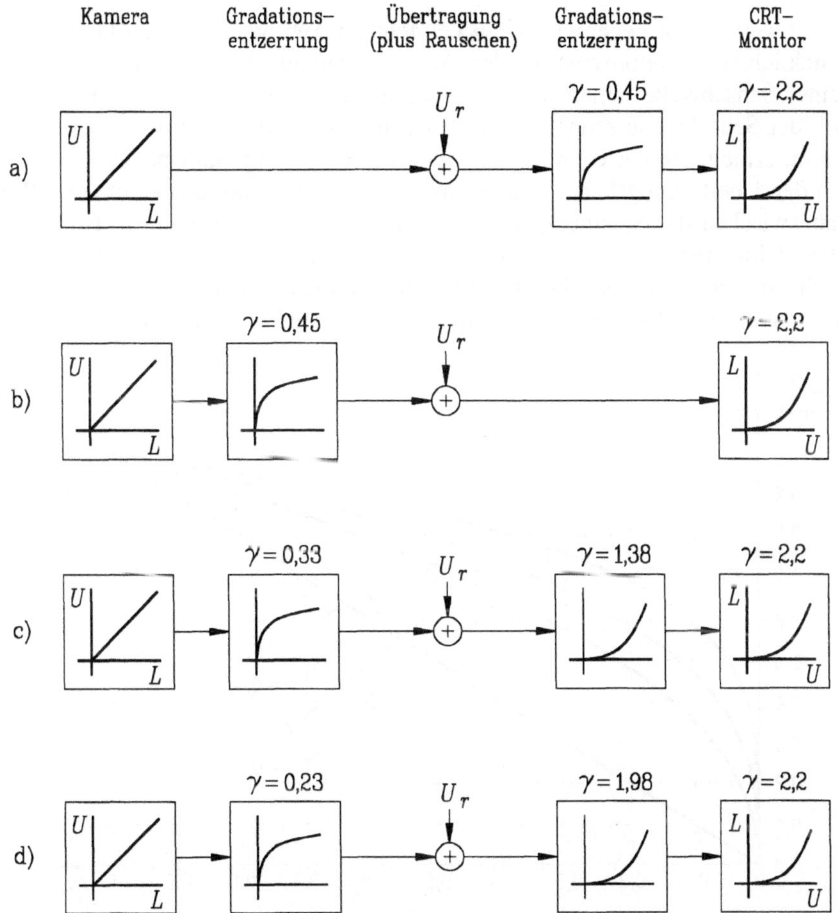

Bild 1.1
Übertragungssysteme mit unterschiedlicher nichtlinearer Entzerrung des Übertragungskanals;
a) $\gamma = 1$ (Spannung proportional zur Leuchtdichte; b) $\gamma = 0,45$ (konventionelle Übertragung);
c) $\gamma = 0,33$ (Spannung proportional zur Hellempfindung); d) $\gamma = 0,23$

Dieser bereits vor der Übertragungsstrecke wirksam werdende Exponent von $\gamma = 0,45$ kommt der Linearisierung der Hellempfindung bereits entgegen, jedoch ist die Kontrastempfindlichkeit weiterhin in dunklen Bereichen größer als in hellen. Für einen linearen Helligkeitseindruck auf dem Übertragungskanal gilt

$$U \sim E = k \cdot \left(L - L_0\right)^n \quad \text{mit} \quad n = 0,33 \, . \tag{1.4}$$

Daraus folgt für normierte Eingangsgrößen

$$\frac{U}{U_{max}} = \left(\frac{L - L_0}{L_{max} - L_0}\right)^n .$$

(1.5)

Die Sehschwelle L_0 ist gegenüber L im betrachteten Helligkeitsbereich klein und vom augenblicklichen Adaptionszustand des Auges abhängig. Auch bei der Berücksichtigung einer Sehschwelle nähert sich die Augencharakteristik bereits für kleine Werte oberhalb der Sehschwelle schnell der Potenzfunktion an und wird deshalb vernachlässigt. Damit ermöglicht ein Gamma von 0,33 die Anpassung eines beliebigen Videosignals an den Übertragungskanal - unabhängig vom Kontrastumfang - mit einer Proportionalität zwischen der Spannung und der subjektiven Hellempfindung (Bild 1.1c). In diesem und im überkorrigierten System mit einem Gamma von 0,23 (Bild 1.1d) ist zusätzlich eine gegenläufige Gammakorrektur vor dem Monitor vorzusehen. Die für den Übertragungskanal wirksamen Gammakennlinien sind in Bild 1.2 dargestellt.

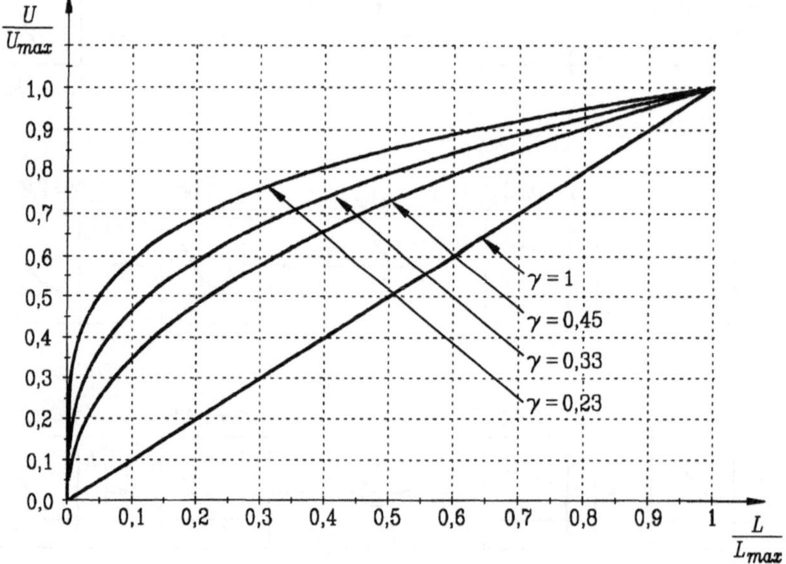

Bild 1.2
Gammakennlinien zur Entzerrung von Videosystemen

Rauschstörungen auf dem Übertragungsweg wirken sich je nach Gammakorrektur unterschiedlich aus, was an einem Graukeiltestbild veranschaulicht werden soll. Für die Übertragungssysteme in Bild 1.1 wurde dem Testbild weißes Rauschen mit -30 dB additiv überlagert. Die Ergebnisse zeigt das Foto in Bild 1.3. Ein lineares System mit proportionaler Leuchtdichte-Spannungs-Charakteristik ($\gamma = 1$) ist noch lange kein ideales System, was an dem starken Rauschen in den dunklen Bereichen sichtbar wird. Das konventionelle System mit einer auf die Senderseite vorgezogenen Gammakorrektur nach Bild 1.1b zeigt wesentlich bessere Ergebnisse. Ein Vorteil der senderseitigen Entzerrung mit $\gamma = 0{,}45$ ist die geringere Rauschempfindlichkeit in dunklen Bereichen, da dieser Exponent bereits eine Annäherung an die subjektive Hellempfindung auf dem Übertragungskanal bedeutet. Ein ausgeglichenes Verhalten wird durch ein Gamma von 0,33 mit subjektiv gleichem Rauscheindruck in dunklen und hellen Bereichen erreicht. Eine Überkorrektur mit $\gamma = 0{,}23$ hat verstärktes Rauschen in hellen Bildbereichen zur Folge. Diese Ergebnisse werden durch subjektive Untersuchungen in [SCHÄFER] bestätigt.

Bild 1.3
Auswirkung von Rauschstörungen auf ein Graukeiltestbild bei verschiedenen Gradationsvorentzerrungen γ

Die Anhebung des subjektiv sichtbaren Rauschens kann auch quantitativ erfaßt werden. In Bild 1.2 wurde bereits für verschiedene Gammawerte die Ausgangsspannung in Abhängigkeit von der Leuchtdichte dargestellt. Auf dem Übertragungsweg wird eine Rauschspannung überlagert, die mit der Steilheit der decoderseitigen Entzerrerkennlinie verstärkt wird

$$v_s(U) = \frac{dL}{dU} = \frac{1}{\gamma} \cdot U^{\frac{1}{\gamma}-1} \,. \tag{1.6}$$

Zusätzlich muß die Verstärkung v_i bei einer für die Hellempfindung idealen Entzerrerkennlinie berücksichtigt werden ($\gamma = 0{,}33$)

$$v_i(U) = \frac{1}{0{,}33} \cdot U^{\frac{1}{0{,}33}-1} \,. \tag{1.7}$$

Die Verstärkung der Rauschspannung v_r entspricht dem Verhältnis der tatsächlichen Entzerrersteilheit v_s zur idealen Entzerrersteilheit v_i

$$v_r(U) = \frac{\dfrac{1}{\gamma} \cdot U^{\frac{1}{\gamma}-1}}{\dfrac{1}{0{,}33} \cdot U^{\frac{1}{0{,}33}-1}} = \frac{0{,}33 \cdot U^{\frac{1}{\gamma}-1}}{\gamma \cdot U^{\frac{1}{0{,}33}-1}} \; , \tag{1.8}$$

und für die Verstärkung der Leuchtdichte mit $U = L^{\gamma}$

$$v_r(L) = \frac{\dfrac{1}{\gamma} \cdot L^{1-\gamma}}{\dfrac{1}{0{,}33} \cdot L^{1-0{,}33}} = \frac{0{,}33 \cdot L^{1-\gamma}}{\gamma \cdot L^{1-0{,}33}} \; . \tag{1.9}$$

In Bild 1.4 ist die Anhebung des subjektiv sichtbaren Rauschens für verschiedene Gamma dargestellt. Deutlich ist das schlechte Abschneiden des linearen Systems mit $\gamma = 1$ zu sehen, was bereits im Foto (Bild 1.3) belegt wurde. In hellen Bildbereichen erfährt Rauschen zwar eine Absenkung um bis zu 9,6 dB, aber bereits unterhalb $0{,}19\,L_{max}$ (-14,5 dB) wird es gegenüber der idealen Entzerrung angehoben und erreicht bei $0{,}01\,L_{max}$ (-40 dB) eine Verstärkung von 17,2 dB. Das konventionelle System mit einem Gamma von 0,45 kommt der idealen Entzerrung bereits sehr nahe und hebt Rauschen bei einer Leuchtdichte von $0{,}01\,L_{max}$ um lediglich 2,1 dB an. Eine Überkorrektur ($\gamma = 0{,}23$) führt zur weiteren Rauschabsenkung in dunklen Bereichen, jedoch wird Rauschen in hellen Bereichen verstärkt und erreicht bei der maximalen Leuchtdichte eine Anhebung um 3,1 dB.

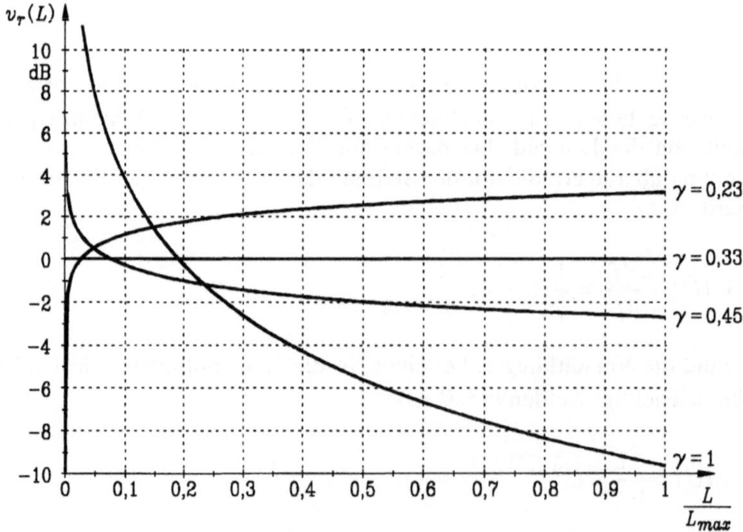

Bild 1.4
Anhebung des subjektiv sichtbaren Rauschens in Abhängigkeit von der Leuchtdichte L für verschiedene Gamma

In Analogie zum Rauscheinfluß bei der Übertragung wirkt sich die Gammaentzerrung auch auf die Quantisierung bei der digitalen Signalverarbeitung aus. Hier stellt sich die Frage nach der notwendigen Anzahl der Quantisierungsstufen. Eine zulässige gröbere Quantisierung kann ganz erheblich zur Reduzierung des Hardwareaufwandes beitragen.

Wie bereits erwähnt, bedeutet eine Abweichung von dem idealen Gamma von 0,33 eine unterschiedliche Verstärkung abhängig von der momentanen Leuchtdichte (Bild 1.4). Für eine momentane Leuchtdichte von 0,01 L_{max} (-40 dB) beträgt die Leuchtdichteverstärkung 7,22 bei einem Gamma von 1 gegenüber einem Gamma von 0,33. Daraus resultiert eine relative Erhöhung der Quantisierung von

$$\Delta Q = \frac{\log(v_r(L))}{\log(2)} \text{ [bit]} = \frac{\log(7,22)}{\log(2)} \text{ bit} = 2,85 \text{ bit} . \tag{1.10}$$

In Tabelle 1.1 ist die relative Quantisierung in Abhängigkeit von der Gammaentzerrung dargestellt. Das zur Leuchtdichte lineare System ($\gamma = 1$) benötigt eine um 2,85 bit feinere Quantisierung als bei einem Gamma von 0,33, was im Vergleich mit den anderen Systemen die mit Abstand aufwendigste Signalverarbeitung zur Folge hat. Das konventionelle System mit einem Gamma von 0,45 schneidet auch hier sehr gut ab, es benötigt lediglich 0,35 bit mehr als bei einer optimalen Anpassung.

Tabelle 1.1 Relative Erhöhung der Quantisierung in Abhängigkeit von Gamma bei einem Dynamikumfang von 40 dB

Gamma	Detailverstärkung bei -40 dB Leuchtdichte		relative Erhöhung der Quantisierung
γ	dB	linear	bit
1	17,2	7,22	+2,85
0,45	2,1	1,27	+0,35
0,33	0	1	0
0,23	-0,9	0,91	-0,14

Um zur Anzahl der notwendigen Quantisierungsstufen zu gelangen, muß die Unterscheidbarkeit zweier Helligkeitsstufen herangezogen werden. Die Unterscheidungsschwelle zweier Leuchtdichten liegt nach *Weber* bei 1 % ... 2 %, jedoch gilt diese hohe Empfindlichkeit nur in einem mittleren Helligkeitsbereich und bei Adaption des Auges an die jeweilige Helligkeit. Eine 1 %ige Schwellenunterscheidung stellt somit für die Quantisierung die sichere Seite dar, ausreichend und realistischer ist eine gröbere Schwellenunterscheidung.

Für die Schwellenunterscheidung wird ein Dynamikbereich von 40 dB betrachtet, also ein Kontrastumfang von 100:1. Daraus ergibt sich die erkennbare Anzahl der Unterscheidungsstufen *ST* bei 1 %-Schwellen (0,0864 dB) zu

$$ST = \frac{40 \text{ dB}}{0,0864 \text{ dB}} = \frac{\log(100)}{\log(1,01)} = 463 , \tag{1.11}$$

und bei 2 %-Schwellen zu 233. Bei einem Gamma von 0,33 verhält sich die Spannung proportional zur Hellempfindung, was allerdings nicht bedeutet, daß ebenso viele Stufen für eine Quantisierung notwendig sind. Jede sichtbare Helligkeitsstufe (in Prozentabständen)

$$0{,}01 \quad 0{,}01 \cdot 1{,}01^1 \quad 0{,}01 \cdot 1{,}01^2 \quad 0{,}01 \cdot 1{,}01^3 \quad \dots \quad 0{,}01 \cdot 1{,}01^{463}$$

soll nach der Quantisierung repräsentiert werden, was bei der linearen Quantisierung erst durch eine Erhöhung der Quantisierungsstufen erreicht werden kann. Die kritische Schwelle liegt zwischen der geringsten vorgegebenen Leuchtdichte, in diesem Fall bei 0,01 oder -40 dB, und der nächsten sichtbaren Helligkeitsstufe. Auf der Aufnahmeseite wird die Leuchtdichte mit Gamma bewertet, so daß sich als kleinste wahrnehmbare Differenz

$$\Delta U = (0{,}01 \cdot 1{,}01)^\gamma - 0{,}01^\gamma \tag{1.12}$$

ergibt. Bei einer linearen Quantisierung bestimmt der Kehrwert dieser Differenz ΔU die notwendige Stufenzahl N

$$N = \frac{1}{(0{,}01 \cdot 1{,}01)^\gamma - 0{,}01^\gamma} \ . \tag{1.13}$$

Die Quantisierung Q folgt zu

$$Q = \frac{\log(N)}{\log(2)} \ [\text{bit}] \ . \tag{1.14}$$

Für verschiedene Gammawerte ist die notwendige Anzahl der Quantisierungsstufen in Tabelle 1.2 aufgelistet. Neben der Schwelle von 1 % sind auch größere Helligkeitssprünge berücksichtigt. Bei einem Gamma von 1 und einer 1 %igen Helligkeitsunterscheidung ist eine Quantisierung von 13,3 bit erforderlich, bei einem Gamma von 0,45 sind es immerhin noch 10,8 bit. Beide Werte werden in der Praxis bisher nicht erreicht und sind auch nicht sinnvoll, sie stellen lediglich die Grenzwerte für den ungünstigsten Fall dar.

Tabelle 1.2 Quantisierung in Abhängigkeit von Gamma und einem minimalen Helligkeitssprung in % bei -40 dB Helligkeit

| Gamma | Helligkeitssprung einer Quantisierungsstufe bei -40 dB | | | | | | |
| | 1 % | | 2 % | | 3 % | | 5 % | |
γ	N	bit	N	bit	N	bit	N	bit
1	10000	13,3	5000	12,3	3333	11,7	2000	11,0
0,45	1770	10,8	887	9,8	593	9,2	358	8,5
0,33	1390	10,4	697	9,4	466	8,9	282	8,1
0,23	1259	10,3	632	9,3	423	8,7	256	8,0

Bei der Berechnung wurde von einem adaptierten Zustand des Gesichtssinns ausgegangen, also eine Gewöhnung des Auges an den besonders kritischen Fall mit -40 dB der

Spitzenhelligkeit. Dies ist in der Praxis kaum realistisch, so daß eine gröbere Quantisierung in sehr dunklen Bereichen erlaubt ist. Weiterhin würde ein 1 %iger Helligkeitssprung bei -40 dB enorme Anforderungen an die Kamera stellen, der Dynamikumfang müßte bei mindestens 80 dB liegen. Und auf der Wiedergabeseite beeinflußt Nebenlicht den Schwarzwert des Fernsehers, ganz abgesehen von den Parametern wie Kontrast und Helligkeit, deren Einstellungen dem Konsumenten überlassen bleiben. Aus diesen Gründen stellt Tabelle 1.2 eine Obergrenze dar, die je nach Anwendung unterschritten werden kann. Bedeutungsvoll ist jedoch die Relation zwischen der notwendigen Quantisierung in Abhängigkeit vom Gamma. Bei linearer Quantisierung ($\gamma = 1$) ist gegenüber einem Gamma von 0,33 immer eine um 2,9 bit feinere Quantisierung notwendig. Der Unterschied zwischen dem üblichen Gamma von 0,45 und dem am Gesichtssinn angepaßten Gamma von 0,33 liegt bei unter 0,4 bit. Dies stimmt mit den Betrachtungen zum Rauscheinfluß überein.

Neben der absoluten Stufenzahl N ist von Interesse, ab welchem Wertebereich ein vorgegebener Helligkeitssprung unterschritten wird. Unter Berücksichtigung der monitorseitigen Gammaentzerrung kann das Verhältnis der Helligkeitsstufen gebildet werden. Für einen 1 %igen Helligkeitssprung folgt aus dem Verhältnis

$$\frac{\left(\dfrac{n+1}{N}\right)^{\frac{1}{\gamma}}}{\left(\dfrac{n}{N}\right)^{\frac{1}{\gamma}}} = 1{,}01 \qquad\qquad (1.15)$$

die Stufenzahl n

$$n = \frac{1}{1{,}01^{\gamma} - 1} \, , \qquad\qquad (1.16)$$

ab der ein vorgegebener Helligkeitssprung unterschritten wird. Die absolute Stufe n ist unabhängig von der Gesamtzahl der Quantisierungsstufen N. Die Stufen sind in Tabelle 1.3 für verschiedene Gammawerte und Helligkeitssprünge aufgelistet.

Tabelle 1.3　Absolute Stufe zur Unterschreitung eines vorgegebenen Helligkeitssprungs in Abhängigkeit von Gamma

Gamma	**absolute Stufe n, ab der Helligkeitssprünge kleiner werden als**			
γ	1 %	2 %	3 %	5 %
1	100	50	33	20
0,45	223	112	75	45
0,33	304	153	102	62
0,23	436	219	147	89

Bei einer Quantisierung mit z. B. 8 bit (max. Wert 255) und der Unterschreitung der 1 % Schwelle ab Stufe 223 ($\gamma = 0{,}45$) folgt die normierte Helligkeit auf dem Monitor zu

$$\frac{L_{223}}{L_{max}} = 20 \cdot \log\left(\frac{223}{255}\right)^{\frac{1}{0,45}} [\text{dB}] = -2,6\,\text{dB} .$$

(1.17)

Erst bei einer wesentlich größeren Schwelle von z. B. 5 % ($n = 45$) wird ein Dynamikbereich von 33,5 dB erreicht.

Zusammenfassend kann festgestellt werden, daß das konventionelle System sowohl in der Rauschempfindlichkeit als auch in der notwendigen Quantisierung für eine digitale Signalverarbeitung dem idealen System sehr nahe kommt. Ein Gamma von 0,33 führt zu einem linearen Zusammenhang zwischen der Spannung und der subjektiven Hellempfindung. Dieses System mit subjektiv linearer Hellempfindung zur Spannung ist für die Signalverarbeitung wesentlich besser geeignet als ein System mit linearem Zusammenhang zwischen Leuchtdichte und Spannung.

1.2 Subjektive Hellempfindung in Abhängigkeit von der Bildfrequenz

Die Hellempfindung intermittierender Lichtreize, wie sie insbesondere in der Fernsehtechnik bei der Bildwiedergabe auftreten, wird im allgemeinen durch das *Talbotsche Gesetz* beschrieben, wonach sich eine mittlere Hellempfindung E_m aus dem Integral über die Leuchtdichtefunktion $L(t)$ ergibt

$$E_m = \frac{1}{T} \int_0^T L(t)\,dt .$$

(1.18)

Dieser Zusammenhang deutet bereits auf die Trägheit in der Retina des Auges hin, da eine Integration über die physikalische Größe L und nicht über die einer Leuchtdichte zugehörigen subjektiven Hellempfindung stattfindet.

Das *Talbotsche Gesetz* gilt nur bei Leuchtdichten, die oberhalb der Flimmerverschmelzungsfrequenz (FVF) liegen. Unterhalb der FVF kann das menschliche Auge immer besser dem Leuchtdichteverlauf folgen. Dabei orientiert es sich zunehmend am Maximum der Leuchtdichte und nimmt eine höhere Hellempfindung wahr (*Brücke-Effekt* [RABELO]). Das Maximum der Hellempfindung wurde mit 17 Hz angegeben, *Bartley* fand in späteren Untersuchungen das Maximum bei 10 Hz. Weitere Untersuchungen von *Rabelo-Grüsser* hatten zum Ziel, die Abhängigkeit des *Brücke-Effekts* von der Beleuchtungsstärke und dem Betrachtungswinkel (Feldgröße) zu bestimmen [RABELO]. Ein projizierter Lichtstrahl wurde dabei mechanisch mit einem Tastverhältnis von 1:1 unterbrochen.

In der Videotechnik ist nun von Interesse, inwieweit sich ein flimmerfreies Bild von einem flimmernden Bild in der subjektiven Helligkeit unterscheidet. Durch die extreme

Spitzenhelligkeit und kurze Nachleuchtzeit der Empfängerleuchtstoffe kann nicht mehr von einem Hell-Dunkel-Tastverhältnis von 1:1 ausgegangen werden, weshalb die Untersuchungen zum *Brücke-Effekt* für verschiedene Tastverhältnisse und Leuchtdichten durchgeführt wurden.

Erste Versuche mit einem Projektor, dessen gebündelter Lichtstrahl durch eine rotierende Blende unterbrochen wurde, erwiesen sich für die subjektiven Untersuchungen aus mehreren Gründen als unbrauchbar. Zum einen war die Flankensteilheit eines Hell-Dunkel-Wechsels gering, da die Blende sich kontinuierlich in den Lichtstrahl hinein bewegte. Des weiteren traten abhängig vom Tastverhältnis Farbverschiebungen auf, die sich aus der unzureichenden Optik in Zusammenhang mit der kontinuierlichen Strahlunterbrechung ergaben. Verbesserungen wären mit einer aufwendigeren Optik und schnell drehenden großen Blenden möglich gewesen, was jedoch zusätzliche mechanische Probleme mit sich gebracht hätte. Diese aufwendigere Lösung wurde verworfen, da die für die Untersuchungen wesentliche Anforderung, kleine Tastverhältnisse zu realisieren, nicht mit der erforderlichen Leuchtdichte möglich war.

Daraus ergaben sich Überlegungen, ein rein elektronisches Experimentalsystem für diese Messungen zu entwickeln [HERMN]. Als Lichtquelle dienten Leuchtstoffröhren, mit denen sich hohe Leuchtdichten erzielen lassen. Eine Leuchtstoffröhre ist im Normalfall nicht für eine Regelung bestimmt, insbesondere verhalten sich die Spannung zur Leuchtdichte stark nichtlinear zueinander. Ein erstes Problem bestand in der erforderlichen Sofortzündung der Röhre, was mit Hochspannungsimpulsen über einen dünnen Leiter an der Rückseite der Röhre gelöst werden konnte. Zur Modulation der Leuchtdichte diente eine schnelle Fotodiode als Sensor, die über eine komplexe Regelung den momentanen Strom in der Leuchtstoffröhre bestimmt. Es wurden zwei unabhängige Lichtquellen in einem Gehäuse untergebracht. Die Pulslichtquelle war beliebig bis zu einer Frequenz von etwa 10 kHz zu modulieren, während die kontinuierlich leuchtende Vergleichslichtquelle vom Probanden in der Helligkeit eingestellt werden konnte. Bei den ersten Versuchen wurde festgestellt, daß die Vergleichslichtquelle abhängig von der Helligkeit ihr Farbspektrum leicht ändert, was einen Abgleich der beiden Lichtquellen erschwert. Durch Überlagerung einer hochfrequenten Schwingung weit oberhalb der FVF wurde auch dieses Problem gelöst.

Die subjektiven Untersuchungen wurden in einem Bereich von 5 Hz bis 100 Hz bei Hellzeiten (H) von 10 %, 25 % und 50 % durchgeführt [KUNZ 1]. Abhängig von der Frequenz und dem Tastverhältnis ergaben sich Grenzen für den Leuchtdichteverlauf, was in Bild 1.5 anhand zweier Oszillogramme erläutert werden soll. Bild 1.5a zeigt den gemessenen Leuchtdichteverlauf bei 10 Hz mit einer Hellzeit von 10 %. Der rechteckförmige Leuchtdichteanstieg ist praktisch ideal, jedoch geht die Leuchtdichte bei der negativen Flanke nicht sofort auf Null zurück, sondern springt auf einen relativ niedrigen Wert, um anschließend exponentiell abzufallen. Dieser Effekt läßt sich nicht durch die Abklingzeit der Leuchtstoffe erklären, sondern ist auf die Restionisation innerhalb der Leuchtstoffröhre zurückzuführen. Bei einer höheren Frequenz von 100 Hz ist der Dunkelwert nach der negativen Flanke sehr viel niedriger, um dann nach derselben Exponentialfunktion abzufallen (Bild 1.5b). Im Bild bleibt der Dunkelwert wegen der

10mal höheren Frequenz bis zur nächsten positiven Flanke weitgehend konstant. Versuche zeigten, daß der Dunkelwert direkt nach der negativen Flanke von der absoluten Hellzeit abhängig ist und mit längerer Hellzeit ansteigt.

Für die subjektiven Messungen ist dieses Verhalten nicht von großer Bedeutung, jedoch verändert sich mit der vorgegebenen Frequenz der Mittelwert der Leuchtdichte, was bei der Auswertung berücksichtigt werden muß. Bei einer Hellzeit von 10 % war die Mittelwertänderung eher gering (<0,5 dB), um dann bei größeren Hellzeiten anzusteigen. Eine Begrenzung auf 0,5 dB bei 25 %- und 50 %-Hellzeit konnte dadurch erreicht werden, daß der Dunkelwert auf 10 % der Spitzenleuchtdichte festgelegt wurde.

a) 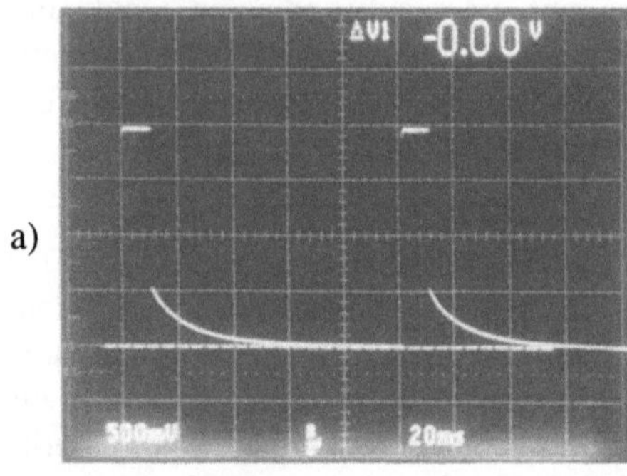 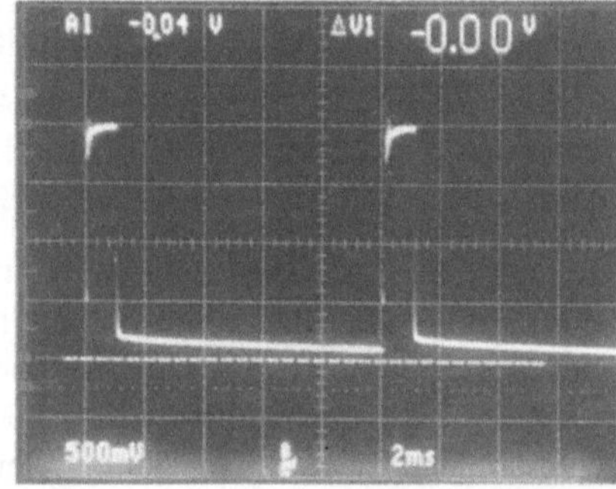

Bild 1.5
Oszillogramme des Leuchtdichteverlaufs der Pulslichtquelle; a) Frequenz: 10 Hz, Hellzeit 10 %; b) Frequenz: 100 Hz, Hellzeit 10 %

Die Messungen sollten bei mittleren Leuchtdichten zwischen 80 und 350 cd/m^2 stattfinden. Wegen der oben beschriebenen Impulsverformung der negativen Flanken wurde die maximale Leuchtdichte der Röhren konstant gehalten und die erforderliche Dämpfung unter anderem durch Milchglas und definiert absorbierende Rasterfolien erreicht. Für die Auswahl der Dämpfungsmaterialien war nicht die genaue Einhaltung einer vorgegebenen mittleren Helligkeit von Bedeutung, es sollte vielmehr eine möglichst gleichbleibende Farbtemperatur für alle Messungen angestrebt werden. Die Hintergrundhelligkeit betrug etwa 10 % der mittleren Leuchtdichte. Die beiden untereinander angeordneten Röhren leuchteten jeweils ein 10 · 30 cm großes Feld gleichmäßig aus. Der Betrachtungsabstand betrug 1,35 m. An den Untersuchungen nahmen insgesamt 40 Probanden teil, wobei vier Probanden wegen extremer Abweichungen bei Kontrollmessungen nicht in die Auswertung mit einbezogen wurden.

Zur Auswertung wurden die Medianwerte und die gemittelten logarithmierten Leuchtdichten gebildet, da in diesem Bereich die Hellempfindung dem *Weber-Fechnerschen Gesetz* genügt. Der 95 %ige Vertrauensbereich wurde wegen der geringen Anzahl der Probanden über eine *T*-Verteilung ermittelt [SACHS]. In Bild 1.6 sind für zwei Meßreihen mit 10 %- und 50 %-Hellzeit die Meßgrenzen und Vertrauensbereiche dargestellt. Bei niedrigen Frequenzen konnte kein Mittelwert mehr gebildet werden, da einige Probanden die Vergleichslichtquelle auf maximale Leuchtdichte eingestellt hatten. An diesen Stellen wurde der Median angesetzt, wobei auch hier bei manchen Messungen der Grenzwert erreicht wurde. Der Kurvenverlauf wird an unsicheren Stellen gestrichelt dargestellt.

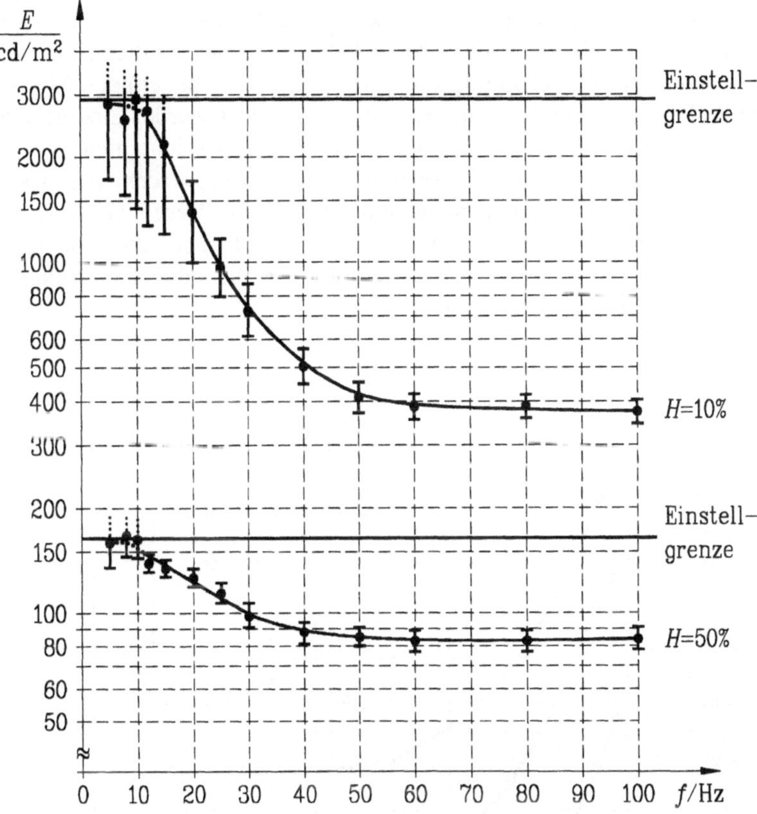

Bild 1.6
Meßreihen zur subjektiven Hellempfindung mit Vertrauensbereichen und der apparativen Einstellgrenze bei verschiedenen Hellzeiten und mittleren Leuchtdichten

Eine weitere Schwierigkeit lag in der deutlichen Unterscheidung zwischen den Hell- und Dunkelphasen bei niedrigen Frequenzen. Viele Probanden waren hier bei der Einstellung der mittleren Helligkeit überfordert, weshalb auch der Vertrauensbereich breiter wird. Die Breite des Vertrauensbereichs erwies sich als praktisch unabhängig von der absoluten Helligkeit, ausschlaggebend war lediglich das Tastverhältnis zwischen Hell- und Dunkelphase. Bei kürzeren Hellzeiten wird die Unsicherheit immer größer, was in Bild 1.6 durch die wesentlich breiteren Vertrauensbereiche bei 10 %iger Hellzeit ausgedrückt wird.

Die Bilder 1.7 und 1.8 zeigen für Hellzeiten von 10 % und 50 % die subjektive Hellempfindung bei verschiedenen mittleren Leuchtdichten. Die Verläufe bei einem vorgegebenen Tastverhältnis ähneln sich so stark, daß nur geringfügige Unterschiede erkennbar sind. Das Ansteigen der subjektiven Helligkeit verschiebt sich bei höheren Leuchtdichten zu höheren Frequenzen, was auch mit der Wahrnehmbarkeit von Flimmerstörungen übereinstimmt. Bei Leuchtdichten über 150 cd/m^2 beginnt der meßbare Anstieg bei etwa 50 Hz, in den darunter liegenden Kurven ändert er sich bei etwa 40 Hz. Das Maximum der Überhöhung ist dagegen stark vom Tastverhältnis abhängig und verhält sich offenbar reziprok hierzu. Dies wird in Bild 1.9 veranschaulicht. Das Maximum konnte frequenzmäßig nicht eindeutig lokalisiert werden, da bei einigen Messungen die maximal einstellbare Leuchtdichte bei etwa 10 Hz erreicht wurde. Eine genauere Aussage zur Frequenz ist auch wegen der breiten Vertrauensbereiche nicht möglich. Aufgrund der sicheren Werte kann jedoch davon ausgegangen werden, daß das Amplitudenmaximum in etwa bei der Spitzenleuchtdichte liegt. Ein Vergleich der drei Tastverhältnisse bei etwa gleicher mittlerer Leuchtdichte zeigt auch, daß unabhängig vom Tastverhältnis der Knick bei etwa 40 Hz liegt, ab dem die subjektive Hellempfindung zu niedrigeren Frequenzen hin ansteigt.

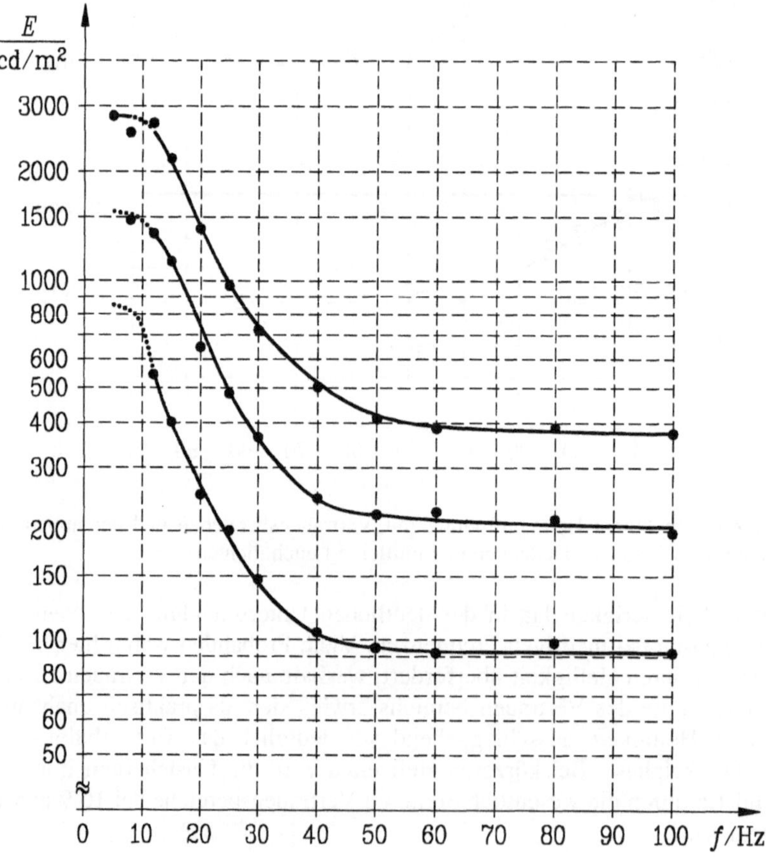

Bild 1.7
Subjektive Hellempfindung bei 10 % Hellzeit

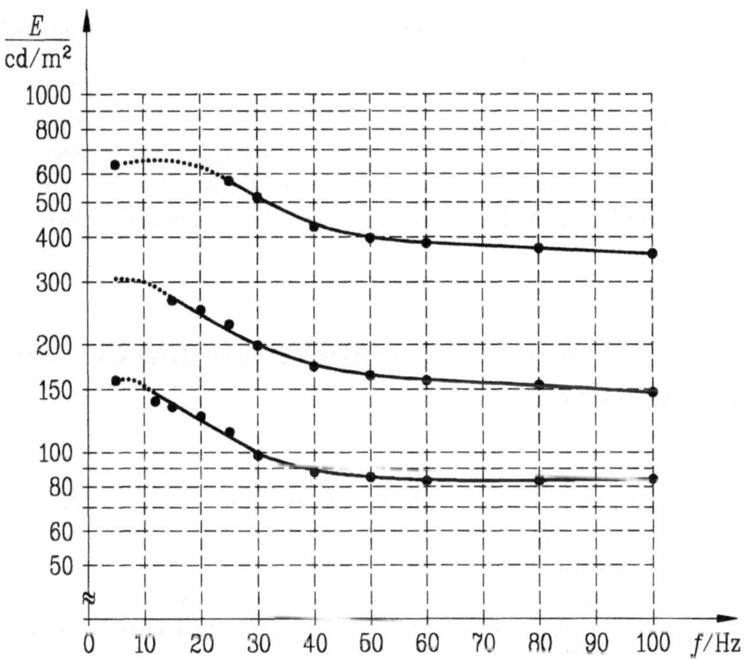

Bild 1.8
Subjektive Hellempfindung bei 50 % Hellzeit

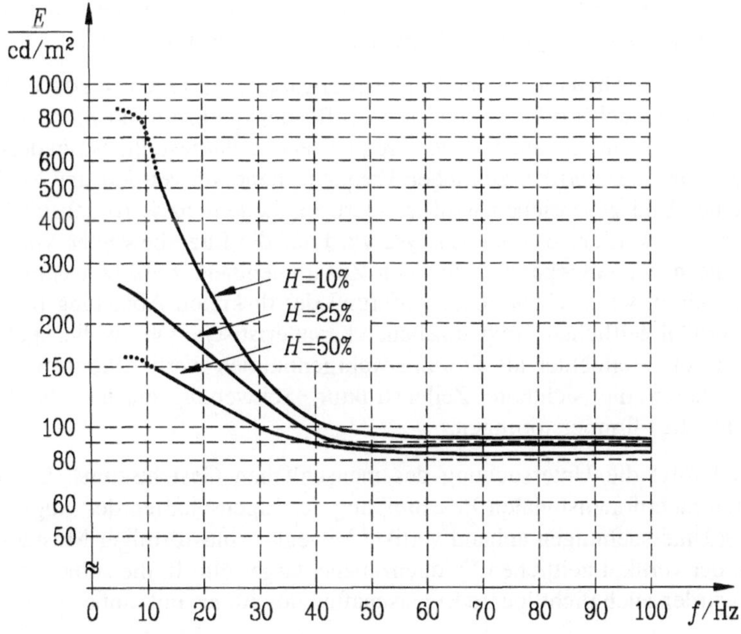

Bild 1.9
Subjektive Hellempfindung bei verschiedenen Hell-Dunkel-Tastverhältnissen

Die Ergebnisse dokumentieren die subjektive Hellempfindung über einen weiten Frequenzbereich bei verschiedenen mittleren Leuchtdichten und Tastverhältnissen. Ein signifikanter Einfluß auf die subjektive Bildhelligkeit ergibt sich erst bei Frequenzen unterhalb von etwa 40 Hz, weshalb der als *Brücke-Effekt* bekannte Anstieg der Hellempfindung in der Videotechnik vernachlässigt werden kann. Ein Unterschied in der Hellempfindung zwischen einem flimmerfreien Empfänger (100 Hz oder höher) und einem normalen Empfänger (50 Hz, 60 Hz) konnte nicht festgestellt werden.

1.3 Mehrdimensionales Videospektrum und die Augencharakteristik

Bei der Auslegung neuer Videosysteme oder Algorithmen zur Qualitätsverbesserung wird die Einbeziehung der Wahrnehmungseigenschaften des menschlichen Auges immer wichtiger, da der menschliche Gesichtssinn als letztes Glied der Übertragungskette den Nachrichtenempfänger darstellt. Die Bildwiedergabeeigenschaften können im allgemeinen mathematisch problemlos in der vertikal-zeitlichen Orts-Zeitfrequenzebene beschrieben werden, die hiermit verbundene quantitative Wirkung auf das Auge wurde bisher aber weitgehend vernachlässigt. Die Kenntnis der dreidimensionalen Augencharakteristik (örtlich und zeitlich) ist daher von allgemeinem Interesse, da dann bereits frühzeitig die subjektive Wirkung eines bestimmten Displays bzw. einer damit verbundenen mehrdimensionalen Signalverarbeitung abgeschätzt werden kann.

Die Eigenschaften der heute üblichen Zeilensprungabtastung (auch Interlace-Abtastung genannt) werden zunächst erläutert und ihre Auflösungsgrenzen und Störkomponenten sowohl in der Zeitebene als auch in der Frequenzebene dargestellt. Besonders wichtig ist die Betrachtung der vertikal-zeitlichen Frequenzebene, da vertikal und zeitlich kein kontinuierliches Bild geschrieben wird, sondern im Zeilen- bzw. Bildabstand diskrete Proben angeboten werden. Bei der Analyse wird auf die Lage bewegter Muster in der Frequenzebene näher eingegangen, um den Zusammenhang zwischen dem Zeit- und Frequenzbereich zu veranschaulichen. Aufgrund der diskreten Abtastung treten in der genannten vertikal-zeitlichen Frequenzebene charakteristische Oberwellenspektren auf, die zum Teil vom Betrachter als Störung wahrgenommen werden können. Zu diesen Störungen gehören die sichtbare Zeilenstruktur, Schwebungsmuster, die begrenzte Auflösung und die Flimmerstörungen.

Anschließend folgt die Untersuchung des menschlichen Gesichtssinns. Um zu einer allgemeineren mehrdimensionalen Beschreibung der Eigenschaften des Auges zu kommen, wurden Untersuchungen anhand vertikal bewegter sinusförmiger Muster durchgeführt und in der vertikal-zeitlichen Frequenzebene dargestellt. In die subjektiven Untersuchungen wurden auch nichtlineare Eigenschaften des Auges mit einbezogen.

Mit Hilfe der vertikal-zeitlichen Augencharakteristik ist es möglich, die Wahrnehmbarkeit von Störungen verschiedener Videosysteme quantitativ abzuschätzen oder Filter zur Signalverarbeitung in ihren Eigenschaften zu beurteilen. Das heutige Zeilensprungsystem mit 50-Hz-Teilbildfrequenz (625/50/2:1) wird mit der Augencharakteristik bewertet und die verbleibenden Störungen in ihrer Größe quantitativ abgeschätzt.

1.3.1 Spektrale Betrachtung der Zeilensprungabtastung

Eine Beschreibung der Systemeigenschaften der Videoübertragung kann mit Hilfe der Systemtheorie sowohl im Zeitbereich als auch im Frequenzbereich erfolgen, solange es sich um lineare zeitinvariante Systeme, kurz auch LTI-Systeme (Linear Time Invariant) genannt, handelt [LÜKE, PEARSON]. Dies ist unter idealisierten Modellbedingungen in weiten Bereichen der Nachrichtentechnik der Fall. Die Beschreibung der Signalverarbeitung ist im physikalisch realen Zeitbereich besonders anschaulich, beschränkt sich aber häufig auf einige wenige Beispiele. Eine umfassende Betrachtung der Übertragungseigenschaften bietet dagegen der Frequenzbereich, der insbesondere bei komplexen Systemen der zeitlichen Darstellung überlegen ist [SCHÖN 1].

Die eindimensionale Berechnung des Frequenzspektrums der Zeilensprungabtastung wurde unter anderem in [SCHÖN 2] durchgeführt. Diese eindimensionale Darstellung ist jedoch zur Beschreibung von Störungen durch die Zeilensprungabtastung, die sowohl in örtlicher wie auch in zeitlicher Richtung auftreten, nur bedingt geeignet. Eine Aufspaltung des Spektrums in die Orts- und Zeitfrequenzebene ermöglicht eine anschaulichere Beschreibung der Übertragungseigenschaften und der dabei auftretenden Störungen.

Ein Bild wird zweidimensional durch die horizontale und vertikale Ortskoordinate beschrieben. Bei einer Bildfolge kommt als dritte Dimension die Zeit hinzu. Für die Beurteilung von Störungen der Zeilensprungabtastung genügt die spektrale Betrachtung der vertikalen Richtung und der Zeit, da nur in diesen beiden Dimensionen diskret abgetastet, die horizontale Richtung dagegen kontinuierlich wiedergegeben wird.

In zeitfrequenter Richtung führt die Abtastung eines Bildpunktes im Vollbildabstand $2\,\Delta t$ zu periodischen Wiederholspektren im Abstand von $1/(2\,\Delta t)$. Entsprechend wird innerhalb eines Teilbildes nur jede zweite Zeile im Abstand $2\,\Delta y$ abgetastet, womit sich in vertikaler Richtung die periodischen Wiederholspektren im Abstand von $1/(2\,\Delta y)$ ergeben. Die Spektren der beiden Teilbilder haben die gleiche Amplitude und unterscheiden sich lediglich in der Phase der orthogonal angeordneten Wiederholspektren, die beim ersten Teilbild immer 0, im zweiten Teilbild im Schachbrettmuster verteilt 0 bzw. π beträgt. Da jeder Abtastvorgang als Äquivalent einer Amplitudenmodulation aufgefaßt werden kann [SCHÖN 2], können die Zentren der Wiederholspektren auch als Trägerlinien gedeutet werden. Bei weiteren Betrachtungen wird in diesem Zusammenhang daher auch von „Trägern" oder „Störträgern" gesprochen. Das Gesamtspektrum der Standardwiedergabe erhält man aus der Addition der beiden Teilbildspektren.

Das Spektrum der Zeilensprungabtastung ist für alle derzeit verwendeten Videosysteme (PAL, SECAM, NTSC) gültig. Um ein bestimmtes Spektrum zu erhalten, müssen die allgemein gehaltenen Parameter Δy und Δt durch die Abtastparameter des jeweiligen Systems ersetzt werden. Für die in Europa verwendeten PAL- und SECAM-Systeme erfolgt eine Abtastung in vertikaler Richtung mit

$$\Delta y = 1/625 \text{ ph/c} \qquad \Rightarrow \qquad f_{ay} = 625 \text{ c/ph}$$
(geometrischer Zeilenabstand)   (vertikale Ortsabtastfrequenz)

und in zeitlicher Richtung mit

$$\Delta t = 20 \text{ ms} \qquad \Rightarrow \qquad f_{at} = 50 \text{ Hz} \, .$$
(Teilbildabstand)   (Teilbildfrequenz)

Die Bildhöhe *ph* entspricht der virtuellen Bildhöhe, die neben den 575 sichtbaren Zeilen zusätzlich die vertikale Austastlücke berücksichtigt. Bild 1.10 zeigt das dazugehörende Orts-Zeitfrequenzspektrum. Die in den Teilbildspektren auftretenden Träger und ihre Seitenlinien, die im ersten Teilbildspektrum die Phase 0 und im zweiten Teilbildspektrum die Phase π haben, löschen sich gegenseitig aus. Übrig bleiben Wiederholspektren mit Trägerlinien, die in der Form eines Schachbrettmusters verteilt sind (als Punkte in Bild 1.10 markiert). Die Wiederholspektren setzen sich periodisch in positiver und negativer Richtung fort.

An der Nyquistgrenze des Basisbandes wird zunächst eine ideale vertikale und zeitliche Filterung vorausgesetzt. Ein einfaches sinusförmiges Signal entspricht im Frequenzbereich zwei Frequenzlinien, die punktsymmetrisch zum Ursprung liegen, also immer auch eine negative Frequenzkomponente besitzen. Diese Seitenlinien im Basisband werden an allen Trägern reproduziert, wobei die Amplituden senkrecht auf der Zeichenebene stehen.

Die Erkennbarkeitsgrenze von Störkomponenten ist fließend. Bei der Einführung des heutigen Fernsehsystems wurde der empfohlene Betrachtungsabstand vom Empfänger so gewählt, daß die Zeilenstruktur vom Auge gerade ausintegriert wird und somit nicht mehr sichtbar ist. Die subjektive Signalauflösung ist jedoch etwa doppelt so hoch, da die vertikal höchste darstellbare Frequenz (alternierende Schwarzweißwechsel) über zwei Zeilen pro Schwarzweißwechsel erfolgt. Die Zeilenstruktur entsteht durch die vertikale Abtastung und wird durch die Trägerlinie auf der Ortsfrequenzachse bei $f_y = 625$ c/ph repräsentiert. In zeitfrequenter Richtung ist die Erkennbarkeitsgrenze des Großflächenflimmerns bei der Abtastfrequenz von 50 Hz stark von der Helligkeit des Bildes abhängig. Bei niedrigem Betrachtungsabstand und hellen Bildinhalten reicht daher die Erkennbarkeitsgrenze weit in die Nebenspektren hinein, so daß Störkomponenten unvermeidlich sind. Auf der Zeitfrequenzachse äußert sich dies durch Großflächenflimmern mit 50 Hz, beim Zwischenzeilenträger $(f_y, f_t) = (312{,}5$ c/ph, 25 Hz) als Zwischenzeilenflimmern, und in ortsfrequenter Richtung kann die Zeilenstruktur sichtbar werden.

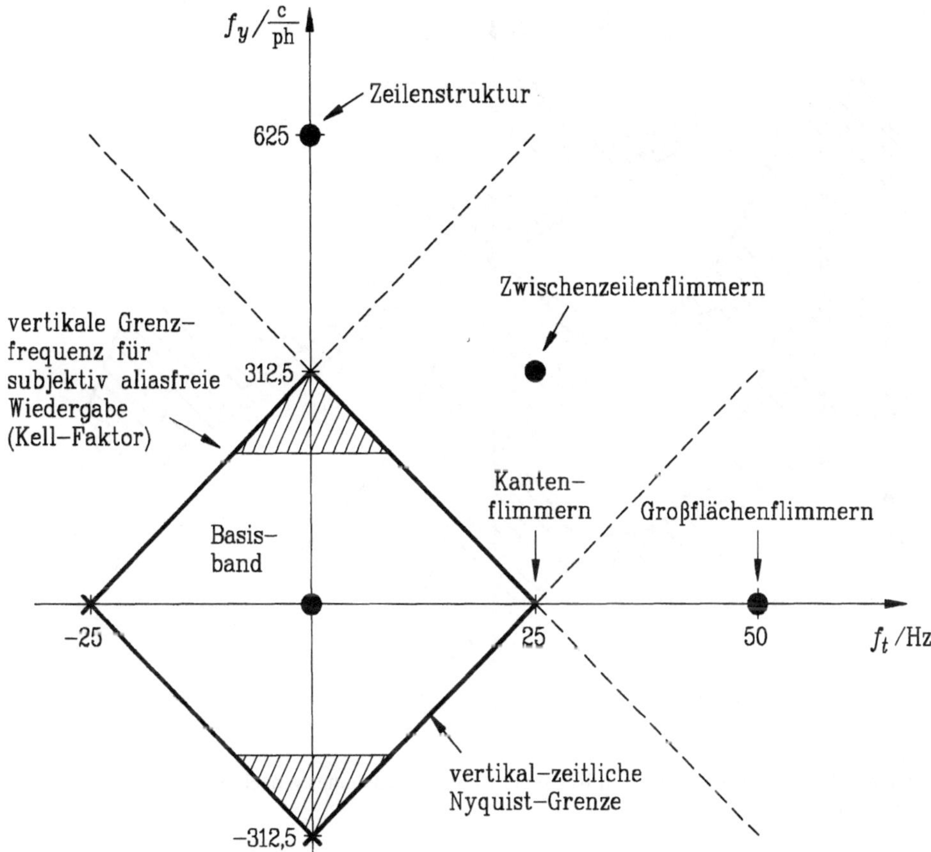

Bild 1.10
Ableitung von Flimmer- und Zeilenstrukturstörungen bei der Fernsehabtastung aus den zweidimensionalen Frequenzspektrum

Da beim heutigen Fernsehsystem aus Aufwandsgründen auf eine vertikale und zeitliche Vorfilterung verzichtet wird, kann es bereits aufnahmeseitig zu einer Überlappung des Basisbandes mit den Nebenspektren kommen, wodurch irreversible niederfrequente Aliaskomponenten erzeugt werden. Auch das Kantenflimmern ist zum großen Teil eine Folge der fehlenden Bandbegrenzung in vertikaler Richtung. Ein einzelner vertikaler Übergang (Sprungfunktion $\varepsilon(y)$) besitzt neben einem Gleichanteil ein breites, nach einer Hyperbelfunktion abfallendes Spektrum [LÜKE], das an allen Trägern reproduziert wird (Bild 1.11). Insbesondere die Frequenzlinienpaare bei $f_y \approx \pm 312{,}5$ c/ph führen von den Zwischenzeilenträgern ausgehend zu Seitenlinien auf der Zeitfrequenzachse bei $f_t = 25$ Hz und erzeugen das Kantenflimmern.

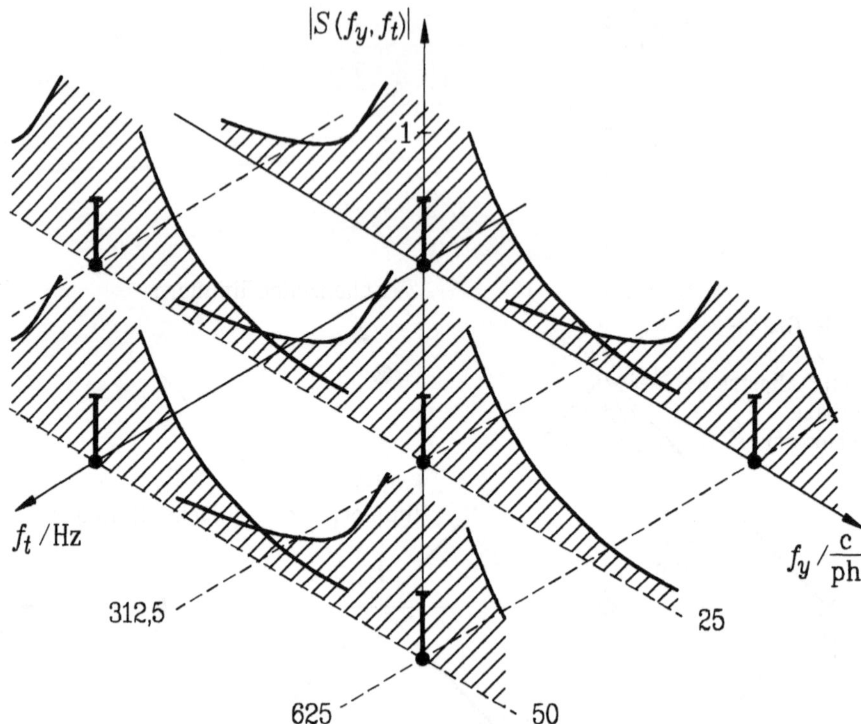

Bild 1.11
Entstehung des Kantenflimmerns am Beispiel des Spektrums eines einzelnen vertikalen Schwarz-weißsprungs

Theoretisch liegt die Basisbandgrenze in ortsfrequenter Richtung bei 312,5 c/ph. Diese Auflösung kann allerdings auf einem Monitor mit 625 Zeilen nicht erreicht werden, da auch bei idealer Vorfilterung störende Schwebungsmuster im Empfänger auftreten. Schwebungsmuster entstehen auch in aliasfreien Bildern, wenn beispielsweise eine Frequenz f_0 unterhalb der Nyquistgrenze mit der gespiegelten Frequenz $(f_a - f_0)$ eine Schwebung bildet (Bild 1.12). Wahrgenommen wird dann die Schwebungsfrequenz $f_s = (f_a - f_0) - f_0 = f_a - 2f_0$. Die Abtastung einer Frequenz f_0 nahe der Nyquistfrequenz und die dabei entstehende Schwebungsfrequenz zeigt Bild 1.12b. Zur Darstellung wurde der Kurvenverlauf zwischen den Abtastwerten linear interpoliert. Die Abtastwerte liegen sowohl auf dem Verlauf des Signals mit der Frequenz f_0 als auch auf dem Verlauf des Oberwellensignals mit der Frequenz $f_a - f_0$. Nach einer idealen Tiefpaßfilterung an der Nyquistfrequenz könnte der Signalanteil mit der Frequenz $f_a - f_0$ unterdrückt und damit der Nutzanteil mit der Frequenz f_0 störungsfrei ohne Schwebungsmuster wiedergegeben werden. In der Videotechnik - ohne die vertikale Nachfilterung - wird die Reduktion der vertikalen Auflösung durch diese Schwebungsmuster mit dem *Kell-Faktor* beschrieben.

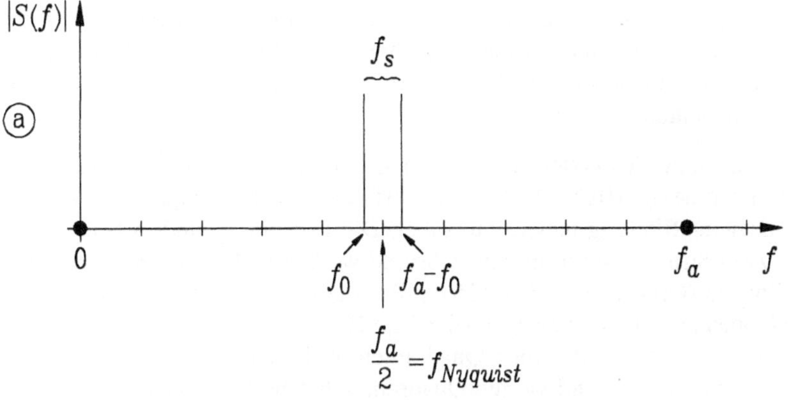

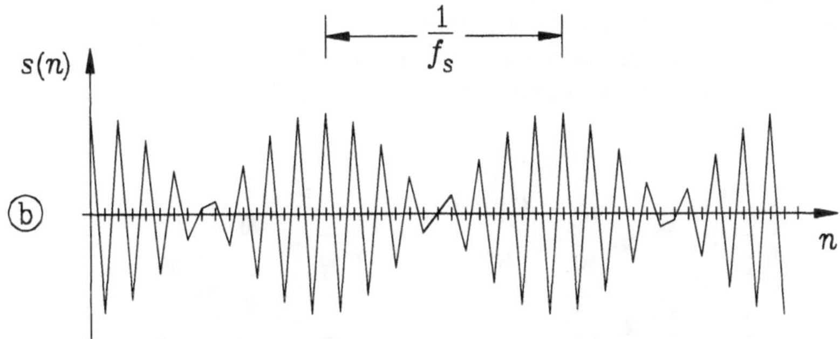

Bild 1.12
Entstehung einer Schwebungsfrequenz f_s; a) Spektrum ($f_0 = 0{,}47\,f_a$); b) Abtastung im Zeitbereich (zeichnerische Verbindung der Stützwerte entspricht einer linearen Interpolation)

Alle sichtbaren Störungen lassen sich allgemein auf eine unzureichende Vorfilterung (Aliaserzeugung) sowie eine mangelhafte Nachfilterung (Oberwellen) zurückführen. Auf der Senderseite könnten ortsfrequente Aliasanteile durch ein optisches Vorfilter oder durch eine kameraseitige Hochzeilenabtastung mit nachfolgender Vertikalfilterung [WENDLD] vermieden werden. Für die aliasarme zeitliche Abtastung ist eine höhere Teilbildfrequenz erforderlich, wobei jedoch durch eine anschließende - systemtheoretisch korrekte - Tießpaßfilterung eine unerwünschte Bewegungsverschleifung auftritt. Die störungsfreie Rekonstruktion des Basisbandes im Empfänger ist durch eine Überabtastung mit einer zweidimensionalen Nachfilterung (in vertikaler und zeitlicher Richtung) möglich. Zur Vermeidung der störenden vertikalen Oberwellen ist die Wiedergabe auf einem Hochzeilenmonitor notwendig [SCHRÖD], während zur Unterdrückung der zeitlichen Störkomponenten gleichzeitig eine Erhöhung der Teilbildfrequenz nötig wird.

Die Trägerlinien der Zeilensprungabtastung treten ebenso wie die Frequenzlinien des Nutzsignals paarweise und punktsymmetrisch zum Ursprung auf. Die vier Zwischenzeilenträger bei $(f_y, f_t) = (\pm 312{,}5 \text{ c/ph}, \pm 25 \text{ Hz})$ nach Bild 1.10 erzeugen somit zwei Bewegungsfrequenzen. Diese sind für das Zwischenzeilenflimmern und Zeilenwandern verantwortlich und können sowohl durch eine nach oben als auch nach unten bewegte Zeilenstruktur sichtbar werden.

Die Unterscheidung des ersten und dritten Quadranten von dem zweiten und vierten Quadranten wurde in [HENT 1] für die vertikal-zeitliche Frequenzebene durch eine einfache Diagonalfilterung näher untersucht. Die Ergebnisse sind in Bild 1.13 am Beispiel von zwei Strichmustern mit abwechselnd weißen und schwarzen Zeilen innerhalb eines Teilbildes (Ortsfrequenz $f_y = 156$ c/ph) dargestellt, die sich pro Teilbild um eine Zeile nach oben bzw. unten bewegen ($f_t = 12{,}5$ Hz). Nach oben bewegte Ortsfrequenzen befinden sich im ersten und dritten Quadranten, während nach unten bewegte Strukturen ihre Lage im zweiten und vierten Quadranten haben. Diese Darstellung berücksichtigt die Tatsache, daß ein Videobild von oben nach unten geschrieben wird, die positive y-Richtung also nach unten zeigt. Weit verbreitet ist aber auch die umgekehrte Betrachtung mit einer positiven y-Richtung zum oberen Bildrand hin. Dies führt insbesondere bei der planaren Transformation der x,y-Ebene in die f_x, f_y-Ebene zu gleichartigen Achsenrichtungen und erleichtert so die Anschauung. Bei dieser Betrachtungsweise werden diagonale, positiv ansteigende Linien in der Frequenzebene im zweiten und vierten Quadranten dargestellt.

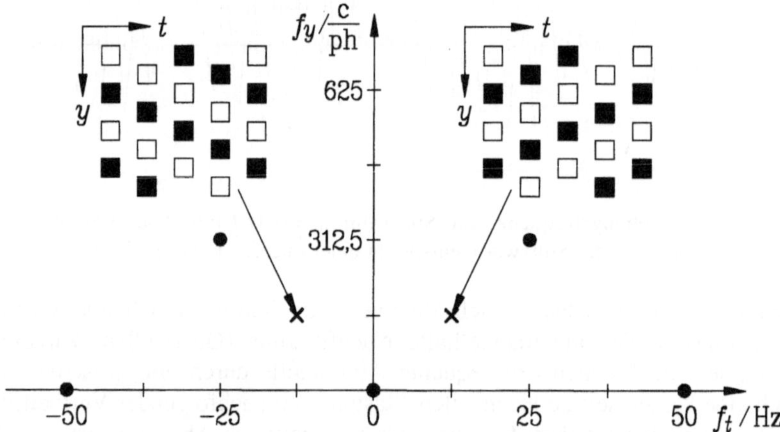

Bild 1.13
Zuordnung vertikal-zeitlicher Abtastmuster in der Frequenzebene

Zur Untersuchung der frequenzabhängigen Systemeigenschaften hat sich ein Zoneplate-Generator bewährt, der periodische, bewegte Bildinhalte erzeugen kann [SCHÖN 1, DREW 1]. Die Grundbausteine bilden Moduloaddierer, die wahlweise eine Phasenaddition in x-, y- oder t-Richtung durchführen. Diese Phaseninformation wird zur Generierung des Ausgangssignals genutzt, das beispielsweise rechteck-, dreieck- oder sinusförmig sein kann. Eine besondere Bedeutung hat das sinusförmige Ausgangssignal, da genau eine Frequenz dargestellt wird. Die Phasenaddition mit einem Koeffizienten k_x in

x-Richtung korrespondiert somit mit einer horizontalen Ortsfrequenz, wobei der Koeffizient k_x die Feinheit des Musters bzw. Höhe der Ortsfrequenz bestimmt. Ein quadratischer Phasenanstieg mit dem Koeffizienten k_x2 erzeugt einen horizontalen linearen Frequenzanstieg (Sweep).

Ein bekanntes zweidimensionales Testbild zur Darstellung der ortsfrequenten Systemeigenschaften ($f_t = 0$ Hz) ist ein spezielles Zoneplate-Testbild (Kreistestbild), das in horizontaler und vertikaler Richtung einen Sweep ($k_x2 + k_y2$) mit ansteigenden Ortsfrequenzen erzeugt (Bild 1.14a). Mit diesem Testbild kann die f_x, f_y-Ortsfrequenzebene dargestellt werden. Es ist jedoch zu beachten, das erst ein punktsymmetrisches Frequenzlinienpaar in der Frequenzebene ein sinusförmiges Zeitsignal ergibt. Es ist also nicht möglich, beim Zoneplate-Testbild nur negative bzw. nur positive Frequenzen darzustellen. Das Zoneplate-Testbild besitzt im ersten Quadranten Linien mit negativer Steigung, es eignet sich somit für die Darstellung der Ortsfrequenzebene unter der Voraussetzung, daß die positive y-Richtung zum oberen Bildrand zeigt. Wird der Bildaufbau berücksichtigt mit einer positiven y-Richtung zum unteren Bildrand hin, dann kann die Ortsfrequenzebene ist mit einem Hyperbeltestbild ($k_x2 - k_y2$) nach Bild 1.14b dargestellt werden. Der Gewinn einer quadrantenrichtigen Darstellung ist in der Regel nicht von großer Bedeutung, daher hat sich das anschauliche Zoneplate-Testbild in weiten Bereichen durchgesetzt.

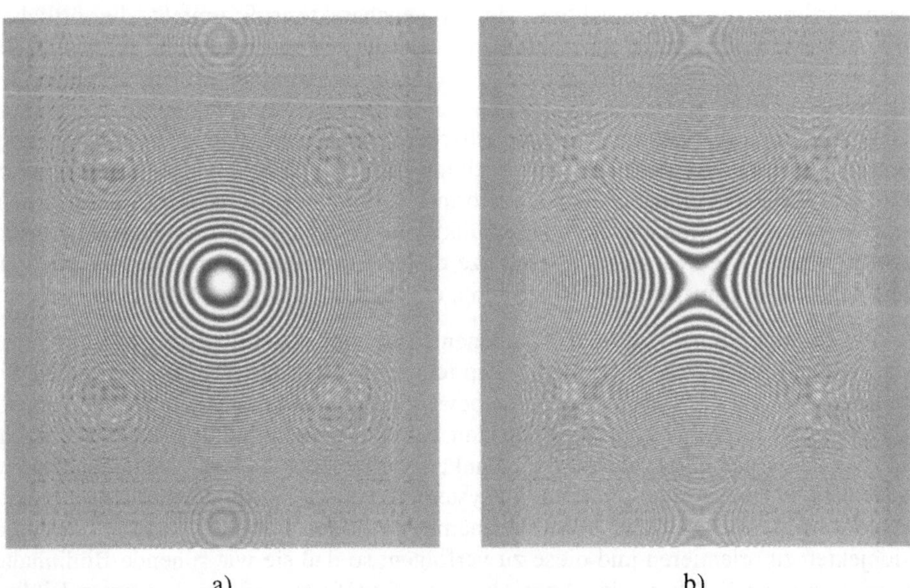

a)   b)

Bild 1.14
Testbilder zur Darstellung der f_x, f_y-Ortsfrequenzebene; a) Zoneplate-Testbild; b) Hyperbeltestbild

Aufgrund der Punktsymmetrie der auftretenden Frequenzlinienpaare ist die umfassende Darstellung der Frequenzebene bereits mit zwei benachbarten Quadranten möglich.

Viele Filter zur Signalverarbeitung sind so ausgelegt, daß die Übertragungscharakteristik zusätzlich achsensymmetrisch in der vertikal-zeitlichen Frequenzebene ist. Unter diesen Bedingungen - auch die Zeilensprungwiedergabe besitzt ein sowohl punkt- als auch achsensymmetrisches Spektrum - wird der Frequenzgang bereits eindeutig durch einen Quadranten beschrieben.

Die vertikal-zeitliche oder horizontal-zeitliche Frequenzebene kann ebenfalls mit speziellen Testbildern veranschaulicht werden [DREW 1, TEICHN 1]. Dazu ist es notwendig, in horizontaler oder vertikaler Richtung die Zeitfrequenzachse darzustellen. Dies wird durch die multiplikative Verknüpfung der Phasen in zwei Dimensionen erreicht (k_{xt}, k_{yt}). Das vollständige Testbild ergibt sich aus dem Sweep in einer Dimension und der Abbildung der Zeitachse in der zweiten Dimension $(k_y2 + k_{xt}$ bzw. $k_x2 + k_{yt})$. Zu beachten ist, daß nicht nur die zeitfrequente Achse beispielsweise in x-Richtung dargestellt wird, sondern umgekehrt auch alle horizontalen Ortsfrequenzen in zeitlicher Richtung durchfahren werden. Im jedem Einzelbild ist somit nur eine horizontale Ortsfrequenz enthalten.

1.3.2 Vertikal-zeitliche Kontrastempfindung des menschlichen Auges

Eine mehrdimensionale Betrachtung der Augencharakteristik umfaßt die örtlichen (horizontal und vertikal) und die zeitlichen Auflösungseigenschaften. In der vorliegenden Betrachtung der Augencharakteristik ist eine Einschränkung auf die vertikale und zeitliche Richtung vorgenommen worden, da hierbei bereits alle durch das Zeilensprungverfahren entstehenden charakteristischen Oberwellen und Aliaskomponenten beschrieben werden können. Zur Untersuchung der vertikal-zeitlichen Augencharakteristik ist es dabei zweckmäßig, von sinusförmig verlaufenden Reizfiguren auszugehen, da ein sinusförmiges Signal exakt einem Punktepaar in der vertikal-zeitlichen Frequenzebene entspricht. Die Wahrnehmungsgrenze dieses Reizes kann dann als Funktion der Frequenzen dieser sinusförmigen Reizfiguren ermittelt werden [HENT 2].

Das sinusförmige Signal muß nun Komponenten sowohl in zeitlicher als auch in vertikaler Richtung aufweisen. Allgemein entspricht dies anschaulich einem vertikalen Sinusmuster, das sich nach oben oder unten bewegt (Bild 1.15a). Eine zugehörige subjektive Bewertung dieses Testreizes erhält man bei der Betrachtung allerdings nur dann, wenn das Auge auf einen bestimmten Punkt fixiert bleibt, an dem das sinusförmige Muster vorbeiwandert. Eine typische, im systemtheoretischen Sinne nichtlineare Eigenschaft des menschlichen Auges führt hier nämlich zu dem Verhalten, sich an bewegten Bildobjekten zu orientieren und diese zu verfolgen, so daß sie wie ruhende Bildinhalte wirken. In diesem Fall führt das Auge also eine Transformation von bewegten Bildinhalten auf ruhende Bildinhalte durch, welche die Ermittlung der Wahrnehmungsgrenzen erschweren bzw. verfälschen. Das Einfallen des Auges in die Bewegungsrichtung kann weitestgehend dadurch vermieden werden, daß zwei Muster gleicher Ortsfrequenz erzeugt werden, die mit der gleichen Bewegungsgeschwindigkeit gegeneinander laufen (Bild 1.15b). Ein Einfallen in ein bewegtes Muster wird dadurch erschwert.

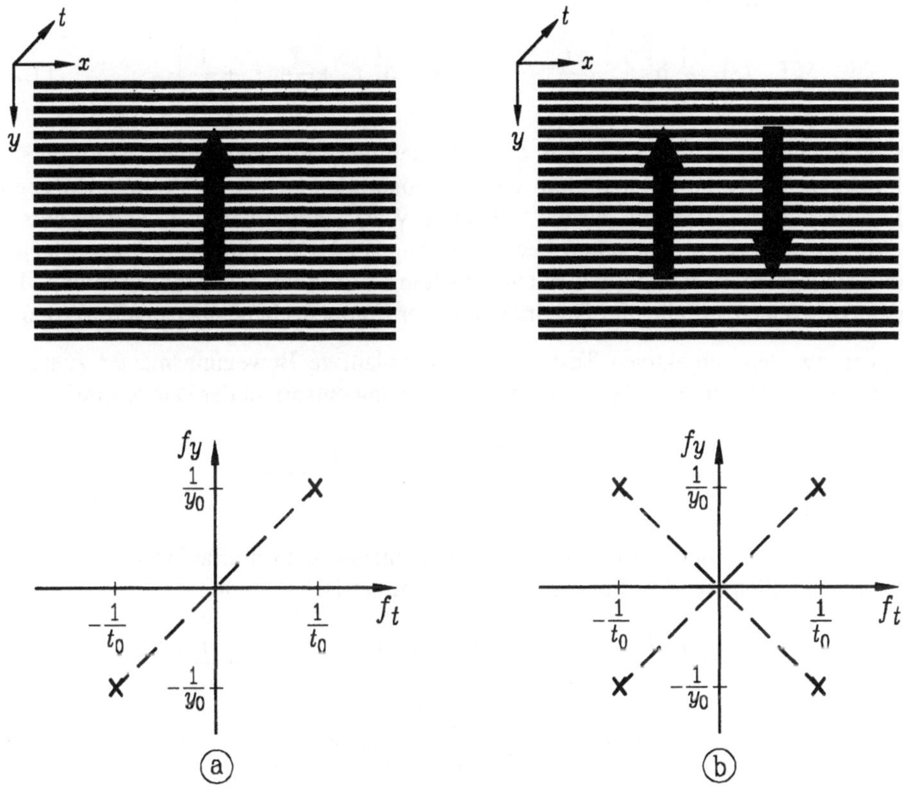

Bild 1.15
Vertikal bewegte sinusförmige Muster im Zeit- und Frequenzbereich; a) Bewegungsrichtung +T;
b) gegeneinander laufende Muster ±T

Wegen der nichtlinearen Eigenschaften des menschlichen Auges kann man genau genommen nicht von einem Frequenzgang im systemtheoretischen Sinne sprechen. Daher wird stattdessen der Begriff Augencharakteristik verwendet.

Die subjektiven Untersuchungen sind sowohl mit einfachen, als auch mit gegenläufig bewegten Mustern durchgeführt worden. Das nur in eine Richtung bewegte Muster wird im folgenden mit +T (Bewegungsrichtung) abgekürzt, das gegenläufig bewegte Muster mit ±T.

Die mathematische Darstellung des Musters für vertikal bewegte Sinus- bzw. Cosinusverläufe mit der Bewegungsrichtung +T entspricht der Gleichung

$$s(y,t) = \cos\left(2\pi\left(\frac{y}{y_0} + \frac{t}{t_0}\right)\right), \tag{1.19}$$

wobei y_0 und t_0 die Periodendauer in vertikaler und zeitlicher Richtung angeben. Diese Darstellung führt in der vertikal-zeitlichen Frequenzebene auf ein diracförmiges Frequenzlinienpaar [LÜKE]

$$S(f_y, f_t) = \frac{1}{2} \delta\left(f_y - \frac{1}{y_0}, f_t - \frac{1}{t_0}\right) + \frac{1}{2} \delta\left(f_y + \frac{1}{y_0}, f_t + \frac{1}{t_0}\right). \tag{1.20}$$

Je nach Bewegungsrichtung $+T$ oder $-T$ erscheinen diese Frequenzlinienpaare im ersten und dritten, bzw. im zweiten und vierten Quadranten der Orts-Zeitfrequenzebene (Bild 1.15a). Es ist allerdings für die subjektive Wahrnehmbarkeit unerheblich, ob sich das Muster nach oben oder unten bewegt. Daher genügt für die Bestimmung der Erkennbarkeitsgrenzen die subjektive Untersuchung nur einer Bewegungsrichtung. Die Ergebnisse können auf alle vier Quadranten in der Frequenzebene übertragen werden.

In einem zweiten subjektiven Test wurden gegenläufige Bewegungsmuster zugrunde gelegt (Bild 1.15b). Ihre mathematische Beschreibung entspricht der Darstellung

$$s(y, t) = \frac{1}{2} \cos\left(2\pi\left(\frac{y}{y_0} + \frac{t}{t_0}\right)\right) + \frac{1}{2} \cos\left(2\pi\left(\frac{y}{y_0} - \frac{t}{t_0}\right)\right). \tag{1.21}$$

Hier ergeben sich in der vertikal-zeitlichen Frequenzebene zwei diracförmige Frequenzlinienpaare in allen vier Quadranten, die punktsymmetrisch auftreten

$$\begin{aligned}
S(f_y, f_t) = {} & \frac{1}{4} \delta\left(f_y - \frac{1}{y_0}, f_t - \frac{1}{t_0}\right) + \frac{1}{4} \delta\left(f_y + \frac{1}{y_0}, f_t + \frac{1}{t_0}\right) + \\
& + \frac{1}{4} \delta\left(f_y - \frac{1}{y_0}, f_t + \frac{1}{t_0}\right) + \frac{1}{4} \delta\left(f_y + \frac{1}{y_0}, f_t - \frac{1}{t_0}\right).
\end{aligned} \tag{1.22}$$

Die vorgestellten Muster sollten idealerweise in ungerasterter, völlig kontinuierlicher Form vorliegen. Im Sinne der Flexibilität und Reproduzierbarkeit der Testszenen wurde aber auf eine Darstellung mit fernsehtechnischen Mitteln zurückgegriffen. Die Meßgrenzen werden dann weitgehend durch die Eigenschaften des Monitors (Zeilenstruktur und Bildwiederholfrequenz) bestimmt.

Der verwendete Monitor wurde mit 100-Hz-Vertikalfrequenz bei einer Auflösung von 625 Zeilen (aktiv: 575 Zeilen) ohne Zeilensprung betrieben (625/100/1:1). In vertikaler Richtung lag die maximale alias- und schwebungsmusterfreie Ortsfrequenz bei 156 c/ph. Die Strahlbreite kann bei dieser Ortsfrequenz vernachlässigt werden, da selbst bei einer Strahlbreite über eine Zeile und rechteckförmiger Verteilung der Einfluß auf den Frequenzgangabfall unter 1 dB beträgt. Die Gradation der Bildröhre wurde kompensiert. In zeitfrequenter Richtung findet kaum eine Dämpfung der Oberwellenspektren aufgrund der kurzen Nachleuchtdauer der Empfängerleuchtstoffe statt. Schwebungsfreie Muster konnten bei höheren Ortsfrequenzen bis 31 Hz, bei niedrigen Ortsfrequenzen bis 37,5 Hz erzeugt werden. Zusätzlich wurde 50 Hz als Meßfrequenz mit aufgenommen. Die Meßfrequenzen sind in der vertikal-zeitlichen Frequenzebene in

Bild 1.16 als Kreuze markiert. Der Betrachtungsabstand betrug die zwölffache Bildhöhe, der vertikale Blickwinkel also 4,8°. Der Blickwinkel wurde absichtlich klein gehalten, um peripheres Flimmern zu vermeiden, das mit breiterem Betrachtungswinkel wahrgenommen werden kann. Dadurch konnte auch der Blickwinkel für die höchste darstellbare Ortsfrequenz auf zwei Bogenminuten reduziert werden, was 30 c/deg entspricht.

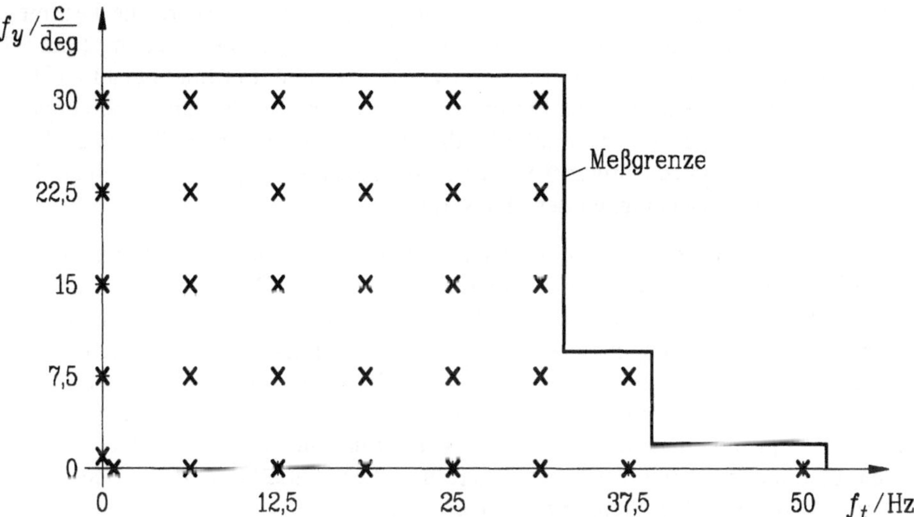

Bild 1.16
Meßpunkte in der vertikal-zeitlichen Frequenzebene

Die vom Generator erzeugten sinusförmigen Muster waren in Kontrast und Helligkeit einstellbar. Ausgehend von einem grauen Bild mit einer mittleren Leuchtdichte von $L_m = 55$ cd/m² wurde vom Probanden die Erkennbarkeitsgrenze durch eine Erhöhung der Modulationstiefe (Kontrast) des Testmusters eingestellt. Das zweidimensionale Luminanzmuster (+T) hatte auf dem Monitor den Leuchtdichteverlauf

$$L(y,t) = L_m + L_c \cdot \cos\left(2\pi \left(\frac{y}{y_0} + \frac{t}{t_0} \right) \right). \tag{1.23}$$

Der Kontrastumfang betrug 53 dB ($L_c = 0{,}00224 \ldots 1\ L_m$) und ließ sich in 1-dB-Stufen einstellen. Die Hintergrundhelligkeit wurde auf etwa 15 cd/m² eingestellt [I-500]. An der Untersuchung nahmen insgesamt 33 Personen teil.

Zur Auswertung wurden die Histogramme der subjektiven Schwelle bei linearer und logarithmierter Darstellung miteinander verglichen, wobei sich für alle Meßpunkte bei der logarithmierten Darstellung näherungsweise eine *Gaußverteilung* ergab. Bei einer *Gaußverteilung* ist der Mittelwert gleich dem Median, was vorteilhaft an den Meßgrenzen ausgenutzt werden kann. An den Meßgrenzen konnten nämlich einige Probanden keine Modulation mehr feststellen, weshalb hier keine Mittelwertbildung mehr möglich ist. An diesen Meßpunkten wurde stattdessen der Median eingesetzt.

Entlang der Orts- und Zeitfrequenzachse ist die Augencharakteristik bei den Messungen ($+T$ und $\pm T$) identisch, sie wurde zur Kontrolle und zum Vergleich der Spektren trotzdem zweimal gemessen. Daher können sich durch Streuung geringe Amplitudenunterschiede ergeben, sie liegen aber an den Meßpunkten immer unter 1,2 dB, im Mittel bei 0,6 dB. Die Genauigkeit der Meßwerte wird durch die Vertrauensbereiche bestimmt. Die Vertrauensbereiche der arithmetischen Meßwerte bei einer T-Verteilung [SACHS] liegen an den Testpunkten in einem Bereich von ±2,1 dB, und im Mittel bei ±1,4 dB für eine 95 %ige statistische Sicherheit. Für bewegte Muster in einer Richtung ($+T$) ergaben sich Vertrauensbereiche von maximal ±3,2 dB, und im Mittel innerhalb von ±1,9 dB. Trotz der für einen repräsentativen Test geringen Anzahl an Testpersonen zeigen diese Ergebnisse eine hohe Genauigkeit der Meßwerte.

Die wenigen gemessenen Orts-Zeitfrequenzen bilden nur eine grobe Rasterung des Frequenzbereichs, es konnten jedoch mit Rücksicht auf die Belastung der Probanden nicht mehr Meßpunkte abgefragt werden. Um zu einer kontinuierlichen Darstellung zu gelangen, wurden die Meßpunkte einer bikubischen Spline-Interpolation dritter Ordnung unterworfen [BOOR, RECH]. Die Meßwerte der gemessenen Frequenzen bleiben bei dieser Interpolation erhalten. Die logarithmische Amplitudendarstellung der Frequenzebene zeigte einen annähernd linearen Verlauf der Steigung an den Meßbereichsgrenzen. Eine lineare Extrapolation der logarithmischen Werte ergibt die in den Bildern 1.17 und 1.18 dargestellten Frequenzcharakteristiken.

Die in den Höhenliniendiagrammen vorgenommene Normierung bedarf einer weiteren Erklärung. Die Amplitude CS beschreibt die Kontrastempfindlichkeit und wurde berechnet zu

$$CS = 20 \cdot \log\!\left(\frac{L_m}{L_c}\right) \; [\text{dB}]\,. \tag{1.24}$$

Eine Normierung auf 0 dB bei der maximalen Kontrastempfindlichkeit CS ist sinnvoll, insbesondere wenn die Augencharakteristik als Tiefpaßcharakteristik in der Signalverarbeitung verwendet wird. Problematisch ist jedoch die Abhängigkeit der Kontrastempfindlichkeit von der mittleren Leuchtdichte L_m. Daher wurde zur Normierung die Kontrastempfindlichkeit von 250:1 willkürlich auf 0 dB gesetzt:

$$CS_n = 20 \cdot \log\!\left(\frac{1}{250} \cdot \frac{L_m}{L_c}\right) \; [\text{dB}]\,. \tag{1.25}$$

Bei dieser Normierung entspricht die 0-dB-Kontrastempfindung in etwa dem Maximum der Augencharakteristik auf der Zeit- und Ortsfrequenzachse.

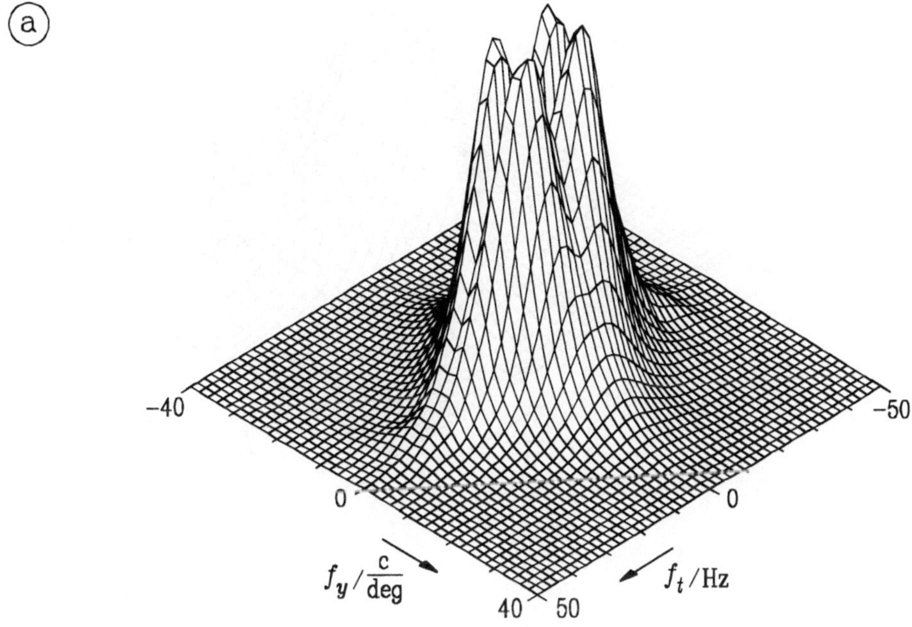

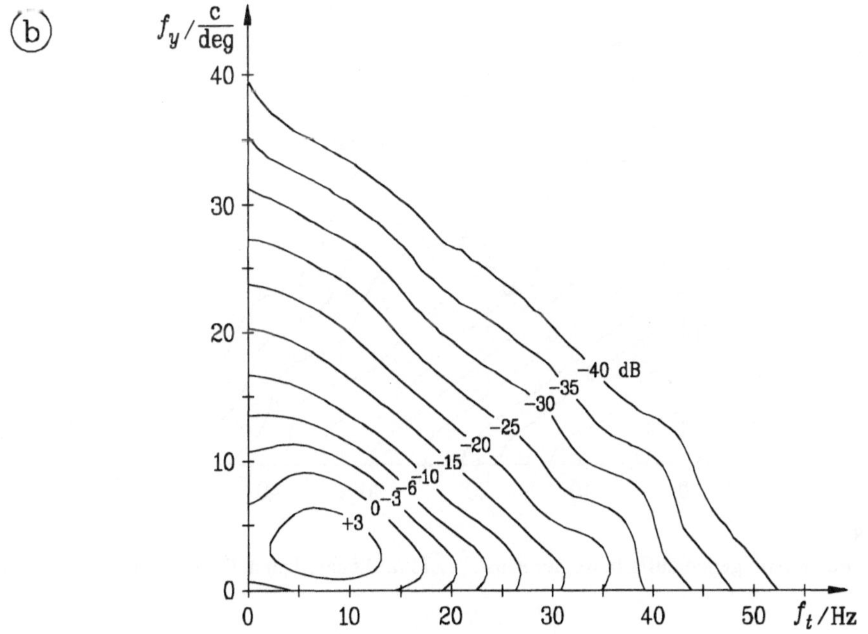

Bild 1.17
Augencharakteristik richtungsabhängiger Muster ($+T$); a) lineare Darstellung; b) Höhenliniendiagramm

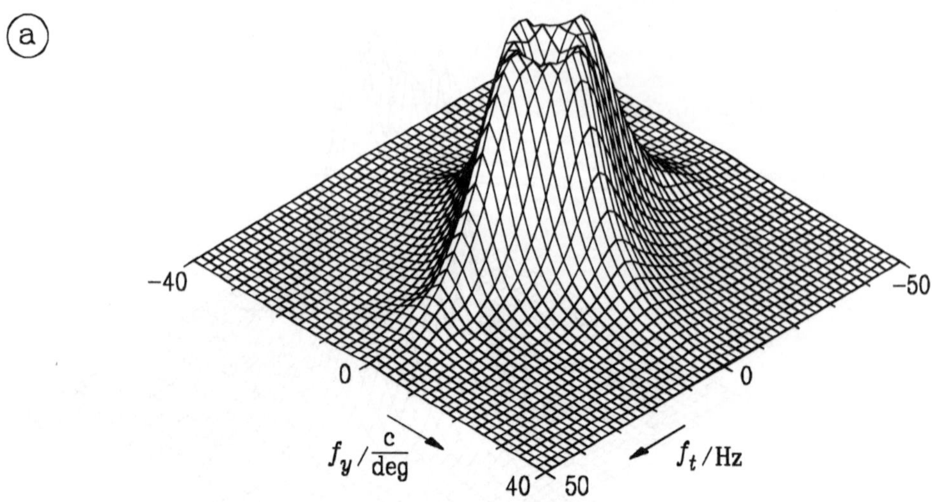

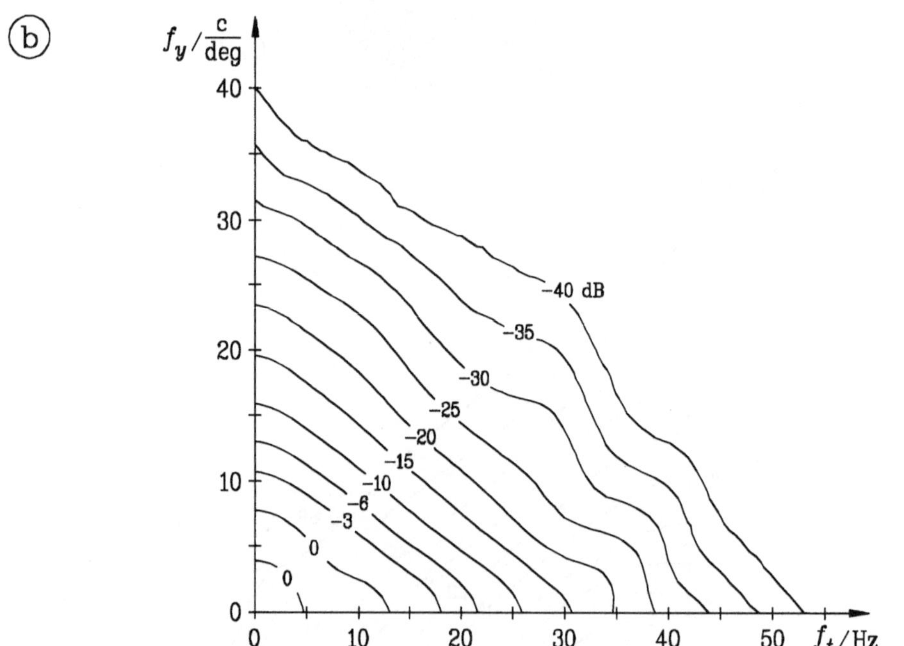

Bild 1.18
Augencharakteristik gegenläufig bewegter Muster ($\pm T$); a) lineare Darstellung; b) Höhenliniendiagramm

Bei Mustern, die in eine Richtung bewegt wurden ($+T$), tritt eine deutliche Empfindlichkeitssteigerung für niederfrequente, langsam bewegte Strukturen auf (Bild 1.17). Diese Charakteristik ist für die Bewertung von Algorithmen zur Signalverarbeitung besonders gut geeignet, da nichtlineare Eigenschaften des Gesichtssinns, wie das Verfolgen von Objekten, zumindest teilweise in die Bewertung mit einbezogen werden. Trotzdem kann diese Frequenzcharakteristik nur eine Näherung an die Realität darstellen, da der Gesichtssinn (Auge - Gehirn) zu komplex ist, um alle nichtlinearen Eigenschaften in einer Messung zu erfassen. Bei gegeneinander bewegten Mustern $\pm T$ ist keine Empfindlichkeitssteigerung gegenüber den Maxima auf der Zeit- und Ortsfrequenzachse erkennbar (Bild 1.18). Es ergibt sich näherungsweise eine diagonal verlaufende Empfindlichkeit, selbst für kleine Orts-Zeitfrequenzen. Diese Charakteristik ist besonders dann von Interesse, wenn ein Einfallen des Auges in eine Bewegungsrichtung nicht stattfindet.

Beiden Frequenzcharakteristiken ist gemeinsam, daß sie sich für hohe Orts- und Zeitfrequenzen nicht unterscheiden und sich an den Wahrnehmungsgrenzen näherungsweise eine diagonal verlaufende Empfindlichkeit in der vertikal-zeitlichen Frequenzebene ergibt. Diese Eigenschaft kommt dem weltweit eingeführten Zeilensprungverfahren entgegen. Die Maxima befinden sich auf der Ortsfrequenzachse bei $f_y = 3 \dots 6$ c/deg und auf der Zeitfrequenzachse bei $f_t = 7 \dots 12$ Hz und haben etwa die gleiche Amplitude.

Ein Vergleich der beiden Augencharakteristiken zeigt, daß die Empfindlichkeit für gegeneinander bewegte Muster $(\pm T)$ immer geringer ist als für gleichförmig bewegte Muster ($+T$ oder $-T$). Auf den Achsen und ab einer Empfindlichkeit unter -20 dB gleichen sich die beiden Charakteristiken. Daher genügt es, die Frequenzcharakteristik mit der höheren Empfindlichkeit $+T$ als empfindlicheren Bewertungsmaßstab für eine subjektive Empfindung heranzuziehen.

Mit Hilfe der ermittelten Augencharakteristiken soll nun die Sichtbarkeit der systembedingten Störeffekte des Zeilensprungverfahrens betrachtet werden [HENT 1]. Diese durch das Fernsehsystem selbst bedingten Störungen treten durch die bei der Abtastung in Zeilen und Teilbilder entstehenden Oberwellenspektren auf. Um deren Einfluß auf die subjektive Wahrnehmung zu untersuchen, muß der Frequenzgang der Aufnahme- und Wiedergabegeräte als ideal angenommen werden, so daß nur die Abtasteffekte vorhanden sind.

Da die Zwischenzeilenträger in der vertikal-zeitlichen Frequenzebene in allen vier Quadranten bei $(f_y, f_t) = (\pm 312{,}5$ c/ph, ± 25 Hz) auftreten, was einer gegenläufigen Bewegung der Zeilenstruktur entspricht, soll auch die Augencharakteristik mit gegenläufigen Bewegungsmustern $\pm T$ (Bild 1.18) zur Bewertung herangezogen werden. Die zweidimensionalen Frequenzebenen der Zeilensprungabtastung und der Augencharakteristik unterscheiden sich bezüglich ihrer Dimensionen in ortsfrequenter Richtung. Die vertikale Auflösung der Zeilensprungwiedergabe wird durch die Systemparameter Periodenzahl c pro Bildhöhe ph bestimmt (Ortsfrequenz f_y^M), während bei der subjektiven Wahrnehmung die Auflösung durch die Periodenzahl c bezogen auf den Betrachtungswinkel α bestimmt wird (Ortsfrequenz f_y^A). Beide Größen α und ph sind über den Betrachtungsabstand d und die Bildhöhe ph miteinander verknüpft über

$$\alpha = 2 \cdot \arctan\left(\frac{ph}{2 \cdot d}\right) . \tag{1.26}$$

Eine vertikale Modulation mit einer Schwingung pro Bildhöhe *ph* bzw. pro Betrachtungswinkel α kann also beschrieben werden als

$$f_y^M = 1\left[\frac{c}{ph}\right]$$

$$\text{oder} \qquad f_y^A = 1\left[\frac{c}{\alpha}\right] = \frac{1}{2\cdot\arctan\left(\frac{ph}{2\cdot d}\right)}\left[\frac{c}{\deg}\right].$$

Allgemein ergibt sich daher der Zusammenhang

$$\frac{f_y^A}{\left[\frac{c}{\deg}\right]} = \frac{f_y^M}{\left[\frac{c}{ph}\right]}\cdot\frac{1}{2\cdot\arctan\left(\frac{ph}{2\cdot d}\right)} = \frac{f_y^M}{\left[\frac{c}{ph}\right]}\cdot\frac{0{,}92}{2\cdot\arctan\left(\frac{ph'}{2\cdot d}\right)}. \qquad (1.27)$$

Nach dieser Beziehung sind die beiden Frequenzebenen bei gegebener Bildhöhe und vorgegebenem Betrachtungsabstand über einen konstanten Faktor verknüpft. Bei der Angabe der physikalischen vertikalen Abtastfrequenz für die Standardübertragung als $f_{ay} = 625$ c/ph muß noch berücksichtigt werden, daß die Bildhöhe ph der virtuellen Bildhöhe - inklusive der vertikalen Austastung - entsprechen muß. Wenn ph die tatsächliche Bildhöhe wäre, ergäbe sich nur eine Abtastung von 575 c/ph. Die sichtbare Bildhöhe *ph'* entspricht 0,92 ph.

Das mit der Augencharakteristik bewertete Spektrum der Standardwiedergabe (625/50/2:1) ist für einen Betrachtungsabstand der vierfachen Bildhöhe in Bild 1.19 dargestellt. Bei diesem Betrachtungsabstand sind die Zeilenstruktur, das Zwischenzeilenflimmern und das Großflächenflimmern in etwa der gleichen Größenordnung wahrnehmbar, bei einem größeren Betrachtungsabstand kann der Einfluß der Zeilenstruktur und des Zwischenzeilenflimmerns vernachlässigt werden. Als Störeffekte dominieren dann das Großflächenflimmern $(f_y, f_t) = (0\ \text{c/ph}, 50\ \text{Hz})$ und das bildinhaltsabhängige Kantenflimmern $(f_t = 25\ \text{Hz})$. Die maximale Übertragungsbandbreite wird durch die Nyquistgrenze bestimmt, sie verläuft diagonal zwischen der Ortsfrequenzachse bei $f_y = 312{,}5$ c/ph und der Zeitfrequenzachse bei $f_t = 25$ Hz. Da die subjektive Erkennbarkeitsgrenze über die Nyquistgrenze hinausreicht, sind Störungen durch die Reproduktion des Basisbandes an den benachbarten Oberwellenträgern unvermeidlich.

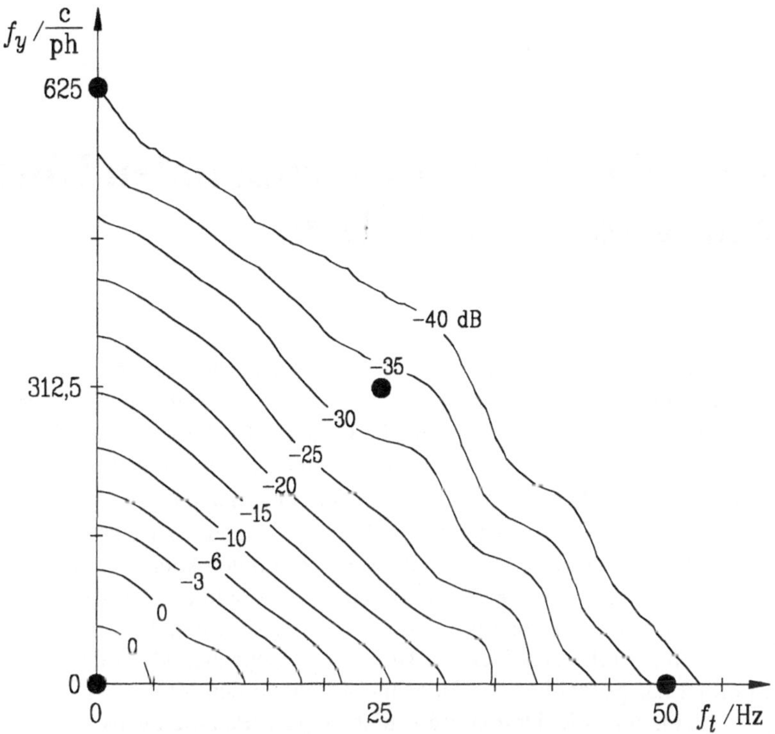

Betrachtungsabstand: 4fache aktive Bildhöhe

Bild 1.19
Sichtbarkeit der Oberwellenspektren bei der Zeilensprungabtastung (625/50/2:1)

Die Kenntnis der vertikal-zeitlichen Augencharakteristik erlaubt die Einbeziehung des Betrachters als Signalempfänger in die Video-Übertragungskette. Dazu wurde - nach einer allgemeinen Analyse der Zeilensprungabtastung - das Spektrum einer Zeilensprungabtastung (625/50/2:1) mit der Augencharakteristik bewertet, um verbleibende Störungen in ihrer Größe abzuschätzen. Ebenso ist es möglich geworden, komplexe Signalverarbeitungsalgorithmen an die Eigenschaften des Auges anzupassen und Störeffekte numerisch einzuordnen [HENT 3]. Eine Abschätzung der Frequenzcharakteristik war das Ziel dieser Untersuchungen, da eine exakte quantitative Ermittlung der vertikalzeitlichen Augencharakteristik, abgesehen von dem erforderlichen Mehraufwand an Testpersonen und Randbedingungen, nur zur Beschreibung eines Durchschnittsbetrachters geführt hätte, von dem jeder individuelle Zuschauer mehr oder weniger stark abweicht. Aus diesem Grund erscheint der erzielte Vertrauensbereich der abgeleiteten Augencharakteristik genügend aussagekräftig, um beispielsweise einer gegebenen dreidimensionalen Signalverarbeitungsschaltung die subjektive Empfindung rechnerisch zuordnen zu können.

2 Bandaufspaltung zur kompatiblen Übertragung von 16:9-Bildern

Die Ausstrahlung von Videosignalen im PAL-Format wird durch eine zusätzliche Übertragung mit einem geänderten Bildseitenverhältnis von 16:9 und einer verbesserten Luminanz-Chrominanz-Trennung ergänzt (PALplus) [HABERM, ZIEMER, REIMERS, WESTER, EBNER]. Eine wichtige Forderung ist hierbei die Kompatibilität zu älteren 4:3-Empfängern. Das 16:9-Bild mit einer aktiven Zeilendauer von 52 µs würde auf einem 4:3-Empfänger mit ebenfalls 52 µs aktiver Zeilendauer zu einer Geometrieverzerrung führen. Zur Vermeidung der Geometrieverzerrungen kann das komplette 16:9-Bild mit schwarzen Streifen am oberen und unteren Bildrand (Letterbox-Format) übertragen werden, oder mit der interaktiven Wahl der relevanten Bildinhalte (Pan-and-Scan-Technik) kann ein Abschneiden der Bildseiten (Sidepanel-Methode) erfolgen. Das Letterbox-Format hat gegenüber der Sidepanel-Methode den Vorzug, daß das gesamte Bild sichtbar bleibt und die Dramaturgie nicht durch 'Pan'-Schwenks oder -Schnitte verändert wird. Daher fiel die Wahl für das PALplus-Übertragungssystem auf das Letterbox-Format. Im Letterbox-Format werden in den „schwarzen" Randzeilen zusätzliche Informationen übertragen, die als Helpersignal bezeichnet werden. Der PALplus-Empfänger kann das Helpersignal nutzen, um ein 16:9-Bild mit der vollen aktiven Zeilenzahl und der ursprünglichen vertikalen Auflösung zu erzeugen. Auch für andere Systeme - wie z. B. NTSC - werden ähnliche kompatible Übertragungsmöglichkeiten für 16:9-Bilder untersucht [ONO].

Das Letterbox-Format im 4:3-Empfänger macht eine Rasterkonversion um den Faktor 3/4 von 575 auf 431,25 aktive Zeilen erforderlich. Da jedoch das Bild mit jeweils einer halben aktiven Zeile beginnt bzw. endet, wurde unter Berücksichtigung dieser Randprobleme eine Konversion von 574 auf 430 Zeilen festgelegt.

Für die Übertragung über den kompatiblen Kanal ergeben sich nach Bild 2.1 drei verschiedene Aufnahmeformate für zwei verschiedene Empfängertypen. Das 16:9-Aufnahmeformat mit 574 aktiven Zeilen (Bild 2.1a) wird für die Anpassung an die 4:3-Empfänger im Letterbox-Format mit 430 sichtbaren Zeilen übertragen. Ein Kennsignal in der ersten Hälfte der Zeile 23 teilt dem PALplus-Empfänger mit, daß in den 2 · 144 Zeilen am oberen und unteren Bildrand Zusatzinformationen übertragen werden, die eine Aufwärtskonversion auf 574 aktive Zeilen mit einer besseren Bildqualität ermöglichen. Normale PAL-Übertragungen im 4:3-Format (Bild 2.1b) enthalten kein Kennsignal, so daß in diesem Fall der 16:9-Empfänger automatisch eine Kompression in horizontaler Richtung durchführen kann. Im dritten Fall einer Breitbild-Filmabtastung (Bild 2.1c) ist die Breite der schwarzen Ränder nicht genau definiert. Damit der Besitzer eines 16:9-Empfängers nicht ein kleines Bild auf dem großen Bildschirm sieht, kann - vom Benutzer gesteuert - eine Rasterkonversion auf 574 aktive Zeilen durchgeführt werden (Zoom).

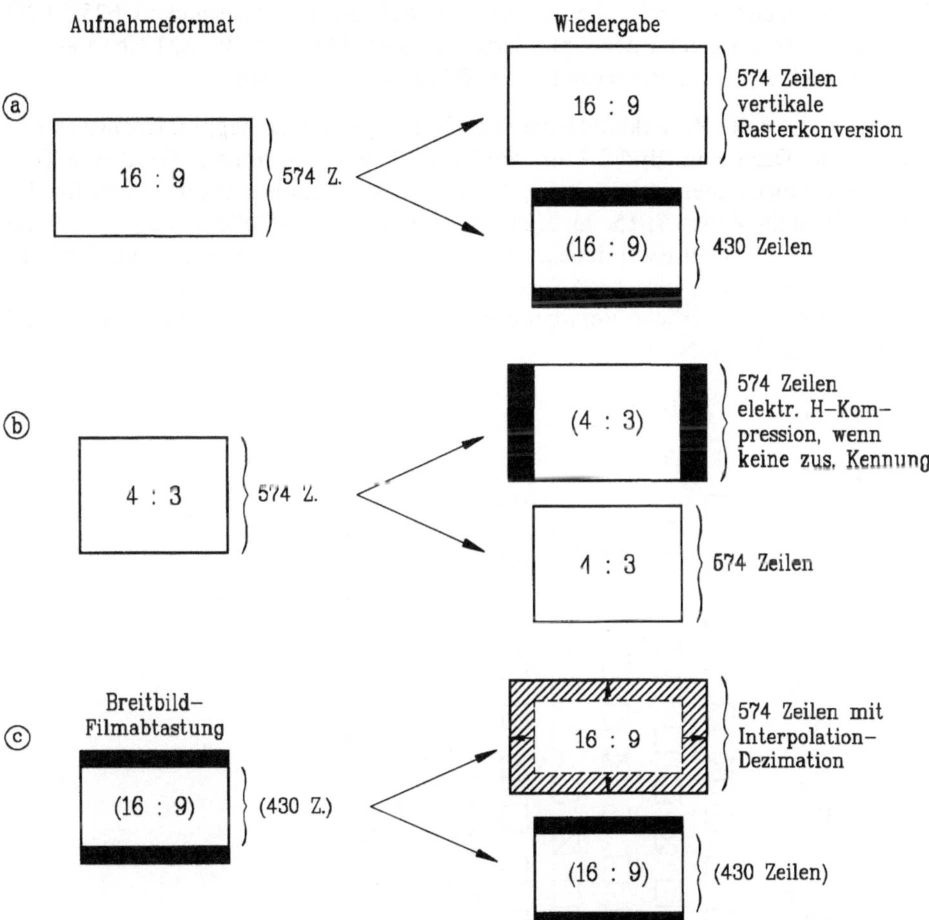

Bild 2.1
Aufnahme- und Wiedergabeformat; a) Aufnahmeformat 16:9; b) Aufnahmeformat 4:3; c) Breitbild-Filmabtastung

Die Produktion im 16:9-Format erfolgt aus Aufwandsgründen mit Kameras heutiger Technik (625/50/2:1), aber auch progressive Quellen (625/50/1:1) oder hochzeilige Kameras (1250/50/2:1) sind für eine Produktion geeignet. Eine PALplus-Codierung direkt hinter der Kamera könnte zwar problemlos aufgezeichnet, regietechnisch jedoch nicht verarbeitet werden kann. Auch würde eine anschließende Konversion von PALplus nach anderen Signalformaten die Bildqualität weiter verschlechtern. Daher ist es

vernünftig, in einem 16:9-Studio von einer Übertragungsnorm unabhängig zu werden
und eine Verarbeitung und Aufzeichnung von Komponentensignalen vorzunehmen
[HEBER]. Das Übertragungsformat wird erst am Studioausgang festgelegt und kann in
Zukunft durch andere Coder leicht ergänzt werden.

Für das digitale Komponentenstudio existieren derzeit Vorschriften entsprechend den
ITU-R Recommendation 601 [I-601], das sich auf einen Abtaststandard 625/50/2:1
bezieht. Diese Norm genügt den Anforderungen einer PAL und SECAM-Übertragung,
bietet aber auch genügend Reserven für eine PALplus-Übertragung.

Die einfachste Art der Rasterkonversion von 574 auf 430 Zeilen liegt im Herausnehmen
jeder 4. Zeile. Dazu zeigt Bild 2.2 ein vertikal-zeitliches Abtastraster. Werden in Teilbild 1 die geometrischen Zeilen 3, 11, 19, ... herausgenommen, ergäben sich für das
zweite Teilbild die Zeilen 7, 15, 23, ... bei einem Offset von 4 Zeilen. Diese werden im
2. Teilbild aber gar nicht geschrieben, so daß auf die Zeilen 6, 14, 22, ... zurückgegriffen werden muß. Das beschriebene Schema wiederholt sich nach jedem Vollbild, es ist
aber auch eine kontinuierliche Verarbeitung mit einem Offset von 3 Zeilen von Teilbild
zu Teilbild denkbar [HENT 4].

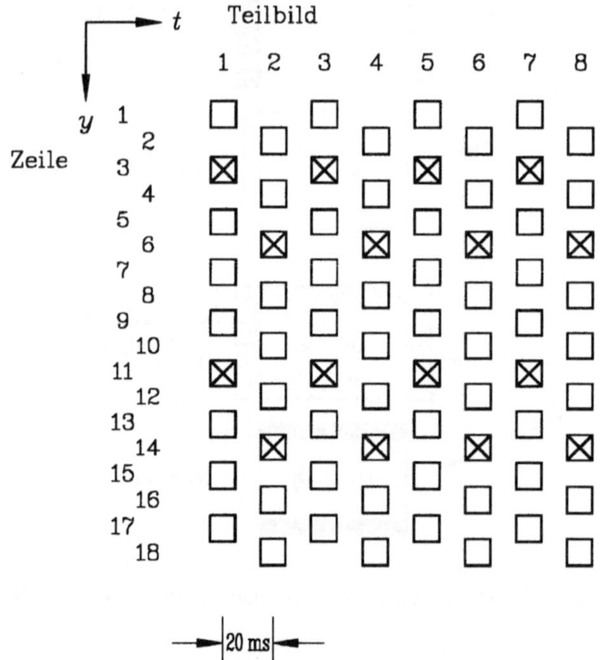

Bild 2.2
Rasterkonversion durch die
Herausnahme von Zeilen

Zur Beurteilung der Signalverarbeitung eignet sich besonders gut ein Zoneplate-Testbild, das sowohl horizontal als auch vertikal ansteigende Ortsfrequenzen enthält. Ein
sinusförmiger Signalverlauf stellt sicher, daß an jedem Ort nur die Grundwelle, und
keine Oberwellen in Erscheinung treten. Die Darstellung aller möglichen Ortsfrequen-

zen ist so in einem einzigen Bild möglich. Dieses Testbild kann insbesondere zur Beurteilung der Auflösung und der entstehenden Aliasanteile bis zur halben Abtastfrequenz $0,5\,f_a$ herangezogen werden.

Die Herausnahme jeder vierten Zeile zur Rasterkonversion hat nach Bild 2.3a für das Zoneplate-Testbild (430 aktive Zeilen) starke Aliasstörungen zur Folge. Die vertikale Auflösung wird drastisch reduziert, was sich auch in Bild 2.3b an einem Ausschnitt der Burgplatzvorlage bemerkbar macht. Während für ruhende Vorlagen auch die Aliasstörungen nach dem Vollbildschema stationär bleiben, ergibt sich für die Offset-Sequenz um 3 Zeilen pro Teilbild ein Wandern der Aliasstrukturen und starkes Flimmern mit 6,25 Hz. Die Herausnahme jeder vierten Zeile des Originalbildes führt zu einer groben vertikalen Unterabtastung mit stark störenden Aliasanteilen.

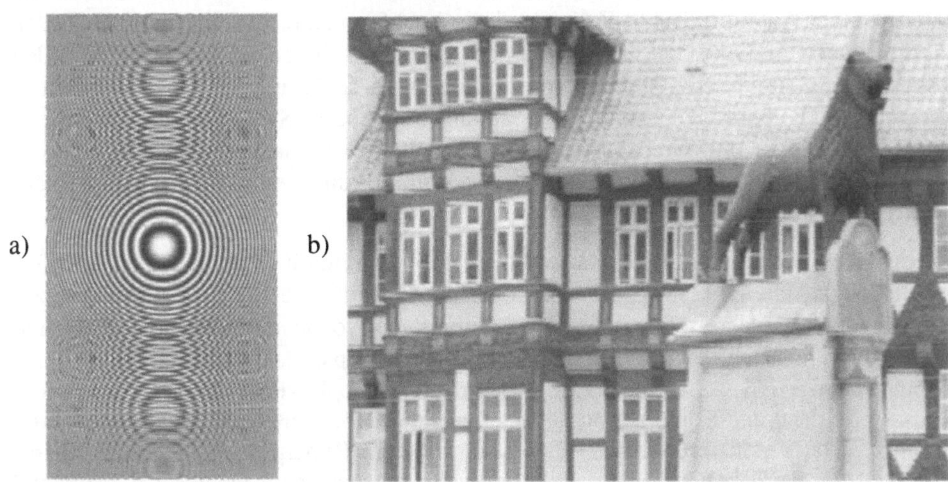

Bild 2.3
Rasterkonversion durch die Herausnahme jeder 4. Zeile; a) Zoneplate-Testbild; b) Ausschnitt des Burgplatzbildes

Die Art der Konversion stellt das Hauptproblem dar, da entweder die Bildqualität im kompatiblen Empfänger auf Kosten des 16:9-Bildes im PALplus-Empfänger maximiert werden kann oder umgekehrt. Um zu einem befriedigenden Kompromiß für beide Seiten zu kommen, wurden verschiedene Vorschläge zur Rasterkonversion untersucht. Ein Vorschlag ist die Matrixmethode, die mehrere Zeilen zu einem Streifen zusammenfaßt und in ein Haupt- und ein Zusatzsignal aufteilt [SUZUKI 1]. Als Ziel wird eine möglichst exakte Amplitudenrekonstruktion im 16:9-Empfänger angestrebt. Einen weiteren erfolgversprechenden Ansatz bietet die vertikale Bandaufspaltung in einen Tiefpaß- und Hochpaßanteil mit einer anschließenden Rasterkonversion auf 430 Zeilen, bzw. 144 Zeilen. Im 16:9-Empfänger wird hier ein möglichst glatter Amplituden- und Phasenfrequenzgang angestrebt.

Die vom Ansatz her unterschiedlichen Methoden zur Rasterkonversion liefern ähnliche Ergebnisse und unterscheiden sich nur in Details in Bezug auf die Rauschempfindlichkeit oder Aliaserzeugung. Zusätzlich kann bei der Matrixmethode eine Streifenbildung auftreten. Allerdings sind generell allen Verfahren physikalische Grenzen gesetzt, die aufgrund einer kameraseitigen Interlace-Abtastung entstehen. Denkbar ist eine Signalverarbeitung über alle Zeilen unter Hinzunahme des zeitlich folgenden Teilbildes (Vollbildverarbeitung) oder eine Rasterkonversion innerhalb eines Teilbildes. Bei einer Verarbeitung im Vollbild kommt es im kompatiblen Empfänger zu einer unerwünschten zeitlichen Komponente (Bewegungsverschleifung), während bei einer Teilbildverarbeitung eine Rasterkonversion bei der halben Zeilenzahl stattfindet, was eine reduzierte vertikale Auflösung zur Folge hat.

Die vertikale Bandaufspaltung zur Rasterkonversion wurde näher untersucht, da sich deren Eigenschaften mit der linearen Systemtheorie analytisch beschreiben lassen und die wenigsten Nebeneffekte zu erwarten sind. Nach der Bandaufspaltung werden die tieffrequenten Anteile mit 430 Zeilen und die hochfrequenten Anteile mit 144 Zeilen übertragen. Beim Letterbox-Format werden diese 144 Zeilen in zweimal 72 Zeilen aufgeteilt und am oberen und unteren Bildrand verdeckt im Schwarz- und Ultraschwarzbereich übertragen, um im 4:3-Empfänger sichtbare „Störzonen" zu verhindern. Die Möglichkeiten und Grenzen der Bandaufspaltung und nachfolgenden Rasterkonversion werden im kompatiblen Zweig für die Vollbild- und Teilbildinterpolation erläutert.

Für den 16:9-Empfänger ergeben sich andere Probleme, da hier die tief- und hochfrequenten Signalanteile wieder zu einem 574zeiligen Bild ohne sichtbare Störungen zusammengefaßt werden sollen. Die Bandaufspaltung - ohne einen idealen Tief- und Hochpaß - führt nach der Rasterkonversion bei der kompatiblen Übertragung zu Überlappungen im Frequenzbereich (Alias). Gerade im PALplus-Empfänger müssen diese Aliasanteile nach der Kombination des Tiefpaß- und Hochpaßzweiges vermieden oder zumindest stark reduziert werden. Basierend auf dem Prinzip der Quadrature Mirror Filter (QMF) wurden neue Filter entwickelt, die bei geringem technischen Aufwand eine aliasarme Wiedergabe zulassen.

Die Übertragung des Helpersignals im Schwarz- und Ultraschwarzbereich erfordert eine Amplitudenkompression, welche die Empfindlichkeit auf Rauschstörungen erhöht. Weitere Maßnahmen wie eine horizontale Bandbegrenzung oder Coring-Technik können die Rauschempfindlichkeit wieder reduzieren, jedoch haben solche Maßnahmen auch Auswirkungen auf das rekonstruierte 16:9-Bild. Diese Auswirkungen werden für eine ungestörte und gestörte Übertragung untersucht.

2.1 Coder und Decoder mit vertikaler Bandaufspaltung

Das ankommende Bild mit einem 16:9-Bildseitenverhältnis besitzt dieselben Systemparameter wie herkömmliche 4:3-Bilder, also identische Bildfrequenz, Zeilenzahl und Zeilendauer. Aufgrund der gleichen Zeilendauer ergibt sich im kompatiblen Empfänger eine horizontale Bildkompression um den Faktor 3/4, weshalb zur Vermeidung von Geometriefehlern auch eine vertikale Bildkompression um denselben Faktor durchgeführt werden muß. Daneben werden weitere Maßnahmen zur optimalen Ausnutzung des Übertragungskanals nötig.

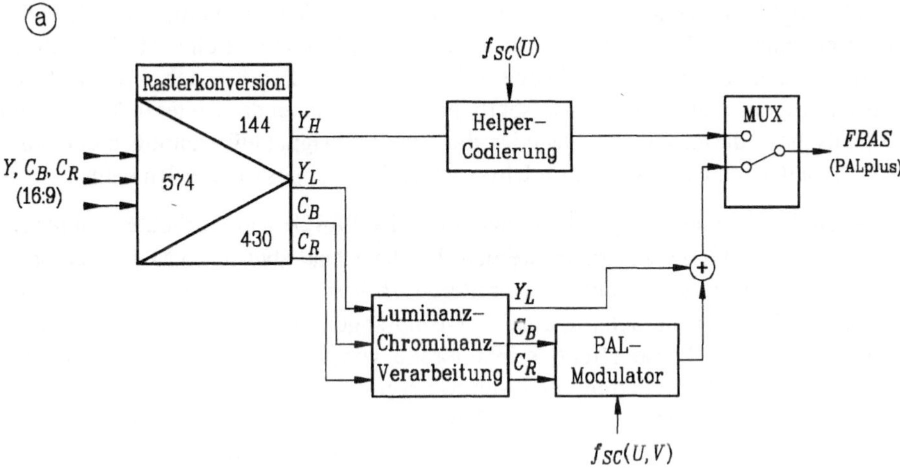

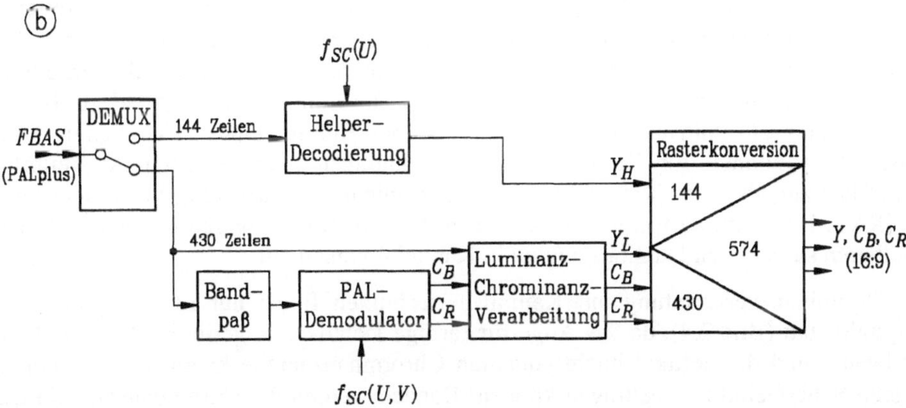

Bild 2.4
Blockschema zur PALplus-Codierung und -Decodierung; a) Coder; b) Decoder

Bild 2.4 zeigt anhand eines Blockschemas die wesentlichen Verarbeitungsschritte einer kompatiblen Übertragung. Zunächst wird das 16:9-Bild mit 574 aktiven Zeilen einer vertikalen Rasterkonversion unterzogen, wobei das Hauptbild mit 430 Zeilen übertragen wird und 144 Zeilen für Zusatzinformationen frei werden. Ein Ansatz zur Rasterkonversion ist die vertikale Bandaufspaltung in einen Tiefpaß- und einen Hochpaßanteil. Der Tiefpaßzweig enthält das 430zeilige sichtbare Bild mit der vertikal bandbegrenzten Luminanz und Chrominanz, während der Hochpaßzweig nur noch die vertikal hochfrequente Luminanzinformation enthält und verdeckt am oberen und unteren Bildrand übertragen werden soll (Helpersignal). Für die Verdeckung des Hochpaßanteils können mehrere Maßnahmen im Coder herangezogen werden. Zum einen wird eine Amplitudenkompression durchgeführt und dieser reduzierte Pegel im Schwarz- und Ultraschwarzbereich übertragen. Die höhere Rauschempfindlichkeit kann durch eine Kompandierung und eine horizontale Bandbegrenzung reduziert werden, wobei letzteres gleichzeitig die nutzbare Bandbreite für diagonale Strukturen (vertikal und horizontal hochfrequente Anteile) begrenzt. Zur weiteren Verdeckung ist eine Modulation des Zusatzsignals auf den Farbträger vorgesehen, da in den Randbereichen keine Chrominanzübertragung stattfindet. Ein wesentlicher Vorteil neben der weiteren Verdeckung des Signals liegt darin, daß im Decoder die Synchronsignalaufbereitung nicht durch horizontal niederfrequente Anteile im Ultraschwarzbereich gestört werden kann.

Für das 16:9-Bild müßte eigentlich eine um $(16:9)/(4:3) = 4/3$ erhöhte Bandbreite ($5\ \text{MHz} \cdot 4/3 = 6{,}7\ \text{MHz}$) übertragen werden. Da der Kanal aber nur 5 MHz Bandbreite zuläßt, kann ein Empfänger mit dem breiteren 16:9-Bild bei gleicher Bildhöhe und Zeilenzahl effektiv nur die Schärfe eines 4:3-Empfängers mit $5\ \text{MHz} \cdot 3/4 = 3{,}75\ \text{MHz}$ Bandbreite erreichen. Diese effektive Bandbreite von 3,75 MHz erfordert zusätzlich eine verbesserte PAL-Codierung und -Decodierung durch Kammfiltertechniken, da derzeit im Standardempfänger die 5 MHz Luminanzbandbreite mit der einfachen Bandpaß/Bandsperre-Kombination zur Luminanz-Chrominanz-Trennung gar nicht erreicht wird. Bereits Zeilenkammfilter ermöglichen die volle Nutzung der Luminanzbandbreite von 5 MHz in horizontaler Richtung, so daß bei der Wiedergabe auf dem breiteren 16:9-Empfänger zumindest subjektiv die gleiche horizontale Auflösung wie bei den derzeitigen Standardempfängern erreicht wird. Innerhalb einer Teilbildverarbeitung haben sich Zeilenkammfilter [TEICHN 1] und logische Kammfilter [OKADA] zur besseren Luminanz-Chrominanz-Trennung bewährt, bei Einsatz eines zusätzlichen Teilbildspeichers können für Breitbild-Filmaufzeichnungen auch modifizierte Teilbildkammfilter zur übersprechfreien Luminanz-Chrominanz-Verarbeitung verwendet werden [KAYS]. Kammfiltertechniken werden in ihren Auflösungseigenschaften und dem erzielbaren subjektiven Qualitätsgewinn in Kapitel 4 untersucht.

Die Chrominanzverarbeitung mit Kammfiltertechniken findet nur für das 430zeilige Hauptbild statt (Bild 2.4), da das Auge für farbige Details eine geringere Empfindlichkeit besitzt und die vertikal hochfrequenten Chrominanzanteile kaum noch zu einem höheren Schärfeeindruck beitragen können. Danach werden die Chrominanzanteile C_B, C_R im PAL-Modulator mit dem Farbträger moduliert und dem Luminanzsignal Y aufsummiert. Nach dieser Vorverarbeitung kann das Hauptbild mit dem codierten Helpersignal über einen Multiplexer (MUX) zu dem kompletten 574zeiligen Bild zusammengesetzt werden. Die lagerichtige Kombination des Helpersignals mit dem Hauptbild erfordert im Multiplexer noch das Zwischenspeichern der eingehenden Signale.

Das PALplus-Signal kann von herkömmlichen 4:3-Empfängern ohne Zusatzdecoder empfangen werden, wobei die verbesserte Luminanz-Chrominanz-Codierung bereits hier eine Verringerung der Cross-Störungen bewirkt. Im PALplus-Empfänger (Bild 2.4b) wird zunächst das Helpersignal vom Hauptbild abgespalten und decodiert. Im Hauptbild sorgt ein an den Coder angepaßter Farbdecoder für eine optimierte Luminanz-Chrominanz-Trennung, der auch für normale 4:3-Sendungen zu einer Qualitätsverbesserung beiträgt. Anschließend wird im Block 'Rasterkonversion' eine Bandsynthese durchgeführt, in dem aus dem Hauptbild mit 430 Zeilen die Luminanz und Chrominanz wieder auf 574 Zeilen interpoliert/dezimiert werden. Das decodierte Helpersignal wird ebenfalls auf 574 Zeilen interpoliert. Die Addition des Tiefpaßanteils mit dem Hochpaßanteils des Helpersignals führt zu dem gewünschten Ausgangssignal im 16:9-Format und der ursprünglichen vertikalen Auflösung.

Der Empfang von konventionellen 4:3-Sendungen oder Spielfilmen im Letterbox-Format - ohne Hochpaßinformation - ist im Blockschema nach Bild 2.4b nicht dargestellt, da viele Detailinformationen das Schema unübersichtlich machen würden. Bei 4:3-Sendungen und Letterbox-Spielfilmen gelangt das Eingangssignal direkt ohne eine Aufsplittung der Zeilen zu der verbesserten Luminanz-Chrominanz-Decodierung. Die Darstellung des 575zeiligen Bildes würde auf dem 16:9-Bildschirm zu einer Geometrieverzerrung führen, weshalb ausgangsseitig noch eine Zeilenkompression von 52 μs auf 39 μs durchgeführt werden muß. Außerhalb des 4:3-Bildes entstehen so an den Seiten schwarze Ränder. Bei konventionellen Spielfilmen im Letterbox-Format würden diese seitlichen Ränder mit den Letterboxbalken zusammen einen schwarzen Rahmen ergeben. Statt der Zeilenkompression ist hier eine Rasterkonversion auf 575 Zeilen sinnvoller, um den schwarzen Bildrahmen zu vermeiden.

2.2 Ideale und lineare Interpolation/Dezimation

Eine Rasterkonversion auf der Basis von Interpolations/Dezimationsfiltern hat prinzipielle Grenzen, die am idealen Fall aufgezeigt werden sollen. Für den einfachen Weg einer linearen Interpolation werden die entstehenden Fehler abgeschätzt.

In Bild 2.5 ist eine ideale Rasterkonversion um den Faktor 3/4 dargestellt, was in vertikaler Richtung einer Konversion von 574 auf 430 Zeilen entspricht. Bild 2.5a zeigt einen abgetasteten Amplitudenverlauf in vertikaler Richtung und das zugehörige Ortsfrequenzspektrum. Das in diesem Fall an der Nyquistgrenze f_{Ny} ideal bandbegrenzte Signal wird durch die Abtastung im Abstand Δy periodisch mit der Abtastfrequenz $f_a = 1/\Delta y$ wiederholt. Die Abtastfrequenz und Vielfache davon sind durch Punkte gekennzeichnet.

Im Falle einer Interpolation um den Faktor $L = 3$ werden zwischen zwei bestehenden Abtastpunkten zwei neue Werte gebildet und die Abtastfrequenz um denselben Faktor erhöht (Bild 2.5b). Im idealen Fall geschieht dies mit einer rechteckförmigen Tiefpaßcharakteristik mit der Grenzfrequenz

$$\text{Interpolation:} \quad f_g = f_a/2 = f_{Ny}, \tag{2.1}$$

die das Basisband nicht beeinflußt. Eine anschließende Dezimation bis zum Interpolationsfaktor wäre problemlos, jedoch führt eine Dezimation um den Faktor $M = 4$ zu

Überlappungen im Basisband und somit zu Aliasstörungen. Daher muß der Dezimation ein Tiefpaßfilter vorgeschaltet werden, dessen Grenzfrequenz die maximal mögliche Bandbreite berücksichtigt. Ist der Dezimationsfaktor M größer als der Interpolationsfaktor L, so liegt die Grenzfrequenz bei

$$\text{Dezimation:} \quad f_g = 0{,}5 f_a \cdot \frac{L}{M} \; . \tag{2.2}$$

Die Hintereinanderschaltung der Tiefpaßfilter nach der Interpolation und vor der Dezimation ist nicht sinnvoll, es genügt ein gemeinsamer Tiefpaß mit der niedrigeren Grenzfrequenz f_g.

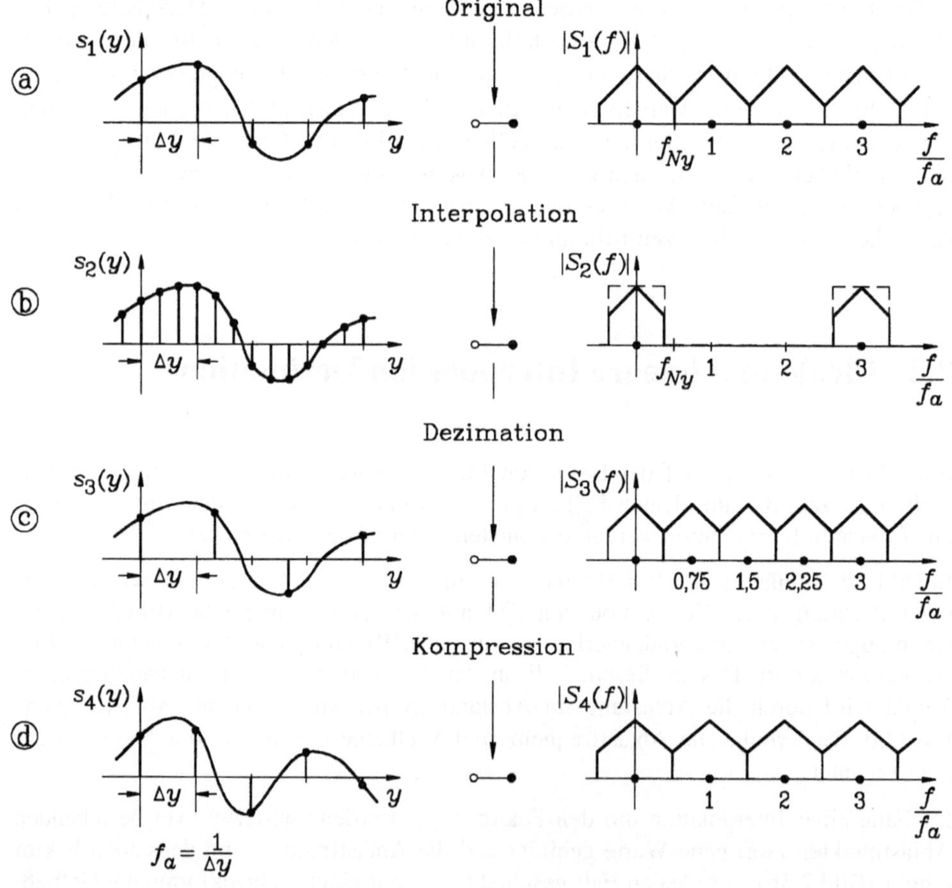

Bild 2.5
Ideale Rasterkonversion um den Faktor 3/4 im Zeit- und Frequenzbereich; a) abgetasteter Amplitudenverlauf; b) Interpolation um Faktor 3; c) Dezimation um Faktor 4; d) Kompression auf Eingangsraster

Bei einer Konversion um den Faktor 3/4 wird das Interpolationsfilter so ausgelegt, daß die Bandbegrenzung bereits vor der Nyquistgrenze bei $0,5 \cdot 3/4 = 0,375\,f_a$ einsetzt. Die Dezimation um den Faktor 4 führt in Bild 2.5c dann zu dem gewünschten neuen Träger bei $0,75\,f_a$. Das Basisband hat keine Überlappung mit den periodischen Wiederholspektren, ist aber gegenüber dem ursprünglichen Basisband in der Auflösung reduziert. Bild 2.5a beschreibt das ursprüngliche Bild mit 574 Zeilen, während Bild 2.5c einem Bild derselben Bildhöhe mit 430 Zeilen entspricht. Diese 430 Zeilen werden nun auf 3/4 der Bildhöhe dargestellt, was in Bild 2.5d einer Kompression im Ortsbereich und Erhöhung der Zeilenzahl auf wiederum 574 Zeilen gleichkommt. Die Spektren werden entsprechend gespreizt.

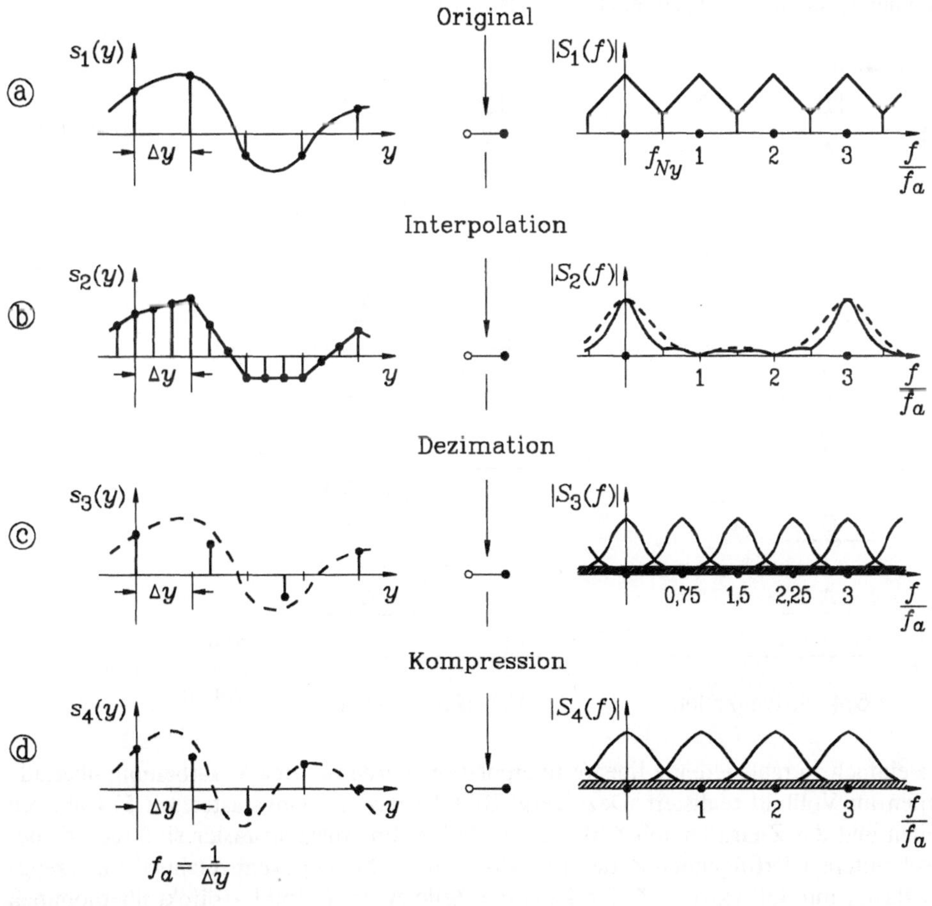

Bild 2.6
Rasterkonversion um den Faktor 3/4 mit linearer Interpolation/Dezimation im Zeit- und Frequenzbereich; a) abgetasteter Amplitudenverlauf; b) Interpolation um Faktor 3; c) Dezimation um Faktor 4; d) Kompression auf Eingangsraster

Das Problem einer idealen Rasterkonversion liegt in der Auslegung des idealen Tiefpasses, der mit unendlich vielen Koeffizienten realisiert werden müßte und den es deshalb nur in der Theorie gibt. Ein realistischer Fall ist die lineare Interpolation, die zwischen zwei bekannten Abtastwerten die neuen Abtastwerte durch eine lineare Gewichtung ermittelt (Bild 2.6b). Im Spektrum ist der Frequenzgang gestrichelt dargestellt, der nun nicht mehr annähernd die Eigenschaften eines idealen Tiefpasses besitzt. Das Basisband wird bereits bedämpft und das erste und zweite Oberwellenspektrum werden nur unzureichend unterdrückt. Bei der Interpolation entstehen noch keine Aliasanteile, diese bilden sich erst aufgrund der Dezimation, dargestellt in Bild 2.6c. Im Ortsbereich weichen die ermittelten Werte nun deutlich vom idealen gestrichelten Verlauf ab. Eine anschließende Kompression und Wiedergabe mit 574 Zeilen/Bildhöhe führt wiederum zu einer Spreizung der Frequenzbänder (Bild 2.6d).

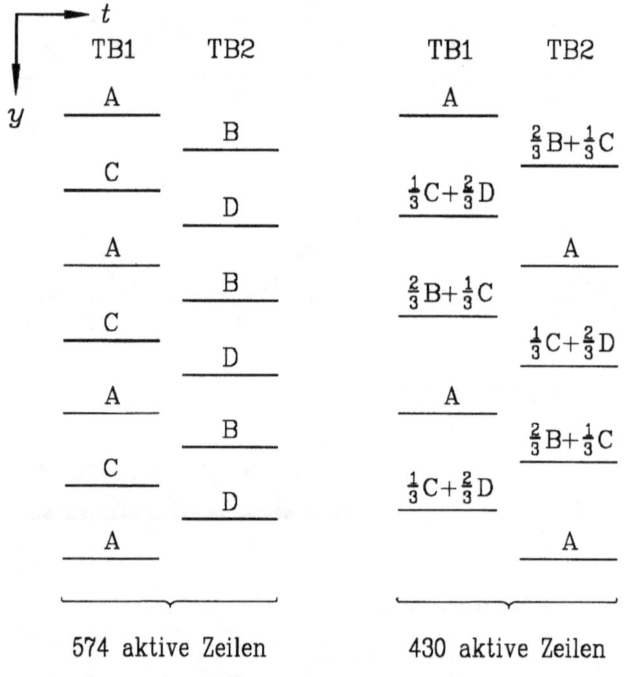

Bild 2.7
Lineare Interpolation im Vollbild

Die einfach zu realisierende lineare Interpolation wurde für eine Verarbeitung über alle Zeilen im Vollbild realisiert. Dazu zeigt Bild 2.7 das Ausgangsraster mit 574 aktiven Zeilen und das Zielraster mit 430 aktiven Zeilen. Im Ausgangsraster sind die geometrisch aufeinanderfolgenden Zeilen periodisch mit A bis D gekennzeichnet. Im erzeugten Raster mit 430 aktiven Zeilen kann die Zeile A im Teilbild 1 direkt übernommen werden, während die geometrisch benachbarte Zeile in Teilbild 2 zwischen den Zeilen B und C liegt. Hier ergibt sich die neue Zeile aus 2/3 B + 1/3 C, also aus den beiden Teilbildern, so daß eine unerwünschte Reduktion der Bewegungsauflösung hervorgerufen wird. Die ortsvariablen Gewichtungen in den erzeugten Zeilen haben unterschiedliche Teilfilterfrequenzgänge zur Folge, wobei deren Amplitudendifferenzen als Schwebungen in Erscheinung treten.

Ein Zoneplate-Testbild in Bild 2.8 zeigt diese Schwebungsmuster. Bei $f_v = 312,5$ c/ph verbleiben Frequenzanteile, die im kompatiblen Kanal oberhalb der Nyquistgrenze liegen und eigentlich unterdrückt werden sollten. Bei $f_v = 234$ c/ph liegt die Nyquistgrenze des kompatiblen Kanals; die hier erscheinenden Schwebungsmuster entsprechen denen der heutigen Standardübertragung bei der halben vertikalen Abtastfrequenz. Die lineare Interpolation führt darüber hinaus zu Schwebungsmuster bei $f_v = 156$ c/ph aufgrund der unterschiedlichen Teilfilterfrequenzgänge.

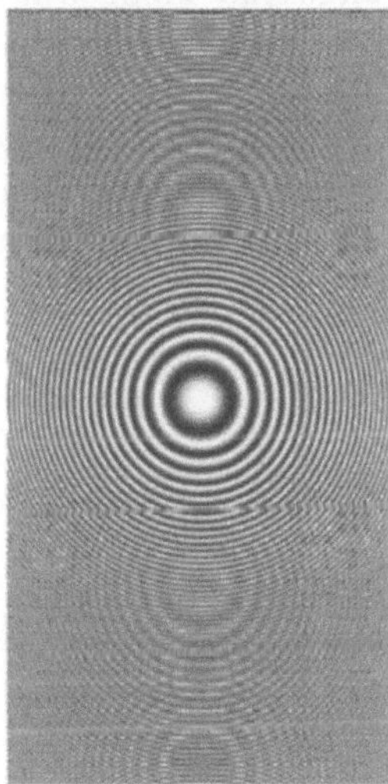

Bild 2.8
Zoneplate-Testbild nach einer Rasterkonversion auf 430 aktive Zeilen im Vollbild

Die ideale Rasterkonversion ist nicht zu realisieren und die lineare Rasterkonversion erzeugt störende Anteile im Tiefpaßzweig, der das kompatible Bild enthält. In der Praxis können die Schwebungen durch höherwertige Interpolationsfilter reduziert werden. Der Einfluß der Zeilensprungabtastung auf die Bewegungswiedergabe wird in den Kapiteln 2.4 und 2.5 näher behandelt.

2.3 Quadrature Mirror Filter zur Bandaufspaltung

Nach der Dezimation sind Aliasanteile im Hochpaß- und im Tiefpaßzweig in der Praxis (ohne ideale Hoch- und Tiefpässe) nicht zu vermeiden, sie müssen aber im 16:9-Empfänger wieder kompensiert werden. Dazu eignen sich spezielle Filter, sogenannte „Quadrature Mirror Filter" (QMF) und „Conjugate Quadrature Filter" (CQF), die trotz Überlappungsbereichen an den Bandgrenzen eine fast fehlerfreie Rekonstruktion der Amplitude und Phase zulassen [JOHNSTN, BARAB, CROCH 1, CROCH 2, SMITH]. Bei CQF-

Filtern wird ein Gesamtfilter entworfen, um daraus die Teilfilter abzuleiten. Für die Teilfilter wird allerdings keine Phasenlinearität bzw. konstante Gruppenlaufzeit erreicht. Gerade der niederfrequente Anteil des ersten Teilfilters stellt jedoch den kompatiblen Zweig dar, und die Verwendung von CQF-Filtern würde zu erhöhten Störungen aufgrund der nicht konstanten Gruppenlaufzeit führen. Daher wurde auf diesen Ansatz verzichtet und das Prinzip der QMF-Filter genauer untersucht.

Quadrature-Mirror-Filter sind in besonderem Maße für eine Bandaufspaltung mit nachfolgender Dezimation geeignet, da sie phasenlinear sind und nach der Bandsynthese - je nach Filteraufwand - einen glatten Frequenzgang besitzen. Aliasstörungen, die in den Subbändern aufgrund der Dezimation entstehen, werden weitgehend kompensiert. Weiterhin kommen sowohl im Coder als auch im Decoder phasenlineare Filter zum Einsatz, so daß sich hierdurch keine zusätzlichen Störungen für die Subbänder ergeben. Ihr Nachteil besteht darin, daß schon dem Namen nach eine Halbierung des Frequenzbandes stattfindet mit einer Dezimation auf den Faktor 1/2. In einem PALplus-System muß stattdessen eine Bandaufspaltung mit den Faktoren 3/4 zu 1/4 erfolgen. Hierzu wurden grundlegende Untersuchungen in [HERFET] durchgeführt.

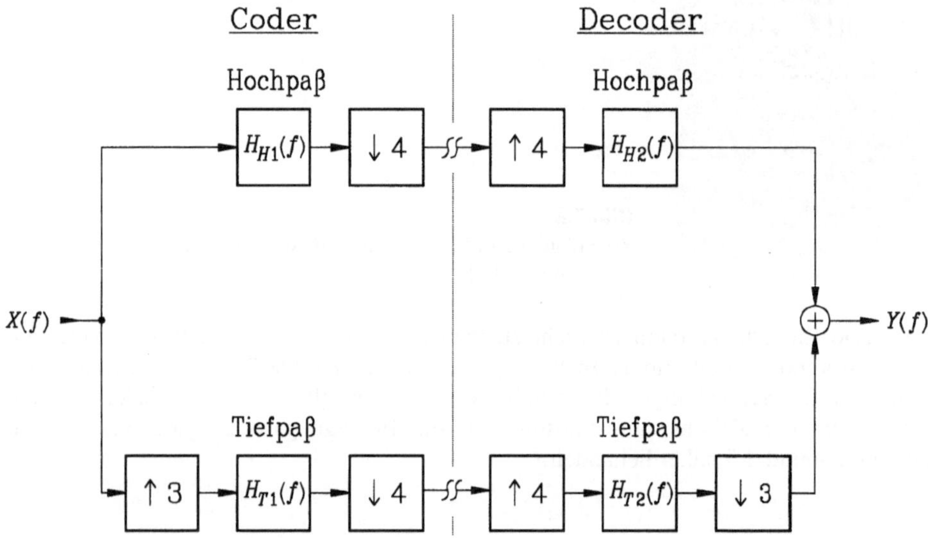

Bild 2.9
Blockschema einer Filterbank zur Rasterkonversion

Bild 2.9 zeigt das Blockschema der Filterbank zur Rasterkonversion. Im Tiefpaßzweig mit dem kompatiblen Hauptbild erfolgt zunächst eine Interpolation um den Faktor 3, die Tiefpaßfilterung und anschließend die Dezimation um den Faktor 4, was bei der Bandsynthese im Decoder wieder rückgängig gemacht wird. Die Tiefpaßfilter sind bis auf einen Vorfaktor identisch. Im Hochpaßzweig genügt nach der Filterung die Dezimation um den Faktor 4, was ebenfalls auf der Decoderseite durch eine Interpolation rückgängig gemacht wird. Der Amplitudenfrequenzgang der Hochpaßfilter ist ebenfalls identisch, jedoch besitzen die Teilfilter einen um 180° verschobenen Phasengang, um Alias-anteile im Ausgangssignal mit dem Spektrum $Y(f)$ zu kompensieren. Am Ausgang werden die Signale wieder über einen Addierer zusammengefaßt.

Bereits aus dem Blockschema nach Bild 2.9 lassen sich wichtige Eigenschaften der Filter ableiten. Um nach der Bandsynthese wieder zu einem glatten Amplitudenfre-quenzgang zu kommen, muß der Hochpaßzweig und der Tiefpaßzweig an der Über-gangsfrequenz jeweils die halbe Signalamplitude besitzen, was einer Dämpfung von 6 dB entspricht. Da jeweils zwei Filter mit gleichem Amplitudenfrequenzgang in Reihe geschaltet sind, folgt für jedes Teilfilter eine Dämpfung von 3 dB an der Übergangsfre-quenz (Bild 2.10). Eine weitere Bedingung sind spiegelsymmetrische Flanken bezogen auf die Übergangsfrequenz (QMF-Filter sind spiegelsymmetrisch zur halben Abtastfre-quenz), wobei sich die quadrierten Anteile aus Tiefpaß und Hochpaß zu eins ergänzen müssen. Dies kann durch die Verwendung unterschiedlicher Filter für den Hoch- und Tiefpaßzweig erreicht werden.

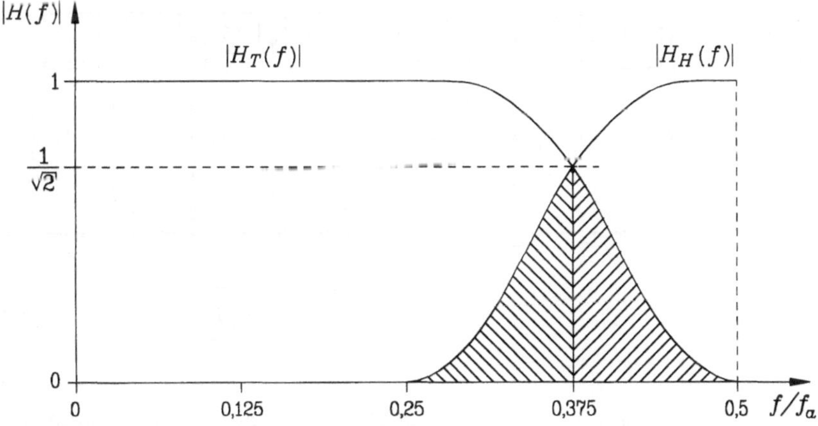

Bild 2.10
Bandaufspaltung im Verhältnis 3/4, 1/4

Nach der Dezimation kommt es zu Überlappungen des Basisbandes mit den Oberwellen in den schraffierten Bereichen und somit zu Aliasstörungen. Um die Aliaskomponenten im kompatiblen Zweig klein zu halten, können Filter höherer Ordnung mit einer größe-ren Flankensteilheit verwendet werden. Auch bei der Bandsynthese ist eine höhere Flankensteilheit erforderlich. Die Aliaskomponenten des Tiefpaß- und Hochpaßzweiges sollen die gleiche Amplitude, aber eine Phasenverschiebung von 180° besitzen, um sich gegeneinander zu kompensieren. Die maximale Überlappungsbandbreite wird hier durch den Hochpaßzweig bestimmt. Sie darf nicht größer als der Durchlaßbereich selbst sein (wie in Bild 2.10 skizziert), weil sonst nach der Dezimation mehrere Nutz- und Aliasanteile auf einer Frequenz abgebildet und nicht mehr voneinander getrennt werden können. Daraus folgt gleichzeitig, daß der Tiefpaßzweig bis $0{,}25\,f_a$ völlig glatt und ohne Überlappungsbereiche nach der Unterabtastung sein muß. Filter niedriger Ord-nung können diese Forderung nicht erfüllen und es kommt auch nach der Bandsynthese zu restlichen Aliasanteilen. Die Flankensteilheit der Filter kann mit der Anzahl der Koeffizienten erhöht werden, was bei einer Hardwareentwicklung auf die optimale Nutzung der Verzögerungsglieder (Zeilenspeicher) hinausläuft.

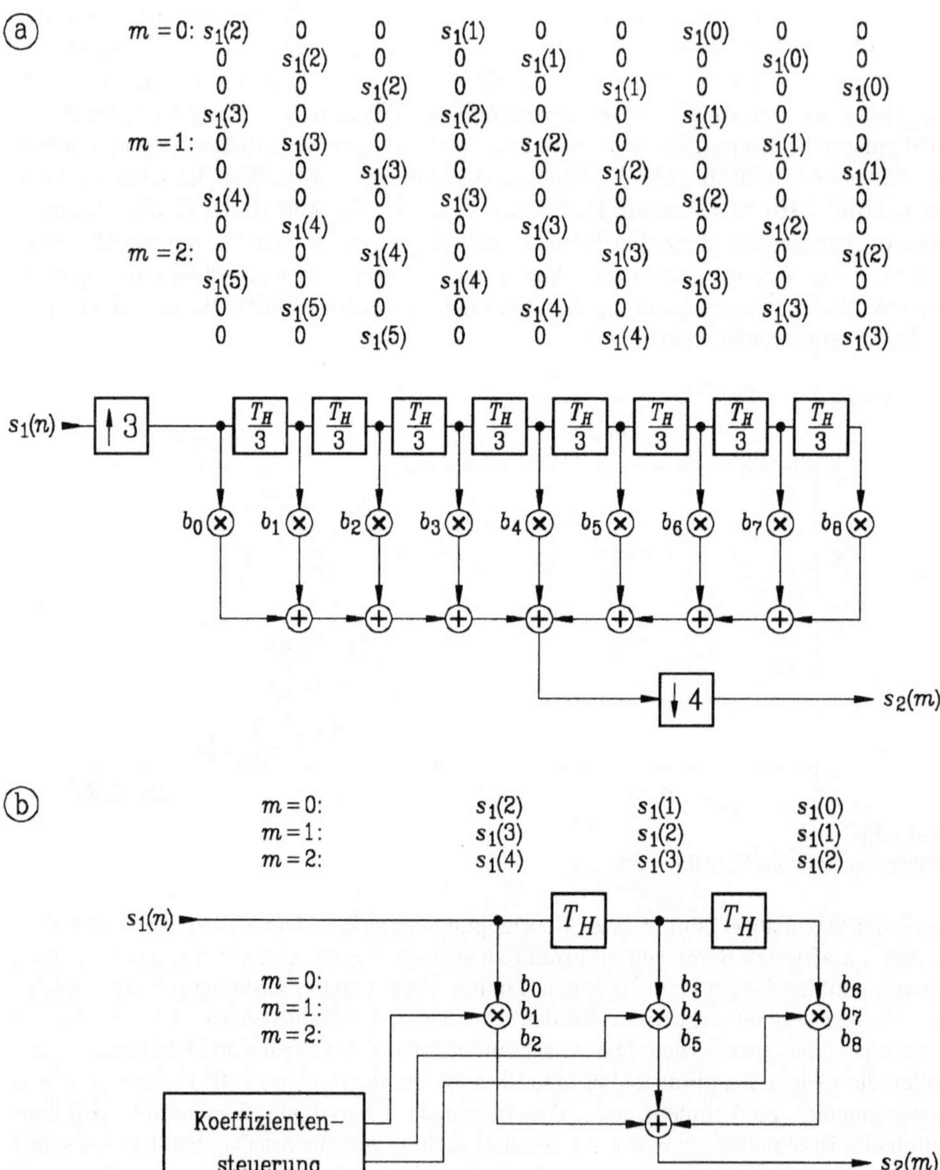

Bild 2.11
Realisierung von Interpolation/Dezimations-Filtern; a) vollständige Struktur; b) polyphase Struktur

Für die Interpolation/Dezimation um den Faktor 3/4 ist in Bild 2.11a das Prinzip der vollständigen Hardwarerealisierung dargestellt. Zunächst erfolgt eine Überabtastung um den Faktor $L = 3$ und dann die Tiefpaßfilterung bei der 3fachen Abtastfrequenz. Am Ausgang wird die Unterabtastung um den Faktor $M = 4$ durchgeführt. Die Darstellung der Eingangswerte an den Laufzeitgliedern zeigt, daß jeweils zwei von drei Eingangswerten null sind und so keinen Beitrag zum Ausgangswert liefern. Weiterhin führt die Unterabtastung am Ausgang dazu, daß von vier berechneten Werten lediglich einer genutzt wird. Eine praxisnähere Lösung bietet die Schaltung in Bild 2.11b mit einer polyphasen Filteranordnung [SCHÖN 1]. Es werden nur noch die benötigten Ausgangswerte berechnet, wobei von Abtastwert zu Abtastwert der Koeffizientensatz je nach Phasenlage umgeschaltet wird. Die Berechnung der Ausgangswerte erfolgt nun bei der Ausgangstaktfrequenz und nicht bei dem höheren Interpolationstakt. Eine Interpolation/Dezimation um den Faktor 3/4 erfordert 3 Teilfilter über 4 Zeilen (bzw. 4 Teilfilter über 3 Zeilen bei der Bandsynthese), woraus sich für das Gesamtfilter Vielfache von 12 Koeffizienten als günstig erweisen. Der Hochpaßzweig kommt dagegen mit einem Filter pro vier Zeilen aus, mit einer optimalen Ausnutzung der Zeilenspeicher bei Vielfachen von 4 Koeffizienten.

Der Entwurf vom Quadrature Mirror Filtern zur Halbbandaufspaltung ist umfassend in [CROCH 2] beschrieben, weshalb hier mehr auf die Besonderheiten der 3/4:1/4 Bandaufspaltung eingegangen werden soll. In [CROCH 2] wurde gezeigt, daß an der Übergangsfrequenz eine Summation der Nutzamplitude und Subtraktion der Aliaskomponenten insbesondere mit Filtern mit gerader Koeffizientenzahl erreicht wird, was auch der oben beschriebenen optimalen Hardwareausnutzung entgegen kommt. Durch besondere Maßnahmen bei der Filterstruktur ist es nach [VETTERLI] auch möglich, Filter mit ungerader Koeffizientenzahl zu entwerfen. Für das Gesamtsystem nach der Bandsynthese hat die Wahl einer geraden oder ungeraden Koeffizientenzahl keinen Einfluß, im kompatiblen tieffrequenten Subband läßt sich damit jedoch die Phasenlage der erzeugten Zeilen beeinflussen. Bei gerader Koeffizientenzahl ergibt sich für alle erzeugten Zeilen ein Offset zum Eingangsraster, bei ungerader Koeffizientenzahl liegt dagegen jede dritte erzeugte Zeile auf der Position einer Zeile des Eingangsbildes. Ein Vorteil ist hieraus nicht abzuleiten, weshalb ein Filterentwurf mit gerader Koeffizientenzahl erfolgt.

Bei der Entwicklung der Filter wird zunächst ein Prototyp-Tiefpaß nach einer bekannten Methode (z. B. Inverse Fouriertransformation mit Fensterung eines Idealen Tiefpasses) entworfen. Die Grenzfrequenz des Tiefpasses liegt bei 3/4 (L/M) der Nyquistfrequenz, was bei einer Interpolation um den Faktor 3 eine normierte Grenzfrequenz f_{gn} von

$$f_{gn} \cdot 3f_a = 0{,}5 f_a \cdot \frac{L}{M}$$

$$f_{gn} = \frac{0{,}375 f_a}{3 f_a} = 0{,}125 \qquad (2.3)$$

ergibt. Durch eine Vorzeichenumkehr jedes zweiten Koeffizienten - dies entspricht einer Modulation bei der neuen Nyquistfrequenz $1{,}5\,f_a$ - erhält man einen Hochpaß, der allerdings noch die 3fache gewünschte Bandbreite besitzt. Eine Expansion um den Faktor 3 bewirkt die erforderliche Reduktion der Bandbreite mit dem Nebeneffekt von steileren Übergängen zwischen Durchlaß- und Sperrbereich. Die Anzahl der Koeffizienten zwischen Tiefpaß und Hochpaß sollte in etwa dem Bandbreitenverhältnis entsprechen (3:1), so daß die Koeffizienten des Hochpasses durch Fensterung der Impulsantwort auf ein Drittel reduziert werden. Das wiederum führt zu ähnlich flachen Übergängen zwischen Durchlaß- und Sperrbereich wie bei dem Prototyp-Tiefpaß.

Die so gewonnenen Filter erfüllen die Anforderungen für eine exakte Rekonstruktion nur unvollkommen, insbesondere im Übergangsbereich tritt nach der Bandsynthese noch eine starke Welligkeit auf. Die Koeffizienten müssen iterativ so verändert werden, daß sich an den Filterflanken immer eine Ergänzung der Amplituden beider Zweige zu eins ergibt. Der Rekonstruktionsfehler E_r ergibt sich zu

$$E_r = 2 \cdot \int\limits_{0}^{\frac{f_a}{2}} \left| \left|H_T(f)\right|^2 + \left|H_H(f)\right|^2 - 1 \right| df \ , \tag{2.4}$$

mit $H_T(f)$ = Tiefpaß-Übertragungsfunktion
und $H_H(f)$ = Hochpaß-Übertragungsfunktion.

Zum einen wird der Amplitudenfrequenzgang optimiert, zum anderen auch die Symmetrie der Filterflanken, da eine Unsymmetrie zu verbleibenden Aliasstörungen nach der Bandsynthese führt. Der Flankenfehler entsteht aufgrund der 3/4:1/4 Bandaufspaltung nur im Bereich zwischen $f_a/4$ und $f_a/2$

$$E_f = \int\limits_{\frac{f_a}{4}}^{\frac{f_a}{2}} \left| \left|H_T(f)\right| - \left|H_H\left(\frac{f_a}{2} - \left(f - \frac{f_a}{4}\right)\right)\right| \right| df \ . \tag{2.5}$$

Weiterhin läßt sich über die Koeffizienten auch die Steilheit der Filterflanken beeinflussen. Steilere Filterflanken führen im kompatiblen Zweig (Tiefpaßanteil nach der Bandaufspaltung und Dezimation) zu einem schmaleren Übergangsbereich und dort nach der Dezimation zu geringerem Alias. Allerdings ist die Nebenzipfeldämpfung geringer, wodurch unter Umständen auch Aliasanteile im Durchlaßbereich sichtbar werden können. Bei der Optimierung der Filter werden für den Tiefpaß und Hochpaß getrennte Stoppband-Grenzen eingeführt, wodurch die Signalenergie im Stoppband berechnet werden kann zu

$$E_s\left(f_{st}, f_{sh}\right) = \int\limits_{f_{st}}^{\frac{f_a}{2}} \left|H_T(f)\right|^2 df + \int\limits_{0}^{f_{sh}} \left|H_H(f)\right|^2 df \ , \tag{2.6}$$

mit f_{st} = Stoppband-Grenze des Tiefpasses
und f_{sh} = Stoppband-Grenze des Hochpasses.

Werden als Stoppband-Grenzen die erste Nullstelle der Übertragungsfunktion gewählt, so wird die Energie der Nebenzipfel minimiert und somit eine hohe Sperrdämpfung erreicht. Liegen die Stoppband-Grenzen dagegen bereits vor der ersten Nullstelle, so wird die Flankensteilheit vergrößert, da bereits relevante Anteile der Filterflanke in die Bewertung mit eingehen. Aufgrund der Symmetriebedingung genügt die Angabe der Stoppband-Frequenz des Tiefpasses, die des Hochpasses wird daraus abgeleitet.

Der Gesamtfehler ergibt sich aus der Addition der drei Anteile

$$E = a \cdot E_r + b \cdot E_f + c \cdot E_s\left(f_{st}, f_{sh}\right) , \tag{2.7}$$

die noch mit den Faktoren *a*, *b*, *c* gewichtet werden können. Ausgewogene Eigenschaften für den kompatiblen Tiefpaßzweig und nach der Bandsynthese erhält man durch etwa gleiche Gewichtung der Fehlerterme.

Die Koeffizienten der Prototypfilter dienen als Ausgangspunkt für die Optimierung. Mit einem iterativen Algorithmus werden die Koeffizienten so verändert, daß sich ein Minimum für die Fehlerfunktion ergibt. Die Filter zur Bandaufspaltung für den Tiefpaß- und Hochpaßzweig wurden nach einer Methode von *Hook* und *Jeeves* [HOOK, KUESTER] für die Koeffizientenanzahl von 12/4, 24/8, 36/12 und 48/16 optimiert [VOGEL]. Dabei beschreibt die erste Zahl die Anzahl der Koeffizienten im Tiefpaßzweig und die zweite Zahl die im Hochpaßzweig. Die Koeffizienten beziehen sich auf das Gesamtfilter, das sich wiederum für die Rasterkonversion in drei Teilfilter aufspaltet. Der Hardwareaufwand an Zeilenspeichern ist deutlich geringer, er beträgt für die oben genannten Filter 4, 8, 12, bzw. 16 Zeilenspeicher.

Die verwendeten Tiefpaßkoeffizienten $h_T(n)$ und Hochpaßkoeffizienten $h_H(n)$ sind im Anhang in Tabelle A.1 und A.2 aufgelistet. Nach [VOGEL] und unter Berücksichtigung der Faktoren für die Interpolation und Dezimation ergeben sich die vier Filter der Filterbank zu

$$\begin{aligned}
h_{T1}(n) &= 3\, h_T(n) \\
h_{T2}(n) &= 4\, h_T(n) \\
h_{H1}(n) &= h_H(n) \\
h_{H2}(n) &= -4\, h_H(n) .
\end{aligned} \tag{2.8}$$

Da bei der Interpolation/Dezimation pro Ausgangszeile nur jeder dritte Koeffizient vom Gesamtfilter einen Betrag ungleich null liefert (siehe Bild 2.11a), lassen sich durch die zeilensequentielle Umschaltung der Koeffizienten aus dem Gesamtfilter drei Teilfilter ableiten. Jedes Teilfilter hat nun die gewünschte Bandbreite $0{,}375\, f_a$ mit einer auf 1/3 reduzierten Amplitude. Für das 12/4- und 24/8-Tap-Filter sind in Bild 2.12 und 2.13 die Frequenzgänge der Gesamt- und der Teilfilter dargestellt. Die Amplitude der Teilfilter wurde für die gleichzeitige Darstellung des Hochpaßanteils um den Faktor 3 verstärkt.

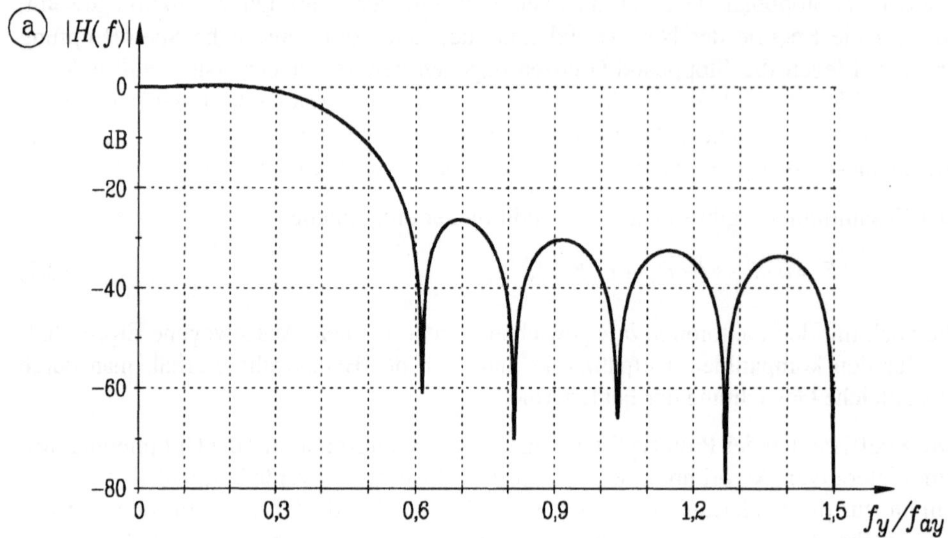

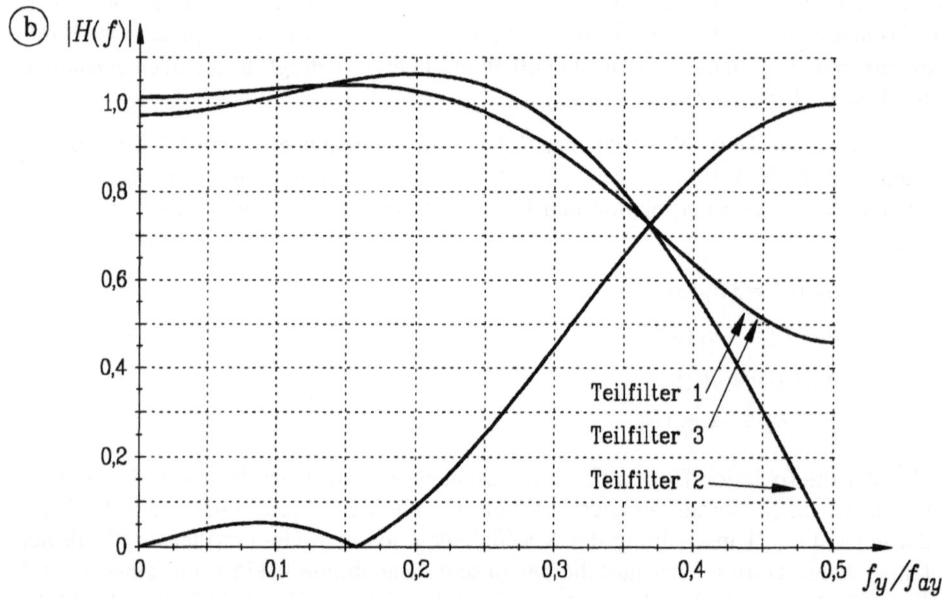

Bild 2.12
Übertragungsfunktion der QMF-Filter mit 12/4 Koeffizienten; a) Tiefpaß-Gesamtfilter mit 12 Koeffizienten nach der Interpolation; b) Tiefpaß-Teilfilter nach der Dezimation und Hochpaßfilter

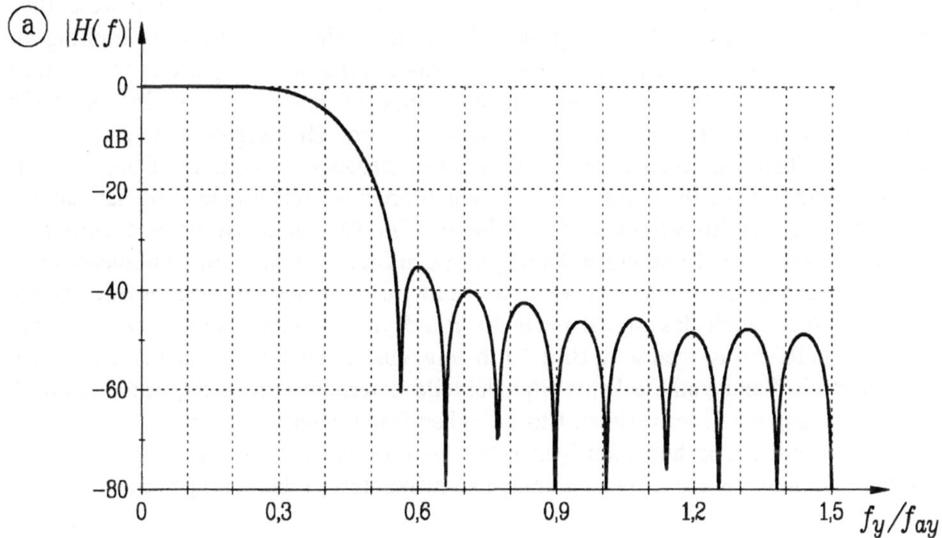

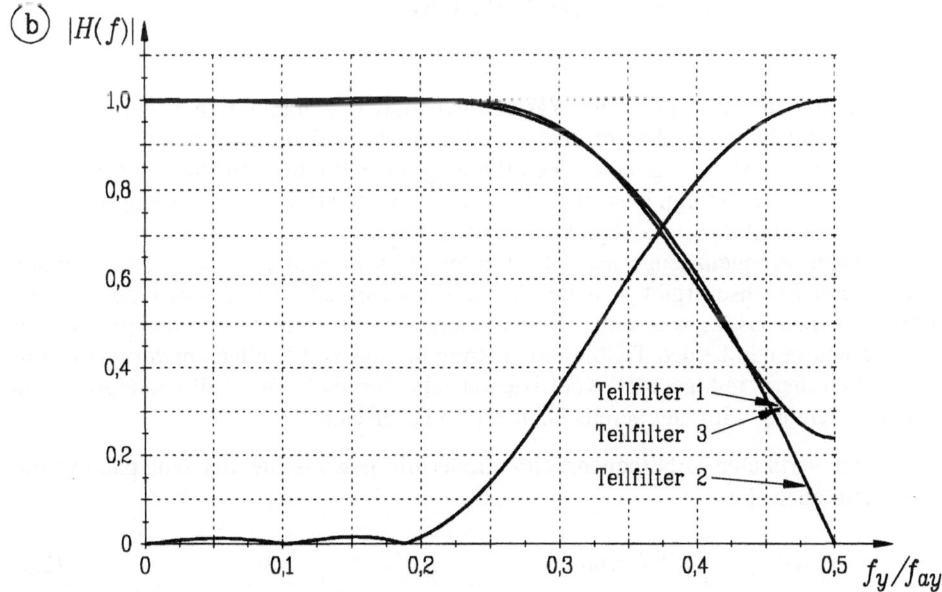

Bild 2.13
Übertragungsfunktion der QMF-Filter mit 24/8 Koeffizienten; a) Tiefpaß-Gesamtfilter mit 24 Koeffizienten nach der Interpolation; b) Tiefpaß-Teilfilter nach der Dezimation und Hochpaßfilter

Ein Vergleich der Bilder 2.12a und 2.13a zeigt beim 24/8-Tap-Filter eine wesentlich
höhere Flankensteilheit im Übergangsbereich und auch eine höhere Sperrdämpfung als
das 12/4-Tap-Filter, was sich nach der Rekonstruktion durch verringerte Reststörungen
bemerkbar macht. Auch die Teilfilterfrequenzgänge in den Bildern 2.12b und 2.13b
zeigen die deutliche Überlegenheit des 24/8-Tap-Filters. Hier ergibt sich eine wesentlich höhere Übereinstimmung der Teilfilterfrequenzgänge sowohl im Durchlaß- als
auch im Sperrbereich. Im kompatiblen Zweig führt das ortsvariante, zeilenabhängige
Umschalten der Teilfilterfrequenzgänge beim 12/4-Tap-Filter zu unterschiedlichem
Verhalten in vertikaler Richtung, abhängig von den Signalinhalten. Im Durchlaßbereich
sind zusätzliche Schwebungen zu erwarten und im Sperrbereich eine unzureichende
Dämpfung. Aber auch das Signal nach der Bandsynthese kann beim 12/4-Tap-Filter
nicht frei von Reststörungen sein. Bild 2.12b zeigt zusätzlich den Hochpaßanteil, der für
eine fehlerfreie Bandsynthese keine Signalanteile unterhalb von $0,25 f_a$ enthalten darf.
Diese Bedingung wird hier verletzt. Das 24/8-Tap-Filter zeigt hier ebenfalls ein deutlich
besseres Verhalten. Die höherwertigen Filter lassen eine noch genauere Bandaufspaltung und -synthese zu, die jedoch zu keinen signifikanten Verbesserungen im Bild mehr
führen.

2.4 Rasterkonversion im Vollbild

Die vertikale Bandaufspaltung zur Rasterkonversion beschränkt sich leider nicht auf
den bisher betrachteten eindimensionalen Fall, sondern es kommt aufgrund der kameraseitigen Interlace-Abtastung eine Beeinflussung in zeitlicher Richtung als störende
Komponente hinzu. Im einfachsten Fall kann eine vertikale Bandaufspaltung über alle
Zeilen in zwei Teilbildern durchgeführt werden. Für das 24/8-Tap-Filter sind die zweidimensionalen Frequenzgänge nach der Interpolation in Bild 2.14 dargestellt. Entlang
der Zeitfrequenzachse ergibt sich für den 24-Tap-Tiefpaß (Bild 2.14a) eine cosinusförmige Charakteristik, was einer 1,1-Filterung mit gleicher Summenamplitude der
Koeffizienten in den beiden Teilbildern entspricht. Dies ist bei allen entworfenen sym-
metrischen Filtern mit gerader Koeffizientenzahl der Fall. Die 3-dB-Bandgrenze in
zeitlicher Richtung wird hier bereits bei $f_t = 12,5$ Hz erreicht.

Entlang der vertikalen Ortsfrequenzachse findet die gewünschte Bandaufspaltung mit
der Grenzfrequenz bei

$$f_g = 0,5 f_a \cdot \frac{3}{4} = 234 \text{ c/ph} \qquad (2.9)$$

statt, und auch die höheren Frequenzen bis ca. 1600 c/ph werden wirkungsvoll unterdrückt. Damit ist hier eine Dezimation um den Faktor 4 möglich. Der Frequenzgang in
zeitlicher Richtung zeigt allerdings zum einen eine deutliche Reduktion der Bewegungsauflösung und zum anderen ansteigende Frequenzanteile bei 937,5 c/ph mit einem
Maximum bei $f_t = 25$ Hz. Eine Dezimation führt in bewegten Bereichen zu einer gerin-

geren Nutzamplitude und zusätzlichen Aliasanteilen aufgrund der geringen Sperrdämpfung bei 937,5 c/ph. Eine ähnliche Aussage kann auch für das Hochpaßsignal in Bild 2.14b gemacht werden. Entlang der Ortsfrequenzachse ist eine Dezimation ohne Auswirkungen auf die Bandsynthese möglich, jedoch nicht in bewegten Gebieten. Die Dezimation auf den Faktor 1/4 führt in bewegten Bereichen zu einer mehrfachen Überlappung der Frequenzbänder.

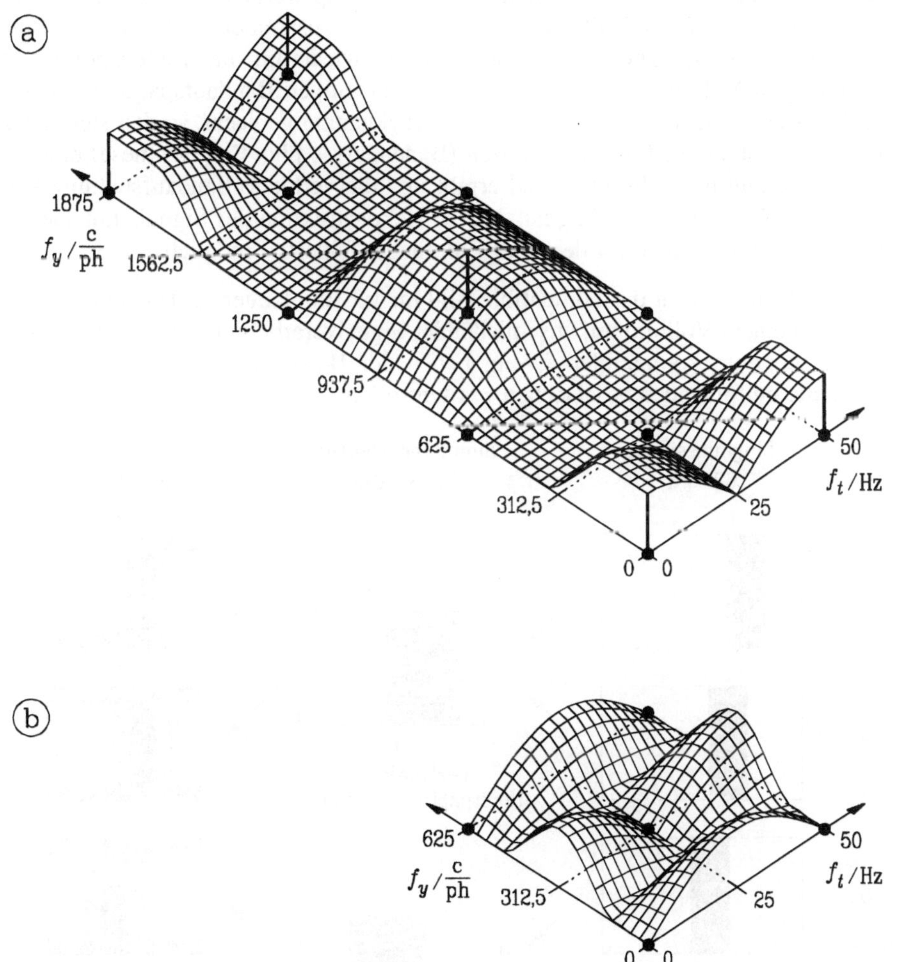

Bild 2.14
Frequenzgänge nach einer Interpolation im Vollbild; a) Tiefpaßanteil nach der Interpolation um den Faktor 3 (24 Tap); b) Hochpaßanteil (8 Tap)

In der Praxis bedeutet das, daß bei einer kontinuierlichen vertikal-zeitlichen Filterung über zwei oder mehrere Teilbilder im 16:9-Empfänger die volle vertikale Auflösung nur für ruhende Bildinhalte zurückgewonnen werden kann und bewegte Gebiete sowohl im kompatiblen Zweig als auch im PALplus-Empfänger nach der Bandsynthese gestört werden. Dies gilt auch für die einfach zu realisierende lineare Interpolation, die bereits in Kapitel 2.2, Bild 2.6 beschrieben wurde.

Da eine kontinuierliche f_y, f_t-Filterung keine zufriedenstellenden Ergebnisse bringen kann, werden für die Rasterkonversion jeweils zwei Teilbilder zu einem Vollbild zusammengefaßt, die Bandaufspaltung im Vollbild durchgeführt und für die Übertragung wieder in zwei Teilbilder zerlegt. Nach der Übertragung werden vom 16:9-Empfänger die beiden entsprechenden Teilbilder zu einem Block zusammengefaßt und die Bandsynthese durchgeführt. Die Wiedergabe erfolgt wiederum im Zeilensprung. Die Blockbildung zu Vollbildern erfolgt vor der senderseitigen Bandaufspaltung und wird erst nach der empfängerseitigen Bandsynthese rückgängig gemacht, so daß sich für das geschlossene System zur Rasterkonversion (Bandanalyse plus Bandsynthese) eine progressive Abtastung im Vollbildabstand ergibt und die vertikale Bandaufspaltung keine zeitabhängige Komponente mehr besitzt. Eine Rekonstruktion des Signals mit Tiefpaß- und Hochpaßanteil ist somit für den 16:9-Empfänger fehlerfrei möglich.

Dies trifft jedoch nicht für das kompatible Bild im 4:3-Empfänger zu. Die Verkämmung der Raster zu einem Vollbild mit anschließender Signalverarbeitung und Übertragung in Blöcken erzeugt im kompatiblen Zweig neben der Bewegungsverschleifung weitere Artefakte, die im folgenden beschrieben werden sollen.

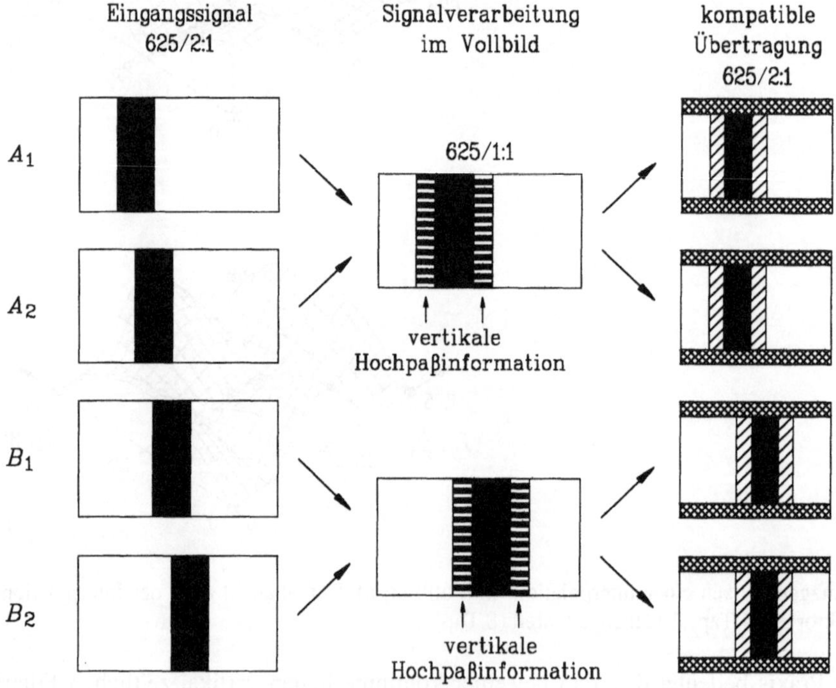

Bild 2.15
Bewegungsartefakte bei der Rasterkonversion im Vollbild

In Bild 2.15 ist ein bewegter Balken über vier Teilbilder dargestellt. Zur Rasterkonversion werden die Teilbilder A_1, A_2 und B_1, B_2 zu jeweils einem Vollbild zusammengefaßt. In bewegten Bereichen kommt es zu einer Zähnchenstruktur („Mäusezähnchen"), die genau der vertikalen Nyquistfrequenz entspricht und nach der Bandaufspaltung im Hochpaßkanal als Detailinformation enthalten ist. Im Tiefpaßkanal bleibt nur noch der Gleichanteil, der als graue Fläche erscheint. Die Zerlegung der Vollbilder in die Teilbilder führt anschließend zu der bereits erwähnten Bewegungsverschleifung. Zusätzlich wird jede Bewegungsphase zweimal gezeigt (wie bei einer Filmabtastung), so daß gleichzeitig ein Bewegungsflimmern mit 25 Hz auftritt.

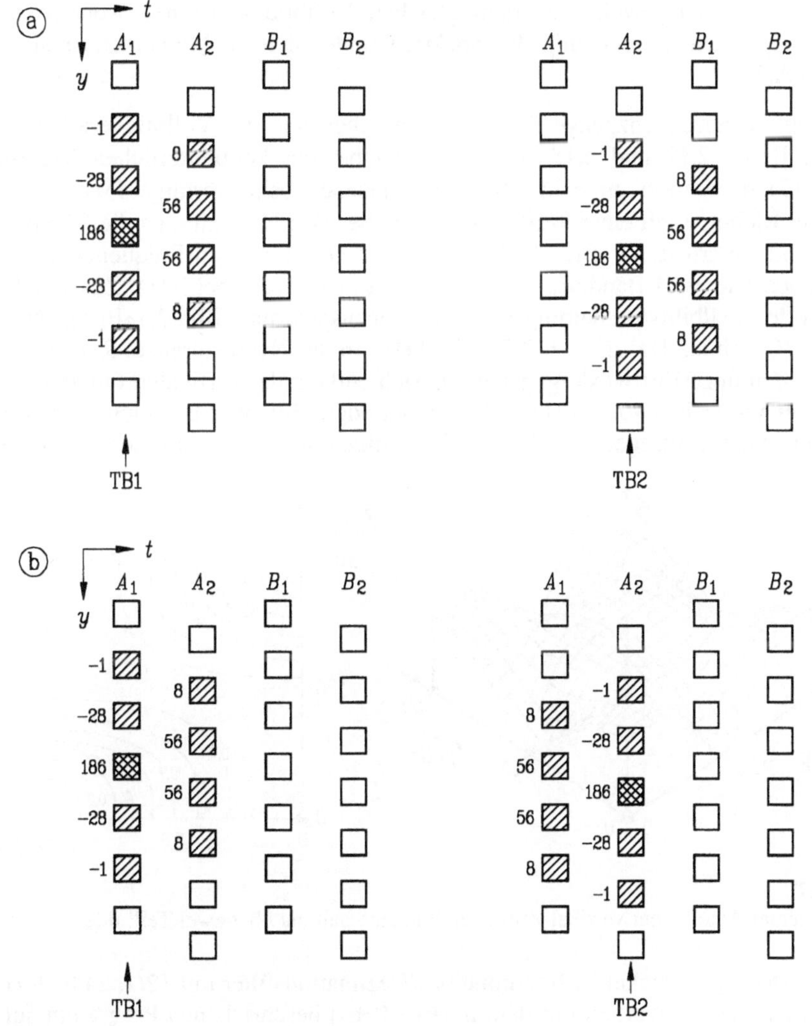

Bild 2.16
Abtastraster und Filterung im kompatiblen Bild; a) kontinuierliche vertikal-zeitliche Verarbeitung; b) blockweise Vollbildverarbeitung

Eine genauere Analyse des Bewegungsverhaltens ist im Frequenzbereich möglich. Die exakte vertikale Bandaufspaltung mit Quadrature-Mirror-Filtern spielt bei dieser Betrachtung eine untergeordnete Rolle, weshalb zur Berechnung der Frequenzgänge im kompatiblen Zweig ein einfaches vertikales Filter mit 9 Koeffizienten gewählt wurde. Gegenübergestellt werden eine kontinuierliche Verarbeitung über zwei Teilbilder und eine Vollbildverarbeitung. Die Abtastraster und Filterkoeffizienten bei der kompatiblen Übertragung des Tiefpaßanteils - also nach der Bandaufspaltung und Interpolation/Dezimation - sind in Bild 2.16 dargestellt. Bei der kontinuierlichen vertikal-zeitlichen Verarbeitung wird in jeweils zwei aufeinanderfolgenden Teilbildern gefiltert ($A_1 + A_2$, $A_2 + B_1$, $B_1 + B_2$ usw.), während bei der Vollbildverarbeitung die beiden übertragenen Teilbilder jeweils aus dem gleichen Vollbild gewonnen werden ($A_1 + A_2$, $B_1 + B_2$ usw.). Die Berechnung der Spektren findet sich im Mathematischen Anhang A.1 und A.2.

Die Amplitudenfrequenzgänge der kontinuierlichen und der Vollbildverarbeitung zeigen die Bilder 2.17 und 2.18. Während sich bei der kontinuierlichen Verarbeitung (Bild 2.17) der bereits in Bild 2.14a beschriebene cosinusförmige Frequenzgang in zeitlicher Richtung mit einer 3-dB-Bandgrenze bei 12,5 Hz ergibt, ist die Dämpfung bei der Vollbildverarbeitung (Bild 2.18a) mit einem $\cos^2$-förmigen Frequenzgang wesentlich größer. Die 3-dB-Bandgrenze befindet sich hier bereits bei 9 Hz. Zusätzlich ergibt sich bei der Vollbildverarbeitung noch ein Nebenspektrum (Bild 2.18b) mit Nebenträgern bei (0 c/ph, 25 Hz) und (312,5 c/ph, 0 Hz) an der Nyquistgrenze. Ruhende Bildinhalte werden ungestört wiedergegeben, da sich entlang der vertikalen Ortsfrequenzachse und bei Vielfachen von 25 Hz Nullinien befinden. Bei einer Bewegung treten jedoch Seitenlinien der Störträger auf, die sich als kräftiges Bewegungsflimmern auswirken.

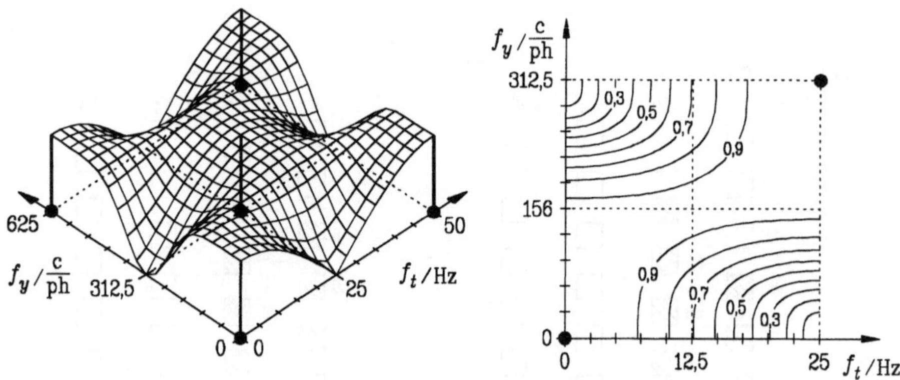

Bild 2.17
Tieffrequenter Anteil einer vertikal-zeitlichen Bandaufspaltung über zwei Teilbilder

Die in [VOGEL] entwickelten Interpolations/Dezimationsfilter mit 12/4, 24/8, 36/12 und 48/16 Koeffizienten wurden mit dem in [BUCHHA] beschriebenen Programm auf einer Bildsequenzanlage simuliert. Unter anderem diente das Zoneplate-Testbild zur Untersuchung der Filter.

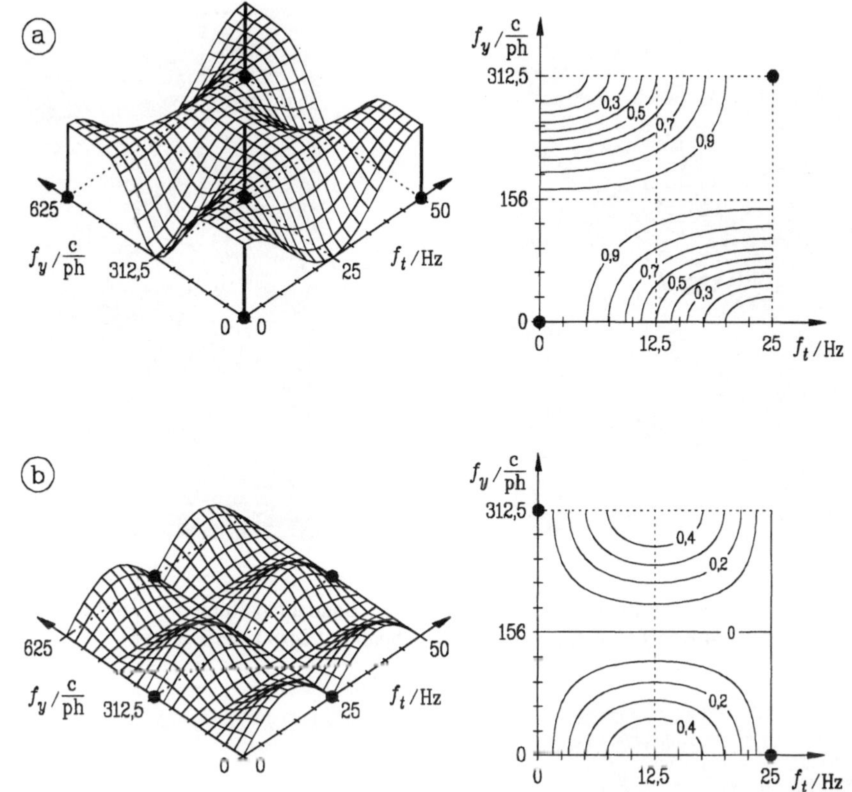

Bild 2.18
Tieffrequenter Anteil einer Bandaufspaltung im Vollbild; a) Hauptspektrum; b) unerwünschtes Nebenspektrum

Die Ergebnisse für den kompatiblen Kanal und den PALplus-Empfänger sollen kurz beschrieben werden und sind in den Bildern 2.19 und 2.20 am Zoneplate-Testbild dargestellt. Die Bandaufspaltung im Vollbild ermöglicht eine echte Trennung der hohen und tiefen Ortsfrequenzen, so daß der kompatible Empfänger bei ruhenden Bildern die maximale vertikale Auflösung erhält ($0{,}375\,f_a$). Bei dem einfachen Filter mit 12/4 Koeffizienten erkennt man im kompatiblen Zweig (Bild 2.19a) Aliasstörungen im Durchlaßbereich bei $0{,}25\,f_a$ sowie im Übergangsbereich ($0{,}375\,f_a$) und die unzureichende Dämpfung hoher Ortsfrequenzen ($0{,}5\,f_a$). Bereits bei einem Filter mit 24/8 Koeffizienten (Bild 2.19b) sind praktisch keine zusätzlichen Aliasstörungen mehr im Durchlaßbereich zu erkennen, und auch die Sperrdämpfung ist erheblich höher.

Die geringe Sperrdämpfung des 12/4-Tap-Filters ist ebenfalls verantwortlich für verbleibende Aliasanteile nach der Bandsynthese im 16:9-Empfänger (Bild 2.20a). Bereits mit dem 24/8-Tap-Filter sind keine zusätzlichen Aliaskomponenten nach der Bandsynthese mehr zu erkennen (Bild 2.20b). Wie weitere Untersuchungen zeigten, bringen Filter mit einer höheren Koeffizientenzahl keine nennenswerten Vorteile, weder für den kompatiblen Zweig noch für die Bandsynthese im PALplus-Empfänger.

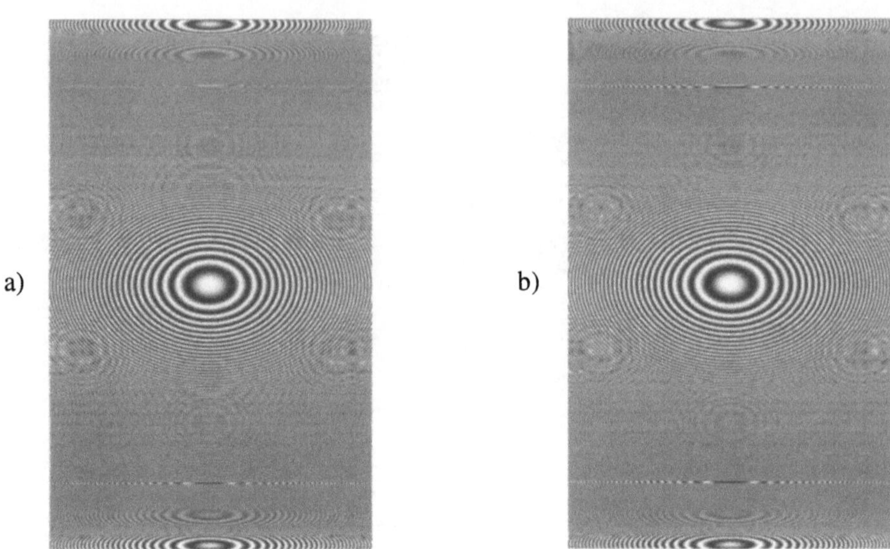

Bild 2.19
Zoneplate im kompatiblen Zweig nach der vertikalen Bandaufspaltung im Vollbild; a) Tiefpaß/Hochpaß mit 12/4 Koeffizienten; b) Tiefpaß/Hochpaß mit 24/8 Koeffizienten

Bild 2.20
Zoneplate nach der vertikalen Rasterkonversion des Tiefpaßanteils von 430 auf 574 Zeilen im Vollbild

Die Bandaufspaltung im Vollbild ist sehr leistungsfähig bei der Detailwiedergabe, verursacht aber große Fehler bei der Bewegungswiedergabe. Dieser Modus eignet sich daher besonders für eine Breitbild-Filmabtastung, da Filme eine reduzierte Bewegungsauflösung von 25 Bewegungsphasen/s besitzen. Die Rasterkonversion im Vollbild wird bei PALplus als Film Mode bezeichnet. Eine Qualitätsverschlechterung im kompatiblen

Zweig ist nicht zu erwarten. Für Videoproduktionen mit 50 Bewegungsphasen/s ist der Film Mode dagegen ungeeignet.

2.5 Rasterkonversion im Teilbild

Um den Nachteil der Bewegungsverschleifung bei der Vollbildverarbeitung zu umgehen, kann auch eine eindimensionale vertikale Bandaufspaltung innerhalb eines Teilbildes durchgeführt werden. Dies ist beim sogenannten Camera Mode im PALplus-System der Fall. Innerhalb eines Teilbildes ist nur jede zweite Zeile eines Bildes enthalten, was sich bei der Filterung ähnlich einer Bandaufspaltung bei der halben Abtastfrequenz auswirkt. Innerhalb eines Teilbildes hat die höchste darstellbare Ortsfrequenz alternierende Zeilenamplituden, im Vollbild somit eine Periode über 4 Zeilen mit der Ortsfrequenz $0{,}25\,f_a$.

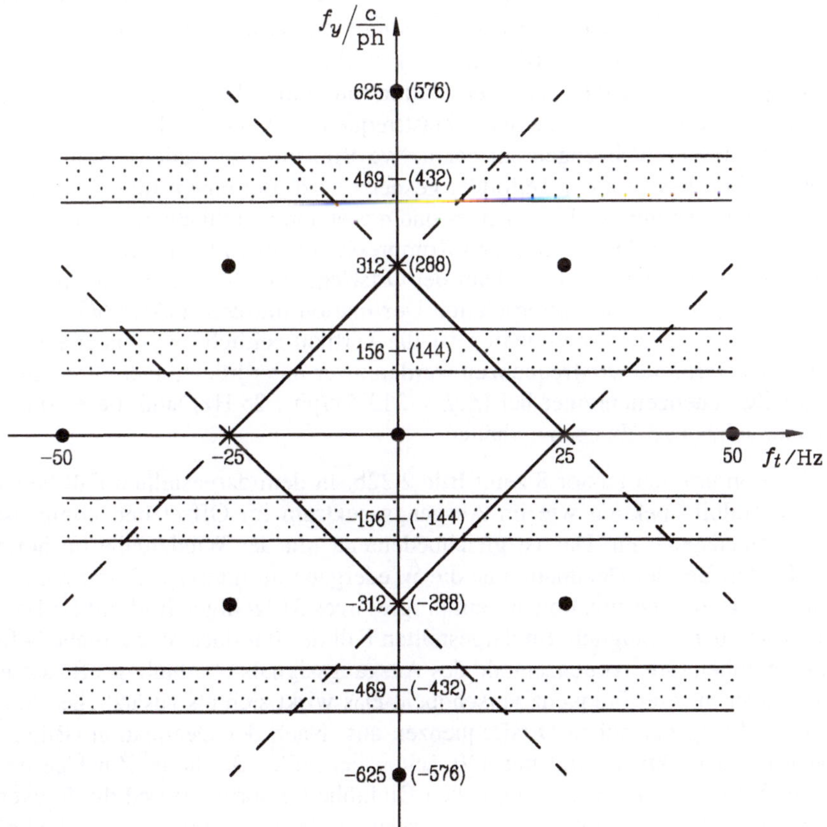

Bild 2.21
Bandaufspaltung innerhalb eines Teilbildes

Die vertikal-zeitlichen Durchlaßbereiche einer Bandaufspaltung im Teilbild zeigt Bild 2.21. Es entsteht ein Frequenzgang, der periodisch zur halben vertikalen Abtastfrequenz verläuft. Der punktiert gezeichnete „Hochpaßanteil" enthält nun statt der hohen Ortsfrequenzen die mittleren Frequenzanteile bei $0,25 f_a$, die am oberen und unteren Bildrand als Helpersignal übertragen werden.

Die Inhalte des Helpersignals unterscheiden sich deutlich bei der Vollbild- und Teilbildverarbeitung. Statistisch gesehen nehmen die Signalanteile zu hohen Frequenzen hin ab. Im Vergleich zur Vollbildverarbeitung enthält das Helpersignal trotz gleicher Bandbreite aufgrund der herausgefilterten mittleren Frequenzen nun größere Signalanteile, was zumindest für ruhende Bildinhalte gilt. Bei der Vollbildverarbeitung gelangen zusätzlich signifikante Anteile der Bewegungsinformation in den Helperkanal.

Das Frequenzspektrum des kompatiblen Empfängers nach der Interpolation/Dezimation soll nun genauer betrachtet werden. Dazu zeigt Bild 2.22 in der oberen Hälfte die Teilbildspektren mit den dazugehörigen Phasen, die aufgrund der Offsetabtastung entstehen. Im unteren Teil sind die Summenspektren dargestellt. Für eine Interpolation/Dezimation in die richtige Rasterlage genügt bei der Vollbildverarbeitung mit einem Zeilenabstand von Δy der Faktor 3/4. Bei der Teilbildverarbeitung mit einem Zeilenabstand von $2 \Delta y$ beträgt der Faktor nun 6/8, um die Teilbilder im korrekten Zeilensprungraster zu übertragen. Bild 2.22a zeigt die Interpolation mit dem Faktor 6. Im idealen Fall geht das Basisband bis 3/16 der vertikalen Abtastfrequenz (das heißt 117 c/ph im 625zeiligen Bild bzw. 108 c/ph' bezogen auf das aktive Bild mit 574 Zeilen), während das 1. bis 5. Oberwellenspektrum der Teilbilder gesperrt wird. Bei einem Interpolationsfaktor von 3 stünden die Träger des Basisbandes und des ersten Durchlaßbereichs bei 938 c/ph im Offset, und nach der Dezimation und Kompression würden Restträger Störungen auf der Zeitfrequenzachse bei 25 Hz und auf der Ortsfrequenzachse bei 312,5 c/ph verursachen. Diese werden bei einer Interpolation/Dezimation mit dem Faktor 6/8 vermieden. Im Summenspektrum der Interpolation ist die vertikal-zeitliche Nyquistgrenze eingezeichnet. Hohe vertikale Ortsfrequenzen werden zwar unterdrückt, aber durch die Spiegelung am Zwischenzeilenträger bei $(f_y, f_t = 312,5 \text{ c/ph} , 25 \text{ Hz})$ sind diese Anteile im Durchlaßbereich bei 25 Hz noch enthalten.

Die Dezimation um den Faktor 8 zeigt Bild 2.22b. In dem dargestellten Fall liegen die Phasen der Teilbildspektren wie im Ausgangsspektrum im Offset und kompensieren sich im Summenspektrum. Das ist gleichbedeutend mit der Wiedergabe im normalen Interlace-Raster. Bei der Dezimation ist die Wiedergabe im Interlace-Raster nicht zwingend notwendig, eine Dezimation auf ein progressives 312zeiliges Bild mit 50-Hz-Bildfrequenz wäre ebenso möglich. Im dargestellten Fall der Interlace-Wiedergabe befinden sich nun die hohen Ortsfrequenzanteile des Ausgangssignals oberhalb des Basisbandes, sie wurden aber in ihrer Frequenz verschoben. Das wirkt sich als zusätzlicher Alias im kompatiblen Zweig bei hohen Ortsfrequenzen aus. Nach der Dezimation (Bild 2.22b) ergibt sich nun ein aktives Bild mit 430 Zeilen bei voller Bildhöhe. Zur Übertragung wird dieses Bild auf 3/4 der ursprünglichen Bildhöhe komprimiert und die freiwerdenden Bereiche für die Zusatzinformationen verwendet. Im Spektrum bedeutet die örtliche

Kompression eine Spreizung der Frequenzbänder, so daß wieder ein Spektrum entsteht, bei dem die Trägerlagen mit dem Ursprungsspektrum übereinstimmen (Bild 2.22c).

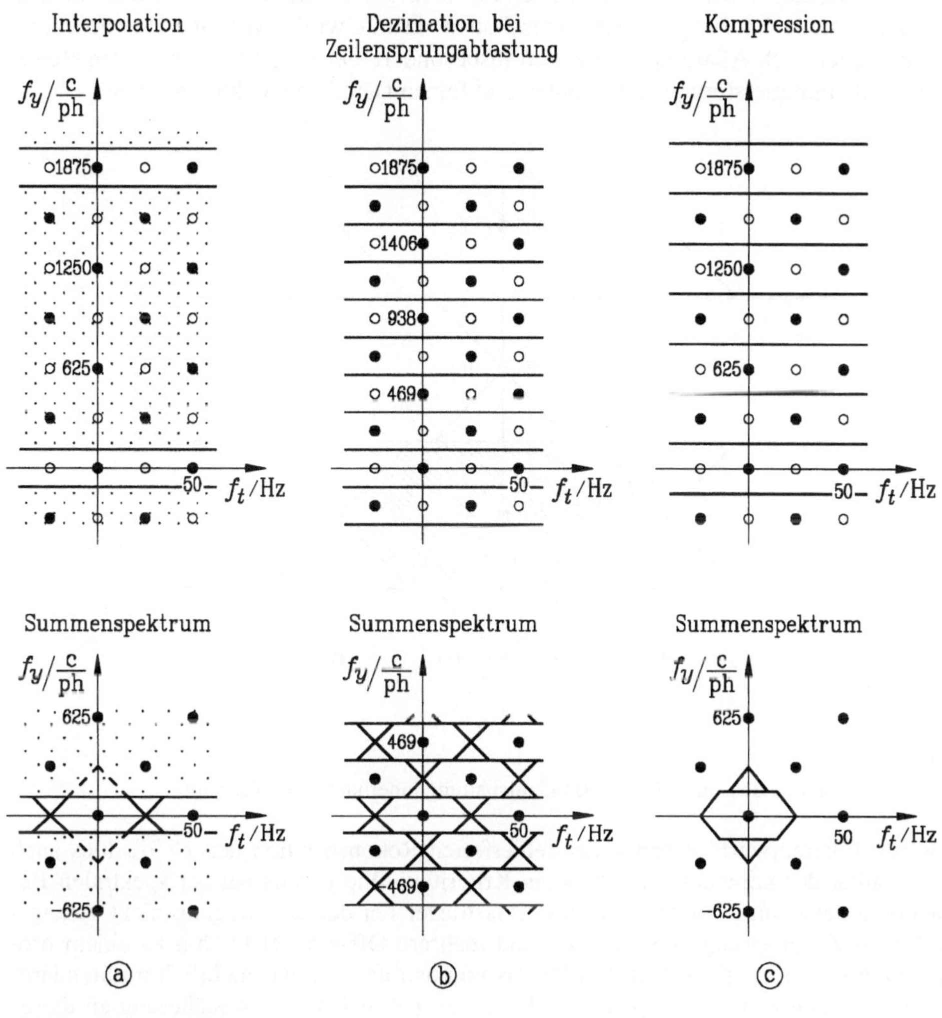

Bild 2.22
Rasterkonversion im Teilbild mit einem Interpolations/Dezimationsfaktor von 6/8; a) Interpolation; b) Dezimation; c) Kompression

Das Spektrum nach der Interpolation/Dezimation für den kompatiblen Empfänger ist nochmals in Bild 2.23 dargestellt. Das Basisband enthält zwar die volle zeitliche Auflösung, aber in vertikaler Richtung führt die Bandaufspaltung zu einer Notch-Charakteristik. Die mittleren Frequenzanteile werden herausgefiltert, während die hohen Frequenzanteile weiterhin im Basisband enthalten sind und auf dem kompatiblen Empfänger wiedergegeben werden. Die nutzbare vertikale Bandbreite der Teilbildverarbeitung hat sich gegenüber der Vollbildverarbeitung halbiert, zusätzlich werden die hochfrequenten Anteile im Frequenzband verschoben. Damit wird zwar eine Pseudoschärfe erzeugt, aber auch Aliasanteile, die sich insbesondere bei langsamen vertikalen Bewegungen als Flimmerstörungen an Kanten und feinen Details bemerkbar machen.

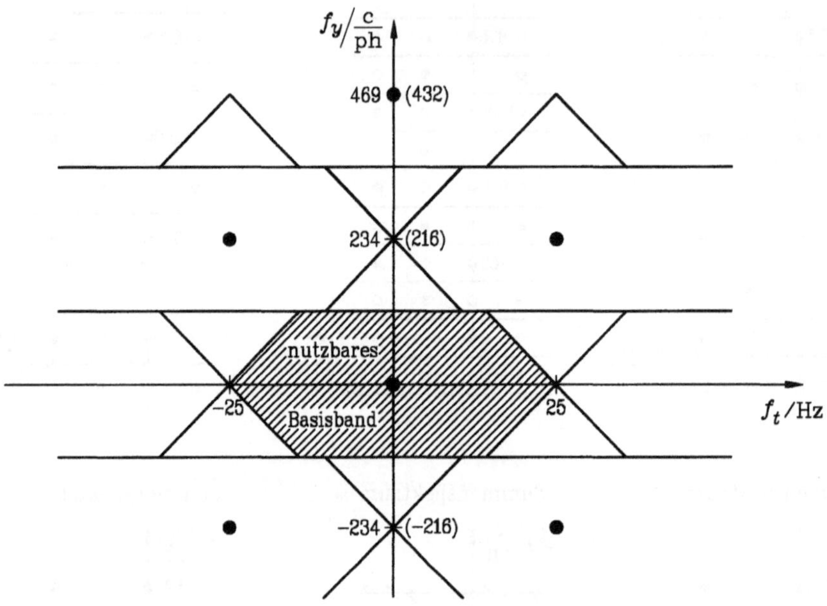

Bild 2.23
Maximal nutzbares Basisband bei der Bandaufspaltung innerhalb eines Teilbildes

Für den Filterentwurf ist neben der fehlerfreien Rekonstruktion des 16:9-Bildes auch die Qualität des kompatiblen Bildes ein Kriterium. Wie bereits bei der spektralen Betrachtung ausgeführt wurde, muß das Abtastraster bei der Übertragung nicht zwangsläufig ein Zeilensprungraster sein, es sind mehrere Offsetraster bis hin zu einem progressiven Raster möglich. Das Ziel für das kompatible Bild, das natürlich im Standard-Zeilensprungraster wiedergegeben wird, ist eine möglichst gute Annäherung an dieses Raster. Für die Verwendung gleicher Teilfilter in den beiden Teilbildern zeigt Bild 2.24 das Quellenbild mit 574 und das interpolierte Bild mit 430 aktiven Zeilen. Im Beispiel werden aus dem Quellenbild nur drei Zeilen aus Teilbild 1 zur Interpolation/Dezimation mit dem Teilfilter 1 herangezogen und an der Stelle TF1 abgebildet. Insgesamt werden drei Teilfilter für die Rasterkonversion benötigt, die zyklisch durchfahren werden. Nach Bild 2.24 führt die Verwendung der gleichen Teilfilter im 2. Teilbild zu einer Rasterverschiebung und damit zu einer fehlerhaften Interlace-Wiedergabe. Der Rasterfehler beträgt allerdings nur 1/4 Zeile. Dieser Rasterfehler kann dadurch vermieden werden, daß in den Teilbildern unterschiedliche Filter mit gerader und ungerader Koeffizientenzahl verwendet werden [VOGEL].

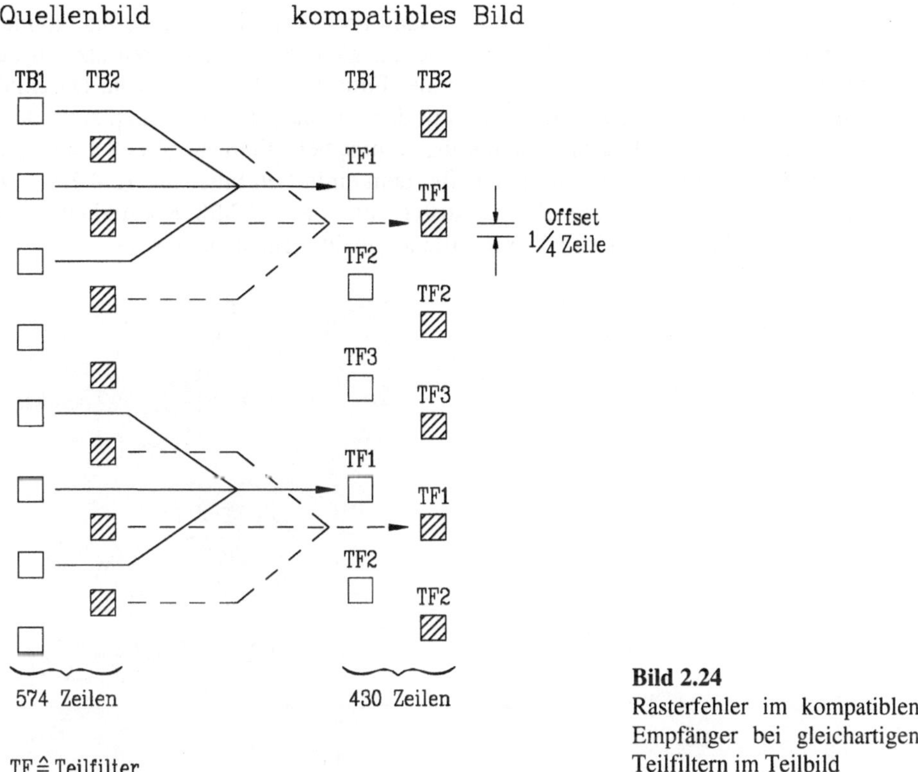

Bild 2.24
Rasterfehler im kompatiblen Empfänger bei gleichartigen Teilfiltern im Teilbild

Der Zeilenoffset um 1/4 Zeile macht sich im Spektrum - wie bereits erwähnt - durch zusätzliche Restträger auf der Orts- und Zeitfrequenzachse bemerkbar, deren Auswirkungen in [BUCHW] im Fall einer kameraseitigen Offsetabtastung analysiert wurden. Zusätzliche Moiréstrukturen werden erst bei höheren Ortsfrequenzen sichtbar. Die höheren Ortsfrequenzen werden jedoch bereits durch die Teilbildverarbeitung herausgefiltert bzw. in einer falschen Frequenzlage wiedergegeben. Der zusätzliche Fehler bei Verwendung gleicher Teilfilter ist somit gering und kann vernachlässigt werden.

Die entworfenen Filter mit 12/4, 24/8, 36/12 und 48/16 Koeffizienten wurden auch zur Bandaufspaltung im Teilbild verwendet. Da dies den kritischeren Fall darstellt, sollen hier die Filter miteinander verglichen werden. Es wurden die gleichen Koeffizientensätze in beiden Teilbildern verwendet. Bild 2.25a zeigt das Zoneplate-Testbild nach der Bandaufspaltung im kompatiblen Kanal. Wie bereits im Spektrum gezeigt wurde, werden nun die mittleren Frequenzen dem Hochpaßzweig zugeordnet und am oberen und unteren Bildrand übertragen. Am Zoneplate-Testbild ist deutlich die stark reduzierte vertikale Auflösung bis knapp $0{,}25\,f_a$ zu erkennen. Die darüber liegenden Anteile enthalten praktisch nur noch Störinformation, hier wurden die mittleren Frequenzen weitgehend unterdrückt. Die hohen Ortsfrequenzen im 574-zeiligen Bild werden unverändert im 430-zeiligen Bild wiedergegeben, und damit in der Frequenzlage zu tieferen Frequenzen hin verschoben. Bei allen Filtern sind bereits vor der vertikalen Bandgrenze geringe Aliasstörungen zu erkennen, die insgesamt aber vernachlässigt werden können. Sie sind nur zum Teil die Folge der Verwendung gleicher Koeffizientensätze in den Teilbildern. Entscheidender ist das Verhalten der Filter beim Übergang vom Durchlaß- in den Sperrbereich, da nach der Dezimation in den Überlappungsbereichen zusätzliche Aliasstörungen entstehen. Die Sperrdämpfung nimmt bei Filtern höherer Ordnung zu und die Übergangsbereiche werden glatter. Bei dem einfachen Filter mit 12/4 Koeffizienten treten stärkere periodische Wellenmuster auf, die bei 24/8 Koeffizienten fast verschwinden und bei den Filtern höherer Ordnung nicht mehr sichtbar sind.

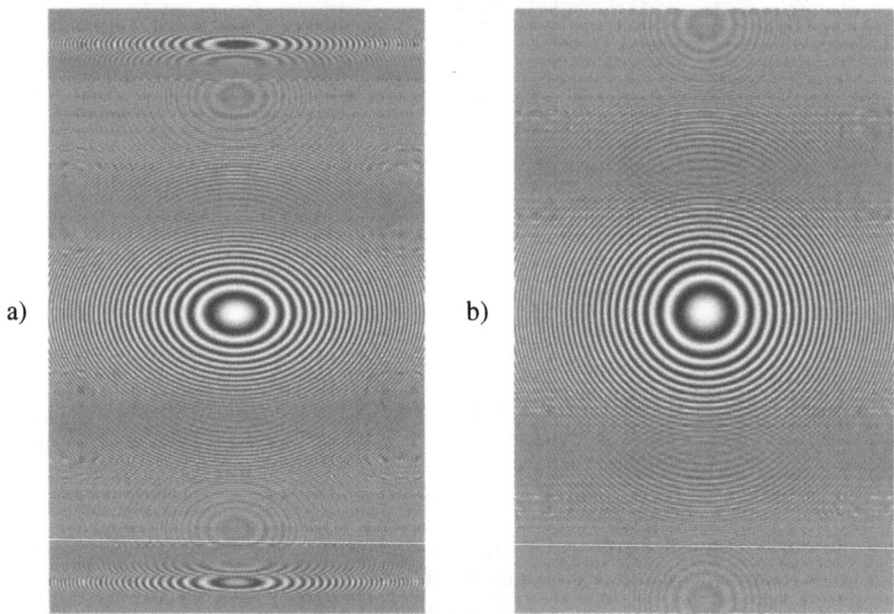

Bild 2.25
Zoneplate nach der Bandaufspaltung im Teilbild mit 24/8 Koeffizienten; a) kompatible Übertragung; b) Rasterkonversion des Tiefpaßanteils von 430 auf 574 Zeilen

Die Rasterinterpolation des Tiefpaßanteils auf 574 Zeilen für den 16:9-Empfänger ist in Bild 2.25b dargestellt. Das entspricht der Wiedergabe bei einer Teilbildverarbeitung, wenn aufgrund von Kanalstörungen der Hochpaßzweig (Helpersignal) nicht mehr zur Rasterkonversion genutzt werden kann. Die tiefen und hohen Ortsfrequenzen werden auf dem PALplus-Empfänger richtig wiedergegeben, während die mittleren Frequenzen fehlen. Das einfache Filter mit 12/4 Koeffizienten zeigt bei niedrigen Ortsfrequenzen starke Aliasstörungen (nicht dargestellt), die bereits bei 24/8 Koeffizienten vernachlässigt werden können. Die untersuchten höherwertigen Filter bringen - wie auch bei der Vollbildverarbeitung - keine nennenswerten Vorteile mehr.

Bild 2.25b macht auch deutlich, daß für eine Breitbild-Filmabtastung mit 25 Bewegungsphasen/s die Rasterkonversion innerhalb eines Teilbildes für eine PALplus-Übertragung wenig geeignet ist. Im kompatiblen Bild wird die vertikale Bandbreite unnötig reduziert, ohne einen Gewinn bei der Bewegungswiedergabe zu bekommen. Auch eine Aufwärtskonversion von Breitbild-Filmmaterial, das bereits für 4:3-Sendungen im Letterbox-Format vorliegt, ist die Teilbildverarbeitung nicht sinnvoll. Dieses Bildmaterial enthält im kompatiblen Empfänger die Ortsfrequenzen lagerichtig mit einer vertikalen Bandbreite von $3/4 \cdot 312{,}5$ c/ph. Die Rasterkonversion auf 574 aktive Zeilen im Teilbild führt zur Spaltung der Ortsfrequenzen bei einem Viertel der vertikalen Abtastfrequenz und zu einer Verschiebung der höheren Ortsfrequenzen um

$$f_\Delta = 312{,}5 \text{ c/ph} - 3/4 \cdot 312{,}5 \text{ c/ph} = 78 \text{ c/ph} . \tag{2.10}$$

Hohe Ortsfrequenzen werden also im falschen Frequenzband wiedergegeben und wirken sich als Aliaskomponenten aus.

Das Foto in Bild 2.26 zeigt das Zoneplate-Testbild nach der Bandsynthese des Tiefpaß- und Hochpaßkanals. Die Aliasstörungen, die im kompatiblen Empfänger und bei der Synthese des Tiefpaßanteils zu sehen sind, wurden von allen Filtern weitestgehend kompensiert. Verbleibende Aliasstörungen sind noch bei der Bandaufspaltung mit 12/4 Koeffizienten als periodische Wellenmuster im Bild zu erkennen, aber bereits bei 24/8 Koeffizienten verschwinden sie fast vollständig.

Bild 2.26
Zoneplate nach der vertikalen Bandsynthese im 16:9-Empfänger (12/4 Koeffizienten)

In natürlichen Bildern sind Unterschiede zwischen den verschiedenen Filtertypen nur schwer auszumachen. Dagegen zeigt ein Vergleich der unterschiedlichen Empfangsmodi in Bild 2.27 die qualitativen Eigenschaften.

Im kompatiblen Zweig (Bild 2.27a) bieten bereits einfache Filter sehr gute Ergebnisse. Die geringe Treppenstruktur an den horizontalen Kanten ist bei allen Filtern zu erkennen und auf die falsche Frequenzlage hoher Ortsfrequenzen zurückzuführen. Dieser Fehler ist unabhängig von der Filterlänge und erzeugt anteilig das meiste Alias. Bei der Rekonstruktion nur des Tiefpaßanteils (Bild 2.27b) sind vor allem Störungen in den Dächern festzustellen. Es gibt zwar scharfe Kanten, aber aufgrund der fehlenden mittleren Frequenzanteile erscheinen die Ziegel unnatürlich.

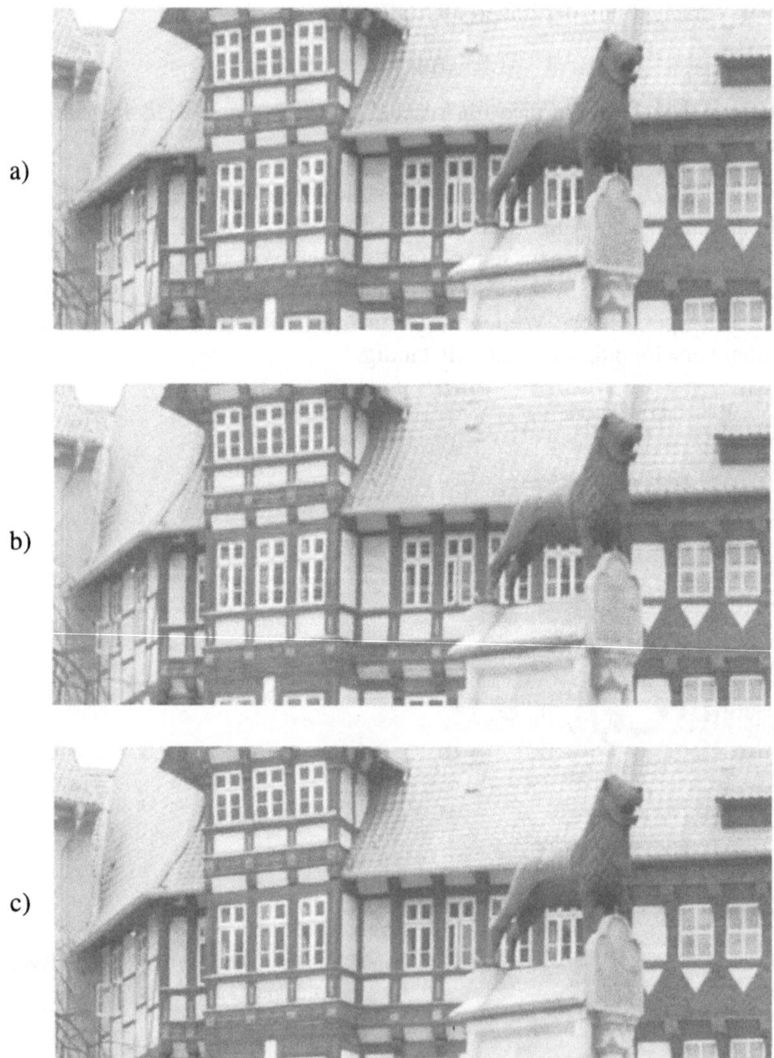

Bild 2.27
Ausschnitt vom Burgplatzbild nach der vertikalen Bandaufspaltung im Teilbild mit 24/8 Koeffizienten; a) kompatibles Bild (430 Zeilen); b) Bandsynthese des Tiefpaßanteils auf 574 Zeilen; c) Bandsynthese der Tiefpaß- und Hochpaßanteile

Ein Effekt, der gegen die Verwendung von Filtern hoher Ordnung spricht, ist neben dem Hardwareaufwand das Einschwingen in vertikaler Richtung. Die Einschwingbreite der Filter nimmt proportional mit der Anzahl der Koeffizienten zu. Die Ausschnitte zeigen die Einschwingeffekte am oberen Bildrand besonders deutlich am Dachgiebel und den darunterliegenden Fenstern. Bereits bei 24 Koeffizienten sind feine Zähnchen oberhalb der Fenster erkennbar, die bei 48 Koeffizienten (nicht dargestellt) bis in die ersten Fenster hineinreichen.

Bild 2.27c zeigt den Ausschnitt nach der Bandsynthese des Tiefpaß- und Hochpaßzweiges. Aliasstrukturen an Kanten sind nicht mehr zu sehen und auch die Ziegel auf den Dächern werden fehlerfrei und mit hoher Auflösung wiedergegeben. Lediglich am Einschwingen der Filter sind an denselben Stellen wie bei Bild 2.27b Fehler in Form feiner Zähnchen zu erkennen.

Zusammenfassend sei festgestellt, daß eine Bandaufspaltung mit 12/4 Koeffizienten bereits gute Ergebnisse liefert, wobei etwas verstärkte Aliasanteile im kompatiblen Zweig und auch nach der Bandsynthese auftreten. Sehr gute Ergebnisse werden mit 24/8 Koeffizienten erzielt, höherwertige Filter bringen keine signifikanten Verbesserungen mehr. Stattdessen kommt es dann zu sichtbaren Einschwingeffekten am oberen und unteren Bildrand, so daß eine Bandaufspaltung mit 24/8 Koeffizienten eine sehr gute Lösung darstellt.

Durch adaptive Umschaltung zwischen einer Vollbild- und einer Teilbildverarbeitung läßt sich das kompatible Bild verbessern, da hiermit eine erhöhte Auflösung für ruhende Bildinhalte bei gleichzeitig guter Bewegungsauflösung erzielt werden kann. Diese vorteilhafte Verarbeitung für den kompatiblen Kanal hat gleichzeitig negative Auswirkungen auf die Codierung und Decodierung der PALplus-Signale. Zum einen steigt der Aufwand bei der PALplus-Codierung und -Decodierung, da nun zusätzlich ein Bewegungsdetektor eingesetzt werden muß. Außerdem wird man dem 16:9-Empfänger die Bewegungsinformation zum Umsteuern der Rasterkonversionen durch eine Zusatzinformation übermitteln müssen, was die Übertragungskapazität des Helpersignals reduziert. Trotzdem wäre eine exakte Bandsynthese - auch bei einwandfreier Übertragung - in den Umsteuerbereichen nicht mehr zu erwarten.

2.6 Verarbeitung des Helpersignals

Das Helpersignal wird am oberen und unteren Bildrand übertragen und liegt für den kompatiblen Empfänger im aktiven Bild. Bild 2.28 zeigt das kompatible Burgplatzbild mit dem unverarbeiteten Helpersignal, dem ein mittlerer Grauwert überlagert ist. Das Helpersignal soll nun unsichtbar für den kompatiblen Empfänger übertragen werden. Dies wird durch eine Amplitudenkompression und eine Übertragung im Schwarz- und Ultraschwarzbereich erreicht, wobei weitere Maßnahmen die hierbei auftretende erhöhte Störanfälligkeit kompensieren sollen.

Bild 2.28
Kompatible Übertragung des Burgplatzbildes mit angehobener Hochpaßinformation an den Bild-
rändern (Bandaufspaltung im Teilbild)

In Bild 2.29 sind die wesentlichen Verarbeitungsschritte in einem Blockschaltbild dargestellt [ETSI]. Zunächst durchläuft das Eingangssignal eine nichtlineare Kennlinie
(Kompander mit Coring und Clipping), dann erfolgt eine Bandbegrenzung mit einer
Modulation auf den Farbträger und zuletzt die Amplitudenkompression. Bei der Interpretation der Verarbeitungsschritte ist zu beachten, daß das Helpersignal nur höherfrequente vertikale Signalanteile enthält und die Vorverarbeitung - insbesondere die Filterung - in horizontaler Richtung erfolgt. Die Kompanderkennlinie zeigt Bild 2.30. Hier
werden drei Funktionen in einer Kennlinie zusammengefaßt, die unterschiedliche Wir-
kungen für sehr kleine, kleine bis große und sehr große Signalamplituden haben. Sehr
kleine Signalamplituden werden abgeschnitten (Coring), um Rauschstörungen zu reduzieren. Um den hierbei auftretenden vertikalen Detailverlust gering zu halten, muß die
Schwelle sehr niedrig gewählt werden. Ausführlicher wird die Coring-Technik in Kapitel 5.2.3 behandelt.

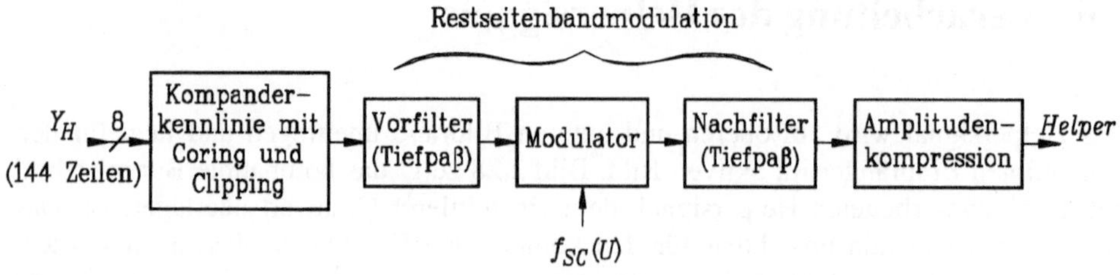

Bild 2.29
Helperverarbeitung im PALplus-Coder

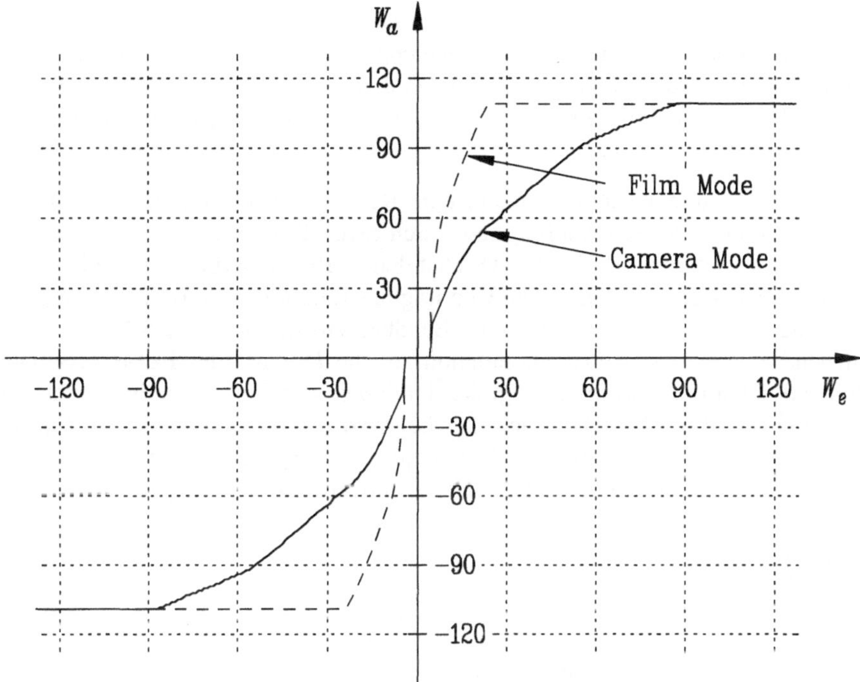

Bild 2.30
Kompanderkennlinie mit Coring und Clipping des Helpersignals

Eine Kompandierungskennlinie kann nach Kapitel 1.1 dazu genutzt werden, einen gleichmäßigen Rauscheindruck unabhängig von der Helligkeit zu erreichen. Dies ist hier nicht die Motivation, da die vertikal hochfrequenten Anteile keinen Gleichanteil und damit keine Information über die absolute Helligkeit besitzen. Betrachtet man dagegen das Spektrum einer einzelnen Kante (Sprungfunktion), so fallen die Signalanteile hyperbelförmig mit der Frequenz ab [LÜKE]. Das bedeutet, daß vorzugsweise kleine Signalamplituden im Helperkanal übertragen werden und größere Amplituden erst bei detailreichen Inhalten mit hohem Kontrast auftreten. Statistisch gesehen ist dieser Fall eher selten. Die Kompandierungskennlinie wird also benutzt, um insbesondere bei den häufig vorkommenden kleinen Signalamplituden einen höheren Störabstand zu erzielen. Seltenere größere Signalamplituden werden abgeschnitten (Clipping), um den begrenzten Amplitudenbereich des Helpersignals bei geringerer Kompression besser ausnutzen zu können.

Bei der Kompanderkennlinie wird noch zwischen dem Camera Mode und dem Film Mode unterschieden. Im Film Mode werden vor allem Signalanteile in der Nähe der vertikalen Nyquistfrequenz im Helpersignal übertragen, die in natürlichen Bildinhalten statistisch gesehen weniger häufig vorkommen. Anteile in diesem Bereich sind auch für das Detail- oder Kantenflimmern verantwortlich, wie in Kapitel 1.3.1 gezeigt wurde. Rauschstörungen gerade in diesem Bereich führen nach der Bandsynthese leicht zu verstärkten Flimmerstörungen im gesamten Bild, weshalb coderseitig eine wesentlich steilere Kennlinie verwendet wird. Im Decoder ist bei der entsprechend flacher verlaufenden Dekompanderkennlinie die Maximalamplitude des Helpersignals wesentlich geringer. Flimmerstörungen durch das Helpersignal werden so wirkungsvoll unterdrückt, vertikale Details allerdings auch nur bei kleinen Amplituden rekonstruiert, bei größeren begrenzt.

Nach der nichtlinearen Kennlinie erfolgt eine Restseitenband-Modulation und Bandpaßfilterung, wobei die Bandpaßfilterung durch zwei Tiefpaßfilter vor und nach der Modulation realisiert wird (Bild 2.29). Das hat den Vorteil, daß die beiden Filterflanken getrennt optimiert werden können. Die Übertragungsfunktion ist in Bild 2.31 dargestellt [ETSI]. Zunächst findet im Vorfilter eine Bandbegrenzung auf ca. 2,5 MHz statt und anschließend eine Zweiseitenbandmodulation auf die U-Phase des Farbträgers. Durch die Modulation auf den Farbträger liegt der durch das Vorfilter bestimmte Durchlaßbereich nun bei f_{SC} ±2,5 MHz. Das Nachfilter begrenzt die Bandbreite auf 5 MHz durch eine Nyquistfilterung beim Farbträger. Die Nyquistfilterung vermindert die Sichtbarkeit des Helpersignals und erhöht die Robustheit gegenüber Rauschstörungen.

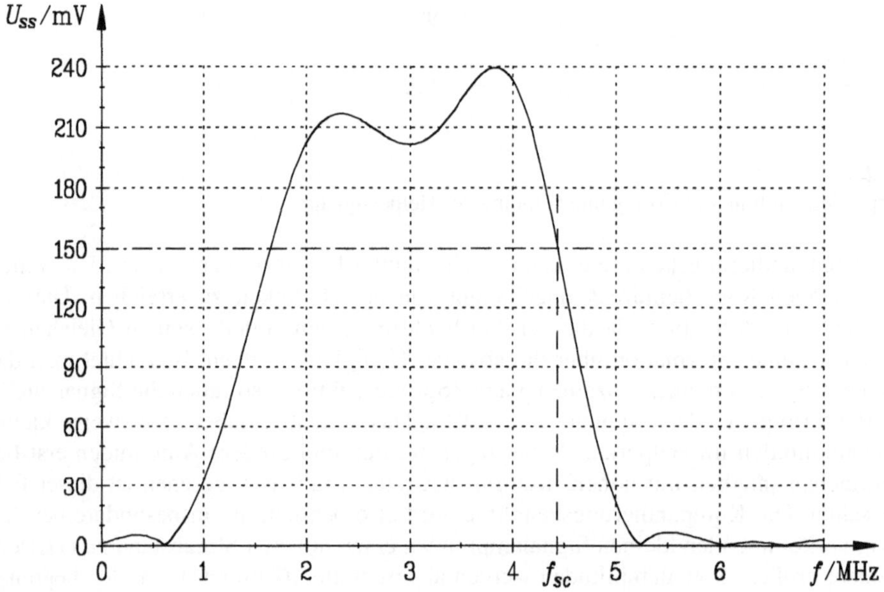

Bild 2.31
Übertragungsfunktion des modulierten Helpersignals

Eine weitere Verringerung der Sichtbarkeit des Helpersignals wird durch die Modulation auf die U-Phase des Farbträgers erreicht, da die Signalanteile im kompatiblen Empfänger im wesentlichen in den Chrominanzkanal gelangen und nach der Demodulation als C_B-Signal fast unsichtbare blaugelbe Konturen erzeugen. Insbesondere Gelb ist ohne Luminanzanteil nicht mehr sichtbar. Durch das Vorfilter mit einer Bandgrenze von etwa 2,5 MHz wird erreicht, daß keine niederfrequenten Anteile mehr im Helpersignal enthalten sind (Bild 2.31). Niederfrequente Anteile im Ultraschwarzbereich könnten sonst zu einer Störung der Synchronsignalabtrennung im Empfänger führen. Die Nyquistfilterung beim Farbträger ermöglicht eine einfache Demodulation des Signals im Empfänger. Als letzter Verarbeitungsschritt wird die Amplitudenkompression auf ±0,15 V durchgeführt. Dies ist im Helperfrequenzgang nach Bild 2.31 bereits berücksichtigt.

Für die Simulation des Gesamtsystems zur kompatiblen Übertragung von 16:9-Bildern wurde die Rasterkonversion und Helpersignalverarbeitung nach der PALplus-Spezifikation berücksichtigt, jedoch findet für die Chrominanzverarbeitung keine Colourplus-Verarbeitung statt [BOETCH]. Im Decoder wird lediglich ein Zeilenkammfilter verwendet. Das Zeilenkammfilter ermöglicht zumindest für rein horizontale Ortsfrequenzen eine Bandbreite von 5 MHz.

2.7 Einfluß von Übertragungsstörungen

Bei einer gestörten Übertragung ist der vertikal hochfrequente Anteil besonders betroffen, da eine Übertragung mit reduzierter Amplitude im Schwarz- und Ultraschwarzbereich stattfindet. Der schlechtere Störabstand wird zum Teil durch die nichtlineare Bewertungskennlinie bei der Helpersignalverarbeitung kompensiert. Trotzdem erscheint es bei einer stark gestörten Übertragung sinnvoller, die Rasterkonversion auf 574 Zeilen ausschließlich mit dem Tiefpaßanteil durchzuführen, um Rauschen nicht unnötig anzuheben. Die Rasterkonversion nur aus dem tieffrequenten Hauptbild kann auch angewendet werden, wenn heutige Aufzeichnungen einer Breitbild-Filmabtastung im Letterbox-Format ausgestrahlt werden.

Zu den möglichen Übertragungsstörungen gehören die Rauscheinflüsse auf den Übertragungswegen, die sich bei den verschiedenen Modulationsarten (Terrestrisch, Satellit, Kabel) unterschiedlich auswirken. Daneben wird der Einfluß einer nichtkonstanten Gruppenlaufzeit im Sender betrachtet.

2.7.1 Rauschen bei unterschiedlichen Übertragungswegen

Das PALplus-Signal kann - abhängig von der Übertragungsart - auf unterschiedliche Weise gestört werden. Bei einer terrestrischen und einer Kabelübertragung wird zwischen Coder und Decoder eine Restseitenband-Amplitudenmodulation verwendet. Rauschen tritt in einer Reihe von Komponenten auf, wobei neben der Antenne (bei terrestrischer Übertragung) vor allem die Eingangsstufe des Tuners einen großen Anteil hat. Das Rauschen kann gut durch weißes, bandbegrenztes Rauschen mit einer *gaußschen* Amplitudenverteilung beschrieben werden. Dieses Rauschen wird gleichermaßen wie das Nutzsignal bei der Demodulation umgesetzt. Dabei ist es unwesentlich, ob ein Hüllkurven- oder Synchrondemodulator Anwendung findet [MÄUSL 1].

Bild 2.32a zeigt die Übertragungskette. Das Eingangssignal wird einer Amplitudenmodulation unterzogen. Rauschstörungen können zusammengefaßt und additiv dem modulierten Signal überlagert werden. Im Demodulator werden anschließend das Nutz- und Rauschsignal in das Basisband umgesetzt. Da weder das Nutzsignal noch die Rauschcharakteristik bei der Demodulation verändert werden, kann die Simulation der Übertragungsstrecke durch die Überlagerung des bandbegrenzten Rauschsignals mit dem Eingangssignal im Basisband erfolgen (Bild 2.32b).

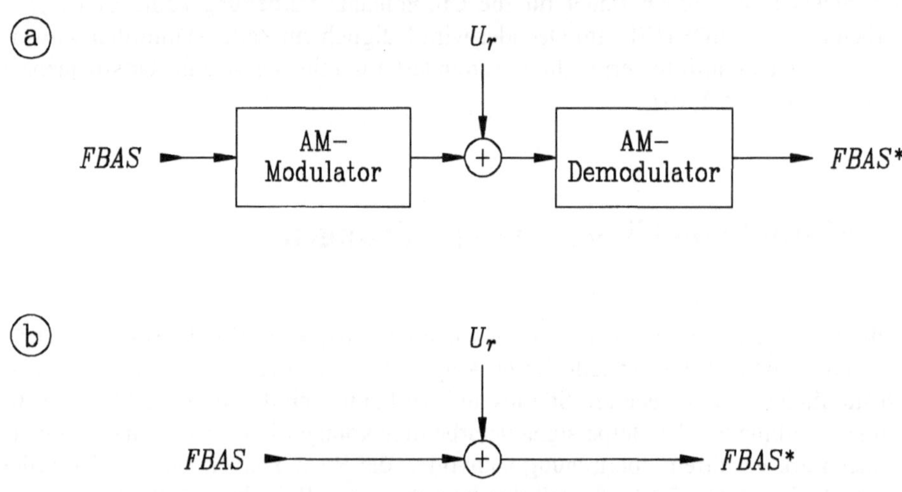

Bild 2.32
Gestörte terrestrische Übertragung mit Amplitudenmodulation; a) Übertragungskette; b) Ersatzschaltbild zur Rauschüberlagerung

Für eine Satellitenstrecke ist die Übertragungskette in Bild 2.33a dargestellt. Es wird eine Frequenzmodulation verwendet, bei der weißes Rauschen auf der Übertragungsstrecke nach der Demodulation in linear mit der Frequenz ansteigendes Rauschen umgesetzt wird. Gerade die höheren Frequenzen im Basisband werden besonders gestört, weshalb zusätzlich eine lineare Pre- und Deemphase in die Kette eingefügt wird. Die Preemphase bewirkt eine Anhebung der hohen Frequenzen um 2,5 dB und eine Absenkung der niedrigen Frequenzen um 11 dB (Kapitel 5.1). Die neutrale Frequenz liegt bei 1,3 MHz. Für die Simulation der Übertragungsstrecke kann wiederum auf die Modulation und Demodulation verzichtet werden (Bild 2.33b). Vernachlässigt werden allerdings Nichtlinearitäten der Wanderfeldröhre im Sender und die Schwelle des FM-Demodulators im Empfänger. Gerade bei unzureichendem *C/N* entstehen aufgrund der Demodulatorschwelle Impulsstörungen in Form langgezogener Linien, die als „Fischchen" bezeichnet werden. Ohne Berücksichtigung der Nichtlinearitäten wird das *FBAS*-Signal auf der Übertragungsstrecke nicht verändert, weshalb auch die Pre- und Deemphase für das Nutzsignal entfallen können. Das weiße, bandbegrenzte Rauschen wird zunächst durch Filterung in dreieckförmiges Rauschen umgesetzt und danach der Deemphase unterzogen, bevor es dem Nutzsignal überlagert wird.

Ein Vergleich der Ergebnisse zwischen der Amplitudenmodulation und der Frequenzmodulation ist möglich, wenn in beiden Fällen das auf die Nutzsignalbandbreite begrenzte Rauschen im Effektivwert übereinstimmt. Da erst der quadrierte Rauscheffektivwert der Leistung entspricht, müssen die Integrale über das quadrierte Rauschspektrum bis 5 MHz für die AM- und FM-Übertragung gleich groß sein. Dies entspricht nach der FM-Demodulation einem Rauschsignal, das an der Bandgrenze um den Faktor $\sqrt{3}$ größer ist als bei der AM-Übertragung. Der Vergleich des Rauscheffektivwertes direkt nach der Demodulation und vor der Deemphase ist sinnvoll, da die Pre- und Deemphase eine zusätzliche Maßnahme zur Rauschunterdrückung ist [MÄUSL 1].

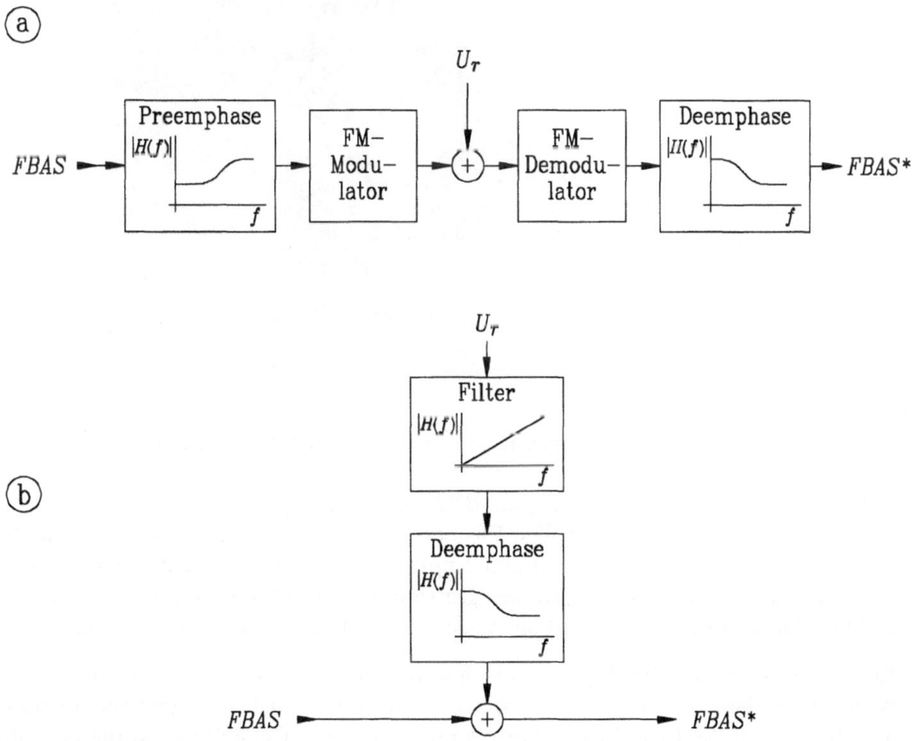

Bild 2.33
Gestörte Satellitenübertragung mit Frequenzmodulation; a) Übertragungskette; b) Ersatzschaltbild zur Rauschüberlagerung

Zur Demonstration des Rauscheinflusses wird die Sequenz „Renata" verwendet (Bild 2.34), bei der sich eine Frau vor einem detailreichen Hintergrund nach rechts bewegt, während die Kamera mit einem langsamen Schwenk und Zoom der Bewegung folgt. Das Hintergrundbild an den rechten Seite enthält viele feine unregelmäßige Strukturen mit zum Teil geringen Kontrast, während der dominierende Kalender ein sehr regelmäßiges Muster besitzt. Auf dem Foto nur ist ein Teilbild zu sehen, da bei einem Vollbild durch den Versatz der zwei Bewegungsphasen eine starke Bewegungsunschärfe an den Objekträndern auftreten würde. Dem steht bei der Teilbilddarstellung ein Verlust an vertikaler Auflösung gegenüber, und in verrauschten Bildern wird eine in vertikaler Richtung etwas zu grobe Rauschstruktur abgebildet. Die leichten Aliasstörungen entlang horizontaler Linien sind bereits in der Vorlage enthalten und werden durch die Zeilenwiederholung bei der Teilbilddarstellung verstärkt. Sie sind auf eine Abwärtskonversion der ursprünglichen HDTV-Sequenz zurückzuführen, die innerhalb des Teilbildes durchgeführt wurde.

Bild 2.34
Teilbild aus der Sequenz „Renata" bei ungestörter Übertragung im PALplus-Empfänger

Bild 2.34 zeigt das empfangene PALplus-Bild bei einer ungestörten Übertragung mit Auswertung der Helperinformation. Die Rasterkonversion wurde im Film Mode durchgeführt. Zwischen dem senderseitigen und empfangenen Bild sind praktisch keine Unterschiede zu erkennen, weshalb auf die Darstellung der Originalsequenz verzichtet wurde. Ohne Helperinformation wird ein Verlust an vertikaler Auflösung sichtbar.

Der Rauscheinfluß wurde bei Signal-Rauschabständen S/N zwischen 37 dB und 27 dB untersucht. Rauschen auf Fotos ist schwierig darzustellen, da bei eingefrorenem Rauschen nicht die Unruhe bzw. Bewegung erkennbar ist. Zur Darstellung wurde deshalb der sehr schlechte Rauschabstand von 27 dB verwendet, um die typische Rauschstruktur sichtbar zu machen. Sie erscheint aufgrund der Teilbilddarstellung in vertikaler Richtung etwas zu grob. In Bild 2.35 ist das verrauschte Bild nach einer terrestrischen Übertragung mit und ohne Helperanteil zu sehen. Während ohne Helperanteil das Rauschen dem einer gewöhnlichen terrestrischen PAL-Übertragung entspricht, entsteht mit dem Helpersignal eine Rauschstörung, die in horizontaler Richtung orientiert ist. Die Rauschanteile des Helpersignals wirken sich im ganzen Bild aus. Die längliche, das heißt horizontal niederfrequente Störung, ist auf die horizontale Bandbegrenzung des Helpersignals auf etwa 2,5 MHz zurückzuführen. In Bild 2.35a (mit Helper) ist aber auch weiterhin der Gewinn an vertikaler Auflösung zu sehen.

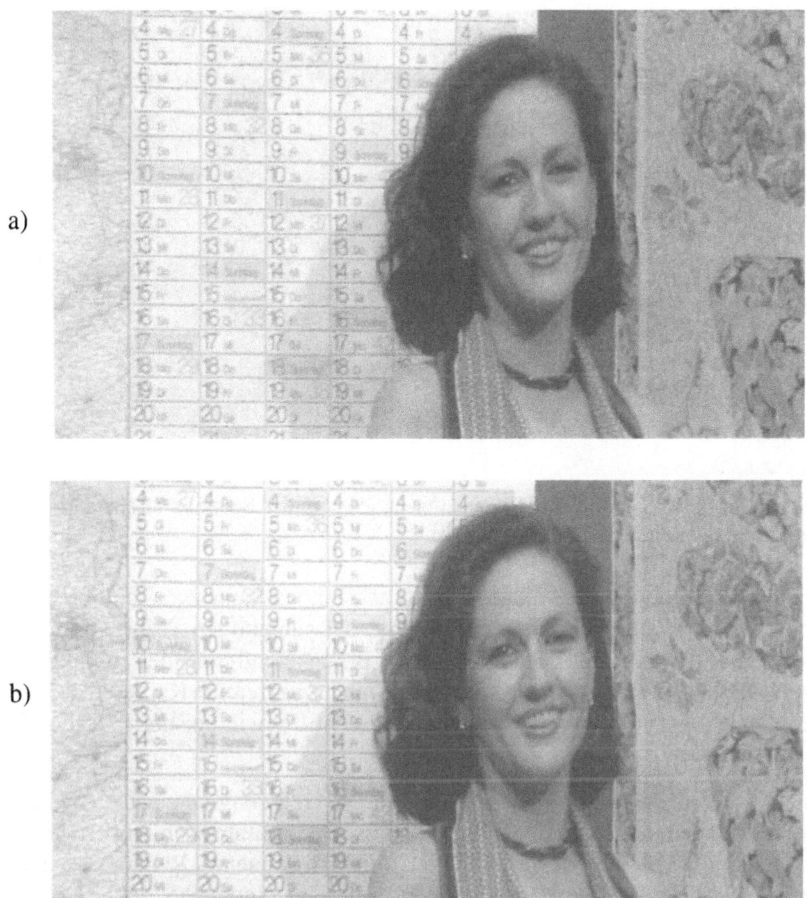

Bild 2.35
Teilbild aus der Sequenz „Renata" bei terrestrischer Übertragung und einem S/N = 27 dB auf einem PALplus-Empfänger; a) mit rekonstruiertem Helpersignal; b) ohne Helperinformation

Bei der Satellitenübertragung in Bild 2.36 wirken sich Rauschstörungen wegen der dreieckförmigen Frequenzcharakteristik wesentlich stärker auf das Helpersignal als auf das Hauptsignal aus. Beim demodulierten Helpersignal wird das hochfrequente Rauschen in eine horizontal niederfrequente Struktur umgesetzt, die gut vom Auge wahrgenommen werden kann (siehe Kapitel 5.1). Die horizontale Störstruktur ist nun viel deutlicher als bei der terrestrischen Übertragung zu sehen, und an horizontalen Linien (vertikale Details) im Kalender entstehen zusätzliche Störungen in Form von „Echos". Sie sind ab einem S/N von 32 dB erkennbar, bei größeren Signal-Rauschabständen können sie vernachlässigt werden. Dann bietet die Satellitenübertragung ein deutlich besseres Bild als die terrestrische Übertragung, da die gut sichtbaren örtlich niederfrequenten Störungen kaum auftreten.

Bild 2.36
Empfangenes PALplus-Teilbild mit Helperinformation aus der Sequenz „Renata" bei einer Satellitenübertragung mit einem $S/N = 27$ dB

Die Messung des „objektiven" Signal-Rauschabstandes kann zwar auf vielfältige Art und Weise erfolgen, eine Übereinstimmung mit der subjektiven Wahrnehmung ist derzeit jedoch nur sehr beschränkt möglich. Eine Berücksichtigung der subjektiven Empfindung wurde bisher nur für die horizontale Richtung erreicht (Kapitel 5.1). Weiterhin ist die Einbeziehung nichtlinearer Verarbeitungsschritte, wie bei der PALplus-Übertragung, kaum möglich.

Die subjektive Frage, ab wann es nun besser ist, das Helpersignal zur Decodierung nicht mehr zu verwenden, kann auch nicht an einem bestimmten Zahlenwert festgemacht werden. Bei der dargestellten, vertikal detailreichen Sequenz „Renata" ist der Auflösungsverlust ohne Helperanteil auch bei dem sehr schlechtem S/N von 27 dB sichtbar, was eine Entscheidung zwischen akzeptierbarem Rauschen gegenüber der Bildauflösung erschwert. Erst bei diesem schlechten S/N überwog der Wunsch nach Abschaltung des Helpersignals. Bei Bildinhalten ohne viele vertikale Details trägt das Helpersignal kaum zur Bildverbesserung bei, während die zusätzlichen Rauschstörungen im gesamten Bild sichtbar werden. Die Abschaltung des Helpersignals führt dann bereits bei höheren Signal-Rauschabständen zu einer Bildverbesserung. Oberhalb von 35 dB ist es generell besser, das Helpersignal mit zu dekodieren.

2.7.2 Nichtlineare Gruppenlaufzeit

Eine Bandbegrenzung mit rekursiven Filtern besitzt im allgemeinen einen nichtlinearen Phasengang, der gerade an der Bandgrenze stark ansteigt. Die Gruppenlaufzeit τ_g als erste Ableitung der Phase ist daher nicht mehr über der Frequenz konstant, was bei Videosignalen zu einem Versatz der hohen Frequenzanteile gegenüber den niedrigen führt und am unsymmetrischen Überschwingen an Kanten störend in Erscheinung tritt.

Die wesentlichen Laufzeitfehler im Sender entstehen bei der Video-Tiefpaßfilterung, der Restseitenband-Filterung auf der ZF-Ebene sowie im Diplexer beim Zusammenschalten der Video- und Tonsignale auf der HF-Ebene. Im Heimempfänger kommen auf der ZF-Ebene wegen der geforderten hohen Trennschärfe zwischen den Kanälen die Nyquistfilterung beim Bildträger, die Tonträgerabsenkung und die Fallen für die benachbarten Bild- und Tonträger hinzu. Die getrennte Laufzeitentzerrung durch Allpässe im Sender und Empfänger bedeutete anfangs einen sehr hohen Aufwand für den Heimempfänger, weshalb 1956 von der CCIR (heute ITU-R) empfohlen wurde, bereits senderseitig die Entzerrung für den Heimempfänger - zumindest teilweise - mit zu übernehmen. Begrifflich etwas verwirrend ist die Einteilung in die sogenannte Halb- und Vollentzerrung. Bei der in Deutschland eingeführten Halbentzerrung wird senderseitig ein Gruppenlaufzeitausgleich über den gesamten Frequenzgang durchgeführt, während bei der Vollentzerrung bis mindestens 3 MHz lediglich die Senderseite entzerrt wird.

Inzwischen ist es mit modernen Oberflächenwellenfiltern kein Problem mehr, steilflankige phasenlineare Filter zu realisieren, die eine Entzerrung des Heimempfängers durch den Sender überflüssig erscheinen lassen. Eine - zunächst stufenweise - Abschaltung der Gruppenlaufzeitentzerrung wurde daher in Fachkreisen eingehend diskutiert. Die Folge der Abschaltung wären zumindest für ältere Empfänger Gruppenlaufzeitfehler. Für eine Übergangszeit ist die Betrachtung der Gruppenlaufzeitfehler auch für den PALplus-Empfänger interessant, da insbesondere das Helpersignal auf den Farbträger moduliert wird

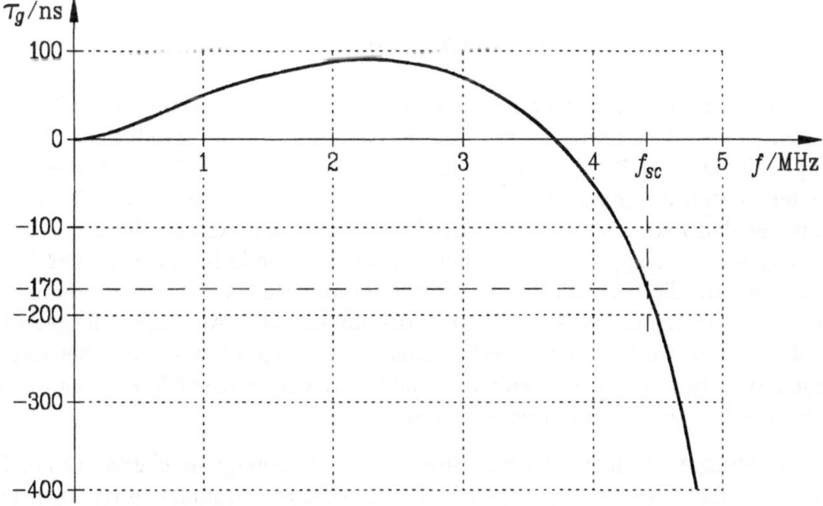

Bild 2.37
Sollkurve der senderseitigen Gruppenlaufzeit zur kompletten Vorentzerrung des Empfängers (Standard PAL B/G Halbentzerrung)

Die senderseitige Sollkurve zur allgemeinen Standard B/G Halbentzerrung ist in Bild 2.37 dargestellt. Im Diagramm wurde willkürlich für die Frequenz null auch die

Gruppenlaufzeit zu null gesetzt, woraus sich auch negative Gruppenlaufzeiten für Frequenzen oberhalb 3,8 MHz ergeben. Dieser nichtkausale Fall ist für die Betrachtung ausreichend, da die absolute Laufzeit von untergeordneter Bedeutung ist. Für den 4:3-Empfänger wird angenommen, daß dieser die übliche gegenläufige Gruppenlaufzeitcharakteristik hat, so daß sich insgesamt eine konstante Gruppenlaufzeit über der Frequenz einstellt. Besitzt ein PALplus-Empfänger bereits eine konstante Gruppenlaufzeit, so wird die Gruppenlaufzeitcharakteristik des Senders wirksam.

Bild 2.38
Auswirkung von Gruppenlaufzeitfehlern im PALplus-Empfänger

Die Auswirkungen der nichtlinearen Gruppenlaufzeit auf den PALplus-Empfänger sind in Bild 2.38 an einem Teilbildausschnitt der Renata-Sequenz dargestellt. Der senderseitige Gruppenlaufzeitabfall zu hohen Frequenzen hin zeigt sich bei vertikalen Linien oder Kanten an den unsymmetrischen Vorschwingern. Durch die Modulation des Helpersignals auf den Farbträger erfahren die hier enthaltenen Anteile dieselbe Laufzeitverschiebung wie im Hauptsignal die hochfrequenten Anteile in der Nähe des Farbträgers. Dadurch wird die vertikale Detailinformation des Helpersignals speziell an Kreuzungspunkten verschoben, was zu einem Ausdünnen oder Aufreißen der vertikalen Linien führen kann. An horizontal niederfrequenten Strukturen wirkt sich der Laufzeitunterschied zwischen Haupt- und Helpersignal kaum aus, insbesondere bleibt die vertikale Auflösung bei diesen Strukturen erhalten.

Trotz der systemspezifischen stärkeren Störung des Helpersignals überwiegt der Laufzeitfehler des Hauptsignals, der sich neben den bereits erwähnten unsymmetrischen Vorschwingern an Luminanzsprüngen durch einen Versatz der Chrominanz bemerkbar macht. Die geringere Störung durch das Helpersignal ist dadurch zu erklären, daß es statistisch gesehen einen wesentlich geringeren Anteil am Gesamteindruck des Bildes beiträgt als das Hauptsignal. Eine nichtlineare Gruppenlaufzeit wirkt sich somit in herkömmlichen 4:3-Empfängern in ähnlicher Weise aus wie in einem PALplus-Empfänger.

3 Bewegungsdetektion in Videosystemen mit Zeilensprungabtastung

Bewegungsdetektoren in der Videotechnik zielen im allgemeinen darauf ab, bei der Bildsignalverarbeitung zwischen verschiedenen Verarbeitungsmodi umzuschalten, die für ruhende bzw. für bewegte Bereiche besonders gut geeignet sind [KAWAI, SCHÖN 3, TEICHN 2]. Einfach ist die Auswertung der Differenzen örtlich gleicher Bildpunkte, wobei die Differenz bei Bewegung ungleich Null wird. In Zeilensprungsystemen besteht jedoch zwischen zwei aufeinanderfolgenden Teilbildern ein Offset um eine Zeile, weshalb im Teilbildabstand nicht direkt die örtlich richtige Differenz gebildet werden kann.

Die Anforderungen an einen Bewegungsdetektor können in generelle und anwendungsspezifische Eigenschaften unterteilt werden,

generell:
- geringer Hardwareaufwand,
- robust gegen Rauschstörungen,

und anwendungsspezifisch:
- Detektion **jeder Bewegung** und Akzeptanz einer Fehldetektion durch Störungen,
- Detektion der **relevanten Bewegung** und unempfindlich gegen Störungen und langsam bewegte Strukturen.

Je nach Anwendung kommen unterschiedliche Bewegungsdetektoren zum Einsatz. Bei der Rauschreduktion mit einem teilbildrekursiven Filter muß beispielsweise jede Bewegung erkannt werden, da sich sonst an nichterkannten bewegten Objekten sofort ein störendes Nachziehen bemerkbar machen würde. Bei Verfahren zur Luminanz-Chrominanz-Trennung, zur Flimmerreduktion und zur Vorselektion bewegter Gebiete bei der Bewegungskompensation ist es dagegen häufig günstiger, nur relevante Bewegung zu erkennen. Bei langsam bewegten Strukturen hat der Modus für unbewegte Gebiete oft bessere Eigenschaften als der Bewegtbildmodus.

Detektoren mit Vollbildverzögerungen ermöglichen eine örtlich korrekte Bewegungsdetektion, was allerdings durch einen erhöhten Hardwareaufwand erkauft wird. Häufig ist es günstiger, Bewegungsdetektoren mit nur einem Teilbildspeicher als Verzögerungsglied zu realisieren. Als Beispiel seien Bewegungsdetektoren genannt, wie sie bei der rekursiven Rauschreduktion eingesetzt werden [SUYIGA].

Die Bewegungsdetektoren sollen im allgemeinen auch bewegte kontrastarme Objekte erkennen, wobei dann ein Kompromiß in bezug auf die Rauschempfindlichkeit gefunden werden muß. Rauschen führt nach der Differenzbildung zu Signalanteilen, die häufig eine Bewegung vortäuschen. In der Regel ist der Aufwand für die Reduzierung der Rauschempfindlichkeit beträchtlich.

Ein neuer rauschunempfindlicher Detektor auf der Basis einer Teilbildverzögerung wertet die vertikal hochfrequenten Signalanteile in den einzelnen Teilbildern und im Vollbild aus, um daraus eine Bewegungsinformation abzuleiten. Die verschiedenen Detektortypen werden vorgestellt und in ihren Eigenschaften miteinander verglichen.

3.1   Detektion mit Vollbildverzögerung

Das Prinzip eines Bewegungsdetektors mit einer Vollbildverzögerung ist in Bild 3.1 im Abtastraster und als Blockschema dargestellt. Zur örtlich korrekten Bewegungsdetektion werden - wie bereits genannt - die Differenzen zwischen aufeinanderfolgenden Vollbildern gebildet, was die doppelte Laufzeit (in Ländern mit 50-Hz-Teilbildfrequenz 40 ms statt 20 ms) und somit auch einen erhöhten Hardwareaufwand an Bildspeichern mit sich bringt.

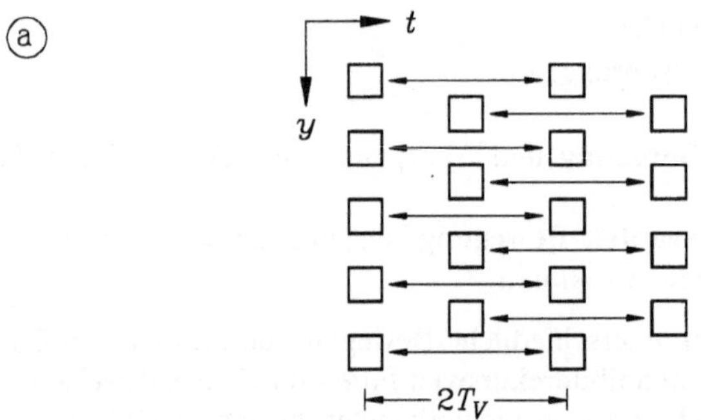

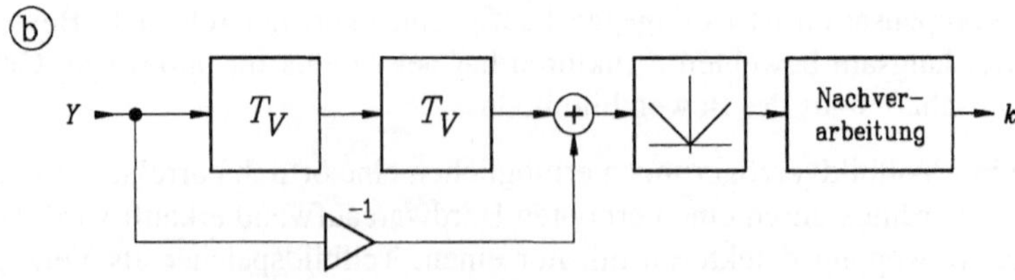

Bild 3.1
Bewegungsdetektor mit einer Vollbildverzögerung; a) Vertikal-zeitliches Abtastraster; b) Blockschema des Detektors

Sowohl die positiven als auch die negativen Signale enthalten nach der Differenzbildung die Bewegungsinformation, weshalb sich eine Betragsbildung anschließt. Die Nachverarbeitung kann zur Glättung des Signals und zur Kennlinienbewertung (Umsteuerung) genutzt werden. Gerade eine Tiefpaßfilterung zur Glättung sorgt für eine sanfte Umsteuerung zwischen zwei Verarbeitungsmodi und reduziert Aliasanteile aus der Überblendung beträchtlich [TEICHN 1, HENT 1].

Probleme bei der Bewegungsdetektion treten bei alternierenden Bildinhalten auf, wie sie am Beispiel einer bewegten Struktur in Bild 3.2 gezeigt werden. Die sich nach rechts bewegende Struktur hat im Vollbildabstand jeweils die gleiche Amplitude, so daß die Differenzbildung Null ergibt und keine Bewegung detektiert werden kann. Solche Muster oder auch von Teilbild zu Teilbild wenig überlappende Objekte kommen in der Realität häufig vor, da kameraseitig außer der Apertur (zeitliche Integration über maximal eine Teilbilddauer) keine zeitliche Vorfilterung durchgeführt wird. Dies wäre auch unsinnig, da dann alle bewegten Objekte verschliffen und unscharf dargestellt würden.

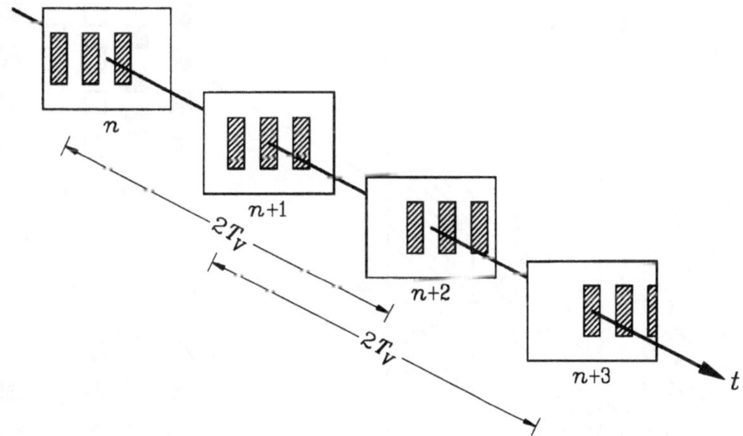

Bild 3.2
Versagen eines Vollbild-Bewegungsdetektors bei bestimmten Bewegungsfrequenzen

Statt des Beispiels im Zeitbereich können die Detektionsgebiete auch umfassend in der vertikal-zeitlichen Frequenzebene beschrieben werden. Bild 3.3 zeigt die zweidimensionalen Durchlaßbereiche des Bewegungsdetektors. Aufgrund der vertikal-zeitlichen Abtastung entstehen periodische Wiederkehrspektren (Oberwellen), deren Abtastzentren als Punkte dargestellt sind. Dadurch wird die maximale Übertragungsbandbreite des Basisbandes bestimmt, deren vertikal-zeitliche Nyquistgrenze gekennzeichnet ist. Ohne zunächst auf die Eigenschaften des Bewegungsdetektors einzugehen, sollen die Zeitsignale der Ortsfrequenzen $(f_y, f_t = 312{,}5$ c/ph, 0 Hz) und $(f_y, f_t = 0$ c/ph, 25 Hz) näher betrachtet werden. Eine stationäre hohe vertikale Ortsfrequenz bei $f_y = 312{,}5$ c/ph entspricht im Zeitbereich einer feinen Struktur von abwechselnd hellen und dunklen Zeilen. Aufgrund des Zeilensprungverfahrens werden diese Frequenzkomponenten an den Zwischenzeilenträgern $(f_y, f_t = \pm 312{,}5$ c/ph, ± 25 Hz) auf der Zeitfrequenzachse bei $f_t = 25$ Hz reproduziert und führen zu 25-Hz-Flimmerstörungen. Umgekehrt entsteht bei einer Bewegungsfrequenz von 25 Hz eine feine Zeilenstruktur mit einer Ortsfrequenz von $f_y = 312{,}5$ c/ph. Auf der Empfängerseite kann bei diesen Signalen also nicht mehr zwischen einer ruhenden Struktur und einer hohen Bewegungsgeschwindigkeit unterschieden werden. Mit der Auslegung des Detektionsverfahrens wird festgelegt, ob solche Strukturen wie ruhende oder wie bewegte Bildinhalte verarbeitet werden.

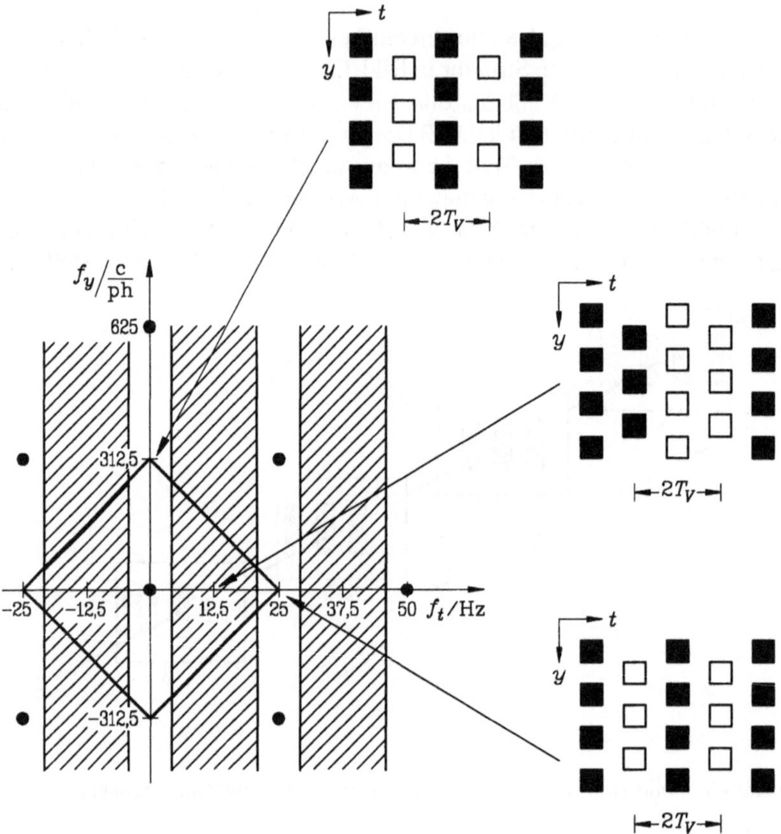

Bild 3.3
Durchlaßbereiche eines Bewegungsdetektors mit einer Vollbilddifferenz

Der Bewegungsdetektor mit Vollbildverzögerungen detektiert keine Signalanteile entlang der vertikalen Ortsfrequenzachse (Bild 3.3), womit eine sichere Trennung aller ruhenden von bewegten Bildinhalten erreicht werden soll. In zeitfrequenter Richtung führt die Differenzbildung im Vollbildabstand zu einem sinusförmigen Frequenzgang mit einer Nullstelle bei der zeitlichen Nyquistfrequenz 25 Hz. Somit können nicht alle Bewegungsfrequenzen detektiert werden. Dies hatte bereits das Beispiel im Zeitbereich ergeben und wird in Bild 3.3 durch die dargestellten Bildinhalte bei den Bewegungsfrequenzen 12,5 Hz und 25 Hz untermauert. Bei 25 Hz führt die Differenzbildung immer zu Null, während bei 12,5 Hz das Differenzmaximum im Vollbildabstand erreicht wird.

In der Praxis erweist es sich oft als Nachteil, daß bestimmte Bewegungsfrequenzen um 25 Hz mit diesem Detektortyp nicht erfaßt werden können [UHLEN 1, HENT 5, SUZU-KI 2]. Eine weitere Schwachstelle ist in der Rauschempfindlichkeit dieses Typs zu sehen. Sollen auch kontrastarme bewegte Objekte detektiert werden, ist eine niedrige Detektionsschwelle erforderlich. Dabei werden auch kleinere Differenzen, die durch Rauschen entstehen, als Bewegung interpretiert.

3.2 Detektion mit Teilbildverzögerung

Bei einer Bewegungsdetektion mit einer einzigen Teilbildverzögerung können zur Differenzbildung örtlich versetzte Bildpunkte zwischen geometrisch benachbarten Zeilen verwendet werden. Dazu zeigt Bild 3.4 das Abtastraster und das resultierende Detektionsgebiet im vertikal-zeitlichen Spektrum. Die Bewegungsdetektion im Offsetraster führt zu unsymmetrischen, diagonal verlaufenden Durchlaßgebieten im Frequenzbereich, wobei die Detektion von der Bewegungsrichtung abhängig wird. Langsame, aufwärts gerichtete vertikale Bewegungen mit Geschwindigkeiten um 1 Pixel/Teilbild können nicht detektiert werden, da sie nur Frequenzkomponenten entlang einer Geraden mit den Punkten (0 c/ph, 0 Hz) und (312,5 c/ph, 25 Hz) enthalten. Im umgekehrten Fall einer abwärts gerichteten Bewegung wird das Ausgangssignal maximal. Im Unterschied zur Vollbilddetektion werden in zeitfrequenter Richtung alle Bewegungsfrequenzen mit erfaßt, insbesondere auch die zeitliche 25-Hz-Nyquistfrequenz.

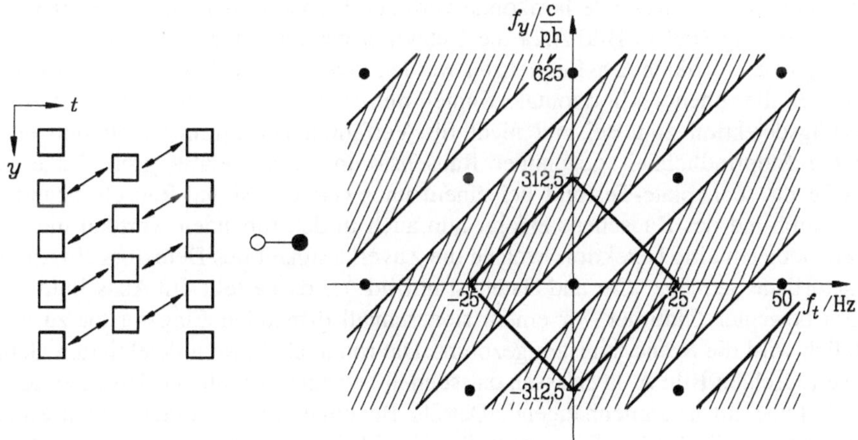

Bild 3.4
Bewegungsdetektion mit 312 Zeilen Verzögerung (Teilbild)

Um bei der Bewegungsdetektion richtungsunabhängig zu werden, kann ein Teilbild auch in die aktuelle Rasterlage interpoliert werden. Das Ergebnis dieser Verarbeitung ist in Bild 3.5 zu sehen. Die Detektionsgebiete wurden gegenüber denen in Bild 3.4 erweitert und die Bewegungsrichtung spielt bei der Detektion keine Rolle mehr. Beiden Teilbilddetektoren ist jedoch gemeinsam, daß auch ruhende Bildinhalte mit erfaßt werden, die höhere vertikale Ortsfrequenzen enthalten.

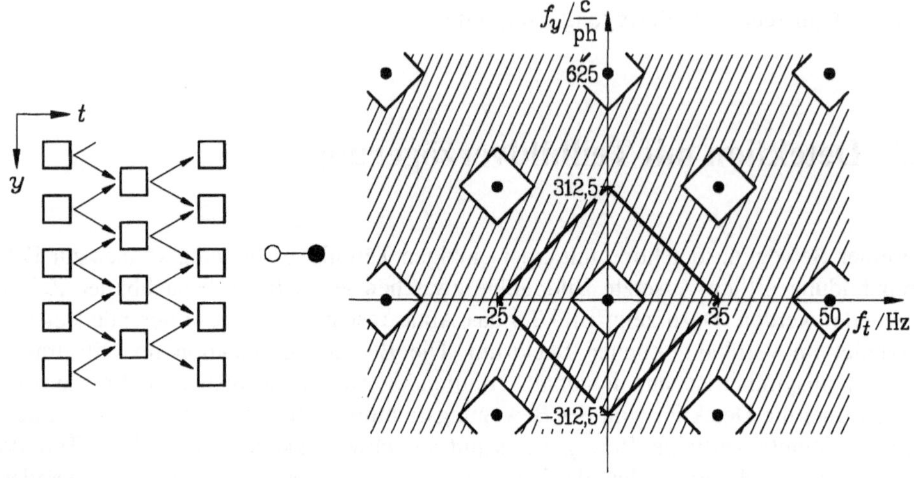

Bild 3.5
Bewegungsdetektion mit 312,5 Zeilen Verzögerung (Teilbild)

Die Auswirkungen sind in einem ruhenden Zoneplate-Testbild gut darstellbar, das alle Ortsfrequenzen in horizontaler und vertikaler Richtung in einem Bild enthält und ähnlich wie die zweidimensionale horizontal-vertikale Frequenzebene interpretiert werden kann. Im Anhang sind in Bild A.2a die Detektionsgebiete rot gekennzeichnet. Bereits niederfrequente vertikale Ortsfrequenzen werden detektiert. In [HENT 1] wird gezeigt, daß hierbei alle ruhenden horizontale Kanten mit erfaßt werden und sich diese Art der Bewegungsdetektion zum Beispiel nicht für Verfahren zur Flimmerreduktion eignet. Auch die Empfindlichkeit gegenüber Rauschstörungen ist relativ groß. Dazu zeigt Bild A.2b das Zoneplate-Testbild bei einem unbewerteten Signal-Rauschabstand von 29 dB. Aufgrund des Rauschens erfolgt nun auch in den ruhenden, vertikal niederfrequenten Gebieten eine Detektion, welche die Zuverlässigkeit des Detektors einschränkt. Eine natürliche Sequenz „Car and Gate" ist in Bild A.3 dargestellt. Im Ausschnitt ist ein langsam bewegter Oldtimer vor einem sich schnell öffnenden Eingangstor zu sehen. Zusätzlich wird die Szene langsam gezoomt. Die roten, als bewegt detektierten Gebiete im unverrauschten Bild A.3a erfassen das schnell bewegte Tor, alle horizontalen Kanten und viele feine, unzusammenhängende Details. Bei einem unbewerteten Signal-Rauschabstand von 33 dB (Bild A.3b) nimmt die Anzahl der als bewegt detektierten Punkte stark zu und macht die Bewegungsdetektion zunehmend unsicherer. Trotzdem kann dieser Detektortyp für spezielle Applikationen gut eingesetzt werden, in denen die Detektion jeder Bewegung wichtiger ist als eine Fehldetektion in ruhenden Gebieten. Als Beispiel kann die rekursive Teilbildkammfilterung zur Rauschreduktion genannt werden.

3.3 Detektion unter Auswertung vertikal hochfrequenter Strukturen

Statt der üblichen Differenz zwischen den Teilbildinhalten werden bei diesem Detektor lediglich deren hochfrequente vertikale Anteile - bekannt als „Mäusezähnchen" - bestimmt. Hierbei wird die Erkenntnis genutzt, daß bei üblichen Kameras Strukturen mit einer Zeilenbreite kaum erfaßt werden, da bei Kameras die Abtastung in der Regel über zwei Zeilen erfolgt. Genau diese Strukturen treten aber in den bewegten Bereichen mit voller Modulation auf und können bereits innerhalb eines Vollbildes sicher erkannt werden. Daher kommt dieser Bewegungsdetektor mit nur einer Teilbildverzögerung aus. Bild 3.6 zeigt ein bewegtes Objekt über zwei Teilbilder. Innerhalb eines Teilbildes werden keine vertikal hochfrequenten Strukturen sichtbar, da die Differenz zwischen untereinander liegenden Zeilen inner- und außerhalb der Objektränder null ist. Im Vollbild sieht man dagegen in den bewegten Bereichen die hochfrequenten Strukturen („Mäusezähnchen"), die der vertikalen Nyquistfrequenz entsprechen. Diese „Mäusezähnchen" treten auch bei einer Bewegung in vertikaler Richtung auf. Zur Bewegungsdetektion reicht es also aus, möglichst genau die vertikale Nyquistfrequenz zu detektieren.

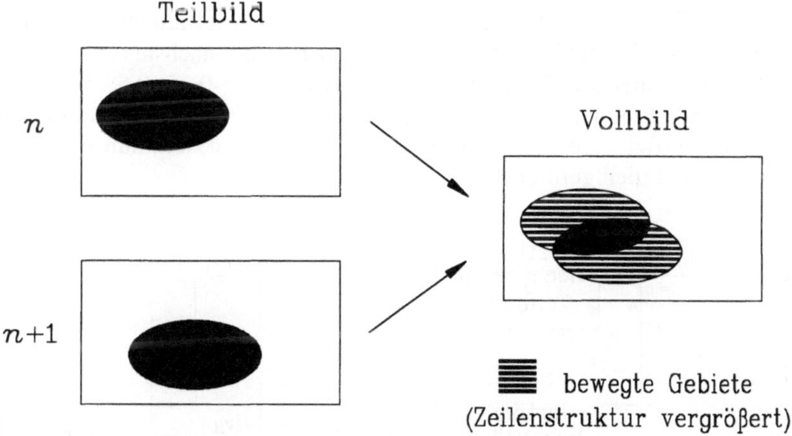

Bild 3.6
Entstehung von „Mäusezähnchen" in bewegten Gebieten

Zur Detektion der hochfrequenten vertikalen Ortsfrequenzen kann das unverzögerte und das um ein Teilbild verzögerte Signal einem vertikalen Hochpaßfilter zugeführt werden, was bereits in [UHLEN 2] beschrieben wurde. Um im wesentlichen die bewegten Bereiche zu detektieren, die ja mit der vertikalen Nyquistfrequenz korrespondieren, kommt dem vertikalen Hochpaßfilter eine besondere Bedeutung zu. Dieses Filter muß sehr schmalbandig ausgelegt werden, um Bewegungsinformation von feinen ruhenden Details zu trennen. Bei einem genügend schmalbandigen FIR-Filter geht die Anzahl der

Koeffizienten schnell in die Höhe, was mit einem entsprechenden Aufwand an Zeilenspeichern verbunden ist.

Eine wesentlich effektivere Detektion der Bewegung erhält man, wenn eine Auswertung der hochfrequenten Anteile nicht nur im Vollbild, sondern auch innerhalb der beiden Teilbilder erfolgt. Vorteile dieser Lösung sind die Informationen über die bereits im ruhenden Bild vorhandenen hochfrequenten Anteile, die dazu genutzt werden können, mit einfachen Filtern mit nur wenigen Koeffizienten eine Detektion der hochfrequenten „Mäusezähnchen" durchzuführen und sicher von ruhenden Strukturen zu trennen. Auch Rauschstörungen werden dadurch wirkungsvoll unterdrückt.

Dazu ist in Bild 3.7 das Schema eines Bewegungsdetektors dargestellt. Neben dem vertikalen Hochpaß im Vollbild werden zusätzlich Hochpässe in den beiden Teilbildern verwendet, um festzustellen, ob bereits hochfrequente Strukturen im Teilbild vorhanden sind, die nichts mit einer Bewegungsinformation zu tun haben. Diese drei Eingangsfilter legen die Detektionsgebiete fest und werden zur Erläuterung ihrer Eigenschaften in Bild 3.8 näher beschrieben. Dazu werden in Bild 3.8a einige Zeilen über zwei Teilbilder dargestellt. Bei den Filtern sollte die Gruppenlaufzeit aufeinander abgestimmt sein, da sie in vertikaler Richtung die aktuelle Zeile bestimmen. Dies ist in Bild 3.8a der Fall, hier haben sowohl die Teilbildfilter als auch das Vollbildfilter ihren Schwerpunkt (vertikale Gruppenlaufzeit) bei der doppelt schraffierten Zeile. Aufgrund der Zeilensprungabtastung (Offset) ist es sinnvoll, verschiedene Filter innerhalb der Teilbilder zu verwenden. Eine Filterung findet im Teilbild n mit den Koeffizienten -0,5 und +0,5 statt, was einen sinusförmigen Frequenzgang bewirkt. Im nächsten Teilbild $(n + 1)$ erfolgt die Filterung über drei Zeilen mit den Koeffizienten (-0,25; 0,5; -0,25), was mit einem $\sin^2$-förmigen Frequenzgang korrespondiert. Im Vollbild werden in diesem Beispiel dieselben Koeffizienten verwendet mit dem Unterschied, daß nun in den geometrisch benachbarten Zeilen gefiltert wird.

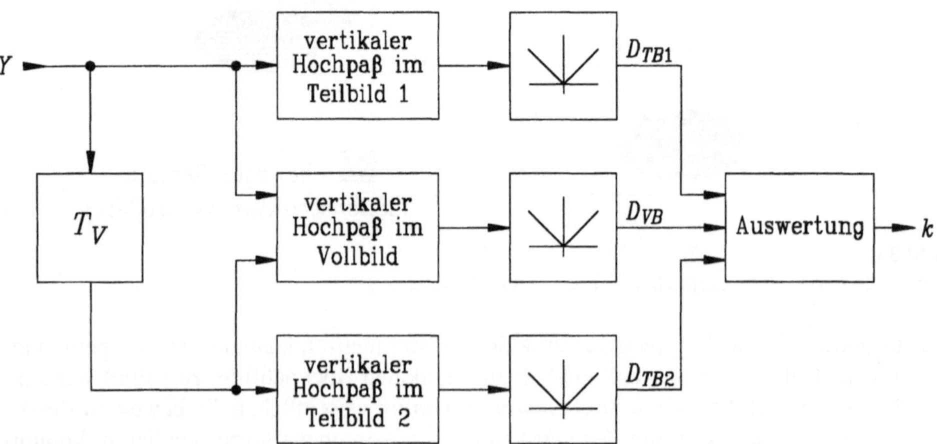

Bild 3.7
Schema eines Bewegungsdetektors mit Teilbildverzögerung unter Auswertung vertikal hochfrequenter Anteile

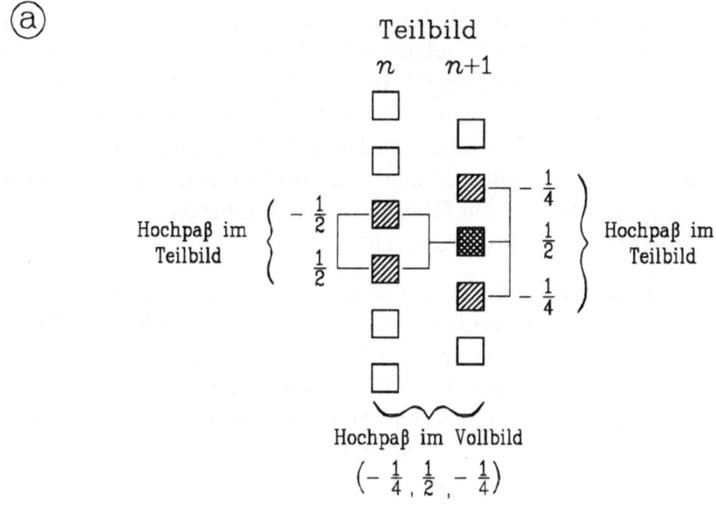

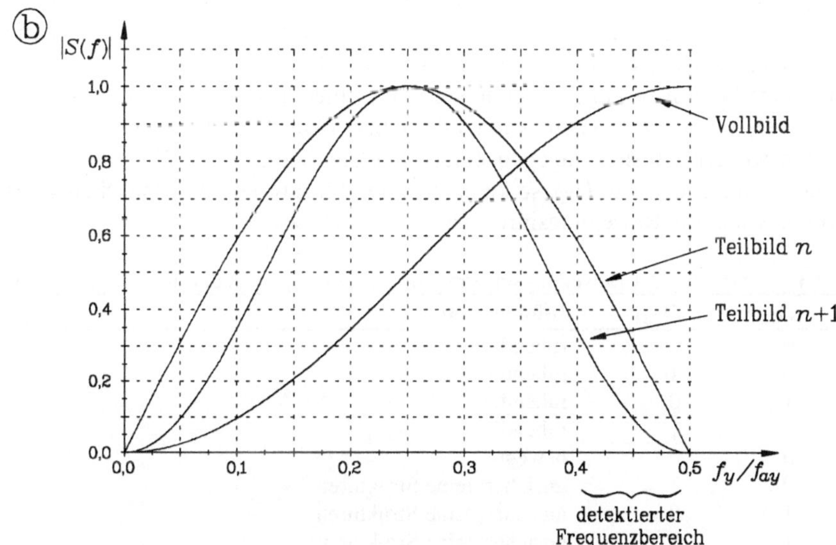

Bild 3.8
Beispiel einer Filterung in den einzelnen Teilbildern und im Vollbild; a) Koeffizienten im Abtastraster; b) Frequenzgänge der drei Detektionszweige

Für eine Filterung im Teilbild steht nur die Hälfte der Zeilen zur Verfügung, was entscheidenden Einfluß auf die Filtercharakteristik hat. Bild 3.8b zeigt die Frequenzgänge der drei Filter. Die realisierten Hochpässe im Teilbild haben ihr Maximum bei einem Viertel der vertikalen Abtastfrequenz ($0{,}25\,f_y/f_{ay}$) und unterdrücken die Nyquistfrequenz. Bei der Filterung im Vollbild wird das Maximum dagegen bei der Nyquistfrequenz $0{,}5\,f_y/f_{ay}$ erreicht. Dies kann vorteilhaft zur Detektion der Frequenzanteile in der

Nähe der Nyquistfrequenz genutzt werden. Aufgrund der geringen Zahl der Koeffizienten in den einzelnen Filtern ergeben sich relativ breite Durchlaßbereiche, wobei wegen der Filterung im Vollbild neben den bewegten Bereichen (Nyquistfrequenz) auch viele feine Details in ruhenden Bildinhalten mit erfaßt werden. Die in den Teilbildern enthaltenen feinen Details werden aber gleichzeitig in den Teilbildfiltern detektiert und können so bei der Auswertung der Detektionszweige eliminiert werden. Auf diese Weise ist es möglich, mit einfach zu realisierenden Filtern den Detektionsbereich auf Frequenzen in der Nähe der Nyquistfrequenz zu konzentrieren.

Nach der Betragsbildung können nun die drei Signale (D_{VB}, D_{TB1}, D_{TB2}) zur korrekten Bewegungserkennung ausgewertet werden. Dazu soll zunächst anhand Tabelle 3.1 erläutert werden, welche Informationen bei verschiedenen Zuständen der Signale D_{VB}, D_{TB1} und D_{TB2} gewonnen werden können. Die Signale besitzen nicht nur 0- und 1-Pegel, sondern weisen dazwischen einen quantisierten Amplitudenbereich auf. Eine Null soll daher ein Synonym für schwache Signale, eine Eins für starke Signale sein. Die Pegelangaben sind relativ und dienen nur dem Vergleich zwischen den Signalen untereinander. Bei einem schwachen Signal D_{VB} (Pegel 0) kann man davon ausgehen, daß keine oder kaum „Mäusezähnchen" auftreten und es sich mit hoher Wahrscheinlichkeit um unbewegte Bereiche handelt. Erst bei einem größeren Signal D_{VB} (Pegel 1) werden hohe Ortsfrequenzen detektiert, wobei nun zwischen detailreichen - möglicherweise ruhenden - und detailarmen bewegten Bereichen unterschieden werden muß. Sind die Ausgangspegel D_{TB1} und D_{TB2} klein, kann mit hoher Wahrscheinlichkeit auf Bewegung geschlossen werden. Besitzt dagegen einer oder gar beide Pegel D_{TB1} und D_{TB2} eine ähnlich hohe Amplitude wie D_{VB}, so kann auf feine Strukturen oder Rauschen geschlossen werden, wobei die Bewegungsinformation unsicher wird.

Tabelle 3.1 Zuordnung der Bewegungsinformation aus den Signalen der drei Detektionszweige

D_{VB}	D_{TB1}	D_{TB2}	Information
0	0	0	ruhend
0	0	1	ruhend
0	1	0	ruhend
0	1	1	ruhend
1	0	0	bewegt
1	0	1	unsicher, feine Strukturen
1	1	0	unsicher, feine Strukturen
1	1	1	unsicher, feine Strukturen

Bei der Nachverarbeitung wird nun entschieden, ob eine unsichere Erkennung als Bewegungsinformation weiter verarbeitet wird oder nicht. Dies kann je nach Anwendung unterschiedlich sein. Im Beispiel der zeitlich wirkenden, rekursiven Rauschreduktion ist die sichere Erkennung jeder Bewegung wichtig, weshalb eine Bewegungszuordnung feiner Strukturen sinnvoll ist. Der ansteigende Rauscheinfluß müßte hierbei durch eine entsprechende Nachverarbeitung vermindert werden. Bei der Flimmerreduktion oder Bewegungsschätzung ist es häufig besser, nur relevante Bewegungen zu erfassen und in unsicheren Bereichen auf einen guten „Fall Back"-Modus zurückzuschalten.

Bild 3.9 zeigt ein detailliertes Beispiel eines Bewegungsdetektors mit der Auswertung der vertikal hochfrequenten Anteile. Im Fall der relevanten Bewegungserkennung kann die vertikale Bandbreite zur Detektion der Nyquistfrequenz leicht variiert werden, in dem ein Amplitudenvergleich zwischen dem Vollbildzweig und den Teilbildzweigen durchgeführt wird (D_{VB} - $v \cdot$ Max(D_{TB1}, D_{TB2}) > 0). Um das Ziel einer schmalbandigen Detektion zu erreichen, muß die Amplitude im Vollbildzweig zur „Mäusezähnchenerkennung" größer sein als in den Teilbildzweigen. Dies wird in Bild 3.9 durch die Verstärkung des Maximums der Teilbildamplituden mit $v = 1{,}8$ erreicht. Zusätzlich hat das einen positiven Einfluß auf die Rauschstörungen. Da Rauschen in der Regel unkorreliert und spektral gleichverteilt ist, tritt statistisch gesehen in allen drei Zweigen etwa eine gleich große Rauschamplitude auf. Bei einer Verstärkung v größer eins muß sich ein Signal mit der Nyquistfrequenz im Vollbildzweig deutlich vom Rauschen abheben, um als Bewegung detektiert zu werden. Bei sehr kleinen Signalamplituden würde der Vergleich aufgrund der gröber werdenden Quantisierung zu einer Zunahme der fehlerhaft detektierten Gebiete führen. Dies wird durch eine zweite absolute Schwelle mit einem Offset im Bereich weniger Quantisierungsstufen verhindert.

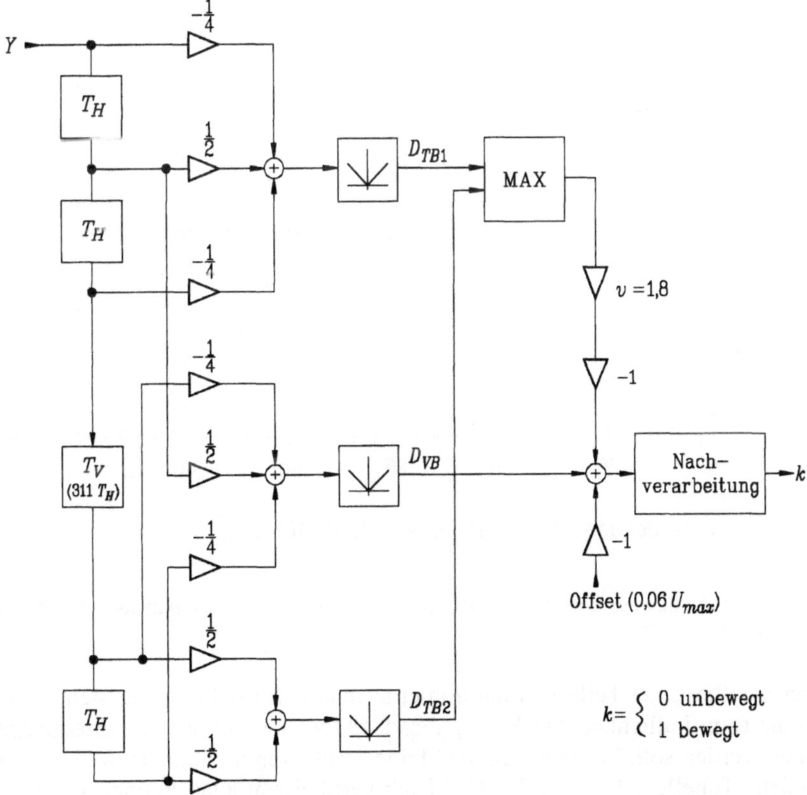

Bild 3.9
Bewegungsdetektor mit Auswertung vertikal hochfrequenter Anteile („Mäusezähnchendetektor")

Für verschiedene Verstärkungsfaktoren und Offsetspannungen wurde die Abhängigkeit der als bewegt detektierten Bildpunkte vom Signal-Rauschabstand untersucht [SCHILL]. Bei ansteigender Offsetspannung wird die Anzahl der detektierten Bildpunkte geringer. Als geeignet erwies sich für eine hohe Sensitivität ein relativ kleiner Offset von $0,06\ U_{max}$. Der Einfluß des Amplitudenvergleichs $D_{VB} - v \cdot \mathrm{Max}(D_{TB1}, D_{TB2}) > 0$ ist in Bild 3.10 dargestellt. Bei $v = 1,6$ nimmt die Anzahl der als bewegt detektierten Bildpunkte bei kleinen S/N zu, bei $v = 1,8$ bleibt sie etwa gleich und bei $v = 2,0$ nimmt sie kontinuierlich ab. Bemerkenswert ist, daß die als bewegt detektierten Bildpunkte über einen weiten Signal-Rauschabstand in etwa konstant bleiben. Ein guter Wert für eine hohe Detektionsempfindlichkeit bei gleichzeitig drastisch reduziertem Rauscheinfluß liegt bei einer Verstärkung von 1,8 - 2.

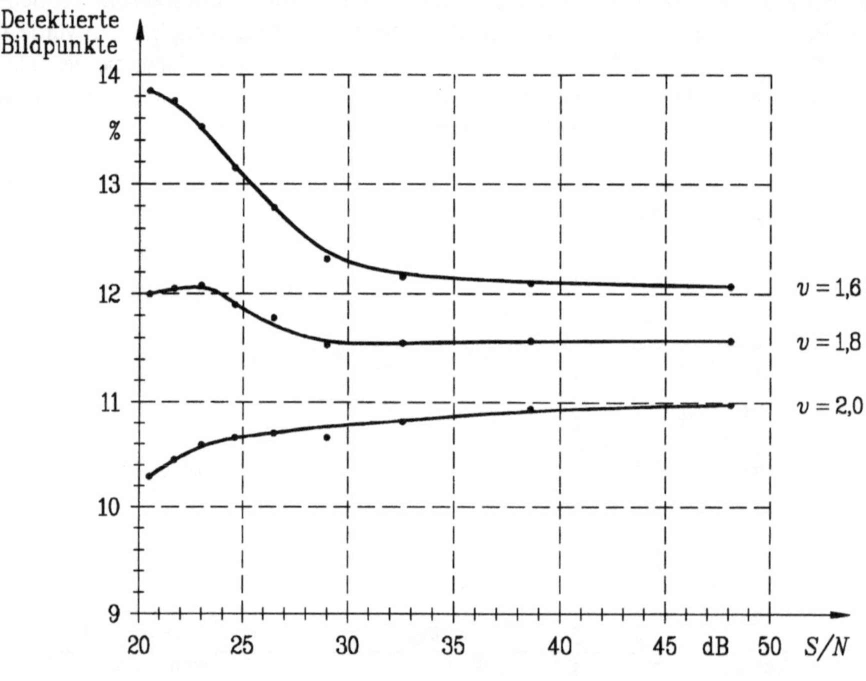

Bild 3.10
Abhängigkeit der als bewegt detektierten Bildpunkte vom Signal-Rauschabstand beim „Mäusezähnchendetektor"

Eine Filterung über zwei Teilbilder hat immer auch eine zeitliche Komponente, weshalb die spektrale Empfindlichkeit des Bewegungsdetektors auch in der f_y, f_t-Frequenzebene beschrieben werden soll. Für den Fall, daß feine Strukturen nicht als Bewegung erkannt werden (siehe Tabelle 3.1), ist in Bild 3.11 die vertikal-zeitliche Frequenzebene dargestellt. Entlang der vertikalen Ortsfrequenzachse sieht man die detektierten schraffierten Bereiche mit einem Maximum bei der vertikalen Nyquistfrequenz. Aufgrund der Zeilensprungabtastung erscheint dieser Bereich gespiegelt an allen Trägern, so daß entlang der Zeitfrequenzachse alle Bewegungsfrequenzen inklusive der 25-Hz-Komponente detektiert werden. Dies war das Ziel dieses Bewegungsdetektors. Man erkennt auch die geringe Empfindlichkeit dieses Detektors auf mittlere vertikale Ortsfrequenzen, was gleichzeitig eine niedrige Empfindlichkeit für horizontale Kanten mit sich bringt. Das ist beispielsweise vorteilhaft bei der Flimmerreduktion.

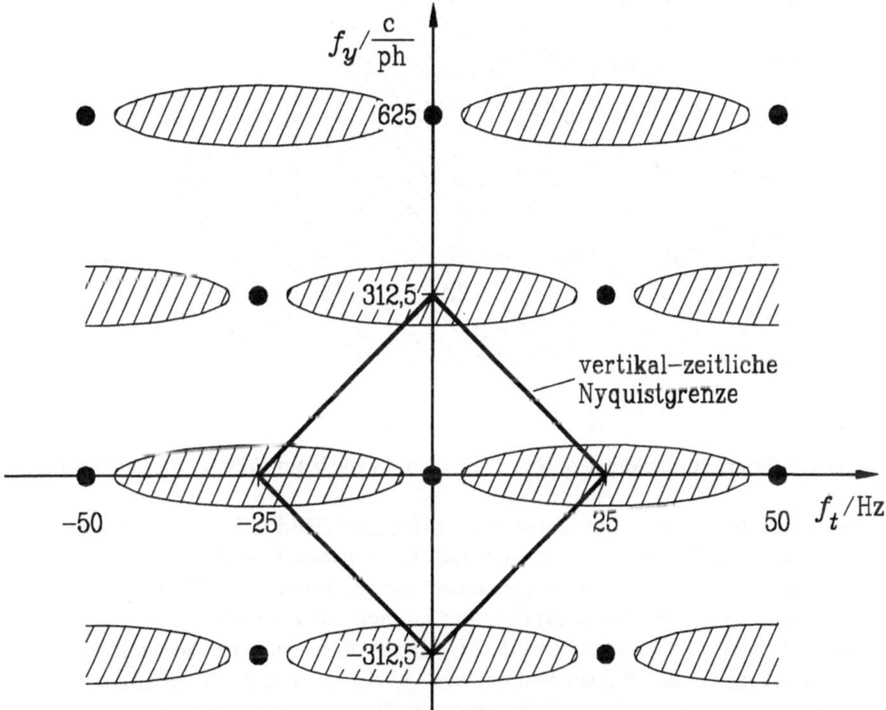

Bild 3.11
Detektionsgebiete in der vertikal-zeitlichen Frequenzebene beim „Mäusezähnchendetektor"

Bild 3.12 zeigt die Detektionsgebiete in der horizontal-zeitlichen Frequenzebene. Unabhängig von der horizontalen Ortsfrequenz werden alle Bewegungsfrequenzen bis in die Nähe der zeitlichen Abtastfrequenz (Teilbildfrequenz 50 Hz) detektiert und eine hohe Sensitivität erreicht. Das gilt für Bildbereiche mit niedrigen vertikalen Ortsfrequenzen. Hohe vertikale Ortsfrequenzen werden nicht mehr als Bewegung detektiert.

Die Detektionsgebiete und die Robustheit gegenüber Rauschstörungen lassen sich gut an einem verrauschten Zoneplate-Testbild erläutern, das ein unbewertetes *S/N* von 29 dB hat (Bild A.4 im Anhang). Die rot gekennzeichneten Detektionsgebiete weisen lediglich eine hohe Empfindlichkeit für die vertikale Nyquistfrequenz auf. Trotz der hohen Rauschstörungen werden im Gegensatz zum einfachen Teilbilddetektor (siehe Bild A.2b) in allen anderen Gebieten keine weiteren Punkte detektiert.

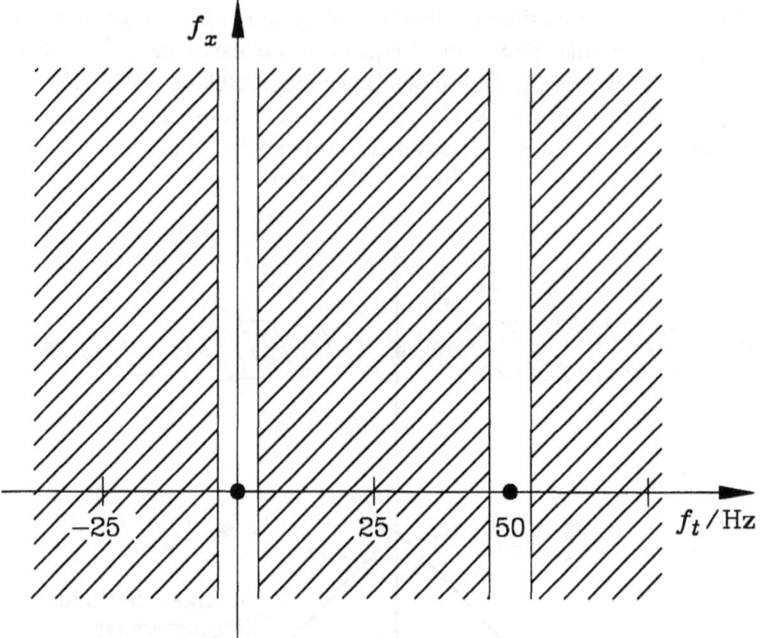

Bild 3.12
Detektionsgebiete in der horizontal-zeitlichen Frequenzebene beim „Mäusezähnchendetektor"

Die detektierten Bereiche in der Szene „Car and Gate" (Bild A.5a) beschränken sich auf
das schnell bewegte Tor im Hintergrund und die schwach bewegten Kanten des Oldti-
mers und der rechten Torseite. Es werden nur wenige Punkte des Hintergrundes detektiert. Durch eine geeignete Nachverarbeitung können einzelne Punkte eliminiert werden
(Erosion) und bewegte Gebiete verbreitert werden (Dilatation). Ein so nachverarbeitetes
Bild ist bei einem Signal-Rauschabstand von 33 dB in Bild A.5b zu sehen. Trotz der
Rauschstörungen werden weiterhin nur relevante Bewegungen detektiert.

3.4 Vergleich der Detektoren

Die prinzipiellen Eigenschaften verschiedener Bewegungsdetektoren werden in Tabelle 3.2 gegenübergestellt. Detektoren mit Vollbildverzögerungen können nicht alle Bewegungsfrequenzen detektieren, gerade bei der Nyquistfrequenz versagt der Detektor
und häufig auch das bewegungsadaptive Verfahren. Ansonsten ist die Empfindlichkeit
für die Bewegungsdetektion in horizontaler und vertikaler Richtung gleichermaßen
hoch, und ruhende Strukturen werden von Bewegungsinformation sicher getrennt.
Nachteilig ist die Empfindlichkeit gegenüber Rauschstörungen und der hohe Hardwareaufwand, weshalb dieser Detektortyp kaum zum Einsatz kommt.

Tabelle 3.2 Gegenüberstellung verschiedener Bewegungsdetektoren

Bewegungsdetektor	Vollbild-verzögerung	Teilbild-verzögerung	TB-Verzögerung mit Hochpaß-Auswertung
Detektionsgebiete	Bewegungen abhängig von Detailbreite und Geschwindigkeit	jede Bewegung	nur relevante Bewegungen
Bewegungsfrequenzen bis Nyquistgrenze (25 Hz)	nein	ja	ja
Detektion ruhender Ortsfrequenzen	nein	ja	nur vertikale Nyquistfrequenz
Störung durch Rauschen	hoch	hoch	gering
Hardwareaufwand	hoch	gering	gering

Bei Detektoren mit nur einer Teilbildverzögerung ist der Hardwareaufwand entsprechend gering, und sogar die Nyquistfrequenz wird detektiert. Als Nachteil gegenüber der Vollbilddetektion ist die Detektion ruhender horizontaler Kanten und feiner Details zu nennen, die nicht für jede Anwendung akzeptiert werden kann.

Der Bewegungsdetektor mit Auswertung der Hochpaßinformation verbindet Eigenschaften, die mit den eben genannten Typen nicht erzielt werden können. Der Aufwand beschränkt sich auf die Verzögerung mit einem Teilbildspeicher, wobei wegen der Unempfindlichkeit gegenüber horizontalen Kanten auch eine Eignung für Verfahren zur Flimmerreduktion gegeben ist. Ein weiterer Vorteil ist seine hohe Empfindlichkeit für horizontal bewegte Objekte, verbunden mit einer ungewöhnlichen Robustheit gegenüber Rauschstörungen. Zusätzlich werden auch 25-Hz-Bewegungsfrequenzen detektiert, die bei Bewegungsdetektoren mit Vollbildverzögerungen nicht erfaßt werden. Die Einsatzgebiete dieses Detektors sind dementsprechend vielfältig. Neben der Flimmerreduktion, der Rauschreduktion oder der Luminanz-Chrominanz-Trennung kann dieser Bewegungsdetektor vorteilhaft auch in Systemen zur Bewegungsschätzung und örtlichen Bewegungsinterpolation eingesetzt werden, zum Beispiel zur Vorselektion der Gebiete, in denen eine rechenintensive Bewegungsschätzung durchgeführt wird.

4 Luminanz-Chrominanz-Trennung

Bei der Einführung des Farbfernsehens wurde bei allen bestehenden Normen aus Kompatibilitätsgründen darauf geachtet, daß die Signalbandbreite nicht ansteigt. Daher war es notwendig, die Chrominanzinformation innerhalb des Luminanzsignals so zu übertragen, daß eine Störung des kompatiblen Empfängers weitgehend ausgeschlossen werden konnte (Bild 4.1). Die gewählte Quadraturmodulation auf einen Farbträger f_{SC} in der Nähe der oberen Bandgrenze erschien deshalb günstig, weil statistisch gesehen die hochfrequenten Signalanteile seltener auftreten und somit zu weniger Übersprechen in den Chrominanzkanal führen. Weiterhin hat die hohe Farbträgerfrequenz den Vorteil, daß im kompatiblen Schwarzweißempfänger die Farbinformationen lediglich als feinstrukturierte, wenig sichtbare Störmuster erscheinen. Der Störeindruck wurde zusätzlich durch eine Farbträgerunterdrückung und eine geeignete Verkopplung des Träger mit der Zeilenfrequenz verringert.

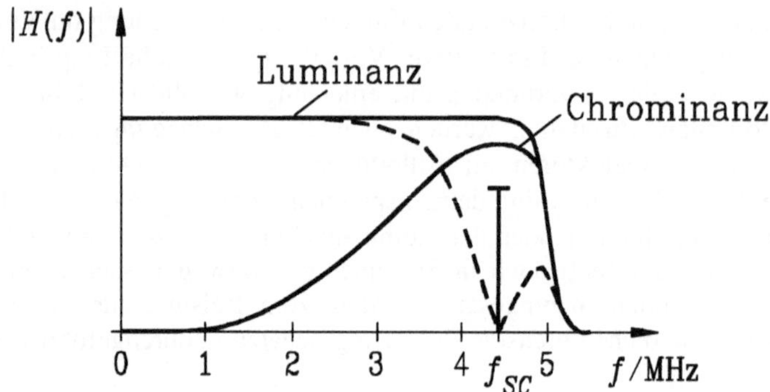

Bild 4.1
Übertragungsfunktion eines PAL-Coders

Der Farbfernsehempfänger muß in der Lage sein, das Frequenzspektrum wieder in die Luminanz- und Chrominanzkomponenten zu separieren. Ursprünglich sollte im Coder das Signal so vorgefiltert werden, daß für die Luminanz eine Falle bei der Farbträgerfrequenz besteht (Bild 4.1) [SCHÖN 4]. Das Ziel war es, daß in ungünstigen Fällen Rauschstörungen in der Nähe des Farbträgers nicht in den Farbkanal des Decoders gelangen sollten und damit den Signal-Rauschabstand verschlechtern (Cross-Noise). Zusätzlich werden auch hochfrequente Luminanzanteile unterdrückt, so daß ein Übersprechen in den Farbkanal reduziert wird. Der durch das Notchfilter verursachte Schärfeverlust konnte allerdings nicht toleriert werden. Im Coder wird daher die modulierte Chrominanz lediglich der Luminanz additiv überlagert. Aus Aufwandsgründen erfolgte die Trennung im Empfänger mit einer einfachen Bandpaß/Bandsperre-Kombination. Insbesondere die hochfrequenten Luminanzkomponenten sprechen somit in den Chrominanzkanal über und erscheinen als Farbstörung (Cross-Colour).

4.1 Konventionelle PAL-Codierung und -Decodierung

Eine ausführliche Behandlung der PAL-Codierung und -Decodierung ist unter anderem in [SCHÖN 4, MÄUSL 2] beschrieben, weshalb an dieser Stelle eine Zusammenstellung der Kernelemente genügen soll. Das vereinfachte Blockschaltbild eines PAL-Coders ist in Bild 4.2 dargestellt. Das ankommende *RGB*-Signal wird matriziert in die Luminanz Y und die Farbkomponenten R - Y und B - Y. Die Chrominanzkomponenten werden auf 1,3 MHz bandbegrenzt (Abfall auf -3 dB), da das Auge für die Farbinformation eine geringere Auflösung als für die Luminanz besitzt und so eine erhebliche Reduktion der Übertragungsbandbreite erzielt werden kann. An dieser Stelle oder auch erst bei der Modulation werden die Amplituden der Farbartsignale reduziert, da nach der Modulation im *FBAS*-Signal nur ein maximaler Überpegel von 33 % in beiden Richtungen zulässig ist. Damit wird

$$ U = \frac{1}{2,03} \cdot (B - Y) \qquad \text{und} \qquad V = \frac{1}{1,14} \cdot (R - Y) . \tag{4.1} $$

Anschließend folgt die Eintastung des Burstimpulses auf der hinteren Schwarzschulter, die im Gegensatz zum NTSC-System vor der Modulation auf den Farbträger liegt. Die Vorteile dieser Maßnahme werden erst nach der Quadraturmodulation der U- und V-Komponenten erkennbar.

Die U-Komponente wird direkt auf den Farbträger aufmoduliert, während die V-Komponente mit einem zeilenweise um $\pm 90°$ alternierenden Farbträger moduliert wird. Das NTSC-System arbeitet dagegen ohne diese Umschaltung. Nach der Demodulation ergibt sich eine hohe Empfindlichkeit gegenüber Phasenfehlern, die als Farbtonfehler störend in Erscheinung treten. Auf diese Farbabweichungen reagiert der menschliche Gesichtssinn sehr empfindlich. Beim PAL-System werden durch die zeilenalternierende Phasendrehung der V-Komponente von Zeile zu Zeile gegenläufige Farbtonfehler erzeugt, so daß eine Mittelung über zwei Zeilen eine Farbtonkompensation bewirkt. Als Reststörung verbleiben Farbsättigungsfehler, auf die das Auge wesentlich unkritischer reagiert.

Nun wird der Vorteil der Burstimpulserzeugung vor der Quadraturmodulation deutlich. Die Information der aktuellen V-Phase ist in jeder Zeile im Farbburst enthalten und muß nicht mehr separat übertragen werden. Zusätzlich resultiert eine erhöhte Störsicherheit gegenüber einer teilbildweisen Zusatzinformation über die Anfangsphase.

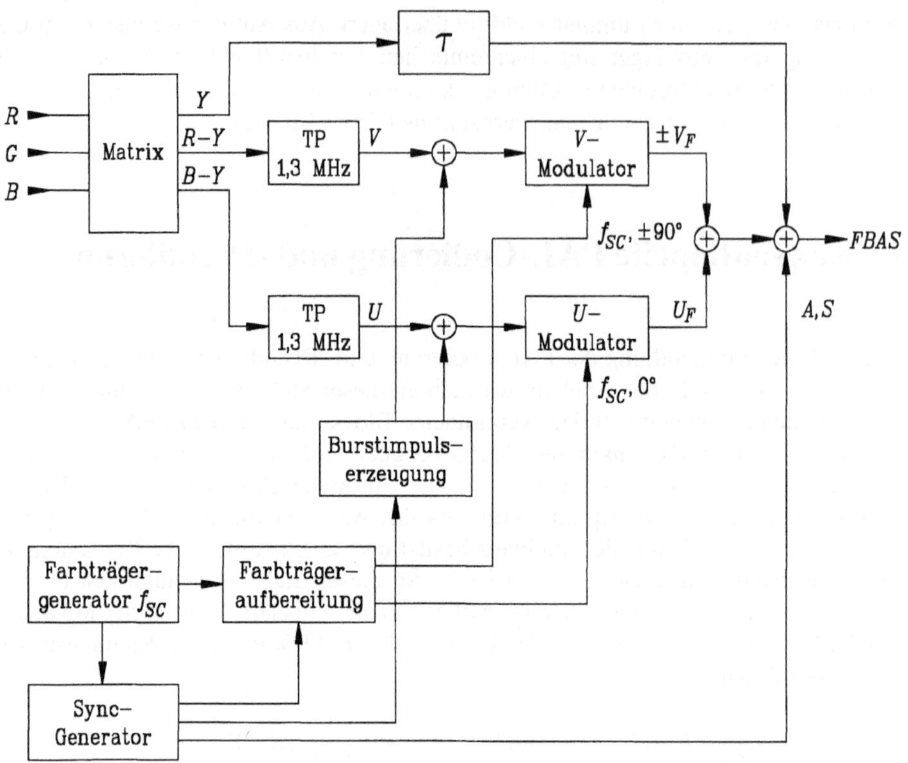

Bild 4.2
Vereinfachtes Blockschaltbild eines PAL-Coders

Das Luminanzsignal wird nach einer Laufzeitanpassung dem Chrominanzsignal überlagert, und die Austast- und Synchronisationsimpulse (*A* und *S*) vervollständigen das ausgehende *FBAS*-Signal.

Im PAL-Decoder wird das *FBAS*-Signal über eine Farbträgerfalle und einen Bandpaß in den Luminanz- und Chrominanzanteil getrennt (Bild 4.3). Die Farbträgerfalle unterdrückt die feine Störstruktur des Farbträgers (Cross-Luminanz) in großen farbigen Flächen. Die Sync- und Burstabtrennung sowie die Farbträgeraufbereitung dienen der Regeneration der Synchronimpulse und des Farbträgers f_{SC} zur Demodulation. Das Chrominanzsignal *C* durchläuft die PAL-Delay-Line. Hier findet die Aufspaltung in die modulierten Chrominanzkomponenten U_F und $\pm V_F$ statt. Wegen der zeilenweise alternierenden Übertragung der *V*-Komponente (*U*, +*V* bzw. *U*, -*V* ergibt die Addition zweier Zeilen den modulierten *U*-Anteil U_F und die Subtraktion den modulierten *V*-Anteil $\pm V_F$. Die Mittelung über eine Zeilenverzögerung im Teilbild (2 Δy) entspricht einer Kammfilterung und bewirkt eine vertikale Verschiebung um Δy, was wegen der geringeren Farbauflösung des menschlichen Auges nicht mehr durch eine gleichartige (und aufwendige) Verzögerung der Luminanz kompensiert wird. Im Synchrondemodulator wird durch eine Umtastung der Farbträgerphase um ±90° die zeilenalternierende *V*-Phase aufgehoben. Die Farbartsignale *R - Y*, *B - Y* können dann mit dem Luminanzsignal *Y*, dessen horizontale Laufzeit dem Chrominanzzweig angepaßt wurde, der Dematrix zugeführt werden.

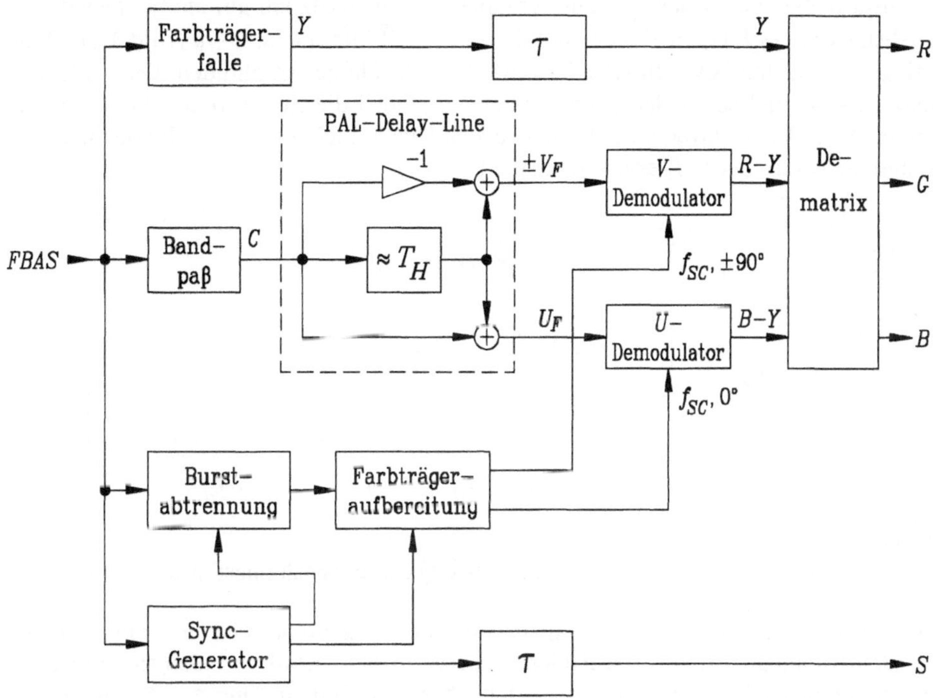

Bild 4.3
Vereinfachtes Blockschaltbild eines konventionellen PAL-Decoders

4.2 Spektrum des PAL-Signals

Die Trennung der Luminanz und Chrominanz im PAL-Empfänger kann bei der spektralen Überschneidung der Bänder nicht fehlerfrei erfolgen. Hochfrequente Luminanzinformation gelangt in den Chrominanzzweig und verursacht als Farbstörung bekanntes Cross-Colour, während höherfrequente Chrominanzanteile in den Luminanzkanal gelangen und eine feine Luminanzstruktur erzeugen (Cross-Luminanz).

Eine wesentliche Verringerung der sichtbaren Störungen konnte durch die sorgfältige Wahl der Farbträgerfrequenz erreicht werden, die auf der Analyse des eindimensionalen *BAS*-Spektrums basiert [SCHÖN 4]. Das *BAS*-Signal erfährt eine periodische Abtastung

in vertikaler Richtung mit der Zeilenfrequenz und in zeitlicher Richtung mit der Teilbildfrequenz. Betrachtet man zunächst nur die Abtastung eines weißen Bildes mit der
Zeilenfrequenz, so ergeben sich lediglich Frequenzlinien bei Vielfachen der Zeilenfrequenz f_H. Dieser Fall kann für alle Bildstrukturen ohne vertikal orientiertes Detail erweitert werden. Wird die zeitliche Abtastung mit der Teilbildfrequenz inklusive der vertikalen Austastlücke berücksichtigt, dann gruppieren sich zusätzlich um die Frequenzlinien
im Abstand $m \cdot f_H$ Frequenzlinien im Abstand der Bildfrequenz $n \cdot f_V$ (Bild 4.4). Ohne
vertikales Bilddetail besitzen sie allerdings nur sehr kleine Amplituden. Die Zeilenfrequenz ist kein Vielfaches der Teilbildfrequenz, so daß die Zeilensprungabtastung eine
Verkämmung der Spektren bewirkt und so sich letztendlich als feinster Frequenzlinien-
abstand die Bildfrequenz f_B ergibt [DREW 2].

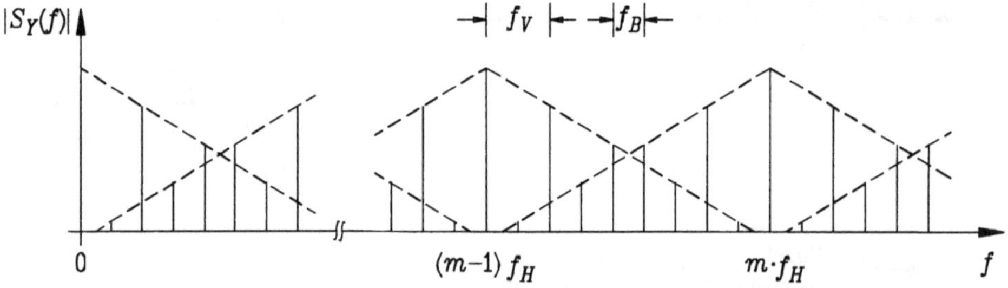

Bild 4.4
Linienspektrum eines Zeilensprungsignals bei unbewegtem Bildinhalt (nicht maßstabgetreu)

Das in Bild 4.4 dargestellte Linienspektrum eines *BAS*-Signals ist qualitativ für alle
ruhenden Bildinhalte gültig. Bei Bildern ohne vertikales Detail befinden sich die größten Amplituden (Schwerpunkte) bei Vielfachen der Zeilenfrequenz, bei diagonalen
Strukturen verschieben sich dagegen die Schwerpunkte, ohne das Frequenzraster im
Bildfrequenzabstand f_B zu verlassen. Erst bei Bewegung kommen Frequenzlinien hinzu,
die unterhalb der Bildfrequenz liegen. In diesem Fall gruppieren sich diese Frequenzen
im Videospektrum als Seitenlinien um die vorhandenen Spektrallinien $m \cdot f_H + n \cdot f_V$.

Das Videospektrum ist also ein Linienspektrum, das für viele Bildinhalte Lücken zwischen Vielfachen der Horizontal- und Bildfrequenz aufweist. Die Farbträgerfrequenz f_{SC}
wurde so gewählt, daß im kompatiblen Schwarzweißempfänger möglichst wenig Störungen sichtbar werden sollten. Bei Vielfachen der Horizontalfrequenz würden festste-
hende, gut sichtbare senkrechte Linien auftreten, weshalb beim NTSC-System für f_{SC}
ein ungeradzahliges Vielfaches der halben Zeilenfrequenz für die Farbträgerfrequenz
genommen wurde (Halbzeilenoffset). Über zwei Zeilen entsteht so ein feines Muster in
Offsetstellung, das bei größerem Betrachtungsabstand vom Auge ausintegriert wird.
Spektral gesehen fallen die Frequenzlinien der Chrominanz ebenfalls in die Offsetlage
zwischen Vielfachen der Zeilenfrequenz. Beim PAL-System würde dies auch für die *U*-
Komponente zutreffen, jedoch durch die zeilenweise Phasenumschaltung der *V*-Kompo-
nente um ±90° liegen wiederum Anteile direkt bei Vielfachen der Zeilenfrequenz. Beim

PAL-System ist man daher auf einen Viertelzeilenoffset übergegangen. Wegen des dadurch entstehenden relativ langsam bewegten Farbträgermusters wurde ein weiterer Offset in zeitlicher Richtung durch Addition der Bildfrequenz hinzugefügt. Die Farbträgerfrequenz ergibt sich zu

$$f_{SC} = \left(m - \frac{1}{4} \right) \cdot f_H + f_B \, . \tag{4.2}$$

Mit f_H = 15.625 Hz, f_B = 25 Hz und m = 284 beträgt die normgerechte Farbträgerfrequenz f_{SC} = 4,43361875 MHz. Eine weitergehende mathematische Analyse des PAL-Spektrums findet sich in [TEICHN 1].

Die Frequenzzentren des Farbträgers und der U- und V-Farbartsignale bieten in der dreidimensionalen Frequenzebene einen guten Überblick über die Eigenschaften der PAL-Übertragung. Die U-Komponente besteht nur aus einer diskreten Linie bei der Farbträgerfrequenz

$$f_{SC,U} = f_{SC} \, . \tag{4.3}$$

Für $f_{SC,U}$ ergeben sich bei einer Zeilenfrequenz von 15.625 Hz 283,7516 Perioden pro Bildbreite und damit wird $f_{x,U}$ zu 283,7516 c/pw. In vertikaler Richtung ändert sich die Phase um 0,7516 cycles/(2 Δy), was umgerechnet einer vertikalen Ortsfrequenz von 0,7516 · 312,5 c/ph = 234,875 c/ph entspricht. Dasselbe gilt in zeitlicher Richtung. Eine Phasenänderung um 0,875 c/Δt ergibt die Frequenz f_t = 43,75 Hz, die außerhalb der Nyquistgrenze liegt. Die Reproduktion der Signalfrequenzen an allen Trägern der Zeilensprungabtastung führt innerhalb der Nyquistgrenze zu den Frequenzlinien bei (283,75 c/pw, 234,88 c/ph, -6,25 Hz) und (283,75 c/pw, -77,625 c/ph, 18,75 Hz) für die U-Komponente. Die zum Ursprung punktsymmetrischen Anteile befinden sich bei (-283,75 c/pw, -234,88 c/ph, 6,25 Hz) und (-283,75 c/pw, 77,625 c/ph, -18,75 Hz).

Die V-Komponente bildet durch die zeilenweise Umschaltung der Phase um ±90° ein Spektrum, das durch die vertikale Phasenumtastung ein Linienspektrum um die Trägerfrequenz f_{SC} mit einer si-förmigen Hüllkurve erzeugt und durch den Halbzeilenoffset zur U-Komponente eine Unterdrückung der Farbträgerfrequenz bewirkt [TEICHN 1]. Die im dreidimensionalen Frequenzraum entstehenden U- und V-Komponenten sind in Tabelle 4.1 aufgelistet. Bei einem exakten Viertelzeilenoffset müßten sich die vertikalen Ortsfrequenzen bei ±234,375 c/ph und ±78,125 c/ph befinden, sie werden jedoch durch den 25-Hz-Versatz geringfügig verschoben.

Tabelle 4.1 Zentren der Farbartkomponenten U und V in der dreidimensionalen Frequenzebene

f_x, f_y, f_t	c/ph	c/pw	Hz	c/ph	c/pw	Hz
$f_{SC,U1}$	283,752	234,875	-6,250	-283,752	-234,875	6,250
$f_{SC,U2}$	283,752	-77,625	18,750	-283,752	77,625	-18,750
$f_{SC,V1}$	283,752	77,625	-18,750	-283,752	-77,625	18,750
$f_{SC,V2}$	283,752	-234,875	6,250	-283,752	234,875	-6,250

Bild 4.5 zeigt die Positionen der *U*- und *V*-Farbträger im dreidimensionalen Frequenzraum. Der Quader kennzeichnet das durch die Nyquistgrenze bestimmte Basisband bei einer horizontalen Abtastfrequenz von 13,5 MHz. Gestrichelt sind die zuzammengehörenden Frequenzlinienpaare dargestellt, die im Zeitbereich das sinusförmige Signal ergeben.

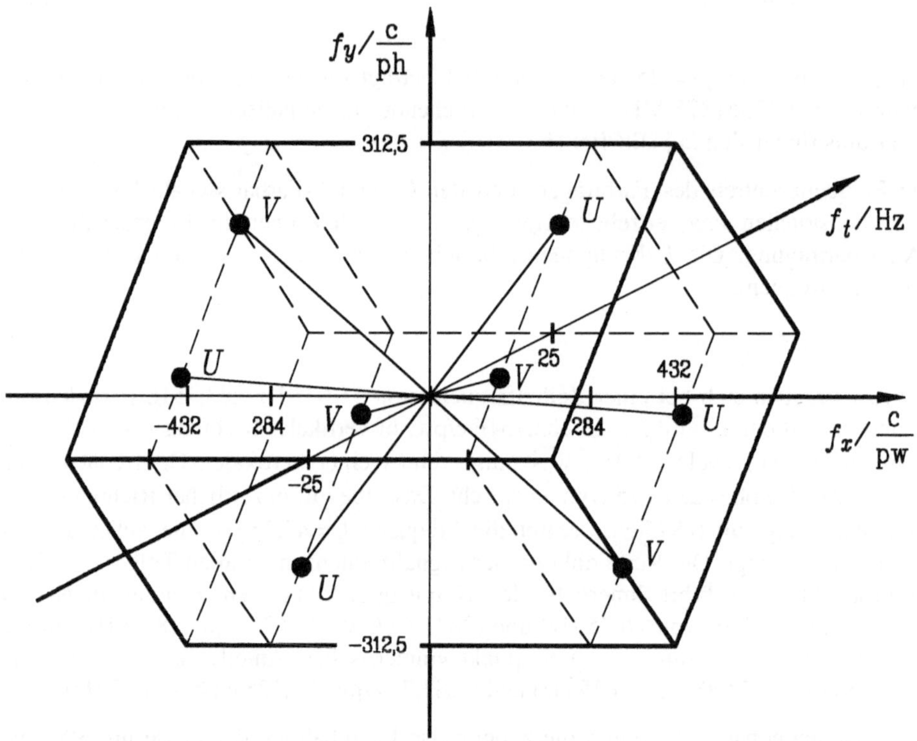

Bild 4.5
Lage der *U*- und *V*-Farbträger im dreidimensionalen Frequenzraum

4.3 Digitaler PAL-Decoder

Die digitale Signalverarbeitung kann zur Nachbildung analoger Funktionen genutzt werden, was aber nicht immer zu einer effektiveren oder gar besseren Lösung führt. Der Systemtakt liegt nach einer Empfehlung der ITU-R 601 [I-601] bei $f_a = 13{,}5$ MHz. Verzögerungsglieder können bei Vielfachen der Periodendauer $1/f_a$ realisiert werden, was bei 13,5 MHz ein orthogonales Raster in x, y und t erzeugt und präzise Verzögerungen im Zeilen-, Teilbild- oder Bildabstand zuläßt. Die im PAL-Decoder nach Bild 4.3 verwendete PAL-Delay-Line dient zur phasenrichtigen Mittelung der *U*- und *V*-Komponente über zwei Zeilen, ist jedoch über die Farbträgerfrequenz verkoppelt. Die exakte Zeilenverzögerung ergibt sich aus

$$T_{PAL} = m \cdot \frac{1}{f_{SC}} = 284 \, T_{SC} = 64{,}056 \, \mu s \qquad (4.4)$$

und liegt nicht exakt bei einer Zeilenverzögerung von 64 µs. Die Farbträgerverknüpfung wird durch die Demodulation aufgehoben, weshalb sich die PAL-Mittelung in einem digitalen Decoder hinter der Demodulation mit exakt einer Zeilenverzögerung anbietet.

Das Blockschaltbild eines digitalen PAL-Decoders beschreibt Bild 4.6. Im Unterschied zum analogen Decoder (Bild 4.3) können zur Luminanz-Chrominanz-Trennung komplexere Filter verwendet werden, die den Bandpaß beinhalten und im nächsten Kapitel näher beschrieben werden. Es folgt die *U*- und *V*-Demodulation und anschließend eine Tiefpaßfilterung, um mögliche Demodulationsprodukte bei der doppelten Farbträgerfrequenz zu unterdrücken, die an der Abtastfrequenz gespiegelt werden [CLARKE]. Die Delay-Line zur Zeilenmittelung wird nun zweifach aufgebaut, allerdings mit dem Vorteil einer exakten Zeilenverzögerung. Sie stellen zusammen mit den Addierern bereits vertikale Kammfilter dar, was sich auf die Gesamtübertragungsfrequenzgänge auswirkt.

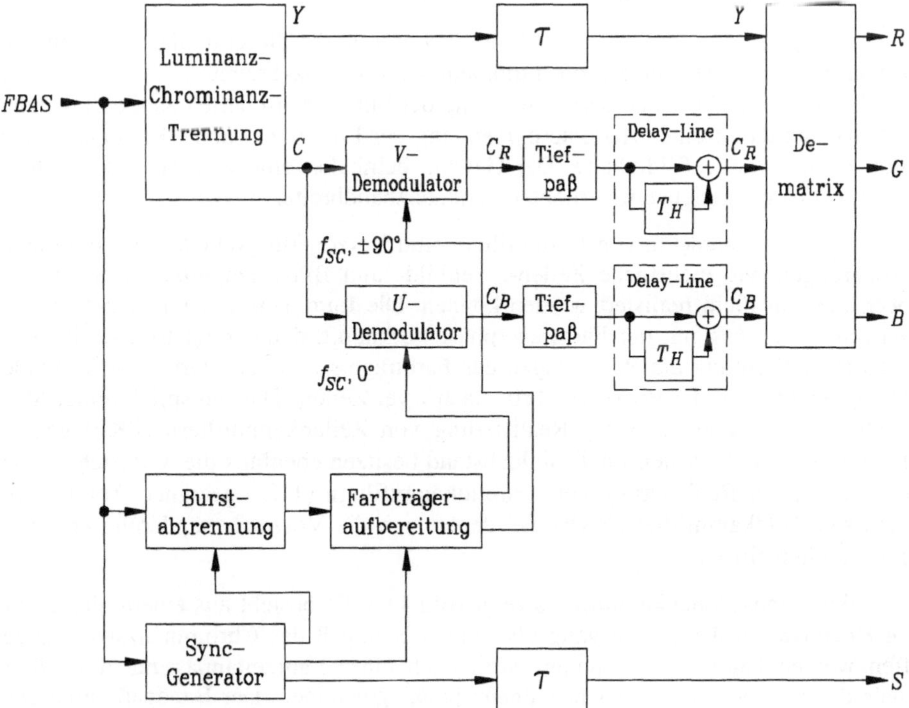

Bild 4.6
Vereinfachtes Blockschaltbild eines digitalen PAL-Decoders

Alternativ zur Luminanz-Chrominanz-Trennung im Decodereingang ist eine verbesserte vertikal-zeitliche Trennung auch im demodulierten Basisband denkbar. Der schaltungstechnische Aufwand kann dabei ansteigen, da die Laufzeit der Chrominanz auch im Luminanzzweig kompensiert werden muß.

4.4 Bandpaß/Bandsperre im Vergleich zu Kammfiltern

Die konventionelle PAL-Decodierung verwendet eine einfache Bandpaß/Bandsperre-Kombination, die das Spektrum in horizontaler Richtung aufteilt und in Bild 4.7 dargestellt ist. In horizontaler Richtung führt der Notchbereich ab etwa 3,8 MHz zu einem entsprechenden Auflösungsverlust der Luminanz. Die f_y, f_t-Ebene zeigt für hohe horizontale Ortsfrequenzen eine pauschale Zuordnung zum Chrominanzkanal, auch für Frequenzen mit großem Abstand zu den U- und V-Farbträgern. Für ruhende und bewegte Bildinhalte ist gleichermaßen mit Übersprechen bei hochfrequenter Luminanz zu rechnen, mit der Folge von kräftigem Cross-Colour. Andererseits ist in vertikal- und zeitfrequenter Richtung der gesamte Bereich für die Chrominanz reserviert, so daß hier kein Übersprechen der Chrominanz in den Luminanzkanal auftritt (Cross-Luminanz).

Der Übergang auf die dreidimensionale Betrachtung bildet die Grundlage für den Einsatz von Kammfiltertechniken zur Luminanz-Chrominanz-Trennung. Kammfilter ermöglichen eine wesentlich bessere Anpassung der Filtereigenschaften an die Signalcharakteristik und damit eine effizientere Trennung der Luminanz- und Chrominanzinformation für bestimmte Bildinhalte. Der Gewinn beinhaltet eine größere Cross-Colour-Unterdrückung bei gleichzeitig erhöhter Luminanzbandbreite.

Die wesentlichen Elemente von Kammfiltern sind Verzögerungsglieder, wobei größere Verzögerungen wie mehrfache Zeilen-, Teilbild- und Bildverzögerungen analog nur schwer oder gar nicht realisiert werden können. Die Luminanz-Chrominanz-Trennung ist eingangsseitig eng mit der Farbträgerphase verknüpft, daher zeigt Bild 4.8 in vertikal-zeitlicher Richtung die Phasenlagen des Farbträgers an einem Ort x_0. In vertikaler Richtung ändert sich die Phase um 180° nach zwei Zeilen. Dies entspricht einer Multiplikation mit -1 und kann zur Realisierung von Zeilenkammfiltern (ZKF) genutzt werden. Benachbarte Zeilen im Teilbildabstand besitzen ebenfalls die Vorzeichenänderung und sind zur Realisierung von Teilbildkammfiltern (TKF) geeignet. Am aufwendigsten sind Bildkammfilter (BKF), bei denen sich die Vorzeichenänderung erst nach vier Teilbildern einstellt.

Die Struktur eines Zeilenkammfilters zeigt Bild 4.9a. Es besteht aus einem nichtrekursiven Hochpaß, an dessen Ausgang über einen Bandpaß das Chrominanzsignal abgegriffen werden kann. Die Luminanz wird nach einer Laufzeitanpassung des *FBAS*-Signals durch Subtraktion des Chrominanzsignals gewonnen. Der Bandpaß beschränkt die Kammfilterung auf das eindimensional hochfrequente Signalspektrum. Die Bandpaßfilterung *nach* der Kammfilterung hat den Vorteil, daß die Verzögerungsglieder gleichzeitig zum Laufzeitausgleich der Luminanz genutzt werden können.

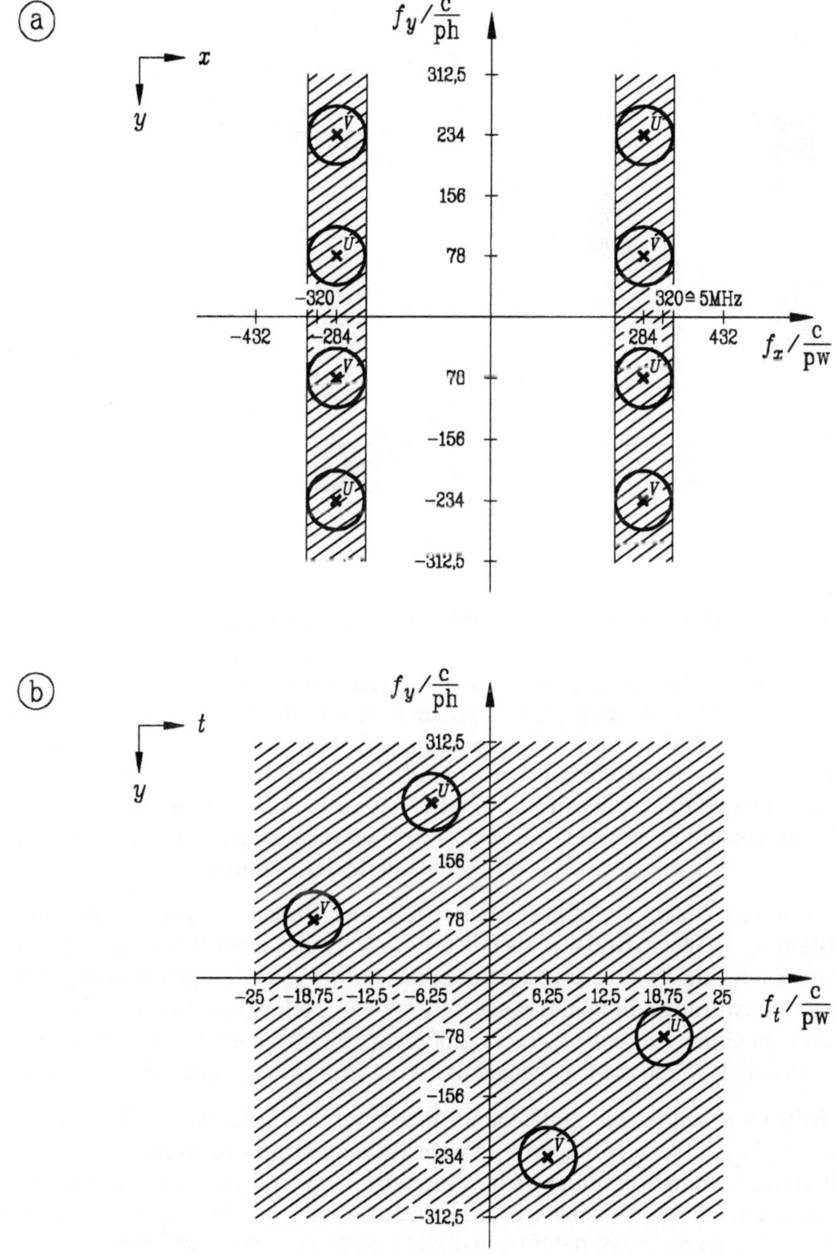

Bild 4.7
Luminanz-Chrominanz-Trennung mit einem Bandpaß; a) f_x, f_y-Ebene; b) f_y, f_t-Ebene

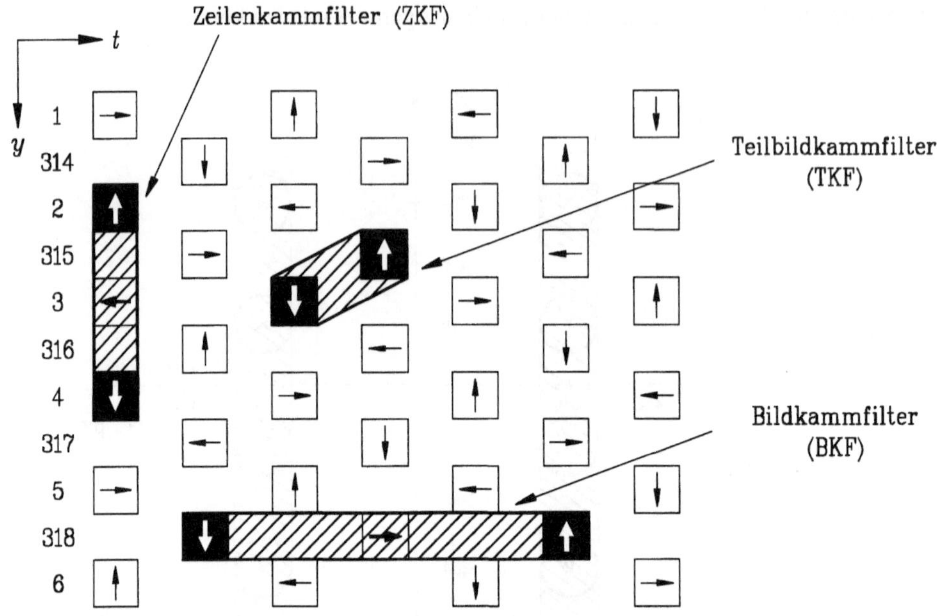

Bild 4.8
Phasenlagen des PAL-Farbträgers bei der vertikal-zeitlichen Abtastung

Die kammartigen Übertragungsfunktionen der Luminanz und Chrominanz in Farbträgernähe sind in Bild 4.9b dargestellt. Bei der Filterung über vier Zeilen ergibt sich für die Luminanz ein $\cos^2$-förmiger Frequenzgang mit Maxima bei Vielfachen der halben Zeilenfrequenz und dazwischenliegenden Nullstellen. Die Luminanz - insbesondere bei Strukturen ohne vertikales Detail - wird durchgelassen, während die dazwischenliegenden Chrominanzlinien gesperrt werden. Der komplementäre Filterfrequenzgang im Chrominanzzweig sperrt entsprechend Signalanteile der Luminanz.

Das dargestellte Zeilenkammfilter arbeitet mit vier Zeilenspeichern, eine einfachere Kammfilterung ist nach Bild 4.8 aber bereits mit zwei Zeilenspeichern möglich. Der Unterschied liegt in der Übertragungsfunktion, bei zwei Zeilenspeichern ergäben sich cos- bzw. sinusförmige Frequenzgänge mit spitzen Nullstellen bei den Chrominanz- bzw. Luminanzlinien mit entsprechend größerem Übersprechen in den jeweils anderen Zweig. Zusätzlich wären die Frequenzgänge nicht mehr komplementär zueinander.

Das in Bild 4.9 beschriebene Zeilenkammfilter kann durch Austausch der Zeilenverzögerungen T_H in Bildverzögerungen T_B in ein Bildkammfilter überführt werden. Der in der Übertragungsfunktion dargestellte Viertelzeilenoffset zwischen Luminanz und Chrominanz gilt für alle ruhenden Bildinhalte, also auch für den viel feineren Bildfrequenzabstand f_B, so daß in Bild 4.9b f_H lediglich durch f_B ersetzt werden muß.

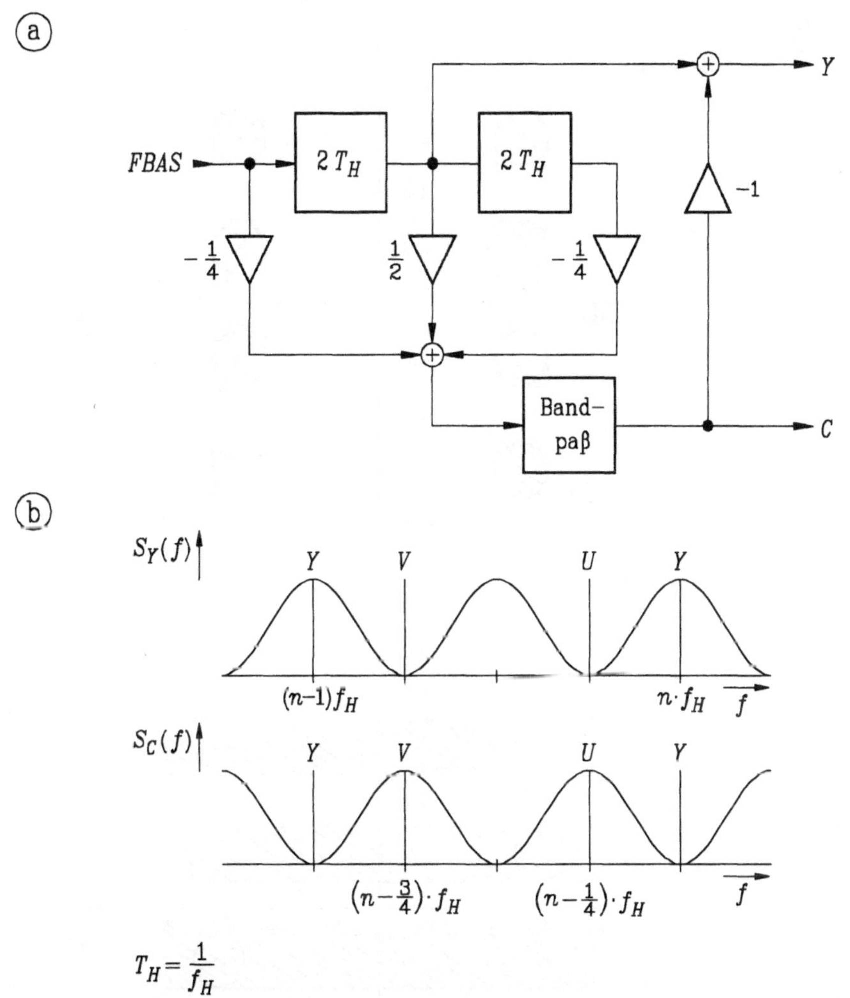

Bild 4.9
Zeilenkammfilter zur Luminanz-Chrominanz-Trennung; a) Schaltungsstruktur; b) Frequenzgänge

Die Eigenschaften der Kammfilter lassen sich in der f_x, f_y, f_t-Frequenzebene anschaulich erläutern. Die schraffierten Bereiche des Zeilenkammfilters in Bild 4.10 sind für die Chrominanz reserviert. In der f_x, f_y-Ebene beschränken sich die Bereiche auf die Positionen der Farbträgerfrequenzen. Für niedrige vertikale Ortsfrequenzen und bei einem Viertel der vertikalen Abtastfrequenz wird im Gegensatz zur eindimensionalen Trennung die volle Luminanzauflösung von 5 MHz erreicht. Höhere vertikale Ortsfrequenzen gelangen allerdings in den für die Luminanz reservierten Bereich und verursachen Cross-Luminanz, was sich besonders an farbigen vertikalen Übergängen störend bemerkbar macht. In zeitfrequenter Richtung findet keine weitere Trennung statt, so daß die Eigenschaften der Zeilenkammfilter in ruhenden und bewegten Bildern identisch sind.

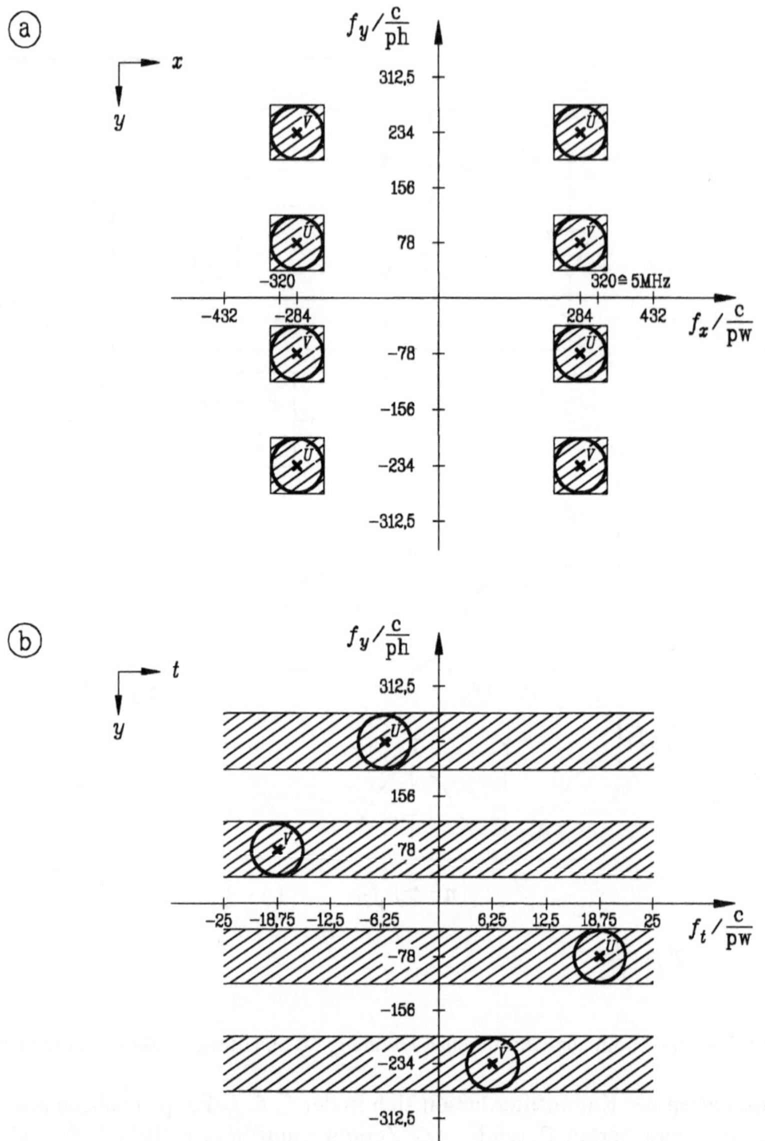

Bild 4.10
Luminanz-Chrominanz-Trennung mit einem Zeilenkammfilter; a) f_x, f_y-Ebene; b) f_y, f_t-Ebene

Teilbildkammfilter mit 312 Zeilen Verzögerung führen eine vertikal-zeitliche Filterung über zwei Zeilen und zwei Teilbilder durch mit einer resultierenden cos-förmigen Übertragungsfunktion in f_y, f_t-Richtung. Bild 4.11 zeigt den Frequenzbereich mit diagonalen Durchlaßbereichen in f_y, f_t-Richtung für die Chrominanz. In vertikalfrequenter Richtung gewinnt die Chrominanz bei der Teilbildkammfilterung gegenüber der Zeilenkammfilterung an Bandbreite mit geringerem Übersprechen an Farbkanten. In zeitfrequenter

Richtung findet dagegen eine Auflösungsreduktion statt, die an farbigen bewegten Kanten eine Entsättigung der Farbe und Cross-Luminanz hervorruft. In ruhenden Bereichen ermöglicht das Teilbildkammfilter eine starke Cross-Colour-Reduktion und eine hohe Luminanzauflösung (Bild 4.11a). Insbesondere die mit 18,75 Hz bewegten Farbträgerpositionen werden unterdrückt, während die niederfrequenten 6,25-Hz-Träger erhalten bleiben.

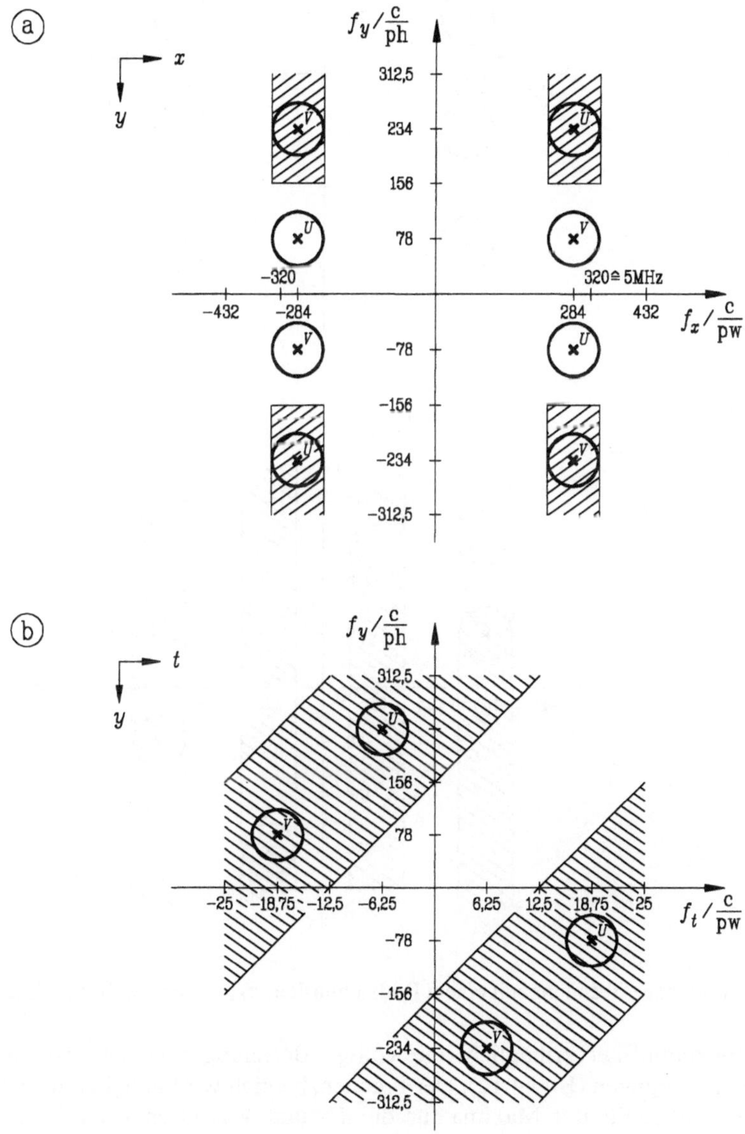

Bild 4.11
Luminanz-Chrominanz-Trennung mit einem Teilbildkammfilter; a) f_x, f_y-Ebene; b) f_y, f_t-Ebene

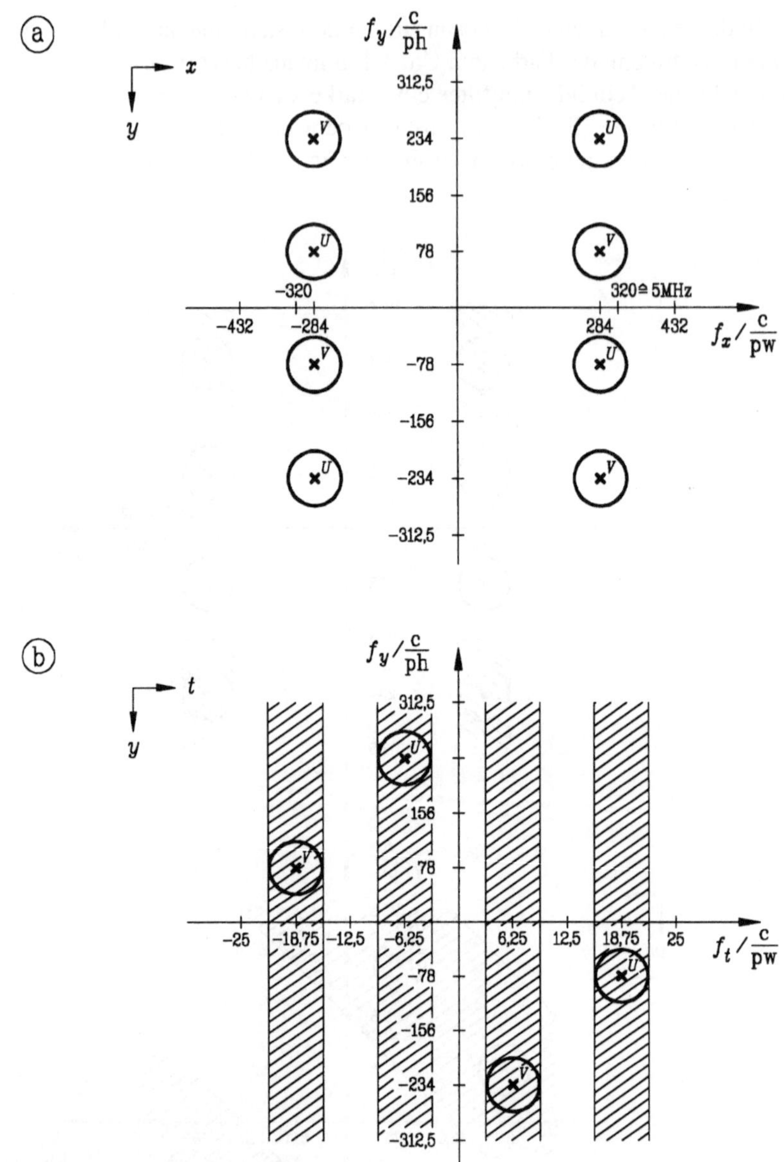

Bild 4.12

Luminanz-Chrominanz-Trennung mit einem Bildkammfilter; a) f_x, f_y-Ebene; b) f_y, f_t-Ebene

Erst ein Bildkammfilter ermöglicht die völlige Befreiung ruhender Bildinhalte von Cross-Colour-Störungen (Bild 4.12). Der Frequenzbereich wird lediglich in zeitfrequenter Richtung aufgeteilt mit Maxima für die *U*- und *V*-Zentren bei $f_t = 6{,}25$ Hz und $f_t = 18{,}75$ Hz. Ein Hochpaß im Vollbildabstand besitzt das Maximum bei 12,5 Hz und ist deshalb - selbst ohne Berücksichtigung der Phasenverschiebung des Farbträgers von

90° (siehe Bild 4.8) - nicht geeignet. Das einfachste Filter, das die Anforderungen erfüllt, ist ein Filter im Abstand von 2 Vollbildern mit einer sinusförmigen Charakteristik. In vertikalfrequenter Richtung findet keine Aufspaltung statt und somit kann es dort auch kein Übersprechen in Form von Cross-Luminanz geben. Die Bandbreite in f_t-Richtung ist jedoch sehr schmal. Bereits bei geringen Bewegungsfrequenzen der Chrominanz verschieben sich die Frequenzlinien in die für die Luminanz reservierten Bereiche. Bewegte farbige Kanten werden entsättigt und erscheinen stattdessen als Cross-Luminanz-Störung. Andererseits verschieben sich auch die bewegten hochfrequenten Luminanzanteile in die Durchlaßbereiche der Chrominanz. Der dabei stattfindende Wechsel zwischen hoher Luminanzauflösung und Cross-Colour wird als besonders störend empfunden, wie Untersuchungen in [TEICHN 1, TEICHN 3] zeigen.

Bildkammfilter benötigen einen hohen Hardwareaufwand, der für Konsumeranwendungen nicht gerechtfertigt ist. In [TEICHN 1] wurde in subjektiven Tests gezeigt, daß auch der Gewinn einer adaptiven Steuerung bei Bildkammfiltern nur eine geringfügige Qualitätsverbesserung gegenüber Zeilenkammfiltern bringt. Daher wird im weiteren auf die Untersuchung der Bildkammfilter verzichtet und auf [TEICHN 1] verwiesen.

Die Eigenschaften der Bandpaß/Bandsperre-Kombination und der Kammfilter sind im Anhang in Bild A.6 anhand verschiedener farbiger Fotos dokumentiert. Das Zoneplate-Testbild zeigt die resultierenden Cross-Colour-Störungen und die erzielte Luminanzauflösung. Kammfilter erhöhen die Luminanzauflösung bei starker Cross-Colour-Reduktion, wobei das Teilbildkammfilter den größten Gewinn bietet. Im Farbbalkenausschnitt schneidet die Bandpaß/Bandsperre-Kombination an vertikalen Übergängen am besten ab, da hier kein Cross-Luminanz auftritt. Die geringe Unschärfe ist auf die Delay-Line zur Mittelung der Farbinformation über zwei Zeilen zurückzuführen. Sie verursacht auch die Verschiebung zwischen Luminanz und Chrominanz an horizontalen Farbkanten. Auch das Teilbildkammfilter ist für Farbübergänge geeignet, da sich Cross-Luminanz auf eine Zeilenbreite beschränkt. Nur das Zeilenkammfilter erzeugt breite Cross-Luminanz-Bereiche und schneidet damit am schlechtesten ab. Ein diagonaler grün-purpur Balken, der schnell bewegt wurde, ist in den Bildern A.6 (c, g, k, o) dargestellt. Auch hier schneidet die herkömmliche Luminanz-Chrominanz-Trennung mit Bandpaß/Bandsperre am besten ab. Die schlechteste Wiedergabe hat das Teilbildkammfilter, hier kommt es an den bewegten Kanten zu starken Cross-Luminanz-Störungen mit einer völligen Entsättigung der Farbe. Der Vorteil der Kammfilter in Bezug auf die Cross-Colour-Reduktion und den damit verbundenen Auflösungsgewinn kann in einer natürlichen Szene anhand der Schalla-Sequenz demonstriert werden (Bilder A.6: d, h, l, p). Bereits das Zeilenkammfilter zeigt gute Ergebnisse, die durch das Teilbildkammfilter nochmals deutlich verbessert werden können.

Bei der Bandpaß/Bandsperre-Kombination und den beschriebenen Kammfiltern handelt es sich um lineare Filter, die einen Austausch zwischen Luminanz- und Chrominanzbandbreite zulassen. Der Gewinn der Kammfilter in Bezug auf die Cross-Colour-Störungen und die Luminanzauflösung wird durch verstärktes Cross-Luminanz und eine Farbentsättigung in vertikaler und/oder zeitlicher Richtung erkauft. Nichtlineare Filter arbeiten bildinhaltsabhängig und können zur Cross-Colour-Reduktion bei gleichzeitig guter Farbwiedergabe an Kanten herangezogen werden. Zwei nichtlineare adaptive Filter werden im folgenden Kapitel vorgestellt.

4.5   Bildinhaltsabhängige Filterung

Zur bildinhaltsabhängigen Filterung werden zwei oder mehrere Filter adaptiv kombiniert, um die Vorzüge der Filter besser nutzen zu können. Die eingesetzten Filter beeinflussen die maximal mögliche Cross-Colour- oder Cross-Luminanz-Befreiung, z. B. kann die Kombination von Bandpaß und Zeilenkammfilter bestenfalls die ZKF-Eigenschaften zur Cross-Colour-Reduktion und die Bandpaß-Eigenschaften zur Cross-Luminanz-Reduktion erreichen. Die Adaption entscheidet dagegen, bei welchen Bildinhalten welches Filter eingesetzt wird. Da aber nach Kapitel 4.2 bereits das komplette Frequenzspektrum durch die Luminanz ausgefüllt werden kann, ist eine 100 %ige Trennung der Luminanz und Chrominanz nicht für alle Bildinhalte möglich. Die Kunst ist es also, für die am häufigsten vorkommenden Bildinhalte das jeweils bessere Filter einzusetzen und Störungen in selten auftretenden Bildinhalten zuzulassen.

Umfangreiche Untersuchungen wurden in [TEICHN 1] durchgeführt, wobei über vertikale Detaildetektoren und Vollbild-Bewegungsdetektoren Bandpaß, Zeilenkammfilter und Bildkammfilter adaptiv kombiniert wurden. Dort sind auch komplexe Algorithmen mit zweifacher Adaption enthalten. Die Untersuchungen zeigten für adaptive Zeilenkammfilter den größten Sprung in der Wiedergabequalität. Mit adaptiven Bildkammfiltern konnte im Vergleich mit den ZKF keine wesentliche Steigerung der Bildqualität mehr erzielt werden. Neben dem adaptiven Zeilenkammfilter wird deshalb ein adaptives Teilbildkammfilter vorgestellt, dessen technischer Aufwand deutlich unter dem der Bildkammfilter liegt und das eine stärkere Cross-Colour-Reduktion als Zeilenkammfilter ermöglicht.

4.5.1   Vertikaladaptives Zeilenkammfilter

Das Zeilenkammfilter bietet eine gute Cross-Colour-Reduktion, erzeugt aber an vertikalen Farbübergängen breite Cross-Luminanz-Störungen. An vertikalen Farbübergängen zeigt die einfache Bandpaß/Bandsperre-Kombination wesentlich bessere Ergebnisse, weshalb an diesen Stellen über einen vertikalen Detaildetektor das ZKF abgeschaltet werden sollte.

Das Blockschaltbild eines adaptiven Zeilenkammfilters ist in Bild 4.13 dargestellt. Das ZKF arbeitet mit vier Zeilenspeichern und besitzt den in Bild 4.9 skizzierten komplementären Amplitudenfrequenzgang für Luminanz und Chrominanz. Die Überblendung ermöglicht das sanfte Abschalten des ZKF's, so daß dann lediglich die herkömmliche Bandpaßfilterung wirksam wird. Ein abruptes hartes Umschalten der Filter erzeugt zusätzliche Störungen an den Umschaltorten, z. B. kann eine senkrechte Schwarzweiß-struktur in Farbträgernähe bei geringer Drehung schlagartig zu Cross-Colour werden. Bei verrauschten Signalen kann die Umschaltung einzelne Pixel betreffen, wodurch der Qualitätsgewinn in Frage gestellt wird. Eine harte Umschaltung besitzen auch die nichtlinear arbeitenden logischen Kammfilter, die ähnlich dem adaptiven Zeilen-kammfilter wirken. Sie sind deshalb in der Regel dem adaptiven Zeilenkammfilter un-terlegen.

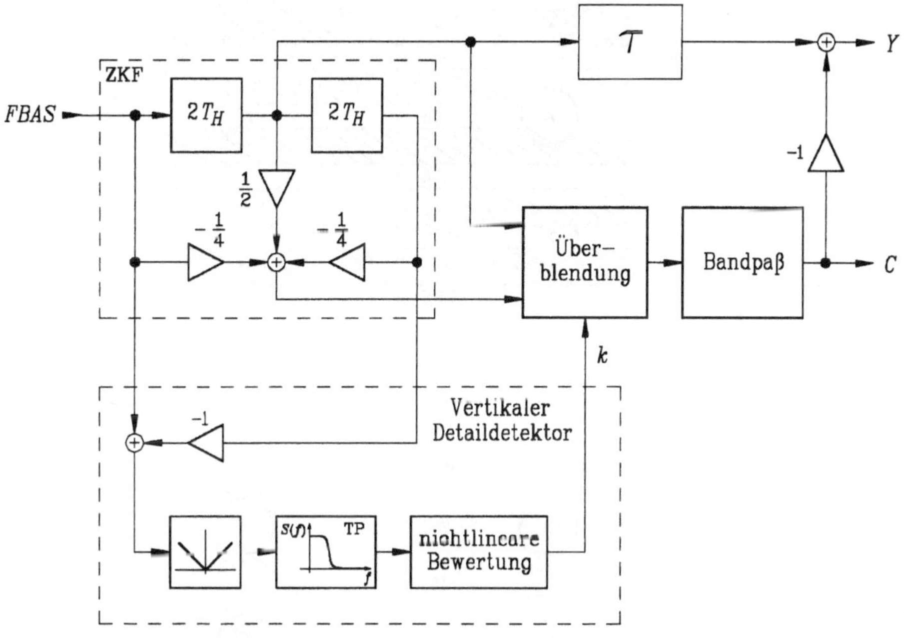

Bild 4.13
Vertikaladaptives Zeilenkammfilter

Gesteuert wird die Überblendschaltung von einem vertikalen Detaildetektor, der an farbigen vertikalen Übergängen das ZKF abschalten soll. Bei der Differenzbildung über eine Zeilenverzögerung (Filterkoeffizienten: 1, -1) ergibt sich eine sinusförmige Über-tragungsfunktion mit Nullstellen bei 0 c/ph und 312,5 c/ph. Innerhalb des Durchlaßbe-reichs wird der Bandpaß wirksam, so daß sich der Auflösungsgewinn lediglich auf rein senkrechte Strukturen beschränkt. Alle farbigen Inhalte werden ebenfalls detektiert, da auch die vertikalen Farbträgerfrequenzen bei ±78 c/ph und ±234 c/ph mit erfaßt werden. Eine Differenzbildung nach zwei Zeilen (1, 0, -1) hat ihre Maxima bei den Farbträger-frequenzen, ermöglicht aber mit der zusätzlichen Nullstelle bei 156 c/ph eine weiterge-hende Cross-Colour-Befreiung durch das Zeilenkammfilter. Leider sinkt die Empfind-lichkeit an Farbkanten gegenüber farbigen Flächen stark ab, so daß es zur vertikalen Detaildetektion nur bedingt geeignet ist. In Bild 4.13 wird eine Verzögerung über vier Zeilen gewählt, die nach Bild 4.14a die Farbträgerorte nicht mehr als vertikale Über-gänge detektiert.

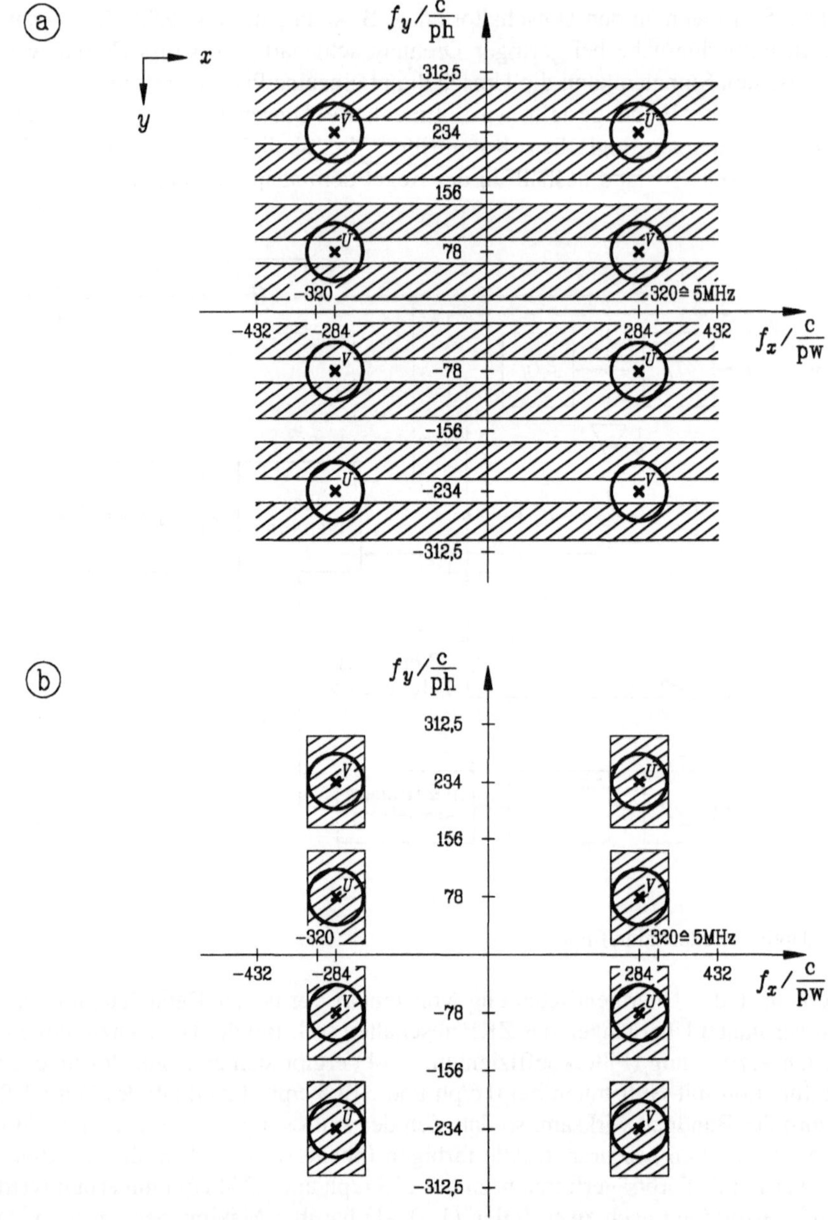

Bild 4.14

Detektionsgebiete und Chrominanzbereiche beim vertikaladaptiven Zeilenkammfilter; a) Durchlaßgebiete des Vertikaldetektors; b) Chrominanzbereiche in der f_x, f_y-Ebene

Im Zeitbereich ergibt sich dadurch eine breite Detektion an Kanten, die mit der Breite der Cross-Luminanz korreliert ist. Die Nachverarbeitung des Detektionssignals erfolgt über eine Betragsbildung und anschließender separierbarer planarer Tiefpaßfilterung (Koeffizienten: 1/4, 1/2, 1/4). Der Tiefpaß reduziert Oberwellen im Überblendsignal, die sonst bei der Überblendung zu zusätzlichen Aliasstörungen im Ausgangssignal führen könnten. Die Amplitude erreicht nur in wenigen Fällen das Maximum, bei dem das ZKF vollständig ausgeblendet wird. Daher wird eine nichtlineare Kennlinienbewertung nötig. Unterschieden werden drei Bereiche, in denen nur das Zeilenkammfilter, Zwischenzustände oder nur der Bandpaß wirksam werden. Ein Kompromiß für die Cross-Colour-Reduktion und minimale Cross-Luminanz an Farbkanten wird mit einer abschnittsweise linearen Kennlinie erreicht, deren Schwellen bei einem Eingangswertebereich von 0 ... 255 bei 10 und 40 liegen.

Die durch die vertikale Adaption resultierenden Chrominanzgebiete sind in Bild 4.14b dargestellt. Gegenüber dem reinen Zeilenkammfilter sind breitere Bereiche für die Chrominanz reserviert mit entsprechend mehr Cross-Colour-Störungen, dafür werden die Cross-Luminanz-Störungen stark reduziert. Die horizontale Auflösung erreicht für senkrechte (90°) und um ±33° geneigte Strukturen die Luminanzbandbreite von 5 MHz und ist damit der herkömmlichen Bandpaß/Bandsperre-Kombination weit überlegen.

4.5.2 Bewegungsadaptives Teilbildkammfilter

Das Teilbildkammfilter in Kapitel 4.4 ermöglicht eine wesentlich stärkere Cross-Colour-Befreiung als das ZKF, und auch an vertikalen Farbübergängen bleibt Cross-Luminanz auf eine Zeile beschränkt. Die Schwachstelle liegt in der Wiedergabe bewegter farbiger Bildinhalte, bei denen eine Farbentsättigung mit starkem Cross-Luminanz auftritt. In einer adaptiven Anordnung muß folglich eine Bildänderungsdetektion über einen Bewegungsdetektor stattfinden, der in bewegten Gebieten auf den reinen Bandpaß überblendet.

Die Prinzipien der Bewegungsdetektion wurden in Kapitel 3 vorgestellt. Ein Bewegungsdetektor mit einer Vollbildverzögerung hätte seine maximale Empfindlichkeit bei den Farbträgerorten, weshalb in [TEICHN 1] in Verbindung mit der Bildkammfilterung ein Bewegungsdetektor mit vier Vollbildverzögerungen vorgeschlagen wird. Der technische Aufwand dieses Detektors übersteigt bei weitem den der Teilbildkammfilterung zur Luminanz-Chrominanz-Trennung. Geeigneter ist ein Bewegungsdetektor auf der Basis eines Teilbildspeichers, der gemeinsam vom Detektor und vom TKF genutzt werden kann. Nach Bild 3.4 entspricht der Detektionsbereich eines Bewegungsdetektors mit 312 Zeilen Verzögerung dem für die Chrominanz reservierten Gebiet beim TKF. Eine adaptive Steuerung kann die Grenzen der Überblendung verschieben, was allerdings auch durch ein höherwertiges lineares Filter erreicht werden kann. Weiterhin bleibt das Hauptproblem der Cross-Luminanz in bewegten farbigen Gebieten.

Eine Lösung der bewegungsadaptiven Teilbildkammfilterung ist in Bild 4.15 dargestellt und basiert auf dem in Kapitel 3 beschriebenen „Mäusezähnchendetektor", der den Teilbildspeicher für das TKF zur Detektion mit verwendet. Der Vorteil dieser Detektion liegt in der hohen Robustheit gegenüber Rauschstörungen (Kapitel 3).

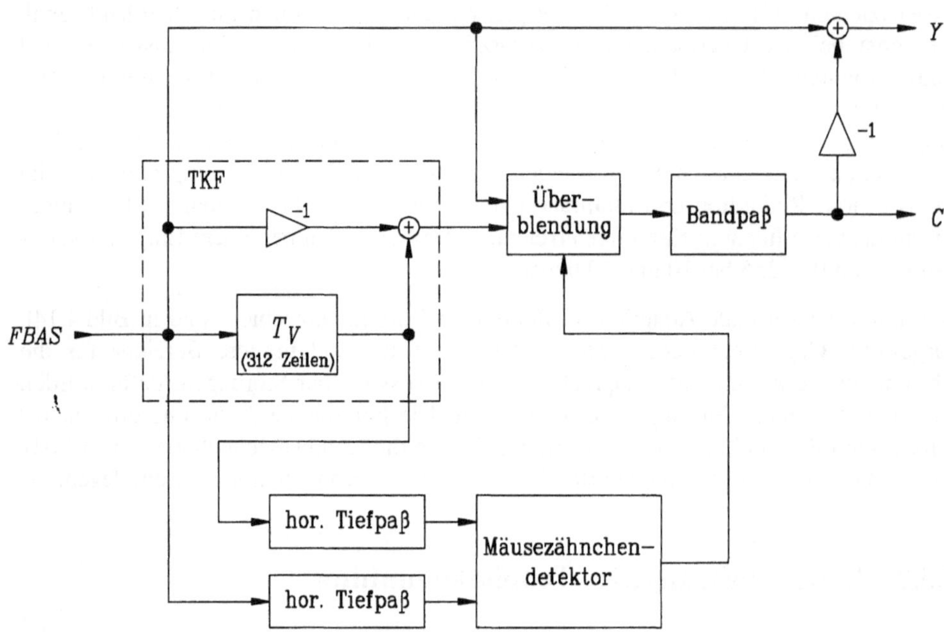

Bild 4.15
Bewegungsadaptives Teilbildkammfilter mit „Mäusezähnchendetektor"

Vor der Detektion müssen die Eingangssignale horizontal tiefpaßgefiltert werden, was sich leicht in der f_y, f_t-Frequenzebene in Bild 4.16 nachvollziehen läßt. Neben den schraffierten Chrominanzbereichen der Teilbildkammfilterung sind die Detektionsgebiete eingezeichnet. Bei voller Detektionsbandbreite würde bei niedrigen bewegten vertikalen Ortsfrequenzen auf den Bandpaß übergeblendet werden. Das bedeutet, daß bei allen feinen senkrechten Strukturen die hohe Luminanzauflösung bei Bewegung sofort in Cross-Colour übergehen würde. Dieser sehr störende Effekt ist bereits von der adaptiven Bildkammfilterung her bekannt [TEICHN 1]. Durch die Adaption sollen aber lediglich breite Cross-Luminanz-Störungen bei bewegten farbigen Gebieten ausgeschlossen werden. In den meisten Fällen ist die Chrominanz mit der Luminanz korreliert, so daß neben dem Farbsprung auch ein Luminanzsprung auftritt. Also genügt es, im Detektionszweig die horizontale Bandbreite auf ca. 3,5 MHz zu beschränken und so die Chrominanzinformation auszuschließen. Ein einfaches geeignetes Filter ist ein Mittelwertfilter über drei Bildpunkte, das bei 13,5 MHz Abtastfrequenz eine Nullstelle bei 4,5 MHz in der Nähe des Farbträgers besitzt.

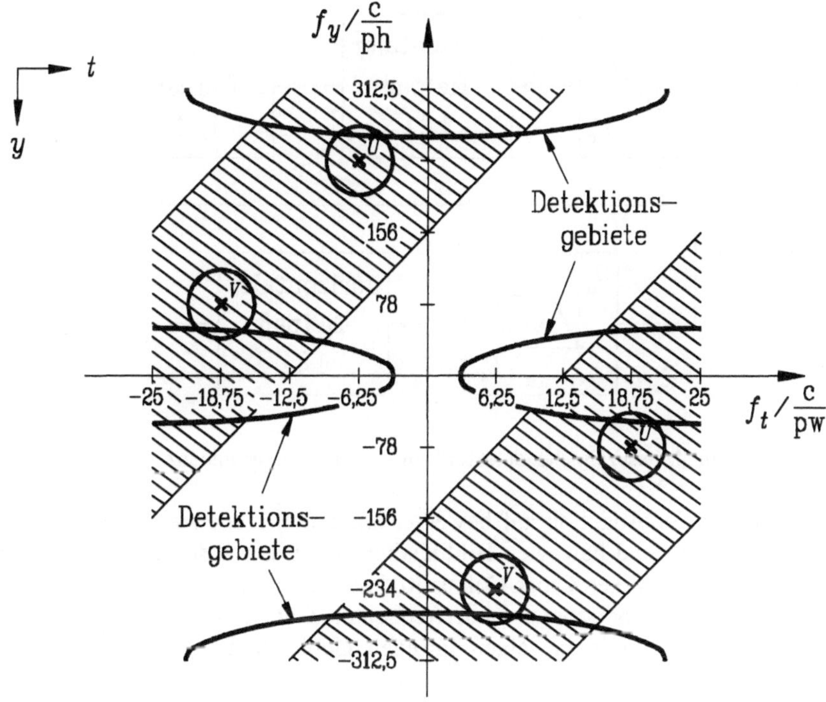

Bild 4.16
Detektionsgebiete im Luminanzbereich (<3 MHz) und reservierter Chrominanzbereich ($\approx f_{sc}$) beim adaptiven Teilbildkammfilter

Die allgemeine Funktionsweise des „Mäusezähnchendetektors" ist bereits in Bild 3.9 beschrieben worden, die anwendungsspezifische Nachverarbeitung zur Luminanz-Chrominanz-Trennung zeigt dagegen Bild 4.17. Vor der Nachverarbeitung liegt der Wertebereich nach Bild 3.9, unter Berücksichtigung der Nachverstärkung von -1,8 und dem Offset von 0,06 U_{max}, bei einer 8 bit breiten Quantisierung zwischen -245 und +113. In der Nachverarbeitung (Bild 4.17) werden zunächst die negativen Signalanteile auf null gesetzt, da nur bei positiven Signalanteilen sicher auf Bewegung geschlossen werden kann (siehe Kapitel 3). Die anschließende planare Tiefpaßfilterung dient zur Verbreiterung der Detektionsgebiete. Um auch Bewegung bei geringen Kontrastunterschieden sicher zu erkennen, z. B. bei einem bewegten Grün-Purpur-Übergang, folgt eine hohe Nachverstärkung mit $v = 64$. Die maximale Amplitude von 128, das entspricht dem Überblendfaktor $k_{max} = 1$, wird bereits bei einem Eingangswert von 2 erreicht. Diese abrupte Umblendung kommt einer unerwünschten harten Umschaltung sehr nahe. Um einen weichen Überblendvorgang zu erreichen, wird deshalb noch ein horizontales Tiefpaßfilter nachgeschaltet.

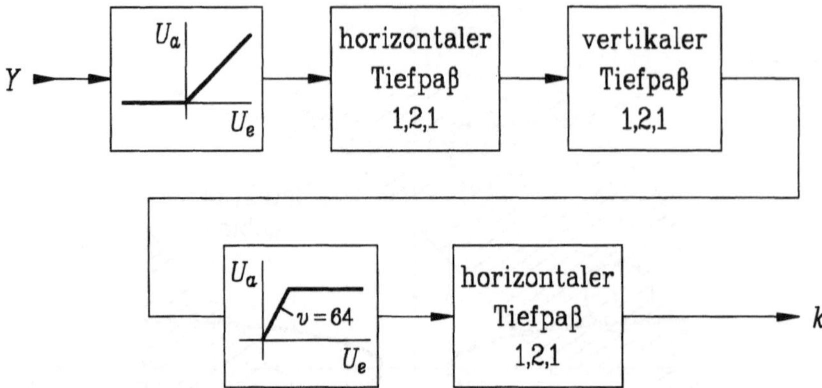

Bild 4.17
Nachverarbeitung im „Mäusezähnchendetektor" zur Luminanz-Chrominanz-Trennung

Die Beschränkung der Adaption auf bewegte, horizontal niederfrequente Bereiche ermöglicht in ruhenden und bewegten Bildinhalten den Einsatz des Teilbildkammfilters
mit den Vorteilen der starken Cross-Colour-Reduktion und hohen Luminanzbandbreite.
Lediglich in bewegten, horizontal niederfrequenten Gebieten wird auf den Bandpaß
übergeblendet und damit in bewegten farbigen Gebieten das Auftreten von Cross-
Luminanz reduziert.

4.5.3 Vergleich der Ergebnisse

Die Leistungsfähigkeit adaptiver Strukturen kann anhand von Fotos aus längeren Testsequenzen im Anhang in Bild A.7 dokumentiert werden. Beim Zoneplate-Testbild zeigt
das vertikaladaptive ZKF eine erhöhte Luminanzbandbreite nur in schmalen Gebieten
und damit schlechtere Eigenschaften als das ZKF selbst (Bild A.6). Dies ist auch an der
Schalla-Sequenz gut zu erkennen. Bei Farbübergängen, bewegt oder unbewegt, wird
Cross-Luminanz jedoch stark reduziert.

Die bewegungsadaptive Teilbildkammfilterung hat die besten Ergebnisse in Bezug auf
Cross-Colour-Reduktion und Erhöhung der Luminanzbandbreite (Bild A.7: e-h). In der
Schalla-Sequenz sind nur noch geringe Unterschiede zur Originalsequenz (Bild A.6d)
zu sehen. Beim Farbbalkentestbild bleibt das TKF aktiv, weshalb Cross-Luminanz über
eine Zeile sichtbar wird. Die geringfügigen Veränderungen an den senkrechten Farbkanten sind auf die einfachen Vorfilter im Detektionszweig zurückzuführen, da wegen
der schlechten Sperrdämpfung partiell auf den Bandpaß übergeblendet wird. Bandpaß
und TKF haben zeitlich unterschiedliche Gruppenlaufzeiten und geben das Farbträger-
muster unterschiedlich wieder. Der große Vorteil der Adaption ist in Bild A.7g zu sehen. Gegenüber einem TKF (Bild A.6o) tritt bei bewegten Farbübergängen kaum noch
Cross-Luminanz auf. Wegen der Überblendung auf den Bandpaß und den in zeitlicher

Richtung unterschiedlichen Gruppenlaufzeiten entstehen Reststörungen, die in natürlichen Bildinhalten allerdings von nur geringer Bedeutung sind.

Die adaptive Luminanz-Chrominanz-Trennung bietet bessere Eigenschaften als reine Kammfilter, wobei die Adaption und die gewählten Filter einen entscheidenden Einfluß auf die Bildqualität haben. Im Vergleich zum detailadaptiven ZKF ermöglicht das bewegungsadaptive TKF eine wesentlich stärkere Cross-Colour-Reduktion bei vergleichbarer guter Farbwiedergabe. Der dafür notwendige technische Aufwand liegt bei einem Teilbildspeicher und ist damit größer als bei adaptiven ZKF's, aber deutlich geringer als bei adaptiven Bildkammfiltern.

Die Qualität der Bildwiedergabe wird bei allen beschriebenen Filtern durch eine Signalverarbeitung im Empfänger erreicht. Je nach Filter verbleiben in bestimmten Gebieten Cross-Colour-Störungen, zusätzlich können neue Cross-Luminanz-Störungen entstehen. Angepaßt an den Decoder ist eine senderseitige Vorfilterung möglich, die Signalanteile herausfiltert, die zur Störung der Decodierung führen könnten. Es muß jedoch beachtet werden, daß alle unterdrückten Signalanteile für eine Decodierung verloren sind. Als Beispiel sei ein senderseitiges ZKF genannt, das Anteile bei $f_y = \pm 78$ c/ph unterdrückt. Bei Einsatz eines bewegungsadaptiven Teilbildkammfilters im Decoder könnten diese Anteile durchaus noch zur Verbesserung der Bildqualität durch eine erhöhte Luminanzauflösung beitragen.

5 Rauschreduktion und Kantenanschärfung

Rauschstörungen treten vor allem bei der Übertragung zwischen Sender und Empfänger auf und können die Bildqualität stark beeinträchtigen. Durch geeignete Nachfilterung im Empfänger lassen sich die Rauschstörungen reduzieren. Während lineare Filter gleichzeitig eine erhebliche Signalverschleifung verursachen, können bei nichtlinearen Filtern zusätzliche Aliasstörungen auftreten. Ein Detailverlust durch die Signalverschleifung kann durch eine Kantenanschärfung reduziert werden, was aber gleichzeitig das Rauschen an den Kanten wieder verstärkt.

Verschiedene Filter zur Rauschreduktion und Kantenanschärfung werden vorgestellt und in ihrer Wirkung im Orts-Zeitfrequenzspektrum eines Videosignals beschrieben. Wegen der zahlreichen Verfahren - insbesondere aus dem Bereich der Mustererkennung - wird eine Vollständigkeit der Methoden nicht angestrebt, stattdessen werden verschiedene Prinzipien dargelegt.

Eine Kombination zweier Filter ist über eine nichtlineare adaptive Verarbeitung möglich. Neben der bewegungsadaptiven Rauschreduktion wird eine detailadaptive Methode vorgestellt, die abhängig vom Bildinhalt eine Filterung vornimmt. Kritisch ist die Unterscheidung zwischen Bildinhalt und Rauschen innerhalb des Detektors, da sich die Steuerung der Filter stark auf die Bildqualität auswirkt. Die Detektion läßt sich durch eine rauschabhängige Steuerung optimieren, weshalb zum Abschluß ein Verfahren zur Rauschmessung innerhalb eines Bildes vorgestellt wird.

5.1 Rauschstörungen bei der Übertragung

Auf dem Übertragungsweg wird das Signal gedämpft, so daß besonders bei weit entfernten Sendern der Empfänger durch hohe Nachverstärkung den Pegelverlust ausgleichen muß. Dabei wird auch das Rauschen der Empfängerstufe angehoben. Zusätzlich kommt es auf dem Übertragungsweg selbst zu Störungen, die sich dem Nutzsignal überlagern [SCHYMU]. Bei einer Satellitenübertragung sind die Hauptursachen kosmisches und troposphärisches Rauschen. Terrestrisches Rauschen entsteht vor allem durch Reflexionsänderungen in der Antennenumgebung, thermisches Rauschen und Elektrosmog. Bei der Kabelübertragung spielt das thermische Rauschen der niederohmigen Leitung eine untergeordnete Rolle, jedoch muß die Signaldämpfung durch Zwischenverstärker kompensiert werden. Insbesondere die Eingangsstufen der Zwischenverstärker müssen rauscharm ausgelegt werden, um die Rauschstörungen klein zu halten.

Trotz der vielfältigen Ursachen überlagern sich die Übertragungsstörungen derart, daß sie in der Regel in guter Näherung mit weißem Rauschen, das heißt im interessierenden Frequenzbereich als frequenzunabhängig beschrieben werden können. Die Amplitudenverteilung wird durch die Summation beliebig vieler statistisch unabhängiger Einzelstörungen bestimmt, so daß eine *Gaußverteilung* entsteht.

Im Empfänger wird das sichtbare Rauschen durch die Art der Signalcodierung und Modulation bestimmt. PAL-Signale werden terrestrisch und ebenfalls über Kabel mit einer Amplitudenmodulation (AM) übertragen. Da das Rauschspektrum durch die Modulation nicht verändert wird, tritt auch im demodulierten Ausgangssignal weißes Rauschen auf. Bei der Satellitenübertragung wird dagegen eine Frequenzmodulation (FM) verwendet, um durch die größere Übertragungsbandbreite einen Gewinn im Signal-Rauschabstand gegenüber der AM zu erzielen. Nach der Demodulation entsteht ein mit der Frequenz linear ansteigendes Rauschsignal, das wegen der oberen Bandbegrenzung einen dreieckförmigen Amplitudenfrequenzgang besitzt. Um die großen Rauschamplituden zu hohen Frequenzen hin zu reduzieren, wird bei einem PAL-Signal im Coder eine lineare Preemphase und im Decoder eine Deemphase benutzt. Der Frequenzgang der Preemphase ist in Bild 5.1a dargestellt. Tiefe Frequenzen werden um bis zu 11 dB abgesenkt, die neutrale Frequenz liegt bei 1,3 MHz und hohe Frequenzen werden bei 5 MHz um 2,5 dB angehoben. Nach der Deemphase ergibt sich für das Nutzsignal wieder ein konstanter Frequenzgang, während das zunächst dreieckförmige Rauschband zu hohen Frequenzen hin abgesenkt wirkt (Bild 5.1b).

Der Signal-Rauschabstand (*S/N*) eines Videosignals wird durch den Signal-Spitzenwert im Verhältnis zur effektiven Rauschspannung bestimmt

$$S/N = 20 \cdot \log \frac{\hat{U}_S}{U_N} \ . \tag{5.1}$$

Neben dem unbewerteten *S/N* wurde eine frequenzabhängige, an die Augencharakteristik angelehnte Bewertung des *S/N* eingeführt, die in der ITU-Recommendation 567 [I-567] enthalten ist. Diese Bewertungskurve ist in Bild 5.2a dargestellt und zeigt, daß höhere Frequenzanteile vom Auge in ihrer Störwirkung deutlich geringer bewertet werden als niedrige. Kritisch muß der Bezug zur Signalfrequenz gewertet werden, da diese lediglich eindimensional mit den horizontalen Ortsfrequenzen korreliert. Weiterhin müßte der Blickwinkel (Bildhöhe zum Betrachtungsabstand) mit einbezogen werden, um näherungsweise ein Maß für die subjektive Empfindung zu erhalten. Die Rauschbewertungskurve ist also bei richtungsabhängigem Rauschen (horizontal-vertikal-zeitlich), das zum Beispiel bei mehrdimensionalen Schaltungen zur Rauschreduktion entsteht, nicht mehr uneingeschränkt gültig. Die subjektive Empfindung kann sich somit vom Meßwert unterscheiden.

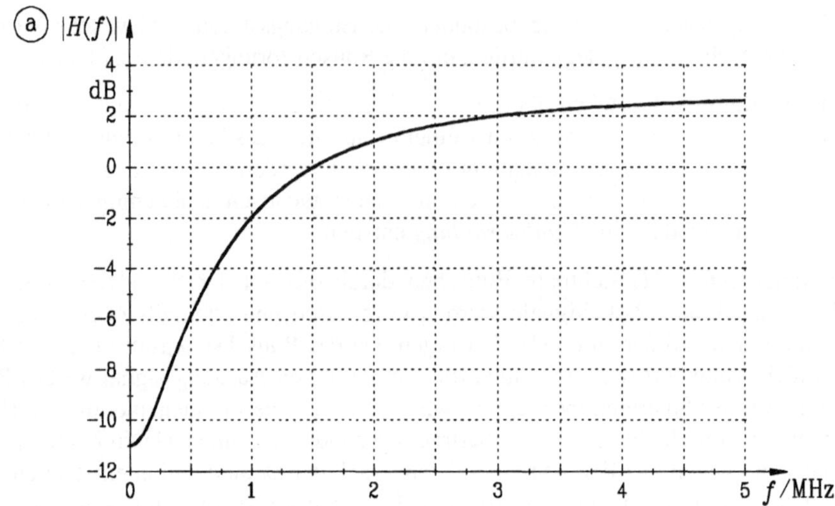

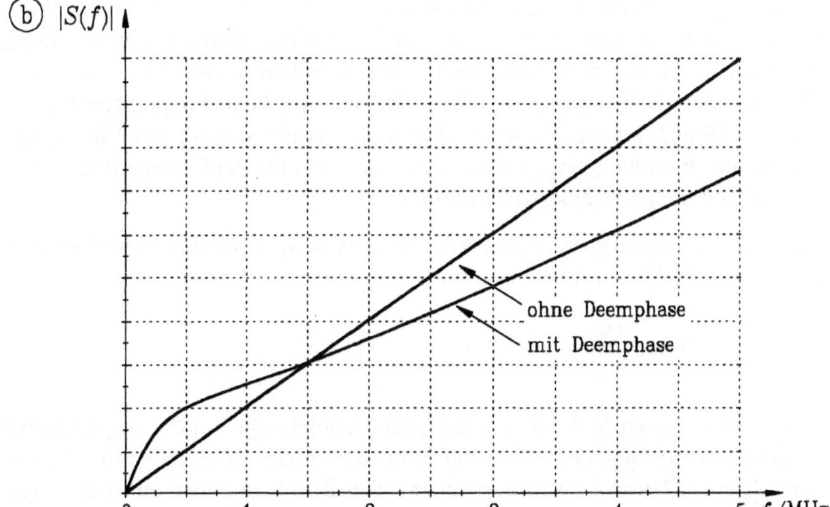

Bild 5.1
Preemphase und Rauschspektrum bei einer FM-Übertragung; a) Preemphase nach ITU-R 405-1;
b) Rauschspektrum mit und ohne Deemphase

Um einen Vergleich zwischen verschiedenen Übertragungsverfahren zu ermöglichen,
wurde bei einer Amplitudenmodulation weißes Rauschen überlagert und der Signal-
Rauschabstand auf eine Bandbreite von 5 MHz bezogen. Auch bei der FM-Übertragung
mit dreieckförmigen Rauschen wurde die Rauschbandbreite auf 5 MHz beschränkt und
der Signal-Rauschabstand im Basisband direkt nach der Demodulation ermittelt. Die
linear mit der Frequenz ansteigende Rauschspannung erzeugt eine quadratisch anstei-

gende Rauschleistungsdichte. Bei gleichem Rauscheffektivwert ist die Rauschleistungsdichte an der Bandgrenze um den Faktor 3 größer als bei der AM-Übertragung, was einer um den Faktor $\sqrt{3}$ größeren Rauschspannung entspricht. Bei frequenzmodulierten Signalen ist noch die lineare Deemphase dem Demodulator nachgeschaltet, die eine zusätzliche Maßnahme zur frequenzabhängigen Rauschreduktion darstellt.

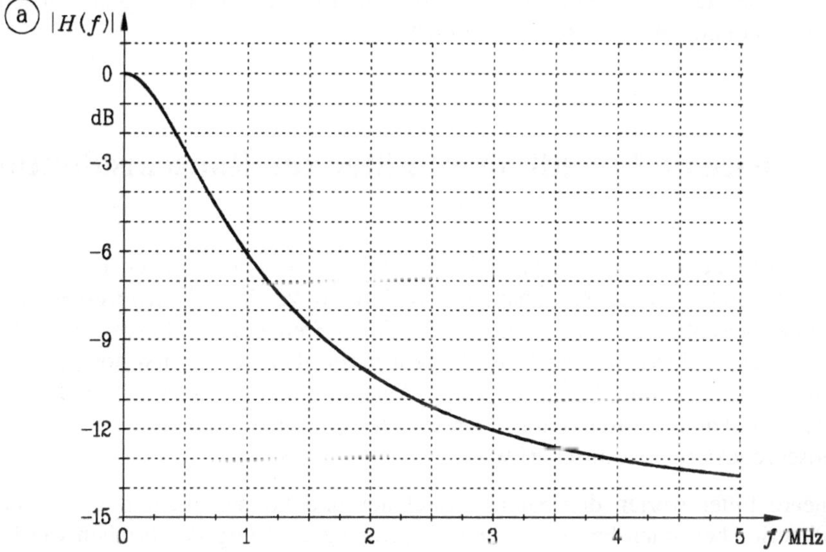

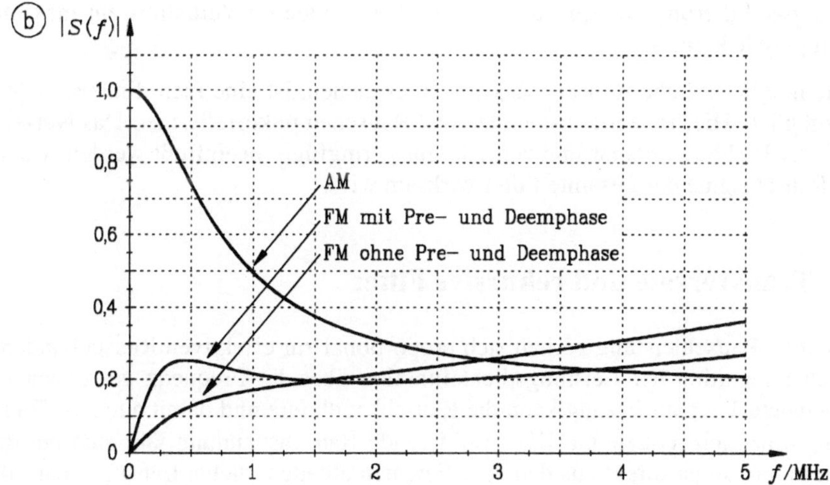

Bild 5.2
Bewertung des Rauschspektrum mit der subjektiven Empfindung; a) Rauschbewertungskurve nach ITU-R 567-3; b) Bewertete Rauschcharakteristik nach einer AM- und FM-Übertragung

Einen Vergleich des bewerteten Rauschspektrums für die AM- und FM-Übertragung zeigt Bild 5.2b. Bei der AM-Übertragung entspricht das Rauschspektrum der Bewertungskurve mit stark sichtbarem niederfrequenten Rauschen. Bei einer FM-Übertragung entsteht kaum niederfrequentes Rauschen und erst bei hohen Frequenzen liegt das bewertete Rauschen über dem der AM-Übertragung. Ein demoduliertes FM-Signal erscheint bei gleichem S/N somit deutlich rauschärmer als ein demoduliertes AM-Signal. Die zusätzliche Pre- und Deemphase sorgt für eine subjektiv ausgewogene Rauschcharakteristik über einen weiten Frequenzbereich.

5.2 Lineare und nichtlineare Filter zur Rauschreduktion

Lineare Filter arbeiten frequenzabhängig, das heißt bestimmte Frequenzen werden bedämpft und damit auch der Rauschanteil reduziert. Anwendung finden immer Tiefpaßfilter, da der wesentliche Nutzsignalanteil bei tiefen Frequenzen inklusive dem Gleichwert liegt. Der Nachteil linearer Filter besteht darin, daß sich in den höherfrequenten Komponenten neben den Rauschen auch Anteile des Nutzsignals befinden. Feine Strukturen werden unterdrückt und Kanten verschliffen, so daß das Ausgangssignal zwar rauschreduziert, aber unscharf wirkt.

Nichtlineare Filter werten den Signalverlauf aus und können nicht mit der linearen Systemtheorie über einen Frequenz- und Phasengang eindeutig beschrieben werden. Je nach Filterstruktur bleiben Kanten erhalten, jedoch entstehen in der Regel Aliasanteile, die zu zusätzlich sichtbaren Artefakten führen können. Weiterhin hat sich eine amplitudenabhängige Filterung bewährt, da die Rauschamplitude im Verhältnis zur maximalen Signalamplitude klein ist.

Um eine möglichst hohe Rauschreduktion zu erreichen, ist eine mehrdimensionale Filterung möglich. Hierbei wird ausgenutzt, daß Rauschen unkorreliert ist. Das Nutzsignal soll in jeder Richtung, planar und zeitlich, nur geringfügig beeinflußt werden, während für das Rauschsignal das gesamte Filter wirksam wird.

5.2.1 Transversale und rekursive Filter

Die effektive Rauschleistung verhält sich proportional zur effektiven Rauschbandbreite, die durch Integration der Leistungsdichtefunktion über der Frequenz gewonnen wird. Eine geeignete Tiefpaßfilterung kann die Rauschbandbreite und damit auch die Rauschspannung erheblich reduzieren. Die resultierende Rauschspannung läßt sich bei transversalen Filtern sogar direkt aus den Koeffizienten ableiten, da bei transversalen Filtern keine Rückkopplung besteht, die zu einer Korrelation des Rauschsignals führen könnte. Die resultierende Rauschleistung ergibt sich aus der Summe der quadrierten Einzelspannungen, die mit den Koeffizienten b_i bewertet wurden. Die Rauschspannung U_N ist die Wurzelfunktion der Rauschleistung

$$U_N = \sqrt{\sum_{i=0}^{N} (b_i \cdot U)^2} \ . \tag{5.2}$$

Um den Gewinn des Signal-Rauschabstandes durch die Filterung zu bestimmen, kann das Verhältnis Nutzsignal zum Rauschsignal gebildet werden. Das Nutzsignal ist natürlich ebenfalls vom Filterfrequenzgang abhängig, jedoch bietet der Gleichwert ($f = 0$) eine gute Referenz. Der Gleichwert U_G am Filterausgang wird bestimmt durch die Summe der Koeffizienten b_i multipliziert mit einer Eingangsgleichspannung U, so daß sich das Verhältnis der Signal- zur Rauschspannung durch

$$\frac{U_G}{U_N} = \frac{\displaystyle\sum_{i=0}^{N} b_i \cdot U}{\sqrt{\displaystyle\sum_{i=0}^{N} (b_i \cdot U)^2}} \tag{5.3}$$

bestimmen läßt. Der Gewinn im Signal-Rauschabstand (*SNF*: Signal Noise Factor oder Rauschreduktionsfaktor) für transversale Filter folgt zu

$$SNF = 20 \cdot \log \frac{\displaystyle\sum_{i=0}^{N} b_i}{\sqrt{\displaystyle\sum_{i=0}^{N} b_i^2}} \ \text{[dB]} \ . \tag{5.4}$$

Im Anhang A.3 wird gezeigt, daß der größte Rauschreduktionsfaktor durch die Gleichgewichtung aller ($N + 1$) Koeffizienten erreicht wird. Dies ist auch leicht nachvollziehbar, da alle Koeffizienten unabhängig voneinander eine Rauschspannung liefern. Bereits ein einzelner höher gewichteter Koeffizient bestimmt die größte Rauschspannung und den maximal möglichen Gewinn, unabhängig von der Anzahl der Koeffizienten.

In Bild 5.3 ist die Struktur eines Mittelwertfilters mit $N + 1$ Abgriffen dargestellt. Gegenüber allgemeinen transversalen Filtern ist nach den Abgriffen keine Multiplikation mit den Koeffizienten notwendig, sondern es genügt die Normierung auf den Gleichanteil (Division durch $N + 1$) nach der Summation aller Anteile. Für diese Mittelwertfilter mit ($N + 1$) Abgriffen läßt sich Gleichung 5.4 vereinfachen zu

$$SNF = 10 \cdot \log(N + 1) \ . \tag{5.5}$$

Jede Verdopplung der Koeffizientenzahl verbessert den Signal-Rauschabstand um 3 dB, so daß für größere Rauschreduktionsfaktoren der Aufwand für die Filterrealisierung überproportional ansteigt.

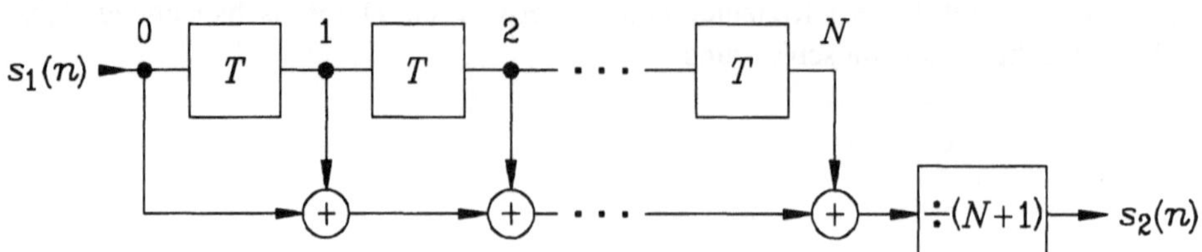

Bild 5.3
Transversales Filter zur Rauschreduktion

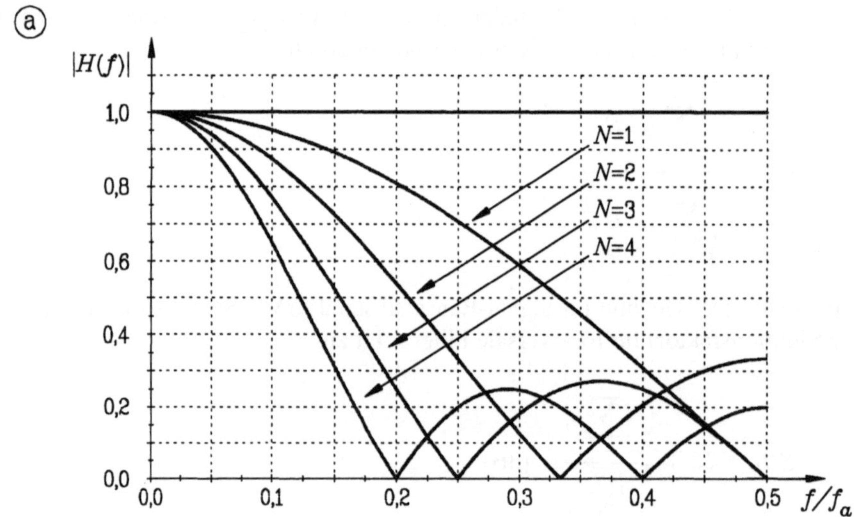

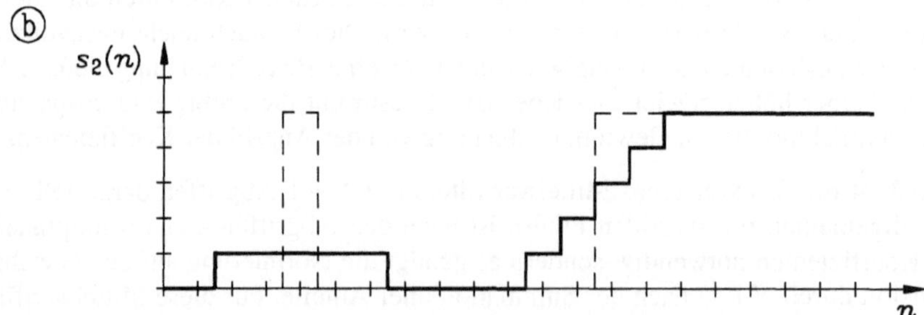

Bild 5.4
Eigenschaften transversales Filter zur Rauschreduktion; a) Amplitudenfrequenzgänge; b) Impuls-
und Sprungantwort ($N = 4$)

Bild 5.4a zeigt für verschiedene Mittelwertfilter die Amplitudenfrequenzgänge. Mit
steigender Ordnung werden die Filter schmalbandiger, jedoch ist die Sperrdämpfung

nicht besonders hoch. Im Bild 5.4b ist die Impuls- und Sprungantwort eines 5-Tap-Filters dargestellt. Es tritt eine starke Signalverschleifung auf, welche die Bildqualität deutlich beeinträchtigen kann. Daher sind nur Filter mit kleiner Koeffizientenanzahl sinnvoll. Der Rauschreduktionsfaktor kann nun dadurch erhöht werden, daß man nicht nur in einer Dimension filtert, sondern ein planares oder planar-zeitliches Filter realisiert. In jeder Dimension werden nur wenige Koeffizienten wirksam (kurze Filterlänge), während für das Rauschsignal das Gesamtfilter zum Tragen kommt.

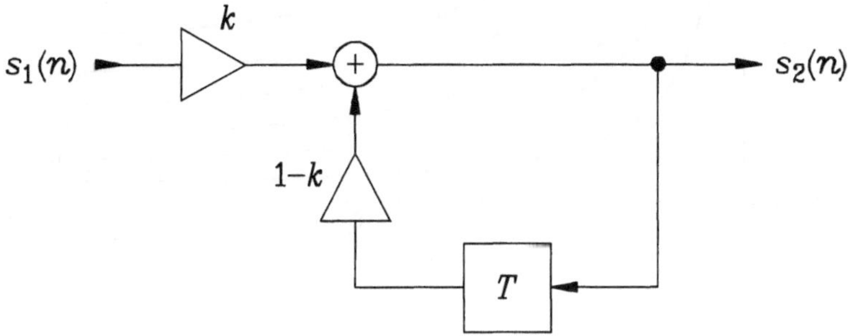

Bild 5.5
Rekursivfilter 1. Ordnung

Eine andere Möglichkeit ist die Realisierung rekursiver Filter. Eine rekursive Filterstruktur 1. Ordnung ist in Bild 5.5 dargestellt, dessen wesentliches Merkmal die Rückkopplung des Ausgangssignals über eine Verzögerungsstufe T auf das Eingangssignal ist. Das Ausgangssignal berechnet sich zu

$$s_2(n) = k \cdot s_1(n) + (1-k) \cdot s_2(n-1) \tag{5.6}$$

und der Amplitudenfrequenzgang zu

$$H(f) = \frac{k}{1-(1-k) \cdot e^{-j2\pi f T}} . \tag{5.7}$$

Der Amplitudenfrequenzgang läßt sich durch den Rückkopplungsfaktor k stark beeinflussen und ist für verschiedene Werte in Bild 5.6a dargestellt. Bei $k = 1$ findet keine Filterung statt, bei Werten kleiner eins bildet sich eine „Badewannenform". Der Grenzfall wird bei $k = 0$ erreicht, da das Ausgangssignal $s_2(n)$ nur noch aus dem rückgekoppelten Signal erzeugt wird und keine Beeinflussung durch das Eingangssignal erfährt.

Durch Integration über den quadrierten Amplitudenfrequenzgang erhält man den ungewichteten Rauschreduktionsfaktor zu [DREW 1]

$$SNF = 10 \cdot \log\left(\frac{2}{k} - 1\right) \text{ [dB]} . \tag{5.8}$$

Über k lassen sich bei dieser einfachen Filterstruktur bereits beliebig schmalbandige Tiefpässe und damit auch beliebig hohe Rauschreduktionsfaktoren realisieren.

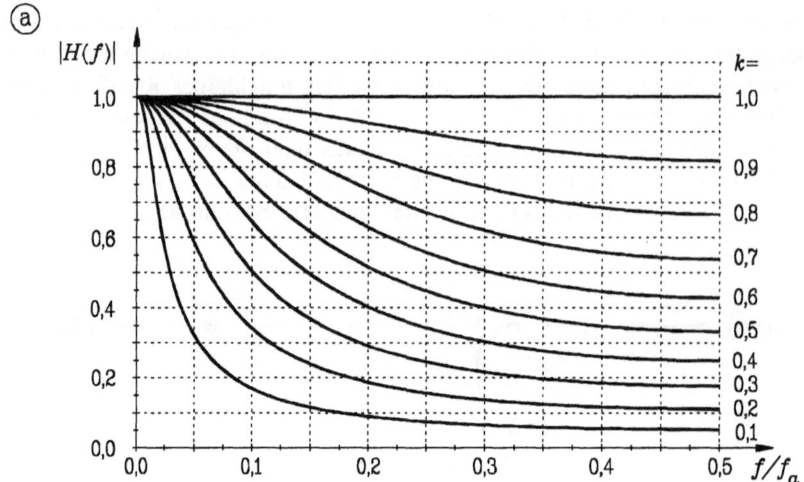

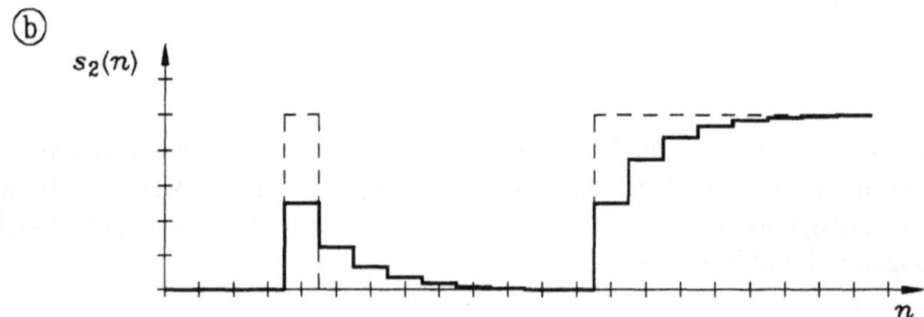

Bild 5.6
Eigenschaften eines rekursiven Filters 1. Ordnung; a) Amplitudenfrequenzgänge; b) Impuls- und Sprungantwort ($k = 0,5$)

Ein wesentlicher Nachteil besteht in der nichtlinearen Phase, was an der Impuls- und Sprungantwort in Bild 5.6b deutlich wird. Das unsymmetrische Einschwingen führt bei örtlichen Filtern zu einseitigen „Echos" an Kanten und wirkt sehr störend. Nur in zeitlicher Richtung kann das erzeugte Nachziehen in Grenzen toleriert werden, weshalb rekursive Filter auch hauptsächlich in zeitlicher Richtung Anwendung finden.

5.2.2 Medianfilter

Medianfilter gehören zur Gruppe der Rangordnungsoperatoren und schalten bei einem Filter N-ter Ordnung dasjenige Signal zum Ausgang durch, das in der Amplitudenrangfolge an mittlerer Stelle steht. Bei einer geraden Anzahl der Abgriffe ($N + 1$) existiert an der mittleren Stelle kein Wert, weshalb dann der arithmetische Mittelwert aus den beiden in der Rangordnung benachbarten Werten gebildet wird. Ein Medianfilter 1. Ordnung ($N = 1$) ist daher mit einem transversalen 1,1-Filter identisch, erst ab der 2. Ordnung ($N \geq 2$) kann der Median aufgrund einer Rangfolge ermittelt werden.

Die Sortierung der Eingangswerte nach ihrer Amplitude ist ein nichtlinearer Prozeß, der in der Videotechnik zu einer Verwürfelung von Bildpunkten führen kann. Um die daraus resultierenden Fehler möglichst gering zu halten, sollen vor allem Medianfilter niedriger Ordnung untersucht werden. Bild 5.7 zeigt die Signalverformung durch eine Medianfilterung 4. Ordnung. Nach der Medianfilterung (Bild 5.7b) bleiben im wesentlichen die Kanten erhalten, während kurze Impulse unterdrückt werden. Diese Eigenschaft kann zur Reduzierung von impulsartigen Störungen genutzt werden. Eine mehrfache Medianfilterung führt nach Bild 5.7c zu einem nicht weiter veränderbaren Signalverlauf, der als Urfunktion des Medianfilters bezeichnet wird.

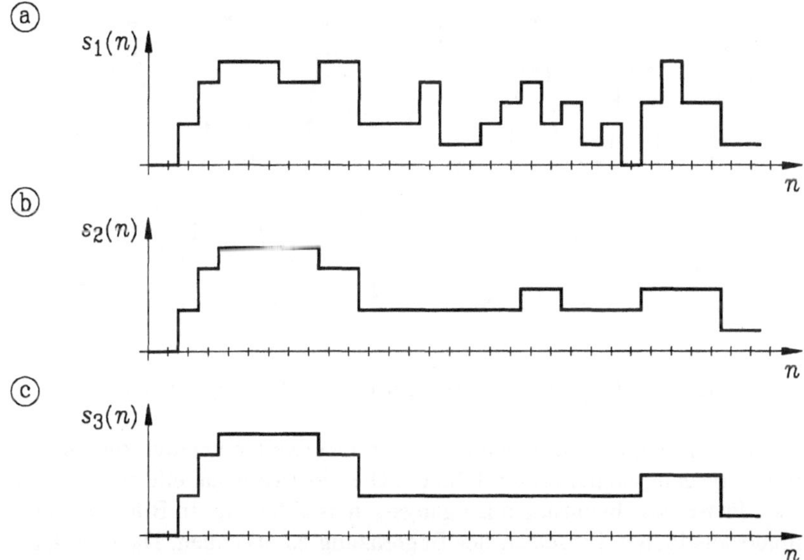

Bild 5.7
Signalverformung durch mehrfache Medianfilterung 4. Ordnung (5 Abgriffe); a) Eingangssignal; b) Ausgangssignal nach der ersten Medianfilterung; c) Ausgangssignal nach mehrfacher Medianfilterung (Urfunktion)

Da die Ausgangswerte nicht mehr zeitinvariant sind, können Medianfilter auch nicht mit den Methoden der linearen Systemtheorie beschrieben werden. Die Systemtheorie stellt Lösungsansätze für lineare Filterstrukturen zur Verfügung. Unter eingeschränkten Bedingungen, das heißt mit vorgegebenen Eingangssignalen, ist es aber auch hier möglich, eine Analyse der Ausgangssignale durchzuführen und die typischen Eigenschaften des Filters umfassend zu beschreiben [WISCHER, BERLIPS].

Ein Medianfilter 2. Ordnung soll anhand sinusförmiger Eingangssignale genauer analysiert werden. Sinusförmige Eingangssignale besitzen lediglich eine diskrete Frequenzkomponente, die im Spektrum exakt lokalisiert werden kann. Darüber hinaus ist eine frequenzabhängige Untersuchung der Oberwellenanteile möglich, die aufgrund der Nichtlinearitäten des Filters entstehen.

In Bild 5.8 ist ein abgetastetes sinusförmiges Eingangssignal vor und nach der Medianfilterung dargestellt. Die Flanken des Eingangssignals werden nicht verformt, nur bei den Minima und Maxima kommt es zu einer Begrenzung der Amplitude. Das Einsetzen der Begrenzung hängt stark von der Anzahl der Abtastwerte innerhalb einer Periodendauer ab. Tiefe Frequenzen besitzen viele Abtastwerte pro Periodendauer und das Ausgangssignal des Medianfilters wird nur geringfügig beeinflußt. Mit steigender Frequenz nimmt die Verformung des Ausgangssignals zu und es kommt zu einer Bedämpfung der Grundfrequenz. Das Medianfilter besitzt somit unter anderem auch Tiefpaßeigenschaften.

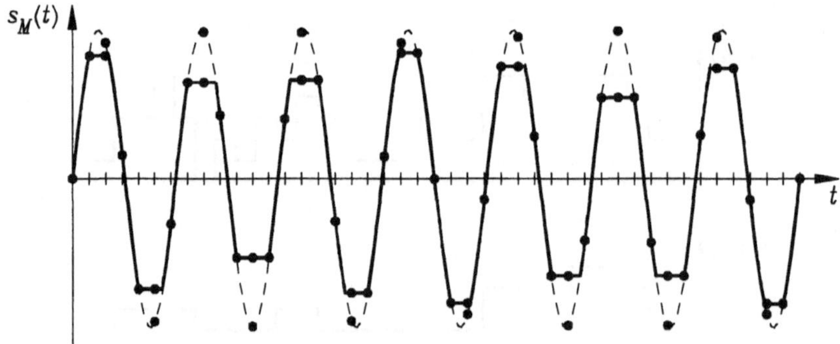

Bild 5.8
Abgetastetes sinusförmiges Eingangssignal nach einer Medianfilterung 2. Ordnung

Neben der Bedämpfung der Grundwelle werden Oberwellen erzeugt, die zu sichtbaren Störungen im Ausgangssignal führen können. Die Oberwellenanteile sind stark von der momentanen Phase des abgetasteten Eingangssignals abhängig. In Bild 5.8 ist das deutlich am unterschiedlichen Einsetzen der Begrenzung zu erkennen. Dadurch kann es zu niederfrequenten Aliaskomponenten im Ausgangssignal kommen. Die geringste Abflachung wird erzielt, wenn die Abtastwerte symmetrisch zum Scheitelwert liegen. Dagegen setzt die Begrenzung am frühesten bei der Abtastung des Maximums oder Minimums ein.

Diese phasenabhängige Beeinflussung des Ausgangssignals erschwert eine Analyse beträchtlich. Zur Erfassung aller möglichen Phasenlagen kann modellhaft eine Medianfilterung in einem analogen System mit Verzögerungsgliedern T durchgeführt werden, wie es in (Bild 5.9) beschrieben ist. Das Eingangssignal $s(t)$ wird zweifach um T verzögert und einem analogen Medianoperator zugeführt. Die Bilder 5.9b und 5.9c zeigen die Bildung des Ausgangssignals $s_M(t)$. Die zeitkontinuierliche Betrachtung ist prädestiniert für eine weiteren Analyse. Die Ausgangsfunktion ist eine periodische Funktion, deren Spektralanteile durch eine Fourierreihe ermittelt werden kann. Weiterhin wird an der Einkerbung des ursprünglichen Scheitelwertes die Höhe der maximalen Modulation des Ausgangssignals sichtbar.

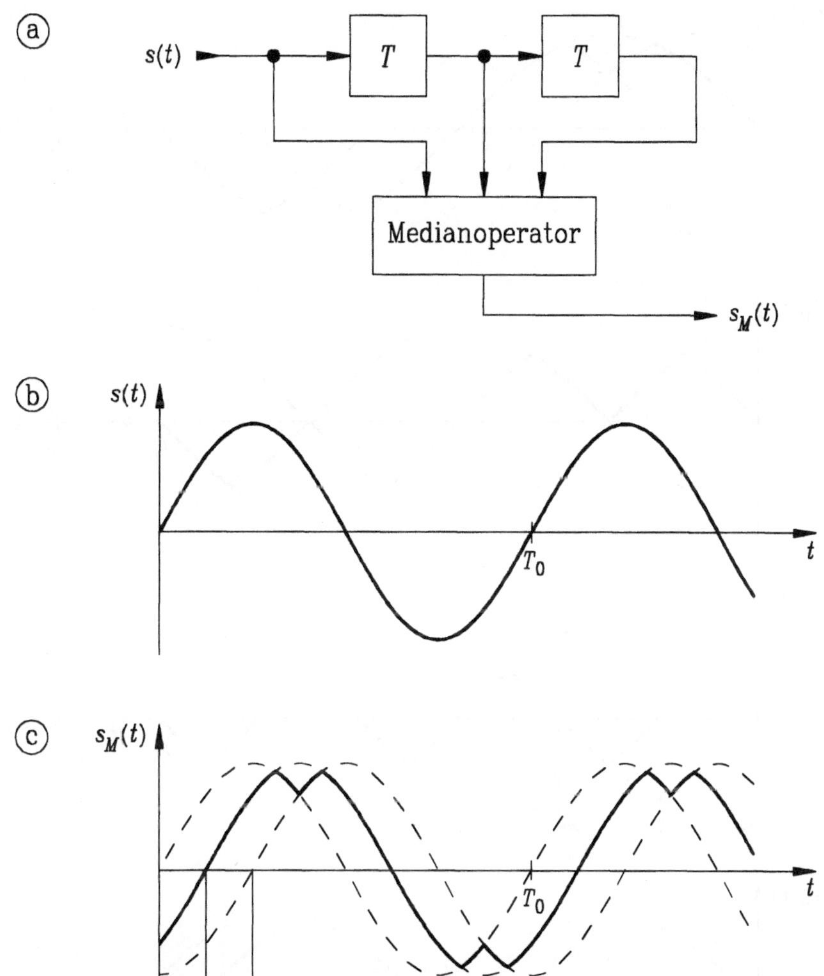

Bild 5.9
Zeitkontinuierliches Medianfilter; a) Blockschaltbild eines Medianfilters 2. Ordnung; b) sinusförmiges Eingangssignal; c) Ausgangssignal nach der Medianfilterung

Mit der Abtastfrequenz $f_a = 1/T$ und einer Momentanfrequenz $f = 1/T_0$ ergibt sich für das Verhältnis der Momentanfrequenz zur Abtastfrequenz

$$\frac{f}{f_a} = \frac{T}{T_0} \ . \tag{5.9}$$

Bei vorgegebener Abtastfrequenz f_a und Periodendauer T_0 steigt die Frequenz f linear mit der Verzögerungszeit T an, so daß über diese Verzögerungszeit eine Betrachtung in Abhängigkeit von der Frequenz erfolgen kann.

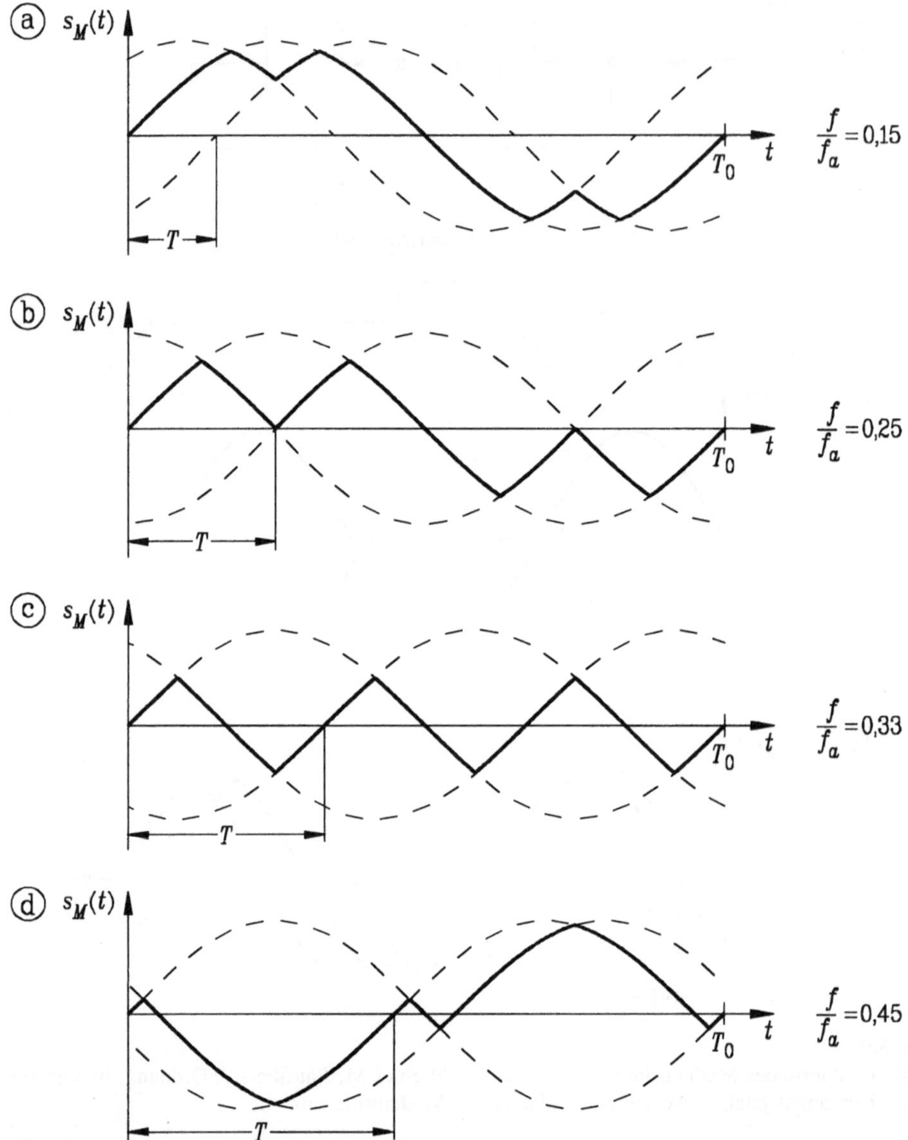

Bild 5.10
Verformung sinusförmiger Eingangssignale durch eine zeitkontinuierliche Medianfilterung
2. Ordnung; a) - d) unterschiedliche Frequenzverhältnisse

Bild 5.10 zeigt die Ausgangsfunktionen mehrerer sinusförmiger Eingangssignale nach
einer zeitkontinuierlichen Medianfilterung. Bei niedrigen Frequenzen ($f/f_a = 0{,}15$) findet
kaum eine Verformung des Eingangssignals statt, was sich jedoch mit steigender Frequenz drastisch ändert. Bei einem Drittel der Abtastfrequenz (Bild 5.10c) wird die

Grundwelle des Eingangssignals vollständig unterdrückt, stattdessen entsteht ein Ausgangssignal mit der dreifachen Frequenz als Grundwelle. Bei noch höheren Eingangsfrequenzen ($f/f_a = 0{,}45$) kommt es zu einer Phasenumkehrung der Grundwelle gegenüber dem Eingangssignal.

Der Übergang auf die Verhältnisse in einem digitalen System ist einfach. Das analoge Ausgangssignal muß lediglich einer diracförmigen Abtastung mit der Frequenz $1/T$ unterzogen werden, dann ergeben sich wieder dieselben Zusammenhänge wie in dem schon beschriebenen zeitdiskreten System nach Bild 5.8. Eine Besonderheit ist bei der Frequenz $f = 0{,}33\,f_a$ in Bild 5.10c zu sehen. Die diskrete Abtastung führt zu drei Werten pro Periode T_0, deren Amplituden zwar phasenabhängig, aber konstant sind. Das Ausgangssignal enthält somit nur noch einen Gleichspannungsanteil, der abhängig von der Phase in einem Bereich zwischen -0,5 und 0,5 der Eingangssignalamplitude schwanken kann.

Eine interessante Frage ist nun, wie sich die maximalen Ausgangsamplituden in Abhängigkeit von der Frequenz verändern. Dabei soll die Anfangsphase berücksichtigt werden. Wird ein cosinusförmiges Eingangssignal im Abstand T abgetastet, so ergibt sich nach Bild 5.8 ein maximaler Wert bei Abtastpunkten, die symmetrisch zum Scheitelwert liegen, also bei $\pm 0{,}5\,T$. Das Maximum ist bestimmt durch

$$A_{M1}(T) = \cos\left(\pi\,\frac{T}{T_0}\right) \qquad \text{bzw.} \qquad A_{M1}(f) = \cos\left(\pi\,\frac{f}{f_a}\right). \tag{5.10}$$

Im anderen Extremfall liegt ein Abtastwert im Scheitelwert des Eingangssignals. Dann ergibt sich das Maximum der Amplitude zu

$$A_{M2}(T) = \cos\left(2\pi\,\frac{T}{T_0}\right) \qquad \text{bzw.} \qquad A_{M2}(f) = \cos\left(2\pi\,\frac{f}{f_a}\right). \tag{5.11}$$

In Bild 5.11 ist der Verlauf der Amplitudenmaxima bis zur halben Abtastfrequenz dargestellt. Innerhalb des schraffierten Bereichs befindet sich das Maximum, das von der momentanen Abtastphase abhängig ist. Bei Frequenzen oberhalb von einem Viertel der Abtastfrequenz kann eine Amplitudenbegrenzung bereits im negativen Bereich stattfinden, was im diskreten System nach einer diracförmigen Abtastung eine Phasendrehung des Signals um 180° bewirkt. Die Phasendrehung wird bei der Betragsdarstellung in Bild 5.11 nicht berücksichtigt. Bei einem Drittel der Abtastfrequenz sinkt die maximale Ausgangsamplitude auf die Hälfte der Eingangsamplitude und stellt ein lokales Minimum dar.

Die bisherigen Betrachtungen zeigen die Beeinflussung höherfrequenter Signale durch die Medianfilterung, deren mögliche Störwirkung stark von der Abtastphase abhängt. Um kritische Signalfrequenzen herauszufinden, wurde eine Analyse der Maxima über zehn Perioden bei verschiedenen Anfangsphasen durchgeführt. Das Ergebnis in Bild 5.12 zeigt die Modulation der Maxima in Abhängigkeit von der Eingangsfrequenz. Die äußere Hüllkurve entspricht der in Bild 5.11 dargestellten Maxima über eine Periode. Eine stärkere Beeinflussung durch die Anfangsphase tritt nur bei bestimmten Signalfrequenzen auf, die in einem rationalen Verhältnis zur Abtastfrequenz stehen. Höhere Amplitudendifferenzen, die 30 % der maximalen Eingangsamplitude überschreiten, werden für 1/6, 1/5, 1/4, 2/7, 1/3, 2/5 und 1/2 der Abtastfrequenz erreicht. Insbesondere bei diesen Frequenzen kommt es zu sichtbaren Störungen durch die Oberwellen der Medianfilterung.

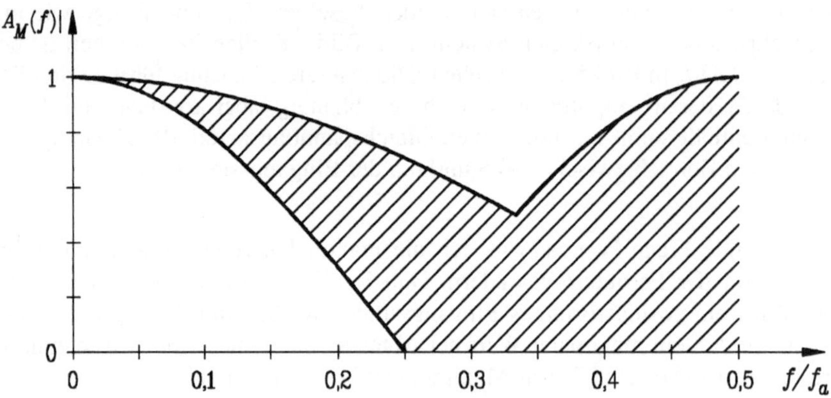

Bild 5.11
Begrenzung der Signalamplitude in Abhängigkeit von der Frequenz und der Abtastphase

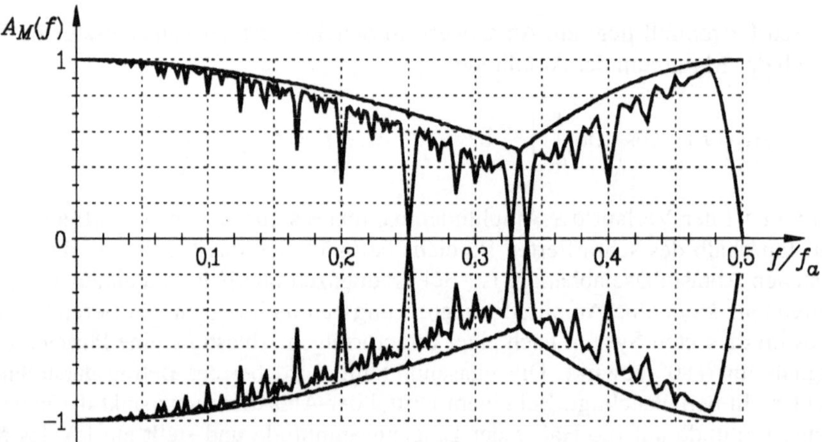

Bild 5.12
Modulation der maximalen Signalamplitude nach einer Medianfilterung 2. Ordnung über 10 Perioden bei verschiedenen Anfangsphasen

Die Amplitudenänderung der Grundwelle und die entstehenden Oberwellen sind spektral zu erfassen, wenn von definierten sinusförmigen Eingangssignalen ausgegangen wird. Im Anhang A.4 befindet sich die Berechnung der spektralen Komponenten einer Medianfilterung 2. Ordnung bis zur 7. Oberwelle [BERLIPS, HENT 1]. Das Ergebnis ist in Bild 5.13 dargestellt. Die Grundwelle wird zu höheren Frequenzen hin zunehmend gedämpft mit einer vollständigen Auslöschung bei $0{,}33\,f_a$. Danach steigt die Amplitude mit einer Phasenverschiebung um 180° bis zur halben Abtastfrequenz wieder auf ihr ursprüngliches Maximum an. Die größten Störkomponenten gehen von der dritten Oberwelle aus, sie erreichen bei $0{,}33\,f_a$ ihr Maximum mit einer Amplitude von 0,41 der Eingangssignalamplitude. Die aus den zeitlichen Betrachtungen ermittelte Signalamplitude von 0,5 wird durch die 3. Oberwelle nicht ganz erreicht. Neben der 3. Oberwelle existieren folglich weitere Anteile höherer Harmonischer, insbesondere Anteile der nicht mehr dargestellten 9. Oberwelle. Auch die 5. Oberwelle erzeugt noch sichtbare Störkomponenten, alle weiteren Oberwellen werden mindestens um 20 dB gegenüber der Eingangsamplitude bedämpft.

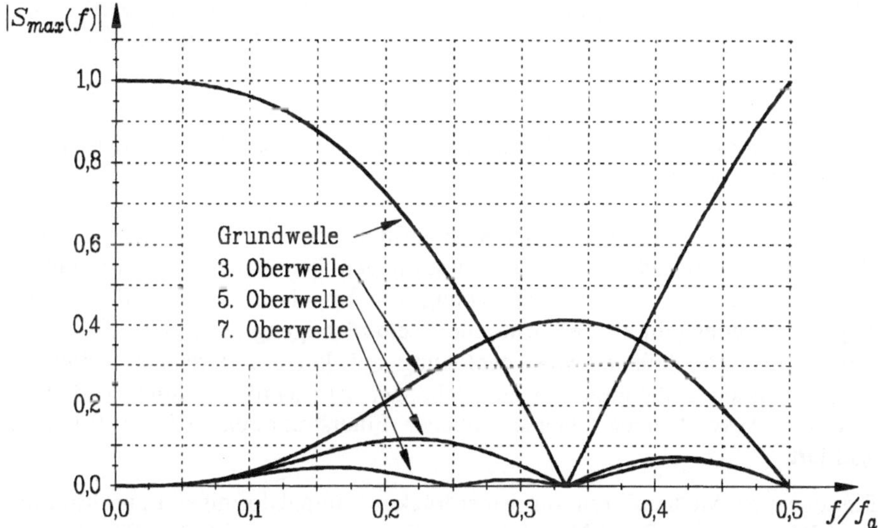

Bild 5.13
Amplitudenspektrum eines sinusförmigen Eingangssignals nach einer Medianfilterung 2. Ordnung

Die Auswirkungen einer horizontal-vertikalen Medianfilterung 2. Ordnung sind in Bild 5.14 dargestellt. In Bild 5.14a wurde ein 3x3-Filter (quadratisches Fenster über 9 Pixel) verwendet und in Bild 5.14b einem 3k3-Kreuzfilter (5 Pixel: Zentrum und horizontale und vertikale Nachbarpixel) gegenübergestellt. Beim 3x3-Filter werden die Ergebnisse aus den zeitlichen und spektralen Betrachtungen bestätigt und können besonders gut in vertikaler Richtung nachvollzogen werden, da horizontal zusätzlich noch eine Bandbegrenzung auf 5 MHz stattfindet. Das Aliassignal bei einem Drittel der Abtastfrequenz wirkt sehr störend, ebenso ist die Dämpfung der Signalfrequenz in beiden Richtungen gut zu erkennen. Wesentlich bessere Ergebnisse liefert das 3k3-Filter. Die Auflösung bleibt in horizontaler und vertikaler Richtung erhalten und Aliasstörungen wirken sich nur in der diagonalen Richtung aus. Aufgrund der geringeren Anzahl der beteiligten Pixel ist aber auch die mögliche Rauschreduktion geringer.

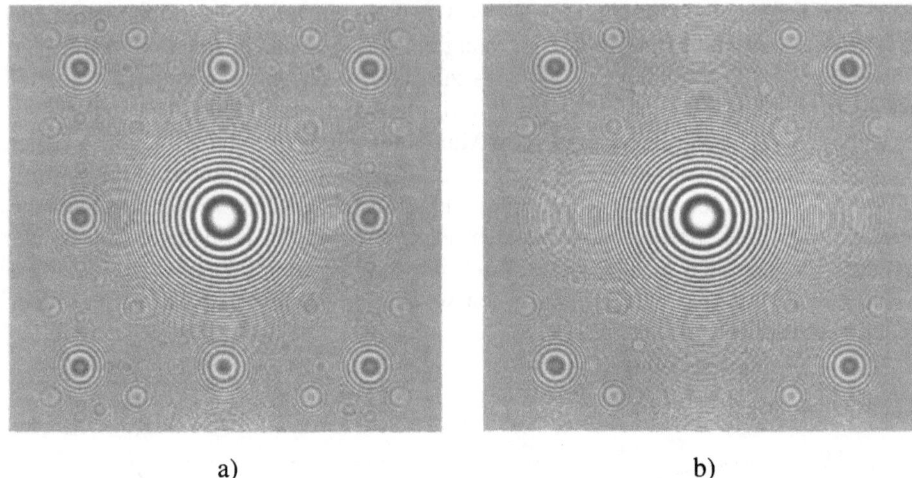

a)   b)

Bild 5.14
Zoneplate-Testbild nach einer Medianfilterung; a) Fenster 3x3 (quadratisches Fenster in x und y
über 9 Pixel); b) Fenster 3k3 (Kreuzfenster über 5 Pixel)

Vergleicht man die Eigenschaften der Medianfilter mit linearen Filtern, so liegt der
Vorteil in der Unterdrückung von Impulsstörungen bei gleichzeitig unbeeinflußter
Kantenwiedergabe. Durch die Unterdrückung von Impulsen, die bei Filtern höherer
Ordnung auch breiter sein können, tritt eine Beeinträchtigung der Detailauflösung auf.
Deshalb ist hier ebenfalls eine Beschränkung auf kurze Filterlängen sinnvoll. In
[WISCHER] wurden umfangreiche Untersuchungen zu mehrdimensionalen Medianfil-
tern und die Auswirkungen unterschiedlicher Filterstrukturen auf die Bildqualität
durchgeführt.

Die Eignung von Medianfiltern zur Unterdrückung impulsförmiger Rauschstörungen
„Salt-and-Pepper Noise, Burst-Noise" kann insbesondere bei zeitlichen Filtern zur Re-
stauration von Filmmaterial genutzt werden, da Kratzer und Fussel in der Regel nur in
einem Filmbild enthalten sind und damit Impuls- oder Burststörungen bilden. Bei *gauß-
verteiltem* Rauschen sind die Ergebnisse dagegen nicht so ermutigend. Bei einem Vergleich mit linearen Mittelwertfiltern in [HUANG] waren die Mittelwertfilter (Rauschreduktionsfaktor: $10 \cdot \log(N + 1)$) bei der Rauschreduktion den Medianfiltern (Rauschreduktionsfaktor: $10 \cdot \log(2/\pi \cdot (N + 1))$) überlegen.

5.2.3 Coring-Technik

Bei der nichtlineare Coring-Technik werden die hochfrequenten Anteile mit einer nichtlinearen Kennlinie bewertet, um Signalanteile mit geringer Amplitude (vorzugsweise
Rauschen) zu unterdrücken [ROSSI]. Dazu zeigt Bild 5.15 ein Blockschaltbild und
Zeitdiagramme zur Signalverarbeitung. Das Eingangssignal $s_1(t)$ erfährt eine komplementäre Hochpaß/Tiefpaß-Bandaufspaltung, wobei der hochfrequente Anteil $s_h(t)$ durch

Subtraktion des Tiefpaßsignals $s_t(t)$ vom Eingangssignal gewonnen wird. Das gleichspannungsfreie Hochpaßsignal $s_h(t)$ wird einer nichtlinearen Amplitudenbewertung unterzogen. Kleine Amplituden, die dem Rauschen zugeordnet werden, werden unterdrückt, während größere Amplituden, die Detail- oder Kanteninformation beinhalten, ungedämpft passieren können ($s_d(t)$). Am Ausgang werden die Signale $s_t(t)$ und $s_d(t)$ wieder addiert.

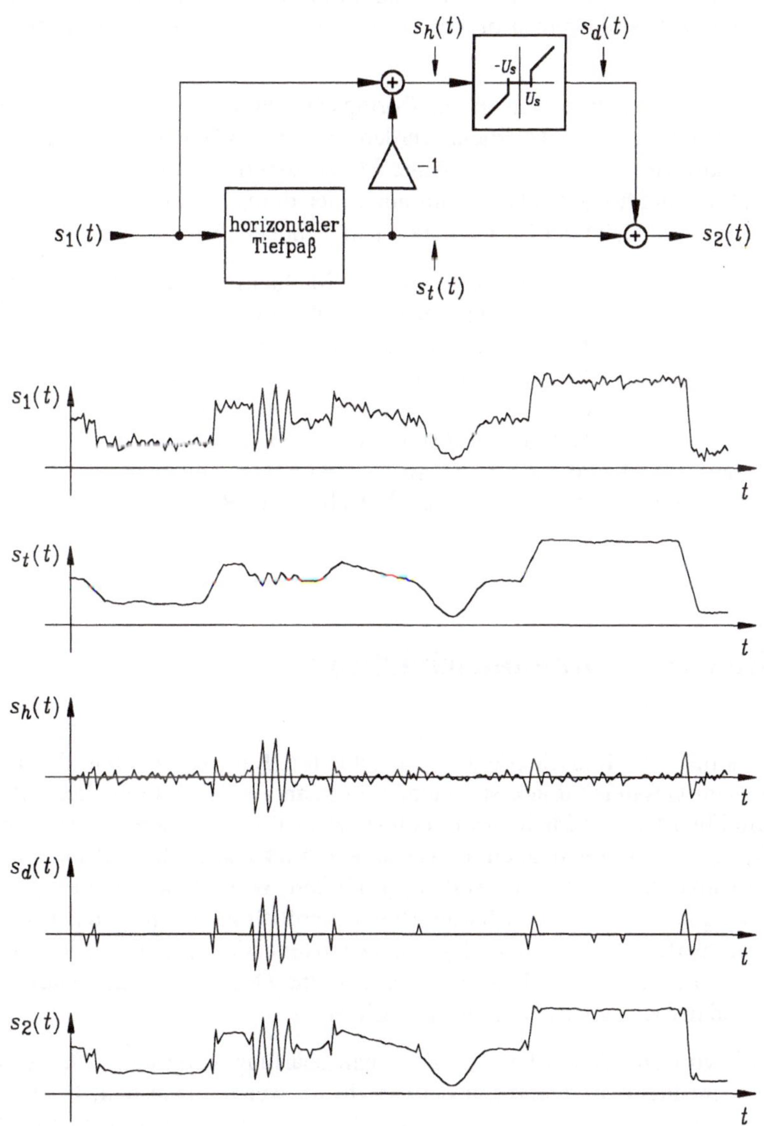

Bild 5.15
Blockschema der Coring-Technik mit zugehörigen Zeitdiagrammen

Das Ausgangssignal ist somit von hochfrequenten Rauschanteilen befreit, ohne Kanten zu verschleifen oder feine Details bei größeren Amplituden zu unterdrücken. In Bild 5.15 werden aber auch schon die Grenzen der Coring-Technik sichtbar. Im Ausgangssignal $s_2(t)$ treten rechts- und linksseitig der Sprünge Störspitzen beim Umschalten zwischen dem Tiefpaß- und dem ungefilterten Signal auf, die im Ausgangsbild als Pseudodetails erscheinen. Außerdem ist die Wahl der Schwelle recht kritisch. Wird die Schwelle zu hoch gesetzt, dann geht Detailinformation verloren. Bei zu niedriger Schwelle brechen Rauschspitzen durch, die sich im Bild als Impulsstörungen störend bemerkbar machen.

In [ROSSI] wurden Untersuchungen zur Coringschwelle durchgeführt. Danach sollten keine Detailinformationen unterdrückt werden, die über 5 % des Videosignals $\hat{U}_S$ liegen. Die Detailverluste bleiben vom Auge bis zu dieser Schwelle weitgehend unbemerkt. Der Rauschreduktionsfaktor kann auch hier durch mehrdimensionale Filter erhöht werden, jedoch bleibt der Einsatzbereich aufgrund der 5 % Schwelle beschränkt.

Zur nichtlinearen Signalverarbeitung wurden die Medianfilterung und die Coring-Technik vorgestellt, die signalformabhängig bzw. amplitudenabhängig wirken. Daneben gibt es zahlreiche weitere Verfahren, die auf statistischen Methoden beruhen (z. B. Sigma-Filter [LEE]) oder mit mehrdimensionalen Filterbänken in der Frequenzebene arbeiten. Ein qualitativ hochwertiger, aber auch komplexer Algorithmus wird in [LEBOWS] beschrieben, der eine erhöhte Detailauflösung bei gleichzeitig reduziertem Rauschen ermöglicht. Hier werden die lineare Aperturkorrektur zur Kantenanschärfung und die Coring-Technik mit gradientenorientierten Verfahren zur Rauschreduktion miteinander kombiniert.

5.3 Filter zur Kantenanschärfung

Lineare Ortsfilter zur Rauschreduktion verschleifen Kanten und unterdrücken feine Details, was im Gesamteindruck störender sein kann als das ursprüngliche Rauschen. Nichtlineare Filter wie das Medianfilter können zwar Kanten erhalten, durch die Detailunterdrückung entsteht trotzdem ein im Gesamteindruck unschärferes Bild. Schaltungen zur Rauschreduktion sind also eng verknüpft mit dem Wunsch nach höherer Bildschärfe, aber auch generell trägt ein scharfes Bild wesentlich zu einem guten Bildeindruck bei. Eine Anschärfung der Kanten oder eine Detailverstärkung führt wiederum zu einer Anhebung des Rauschens, weshalb eine gemeinsame Optimierung des Rauschreduktionsfaktors und der Kantenanschärfung sinnvoll ist.

In Bild 5.16 wird ein Detailfilter zur Kantenanschärfung vorgestellt. Das Detailfilter verstärkt höhere Frequenzanteile mit dem Faktor a, welche dann dem Eingangssignal aufaddiert werden. Eine Anwendung ist die Frequenzgangkompensation mit Aperturentzerrern, die direkt hinter der Kamera die hohen Frequenzen phasenlinear anheben [SCHÖN 2, VOGT]. Auch für andere Anwendungen zur Kantenversteilerung wird beispielsweise in [JACOBSN, WAHL] eine Hochpaßfilterung empfohlen, deren hochfrequente Detailinformation dem Eingangssignal aufaddiert wird.

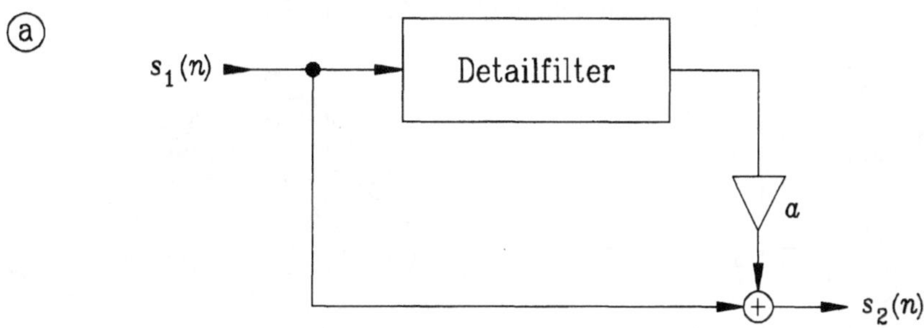

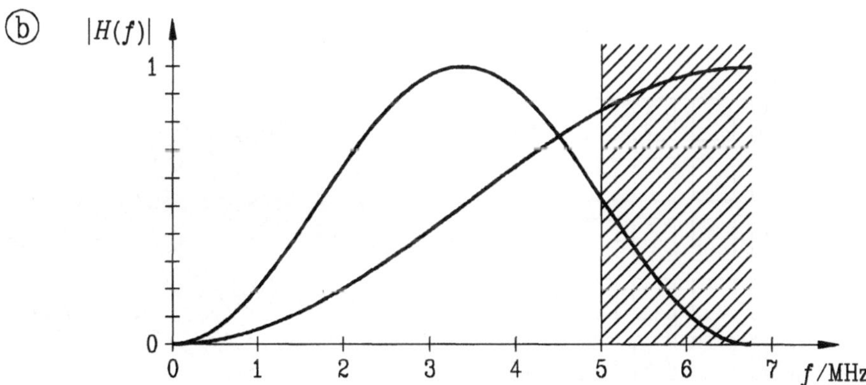

Bild 5.16
Kantenanschärfung mit linearer Filterung; a) Blockstruktur; b) alternative Übertragungsfunktionen des Detailfilters

Für das Detailfilter in Bild 5.16 wurden nicht nur Hochpässe, sondern zusätzlich Bandpässe auf ihre Eignung hin untersucht und anhand der Frequenzgänge und natürlicher Bilder miteinander verglichen. Der Hochpaß erreicht sein Maximum bei der Nyquistfrequenz 6,75 MHz, die sich weit außerhalb der Bandgrenze des Nutzsignals befindet. Eventuell vorhandene Rauschanteile jenseits der Bandgrenze werden verstärkt, ohne dem Nutzsignal zu Gute zu kommen. Bessere Ergebnisse liefert ein Bandpaß, der sein Maximum innerhalb der Nutzsignalbandbreite hat und oberhalb der Bandgrenze nur noch einen geringen Einfluß ausübt. Auch in natürlichen Szenen lieferte die Detailfilterung mit einem Bandpaß wesentlich bessere Ergebnisse.

Die Kantenanschärfung kann noch auf die vertikale Richtung erweitert werden, wobei hier eine „Hochpaß"-Filterung im Teilbild spektral einem Bandpaß gleichkommt, da ein Teilbild nur die halbe Zeilenzahl bzw. vertikale Abtastfrequenz besitzt. Insbesondere

Anteile bei der Nyquistfrequenz $f_y = 312{,}5$ c/ph werden nicht zusätzlich verstärkt. Das ist sehr positiv, da diese unerwünschten Frequenzanteile wesentlich zu Flimmerstörungen mit 25 Hz beitragen. Außerdem enthalten sie wegen der fehlenden kameraseitigen Vorfilterung Schwebungsfrequenzen und mögliche Aliasanteile.

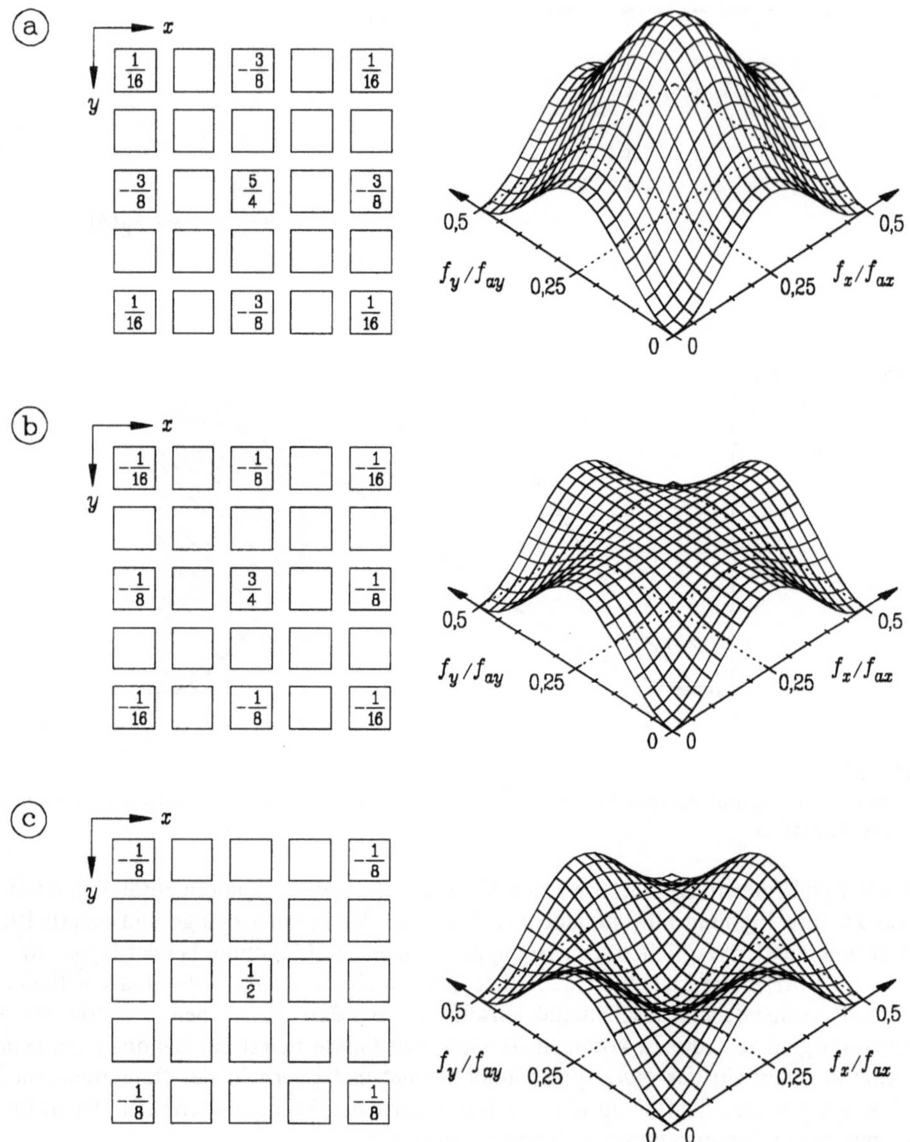

Bild 5.17

Planare Detailfilter zur Kantenanschärfung; a) separierbares Detailfilter DF1; b) nichtseparierbares Detailfilter DF2; c) nichtseparierbares Detailfilter DF3

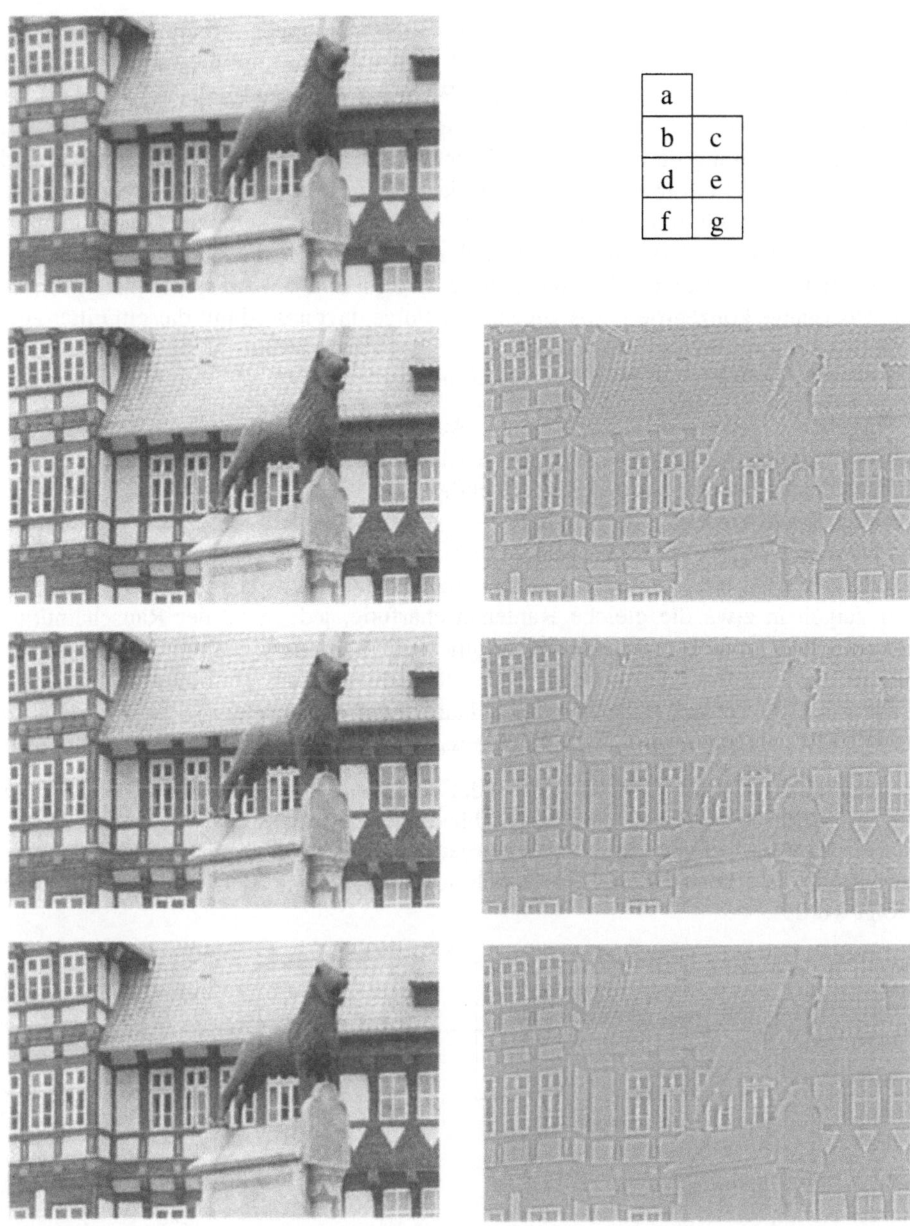

Bild 5.18
Burgplatzausschnitte zur Kantenanschärfung; a) Eingangsbild; b) Ergebnis mit DF1; c) Detailsignal DF1; d) Ergebnis mit DF2; e) Detailsignal DF2; f) Ergebnis mit DF3; g) Detailsignal DF3

Zur Kantenanschärfung wurden verschiedene planare Filter untersucht, die in Bild 5.17 dargestellt sind. Neben dem separierbaren Filter DF1 mit den eindimensionalen Koeffizienten (-1/4, 0, 1/2, 0, -1/4) sind dies zwei weitere nicht separierbare Filter DF2 und DF3. Alle Filter arbeiten in einem $5 \cdot 5$ Pixel großen Fenster und haben eine Bandpaßcharakteristik in horizontaler und vertikaler Richtung. Das separierbare Filter DF1 besitzt seine maximale Verstärkung nicht entlang der Frequenzachsen, sondern diese wird in diagonaler Richtung doppelt so groß. Hier wird auch das Rauschen besonders stark verstärkt. DF2 zeigt ein Maximum entlang der 0,25 f/f_a Frequenzlinien und damit eine ausgeglichene Verstärkung für horizontale, vertikale und diagonale Ortsfrequenzen. Das Filter DF3 beschränkt die Detailanhebung auf Ortsfrequenzen entlang der Frequenzachsen, so daß sich die Detailanhebung im wesentlichen auf horizontale und vertikale Übergänge konzentriert. Als angenehme Folge davon wird mit diesem Filter auch die geringste Rauschanhebung erzielt. Der Hardwareaufwand ist bei lediglich fünf Koeffizienten ungleich null ebenfalls am geringsten.

Die Ergebnisse sind am Beispiel eines Ausschnitts vom Testbild „Burgplatz" in Bild 5.18 dargestellt, das einen Signal-Rauschabstand $S/N = 30$ dB aufweist. Bei einer maximalen Detailverstärkung von 3 dB entlang der Frequenzachsen wurde bei allen Filtern das beste subjektive Ergebnis in Bezug auf die Kantenwiedergabe erreicht. Bei noch höherer Verstärkung traten Kanten plastisch hervor und wirkten unnatürlich. Außerdem wird dann eine deutliche Verstärkung des Rauschens sichtbar. Die Burgplatzbilder zeigen in etwa die gleiche Kantenanschärfung, jedoch ist der Rauscheindruck unterschiedlich groß. Die Rauschverstärkung kann besonders gut im Detailsignal der Filter beurteilt werden. DF1 weist die größte Rauschverstärkung auf, DF3 die geringste. Gerade bei DF3 ist der Rauscheindruck kaum vom verrauschten Eingangssignal zu unterscheiden, bei gleichzeitig wesentlich besserer Kantenwiedergabe.

Den Abschluß zur Kantenanschärfung bildet eine Betrachtung der nichtlinearen Filterung. In [VOGT] wird eine amplitudenabhängige Eingangssignalverstärkung vorgeschlagen, da Rauschsignale in dunklen Gebieten stärker sichtbar sind als in hellen. Die Unterschiede sind nach Kapitel 1.1 jedoch so gering, daß dieser Ansatz nicht weiter verfolgt wurde.

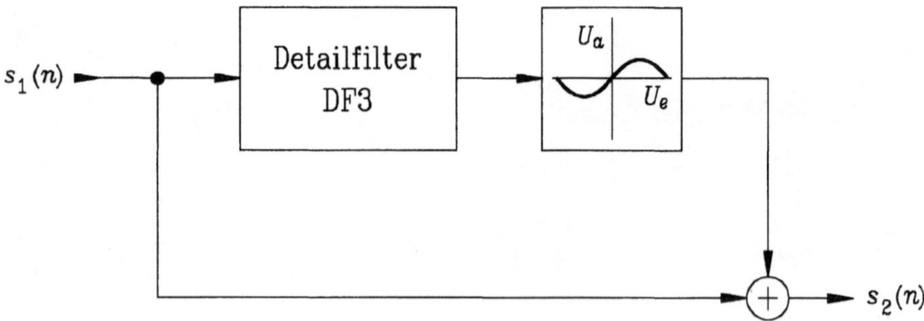

Bild 5.19
Kantenanschärfung mit nichtlinearer Bewertung des Detailsignals

Ein Nachteil der linearen Filterung ist die Kantenversteilerung auch an kontrastreichen Übergängen, was leicht zu einer Übersteuerung führen kann. Deshalb wurde eine nichtlineare Amplitudenbewertung des linear gefilterten Detailsignals vorgenommen (Bild 5.19). Als Detailfilter diente DF3 wegen seiner guten Eigenschaften, und dessen Ausgangssignal wurde einer sinusförmigen Bewertung unterzogen. Die Steigung beträgt im Nullpunkt 0,41, was einer Detailverstärkung bei kleinen Signalen um 3 dB entspricht. Bei größeren Detailamplituden wird die Verstärkung geringer und erreicht bei maximaler Eingangsamplitude den Wert Null. In diesem Fall (100 % Sprung) gelangt lediglich das ungefilterte Eingangssignal zum Ausgang und eine Übersteuerung wird vermieden.

Die erzielten Ergebnisse entsprechen weitgehend denen der linearen Kantenanschärfung mit DF3 in Bezug auf den Rauscheindruck und die Wiedergabe kontrastschwacher Sprünge. Daher erübrigt sich die Dokumentation anhand von Fotos. Geringfügige Unterschiede werden bei großen Kontrastsprüngen sichtbar, die noch einen etwas natürlicheren Bildeindruck vermitteln. Am Zoneplate-Testbild wurde weiterhin die Sichtbarkeit von Aliasstörungen beurteilt. Dabei ergab sich, daß erst bei einer höheren Detailverstärkung von 6 dB für rein horizontale bzw. vertikale Ortsfrequenzen Aliassignale in Erscheinung treten.

5.4 Adaptive Strukturen zur Rauschreduktion

Sowohl die Nachteile linearer ortsinvarianter Filter, neben der hochfrequenten Rauschreduktion auch hochfrequente Nutzsignalanteile zu unterdrücken, als auch die Aliaserzeugung durch nichtlineare Filter wie die Medianfilter, können durch adaptive Strukturen weitgehend vermieden werden. Bei örtlich adaptiven Filtern wird beim Auftreten von Kanten oder hochfrequenten Anteilen mit größeren Amplituden das Rauschreduktionsfilter abgeschaltet. Eine andere Möglichkeit ist die Verwendung einer zeitlich adaptiven Anordnung, wobei die Rauschreduktion vorzugsweise in unbewegten Bildbereichen durchgeführt wird.

5.4.1 Bewegungsadaptive rekursive Filter

Bei der zeitlichen Verarbeitung zur Rauschreduktion werden vorzugsweise rekursive Filter verwendet, da bereits mit einer Bildverzögerung theoretisch beliebig hohe Rauschreduktionsfaktoren erreicht werden können. Der Nachteil des nichtlinearen Phasengangs, der sich bei planaren Filtern als unsymmetrisches Einschwingen an Kanten äußert, ist in zeitlicher Richtung nicht so gravierend. Stattdessen tritt bei bewegten Objekten ein Nachziehen auf, das mit höheren Rauschreduktionsfaktoren zunimmt. In vielen Veröffentlichungen wurden bewegungsadaptive Anordnungen vorgestellt, die den Nachzieheffekt weitgehend vermeiden [SCHÖN 3, SUYIGA, DREW 3, ANNEGA, HENT 6].

Eine solche bewegungsadaptive Struktur zeigt Bild 5.20. Das rekursive Filter entspricht der in Bild 5.5 gezeigten Struktur, nur wurden die beiden Koeffizienten k und $1 - k$ durch eine Überblendung mit nur einem Koeffizienten realisiert. Durch diese Maßnahme kann ein Multiplizierer eingespart werden. Dies verdeutlicht folgende Gleichung

$$k \cdot s_1(n) + (1 - k) \cdot s_2(n - T) = k \cdot \big(s_1(n) - s_2(n - T)\big) + s_2(n - T). \qquad (5.12)$$

Ein Bewegungsdetektor wertet das Bilddifferenzsignal $(s_1(n) - s_2(n - T))$ aus und steuert über den Koeffizienten k das Rauschreduktionsfilter.

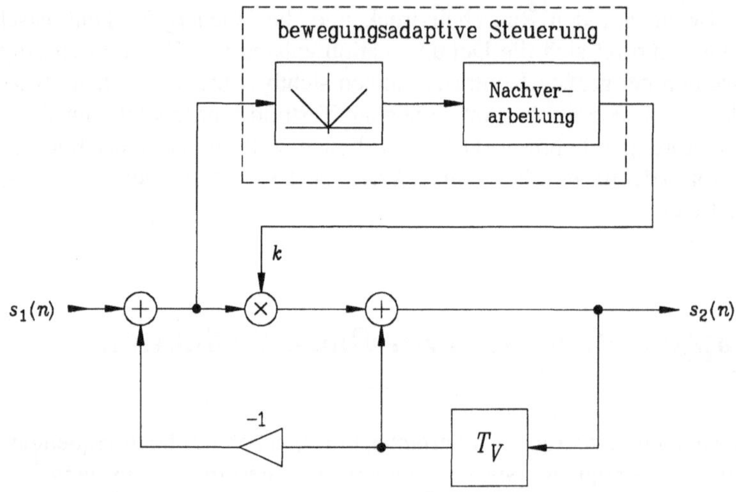

Bild 5.20
Teilbildrekursive Rauschreduktion mit bewegungsadaptiver Steuerung

Als Verzögerung eignet sich eine Vollbild- oder Teilbildverzögerung, wobei mit einer Teilbildverzögerung - neben dem geringeren technischen Aufwand - auch eine Rauschreduktion bei höheren Bewegungsfrequenzen durchgeführt werden kann. Bei der zeitlichen Nyquistfrequenz 25 Hz befindet sich beim rekursiven Teilbildfilter das Minimum der Amplitudenübertragungsfunktion, während ein Vollbildfilter dort das erste Maximum hat.

Bei einer Teilbildverzögerung wird nicht die Differenz ortsgleicher Pixel gebildet, sondern man hat im benachbarten Teilbild die Wahl einer örtlichen Interpolation bzw. die Differenzbildung in benachbarten Zeilen. Die rekursive Filterung in benachbarten Zeilen hat jedoch zur Folge, daß sich eine Rauschstruktur zum oberen oder unteren Bildrand bewegt (Dirty Window). Daher ist eine vertikale Interpolation im benachbarten Teilbild vorzuziehen.

In den Detektionsgebieten wird der Koeffizient $k = 1$ gesetzt, um Nachzieheffekte zu vermeiden. Da in diesen Gebieten auch keine Rauschreduktion mehr erfolgt, brechen an bewegten Kanten oder bei vertikalen Details, die auch vom Detektor erfaßt werden, wieder Rauschstörungen durch.

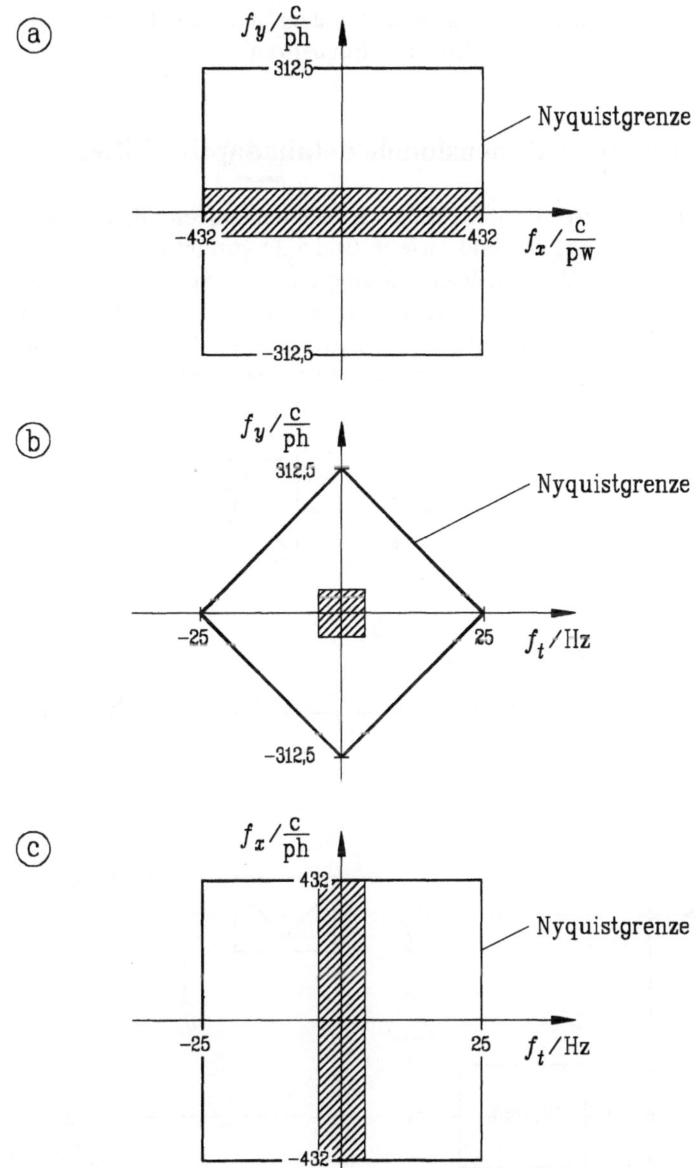

Bild 5.21
Rauschreduktionsgebiete bei der rekursiven Teilbildfilterung im Frequenzraum; a) f_x, f_y-Ebene; b) f_y, f_t-Ebene; c) f_x, f_t-Ebene

In Bild 5.21 sind die Gebiete dargestellt, in denen das rekursive Filter zur Rauschreduktion eingeschaltet ist. Dies ist bei ruhenden Bildinhalten der Fall, die keine vertikal hochfrequenten Informationen enthalten. Das verbleibende Rauschspektrum ist zeitlich je nach Rauschreduktionsfaktor sehr niederfrequent und enthält horizontal alle Ortsfrequenzen, vertikal dagegen nur niedrige Ortsfrequenzen.

5.4.2 Ein- und mehrdimensionale detailadaptive Filter

Die im folgenden beschriebenen nichtlinearen detailadaptiven Filter zur Rauschreduktion basieren auf der Coring-Technik, wie in Bild 5.22 gezeigt wird. Die direkte Coring-Struktur in Bild 5.22a läßt sich leicht in eine adaptive Struktur nach Bild 5.22b mit exakt gleichen Eigenschaften überführen. Während bei der direkten Struktur das Nutzsignal einer nichtlinearen Verarbeitung unterzogen wird, erfolgt in der adaptiven Schaltung eine Umschaltung des linear verarbeiteten Nutzsignals über einen dritten Zweig, den Detektionszweig.

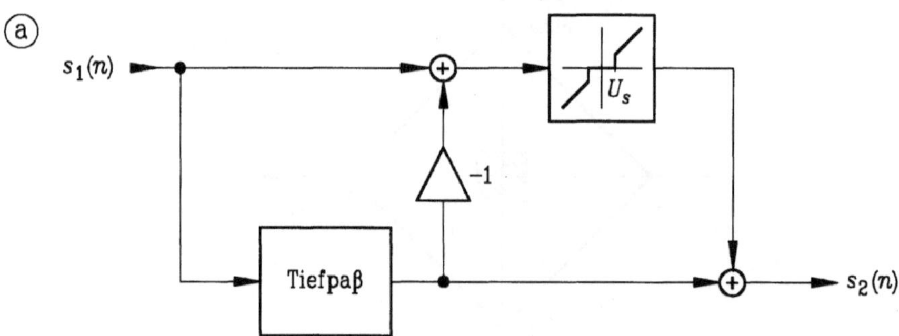

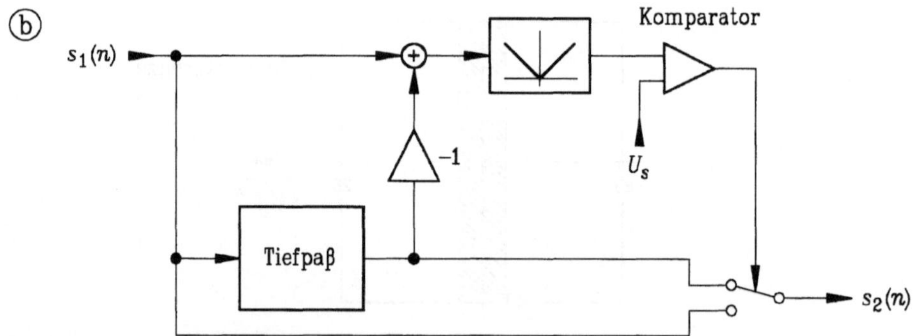

Bild 5.22
Coring-Technik zur Rauschreduktion; a) direkte Struktur; b) zu a) identische adaptive Struktur

Die Struktur nach Bild 5.22b hat große Vorteile, da eine getrennte Optimierung des Detektionszweiges und der Nutzsignalverarbeitung erfolgen kann. Zum einen wurde in den vorangegangenen Kapiteln gezeigt, daß die harte Umschaltung zusätzliche Störungen an den Umschaltpunkten verursacht und besser durch eine sanfte Überblendung (Fading) ersetzt werden sollte. Auf der anderen Seite führt die nichtlineare Signalverarbeitung im Detektionszweig zu Oberwellen, die über die Modulation des Steuersignals Alias im Ausgangssignal verursachen. Auch hier ist eine Optimierung durch Dämpfen der Oberwellen möglich.

Die Grundstruktur der detailadaptiven Signalverarbeitung ist in Bild 5.23 dargestellt. Das Eingangssignal wird mit einem Tiefpaß gefiltert, um höherfrequentes Rauschen zu unterdrücken. Dazu eignen sich vorzugsweise Mittelwertbildner über n Pixel, aber auch rekursive Tiefpässe sind möglich. Ein Detaildetektor stellt fest, ob sich höherfrequente Anteile im Bild befinden, die eine größere Amplitude besitzen und dann in der Regel die Rauschamplitude überschreiten. Dies ist unter anderem an kontrastreichen Kanten der Fall oder in feinstrukturierten Flächen. An diesen detektierten Stellen wird auf das Originalsignal übergeblendet, um die Kantenschärfe oder feine Strukturen zu bewahren.

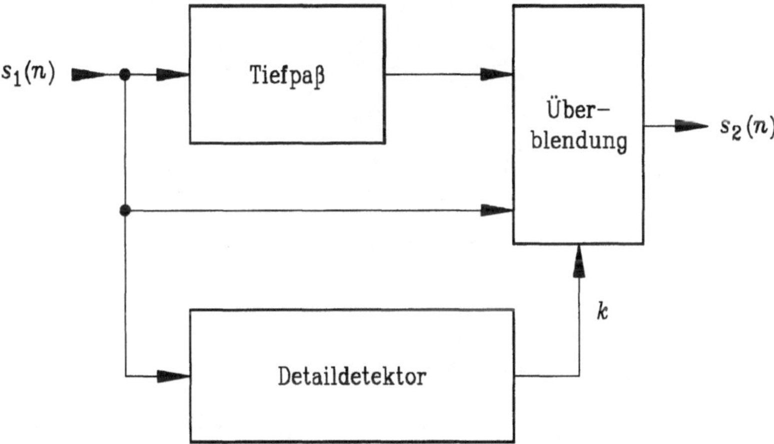

Bild 5.23
Blockschema der detailadaptiven Rauschreduktion

Für den einfachsten Fall einer Verarbeitung in horizontaler Richtung werden für den Tiefpaß und den Detaildetektor nur Bildpunktverzögerungen benötigt. Wegen der nichtlinearen Verarbeitung ist keine exakte Analyse der Schaltung in der Frequenzebene möglich, jedoch können die Eigenschaften der Schaltung anhand sinusförmiger Eingangssignale in der mehrdimensionalen Frequenzebene abgeschätzt werden. Dazu zeigt Bild 5.24 zweidimensionale Ausschnitte in der f_x, f_y, f_t-Frequenzebene, wobei die jeweils nicht dargestellte Achse auf Null gesetzt wurde. Die Darstellung bezieht sich auf eine Zeilensprungabtastung mit 625 Zeilen und 50-Hz-Teilbildfrequenz. In den schraffierten Bereichen findet eine Reduktion der Rauschstörungen statt. Dies ist in der planaren f_x, f_y-Frequenzebene für niedrige horizontale Ortsfrequenzen der Fall, unabhängig von vertikalen Ortsfrequenzen. In zeitlicher Richtung ist die Rauschreduktion unabhängig von vertikalen Ortsfrequenzen, aber auf niedrige horizontale Ortsfrequenzen beschränkt.

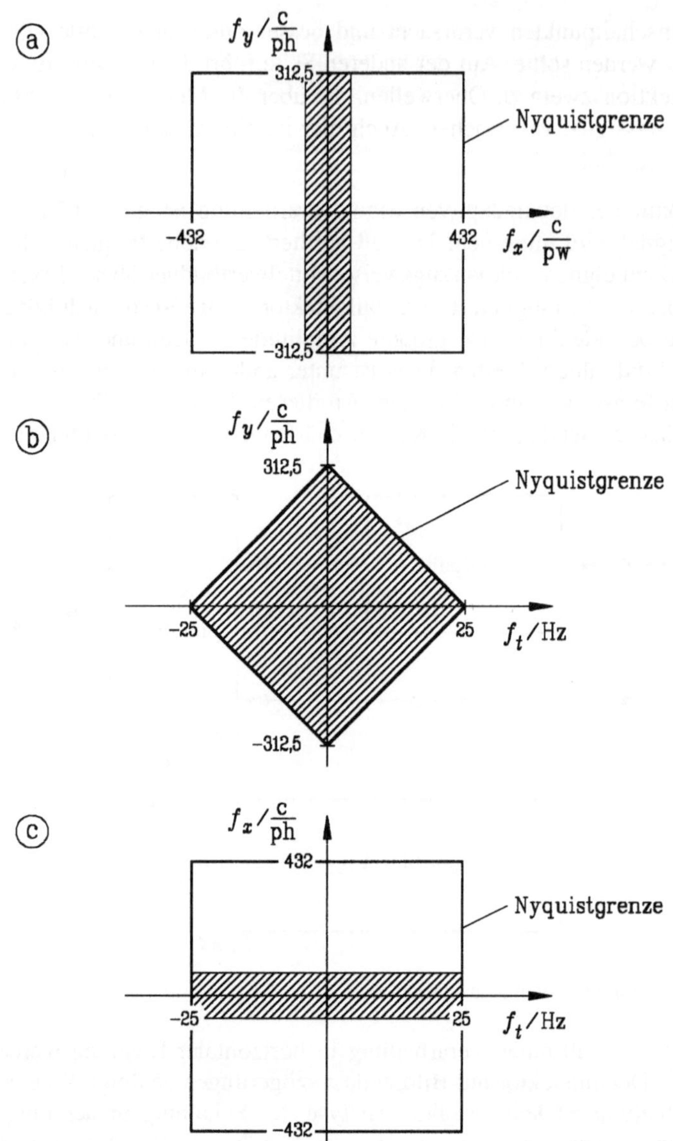

Bild 5.24
Rauschreduktionsgebiete bei der horizontalen Detaildetektion; a) f_x, f_y-Ebene; b) f_y, f_t-Ebene;
c) f_x, f_t-Ebene

Mit der eindimensionalen Struktur zur Rauschreduktion sind bereits gute Ergebnisse zu
erzielen, es werden allerdings die Bildkorrelationen in den anderen Dimensionen noch
nicht zur Rauschreduktion genutzt. In der Literatur werden für eine mehrdimensionale
Filterung zur Rauschreduktion planare Filter vorgeschlagen [LEBOWS]. Diese besitzen
jedoch einen entscheidenden Nachteil, der in der Frequenzebene in Bild 5.25 erläutert

werden soll. Eine planare Filterung erzielt eine höhere Rauschreduktion in Flächen, jedoch wird der Bereich eingeschränkt, in dem eine Rauschreduktion stattfindet. Im Vergleich von Bild 5.25 zu Bild 5.24 wird deutlich, daß eine Rauschreduktion bei der planaren Filterung nicht mehr bei höheren vertikalen Ortsfrequenzen stattfindet, sondern im wesentlichen auf örtlich niederfrequente Strukturen beschränkt bleibt.

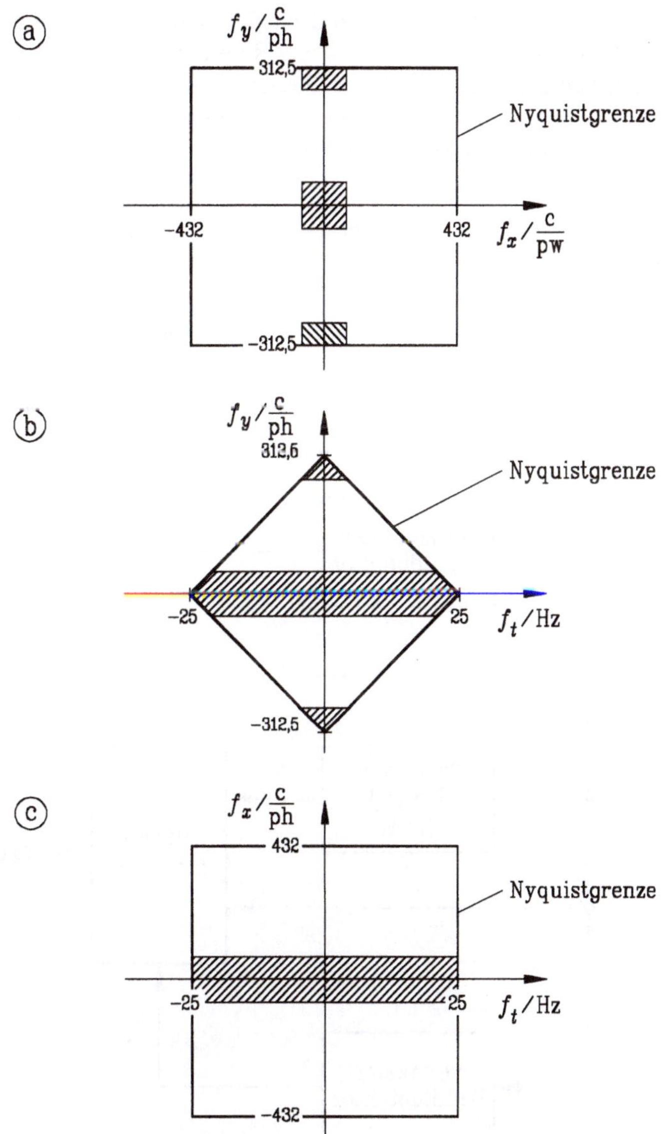

Bild 5.25
Rauschreduktionsgebiete bei der planaren Detaildetektion; a) f_x, f_y-Ebene; b) f_y, f_t-Ebene; c) f_x, f_t-Ebene

Diesen Nachteil kann man mit einer Anordnung nach Bild 5.26 vermeiden. Statt einer planaren Detaildetektion und Tiefpaßfilterung werden nun zwei eindimensionale adaptive Filter hintereinander geschaltet. Aufgrund der nichtlinearen Signalverarbeitung ergeben sich große Unterschiede zwischen der gemeinsamen (planaren) Verarbeitung und der Reihenschaltung adaptiver Filter. In der Frequenzebene zeigt Bild 5.27 nun den erweiterten Bereich, in dem eine Rauschreduktion stattfindet. In den doppelt schraffierten Gebieten entspricht die Rauschreduktion der einer planaren Filterung, da Rauschen bei der Übertragung in horizontaler und vertikaler Richtung unkorreliert ist und sich die Rauschreduktion der beiden adaptiven Filter überlagert. In Bild 5.27 kommen noch die einfach schraffierten Gebiete hinzu, in denen eine eindimensionale horizontale bzw. vertikale Reduktion der Rauschstörungen stattfindet.

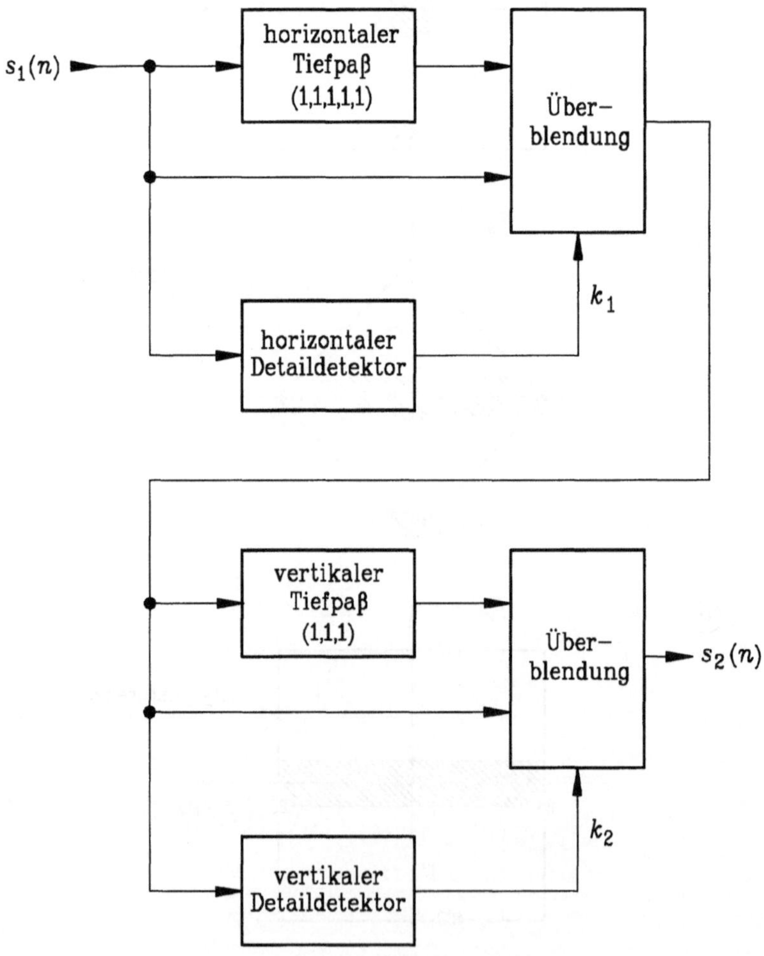

Bild 5.26
Blockschema zur seriellen detailadaptiven Rauschreduktion

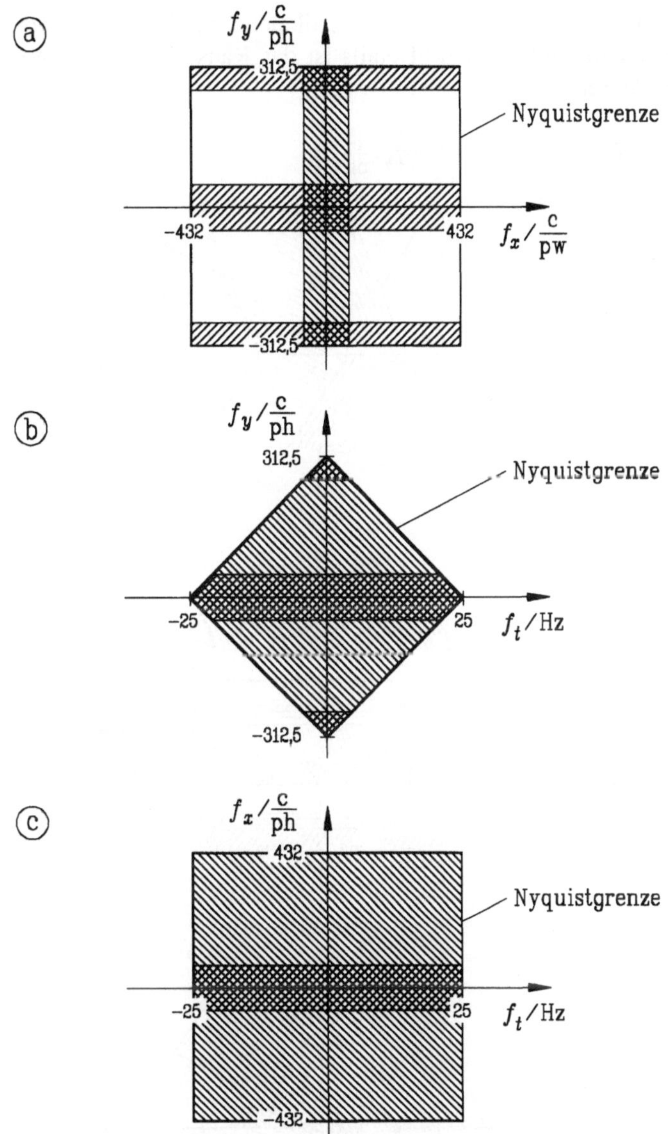

Bild 5.27
Rauschreduktionsgebiete bei serieller horizontaler und vertikaler Detaildetektion; a) f_x, f_y-Ebene; b) f_y, f_t-Ebene; c) f_x, f_t-Ebene

Das nach der detailadaptiven Verarbeitung resultierende Rauschspektrum ist komplex, da die Signalverarbeitung je nach Bildinhalt unterschiedlich arbeitet. In Bild 5.28 sind die Rauschspektren für verschiedene Bildinhalte dargestellt. In Bereichen ohne horizontale Details verbleibt ein horizontal niederfrequentes Rauschen, das vertikal und zeitlich breitbandig ist. Analoges gilt für Bereiche ohne vertikale Details, nur bleiben wegen der

Filterung im Teilbild auch Anteile bei der vertikalen Nyquistfrequenz erhalten. In Flächen ohne horizontale und vertikale Details ist das Rauschsignal in diesen beiden Dimensionen bandbegrenzt.

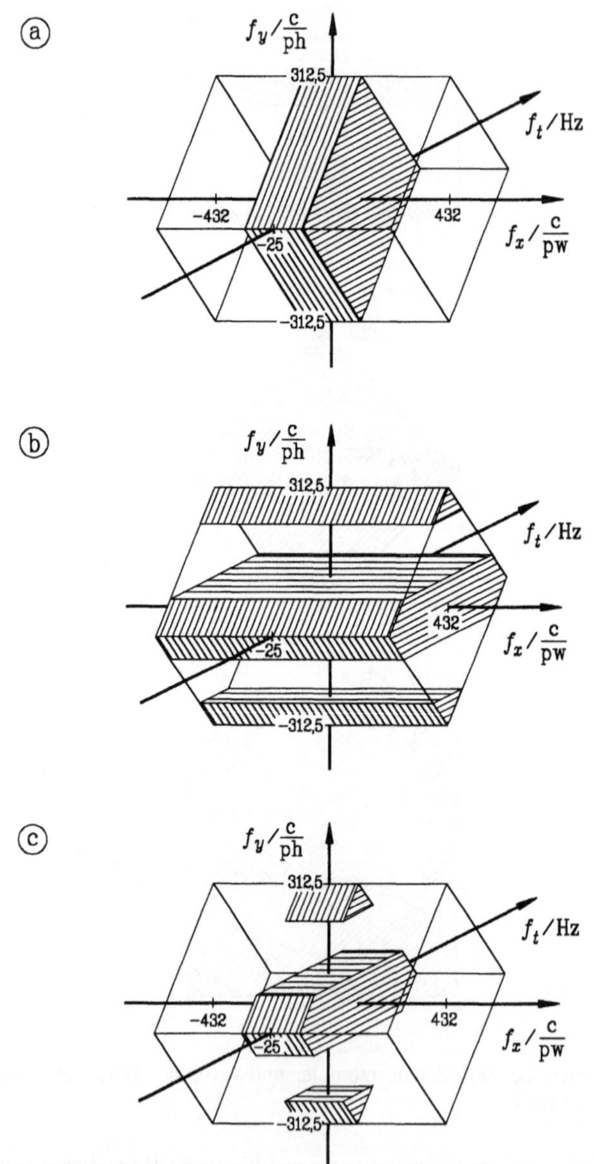

Bild 5.28
Verbleibendes Rauschspektrum nach einer detailadaptiven Rauschreduktion; a) Bereiche ohne horizontale Details; b) Bereiche ohne vertikale Details; c) Bereiche ohne horizontale und vertikale Details

Das verbleibende Rauschen besitzt wie bei allen planaren Filtern zur Rauschreduktion vor allem niederfrequente Anteile, für die das Auge besonders empfindlich ist. Die subjektiv erzielbare Qualitätsverbesserung ist also deutlich geringer als der unbewertete Rauschreduktionsfaktor erkennen läßt. Bei einer Fortsetzung der Serienschaltung eindimensionaler Zweige auf die zeitliche Richtung kommt man zur bekannten bewegungsadaptiven Rauschreduktion, bei der auch in niederfrequenten horizontalen und vertikalen Ortsfrequenzen eine Rauschreduktion stattfindet. Der Vorteil der örtlichen Filterung liegt im geringen Aufwand und der hohen zeitlichen Auflösung ohne zeitliche Artefakte.

5.4.3 Detaildetektion

Ein Detaildetektor läßt im Gegensatz zur direkten nichtlinearen Filterung (z. B. Coring-Technik) eine gezielte Nachverarbeitung des Detektionssignals zu, mit der die Eigenschaften der Gesamtschaltung positiv beeinflußt werden können. In Bild 5.29 wird die Arbeitsweise eines horizontalen Detaildetektors genauer beschrieben. Eine Bandpaßfilterung hat ebenso wie schon bei der Kantenanschärfung den Vorteil, daß sich das Maximum der Detailempfindlichkeit innerhalb des Nutzsignalspektrums befindet und nicht wie bei einem Hochpaß jenseits der Bandgrenze.

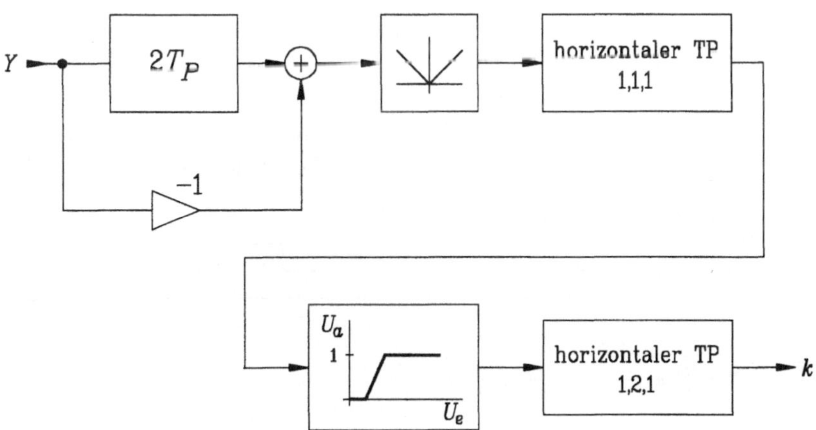

Bild 5.29
Horizontaler Detaildetektor

Nach der Bandpaßfilterung in Bild 5.29 - im einfachsten Fall wird die Differenz im Abstand von zwei Pixel gebildet (Koeffizienten: -1/2, 0, 1/2) - wird das Signal einer Betragsbildung unterzogen. Hierbei entstehen Oberwellen, die ohne Nachverarbeitung zu Störungen bei der Überblendung führen können. Das wird anhand der Zeitdiagramme in Bild 5.30 veranschaulicht. Bild 5.30a und 5.30b zeigen das Eingangssignal und das tiefpaßgefilterte Signal, zwischen denen der Detaildetektor überblendet. Das Detektionssignal $s_{da}(n)$ ist in Bild 5.30c nach der Betragsbildung zu sehen. Wird dieses Signal direkt zur Überblendung verwendet, dann entstehen im Ausgangssignal $s_{2a}(n)$ Pseudo-details, die den Bildeindruck negativ beeinflussen (Bild 5.30d). Eine Nachfilterung in Bild 5.30e verbreitert den Detektionsbereich, und nach der nichtlinearen Bewertung (mit niedriger Schwelle) wird das Detektionssignal so aufbereitet, daß im Ausgangs-signal Pseudodetails vermieden werden (Bild 5.30f).

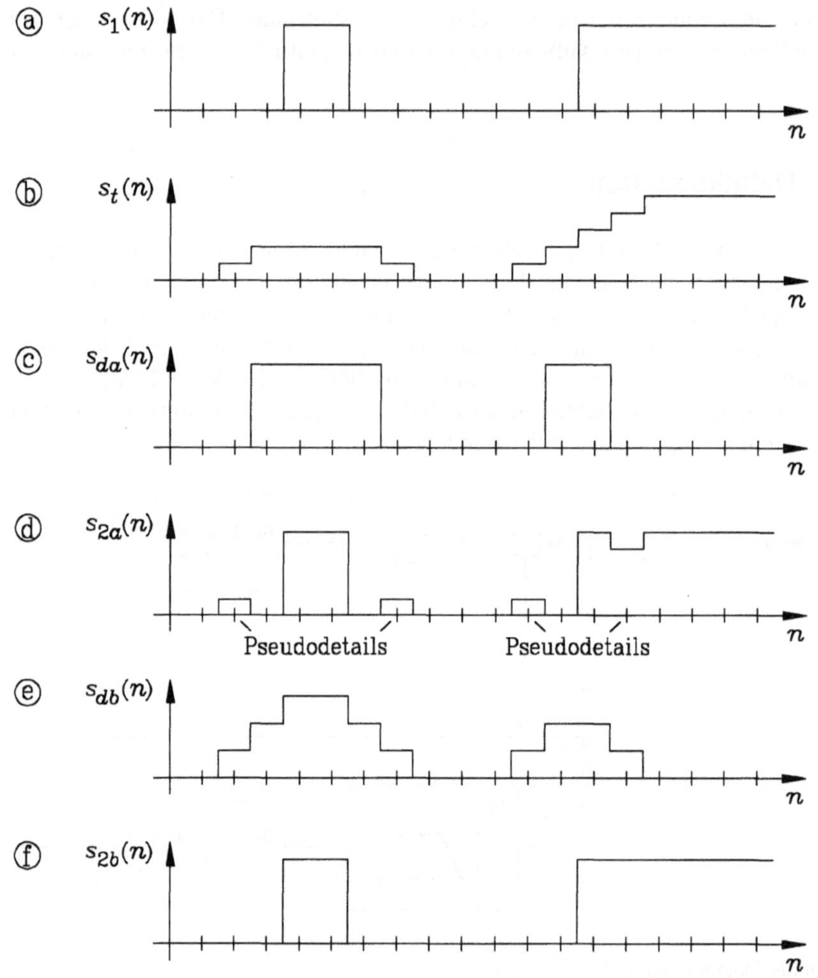

Bild 5.30
Signalverläufe zur detailadaptiven Rauschreduktion; a) Eingangssignal; b) Eingangssignal nach der Tiefpaßfilterung (1,1,1,1,1); c) Detaildetektor nach der Betragsbildung; d) Ausgangssignal bei einer Überblendung nach c); e) Nachfilterung im Detaildetektor (1,1,1); f) Ausgangssignal ohne Pseudodetails

Das in Bild 5.29 der Betragsbildung folgende horizontale Tiefpaßfilter dient neben der Verbreiterung des Signals zur eben beschriebenen Pseudodetailunterdrückung auch zur

Glättung. Die anschließende nichtlineare Kennlinienbewertung ist das kritische Element in dieser Anordnung. Abhängig vom Signal-Rauschabstand beeinflußt entweder Rauschen das Steuersignal k, oder Details mit geringer Amplitude werden unterdrückt. Mit zwei Schwellen, zwischen denen das Signal linear verstärkt wird, wurden Versuche zur Kennliniengestaltung durchgeführt. Die untere Schwelle beeinflußt die Signalamplitude, bis zu welcher der Tiefpaßzweig zur Rauschreduktion vollständig eingeschaltet bleibt. Unterhalb der Schwelle sollte daher das Rauschsignal überwiegen. Die obere Schwelle gibt an, wann auf das Eingangssignal vollständig übergeblendet wird, um Details aus dem Nutzsignal nicht zu verlieren. Die Festlegung der Schwellen gestaltet sich schwierig, da das menschliche Auge auch Nutzsignalanteile unterhalb der Rauschamplitude erkennen kann. Die Versuche ergaben die besten subjektiven Ergebnisse, wenn möglichst viele Details erhalten bleiben. Dadurch werden allerdings auch die Bereiche eingeschränkt, in denen die Rauschreduktion wirksam wird. Als geeignet erwies sich für die untere Schwelle die Standardabweichung σ, die der effektiven Rauschspannung entspricht. Bei einer oberen Schwelle von $3\,\sigma$ werden fast alle vorkommenden Rauschamplituden erfaßt. Wegen der steilen Überblendung können impulsartige Störungen an den Umschaltpunkten auftreten, die durch den Tiefpaß am Ausgang stark reduziert werden.

Beim vertikalen Detaildetektor genügt zur Detaildetektion die Differenz im Abstand einer Zeile, da dies bereits einem vertikalen Bandpaß im Vollbild entspricht. Analog zur horizontalen Verarbeitung dienen hier vertikale Tiefpaßfilter zur Glättung des Detektionssignals. Die Detaildetektoren können für die eingangsseitige Bandpaßfilterung die Verzögerungsglieder des Rauschreduktionsfilters mit benutzen. Das ergibt insbesondere bei längeren Verzögerungsgliedern wie Zeilenspeichern eine Aufwandsersparnis.

5.4.4 Optimierung durch Messung des Signal-Rauschabstandes

Ein wesentlicher Bestandteil der adaptiven Rauschreduktion ist der Detektor, der die Steuerung zwischen dem Originalsignal und dem rauschreduzierten Signal übernimmt. In Bildern mit einem hohen Signal-Störabstand ist natürlich auch keine Rauschreduktion erforderlich, in stark gestörten Signalen könnte dagegen die nichtlineare Kennlinienbewertung unempfindlicher gegenüber feinen Details ausfallen. Statt eines Kompromisses in der Wahl der Transferkennlinie kann eine rauschabhängige Steuerung des Detaildetektors erfolgen.

Zur Rauschmessung in Bildern eignet sich ein Bildbereich mit wenig Aktivität (konstanter Grauwert), so daß innerhalb eines stationären Fensters der Rauschanteil bestimmt werden kann. Das ist sehr unsicher, weshalb bei anderen Verfahren alternativ auf die Austastlücke zugegriffen wird, da hier der Nutzsignalverlauf bekannt ist. Diese Methode hat jedoch den Nachteil, daß das bereits in der Signalquelle enthaltene Rauschsignal nicht mit einbezogen wird. Andere Methoden bestimmen den Rauschanteil im Signalspektrum, da insbesondere weißes Rauschen sich im Spektrum wie ein Teppich dem Nutzsignal überlagert und vom Nutzsignal im allgemeinen einfach unterschieden werden kann [RENSB]. Diese Verfahren im Spektralbereich erfordern einen hohen schaltungstechnischen Aufwand.

Die Messung innerhalb des aktiven Bildes erscheint zweckmäßig, wobei aus Aufwandsgründen die Messung direkt und nicht im Spektrum erfolgen soll. Eine hohe Genauigkeit ist im Fall der adaptiven Rauschreduktion zwar erwünscht, aber nicht erforderlich. In den meisten Bildern kann davon ausgegangen werden, daß es strukturarme Bereiche gibt, das heißt ein konstanter Grauwert überwiegt. In diesen Bereichen tritt lediglich Rauschen auf, das hier besonders einfach gemessen werden kann (Bild 5.31a). Dazu werden in einem Meßfenster, im einfachsten Fall über n Pixel in horizontaler Richtung, die Differenzamplituden zum Grauwert bestimmt und ausgewertet. Das Meßfenster kann auch beliebig planar geformt sein oder sich sogar in zeitlicher Richtung erstrecken.

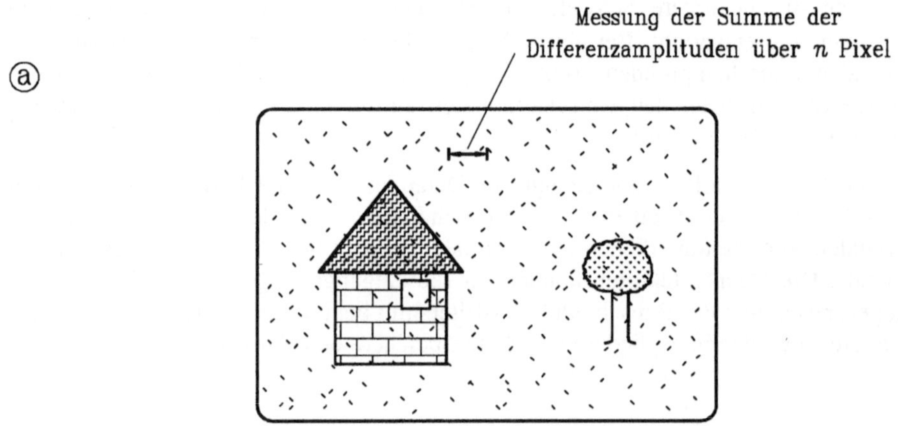

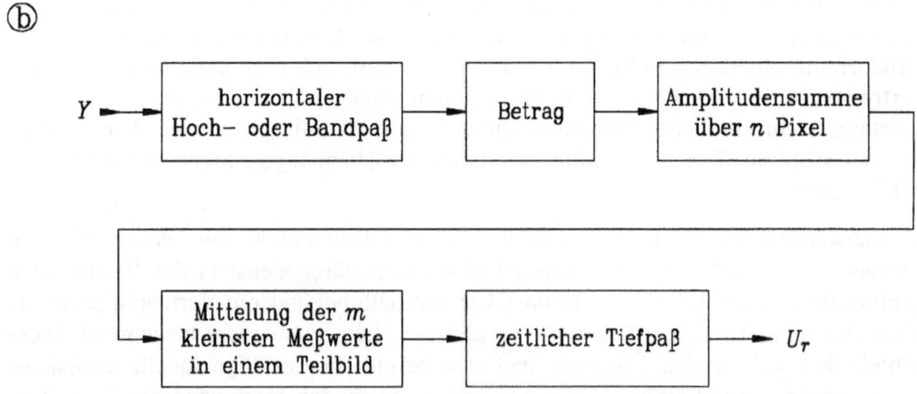

Bild 5.31
Gewinnung des Rauschanteils im Bild; a) Rauschmessung im Bild; b) Blockschema zur Gewinnung der Rauschspannung

Zur Eliminierung des Gleichanteils kann ein Hoch- oder Bandpaß verwendet werden (Bild 5.31b). Die Messung für die Rauschaktivität ist danach auf verschiedene Weise über

- die maximale Differenzamplitude (Max),
- der Betrag der maximalen Differenzamplituden (|Max|),
- die Betragssumme der Differenzamplituden ($\sum U$) oder
- die Betragssumme der quadrierten Differenzamplituden ($\sum U^2$)

möglich. Die Berechnung der quadrierten Differenzamplituden ist aufwendiger als die Verwendung der einfachen Differenzamplituden und verbessert das Ergebnis insbesondere bei weißem Rauschen nicht. Daher wurden nur die ersten drei Meßverfahren miteinander verglichen. Vorgegeben wurde weißes Rauschen, das einer Hochpaßfilterung (-1, 1) unterzogen wurde. Anschließend wurde die Rauschaktivität von 1000 Meßproben bei verschiedenen Fensterlängen n ermittelt und der Streubereich (Differenz zwischen dem maximalen und minimalen Probenwert) bestimmt.

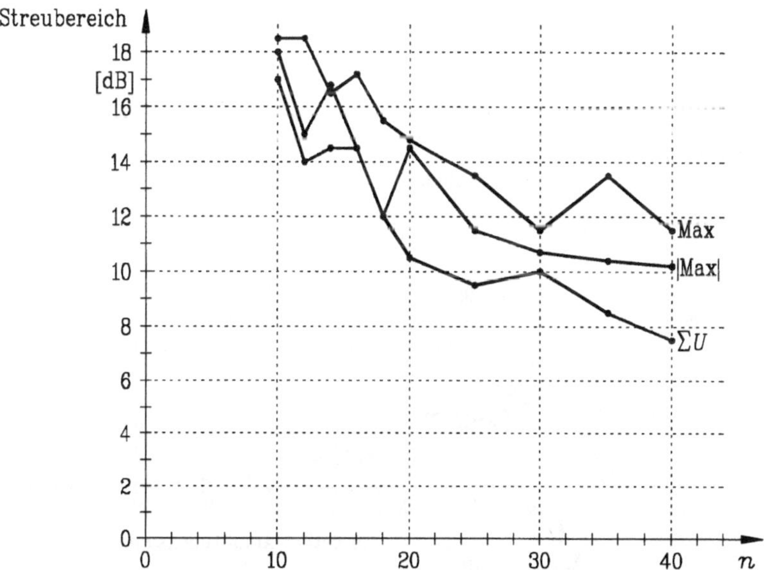

Bild 5.32
Streubereiche der Spannungsdifferenzen über 1000 Rauschproben der Länge n bei verschiedenen Meßverfahren

Die Ergebnisse sind in Bild 5.32 dargestellt. Als vorteilhaft hat sich die Betragssumme der Differenzamplituden erwiesen, da bei weißem Rauschen die Streubreite gegenüber dem Maximum und dem Betragsmaximum geringer ist. Bei der Länge $n = 10$ ist der Streubereich von etwa 17 dB noch recht groß, er wird bei größeren Fensterlängen deutlich geringer und beträgt bei $n = 40$ etwa 7,5 dB. Auch dieser Wert ist für die Bestimmung der Rauschspannung U_r noch zu groß. Außerdem wächst mit der Fensterlänge die Wahrscheinlichkeit, daß in natürlichen Bildern immer mehr Nutzsignalanteile das Meßergebnis beeinflussen. Der große Streubereich hat seine Ursache darin, daß jeweils die größten Ausreißer (maximaler und minimaler Wert) den Streubereich bestimmen. Der Streubereich kann daher durch eine Mittelung mehrerer Meßproben weiter reduziert werden, was in [KUNZ 2] näher untersucht wurde.

Bei natürlichen Bildinhalten sind die Ergebnisse der Meßproben bei zufälliger Wahl des Meßfensters stark von dem Nutzsignal abhängig. Der Meßwert wird innerhalb von strukturierten Bereichen aufgrund des Nutzsignals groß sein und nur in unstrukturierten Gebieten entsprechend dem Rauschanteil klein werden. In rauschfreien Bildern strebt der Wert gegen null. Werden innerhalb des Bildes nun viele Meßproben durch sequentielle Verschiebung des Meßfensters bestimmt, dann enthalten Proben mit geringer Ergebnisamplitude lediglich den Rauschanteil ohne Nutzsignal. Diesen Wert erhält man dadurch, daß beispielsweise aus einem ganzen Bild die Probe mit der minimalen Amplitude ausgewählt wird. Besser ist die Mittelung mehrerer Proben (Bild 5.31b), da auch in unstrukturierten Bereichen die Summenamplitude, die mit dem Rauschen korrespondiert, stark schwankt. Eine Mittelung erhöht die Genauigkeit des Ergebnisses.

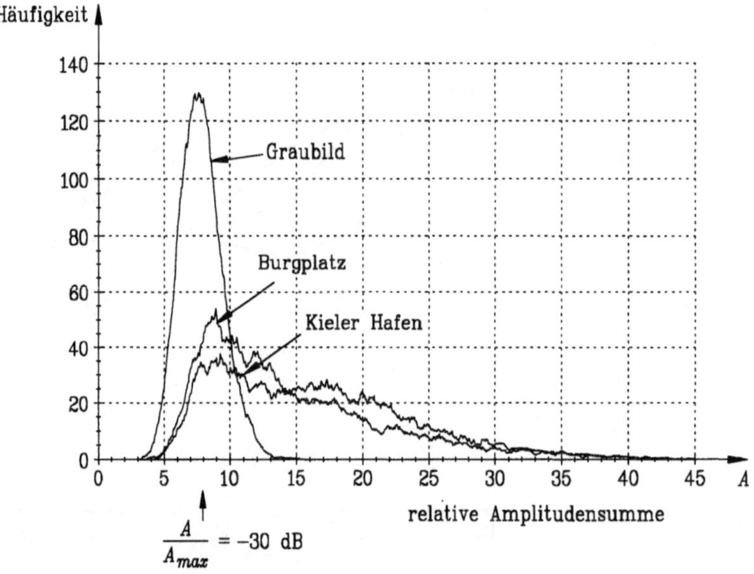

Bild 5.33
Histogramme zur Amplitudenverteilung der Meßproben ($A_{max} = 255$)

Für Rauschabstände von -20 dB bis -40 dB wurde die Verteilung der Summenamplituden über jeweils 20 Bildpunkte bei verschiedenen Bildinhalten gemessen, was in Bild 5.33 exemplarisch dargestellt ist [PIERZINA]. Die Vorverarbeitung erfolgte über einen einfachen Hochpaß (-1, 1) mit anschließender Betragsbildung. Bei einem nutzsignalfreien grauen Bild ergibt sich näherungsweise eine *Gaußverteilung* der Amplitudensummen mit dem Maximum bei -30 dB, was der effektiven Rauschspannung entspricht. Auch bei den Sequenzen „Burgplatz" und „Kieler Hafen" liegt das erste Maximum in der Nähe von -30 dB, allerdings befinden sich aufgrund des Nutzsignals wesentliche Anteile bei größeren Amplitudensummen. Für die Rauschmessung ist wahlweise das erste Maximum oder der Anstieg bei kleinen Amplitudensummen ausschlaggebend, wobei gerade der Anstieg bei allen Bildinhalten auffallend ähnlich verläuft.

Tabelle 5.1 zeigt die Ergebnisse der gemessenen Rauschspannung. Um nicht das mehr oder weniger toleranzbehaftete Ergebnis eines Teilbildes als Referenz zu verwenden, wurden die Meßwerte von 16 aufeinanderfolgenden Teilbildern gemittelt. Vergleicht man bei einem reinen Rauschsignal (Graubild) die Meßwerte, so liegen sie einheitlich um ca. 6,6 dB unter der tatsächlichen effektiven Rauschspannung, was bei der statistischen Verteilung in Bild 5.33 nicht verwundern kann. Die 6,6 dB Abweichung müssen als Korrekturwert zur tatsächlichen effektiven Rauschspannung verwendet werden. Auffallend ist, daß dieser Korrekturwert auch in weiten Bereichen für natürliche Bildinhalte gilt. Bei einem Rauschanteil von -20 dB bis -30 dB beträgt die relative Abweichung zum korrigierten Meßwert etwa ±1 dB, bei einem Rauschanteil von -40 dB steigt sie bei den natürlichen Bildern auf etwa 3,3 dB an. Der Meßfehler bei hohen Signal-Rauschabständen ist darin begründet, daß immer mehr kleinere Nutzsignalamplituden die Meßwerte beeinflussen. Die Mittelung der Maxima beschreibt die Bereiche mit der höchsten Aktivität des Nutzsignals, weshalb die Abweichungen zum Graubild auch besonders hoch sind. Insgesamt ergibt sich über die Minima eine so hohe Genauigkeit, daß dieses Verfahren für Rauschmessungen im Bild sehr gut geeignet ist.

Tabelle 5.1 Rauschmessung im Teilbild bei einem Meßfenster über 20 Bildpunkte und einer Mittelung über 20 Meßwerte

S/N [dB]	Sequenz	Mittelung der Minima	Mittelung der Maxima	Differenz zwischen Minima und S/N
	Graubild	26,8	14,6	6,8
20	Burgplatz	26,9	10,4	6,9
	Kieler Hafen	27,5	10,4	7,5
	Graubild	36,9	24,6	6,9
30	Burgplatz	35,5	12,3	5,5
	Kieler Hafen	35,4	11,3	5,4
	Graubild	46,3	34,5	6,3
40	Burgplatz	43,4	12,7	3,4
	Kieler Hafen	43,3	11,4	3,3

Eine weitere Verbesserung des Meßergebnisses wird durch einen in zeitlicher Richtung wirkenden Tiefpaß erreicht. Der Schaltungsaufwand hierfür ist zu vernachlässigen, da pro Teilbild lediglich ein Meßwert verarbeitet werden muß. Mit einem schmalbandigen rekursiven Tiefpaß 1. Ordnung (siehe Bild 5.5) wird zum einen die Meßgenauigkeit merklich erhöht, zum anderen könnten sich starke Meßschwankungen von Bild zu Bild (ohne zeitlichen Tiefpaß) störend auf die Signalverarbeitung auswirken. Das Einschwingverhalten des rekursiven Filters wurde in [PIERZINA] untersucht und ist in Bild 5.34 für verschiedene Koeffizienten k dargestellt. Verwendet wurde die längere Bewegtbildsequenz „Renata", die schon in Kapitel 2 vorgestellt wurde. Auch bei abgeschaltetem Rekursivfilter $k = 1$ schwankt die Meßspannung nur um ±1,5 dB, und bei

$k = 0{,}25$ wird sie weiter auf $\pm 0{,}5$ dB reduziert. Der eingeschwungene Zustand wird bereits nach 6 Teilbildern nahezu erreicht, was bei einer Programmumschaltung völlig ausreichend ist. Ein Szenenwechsel beeinflußt die Messung nur dann, wenn sich damit auch der Rauschabstand ändert.

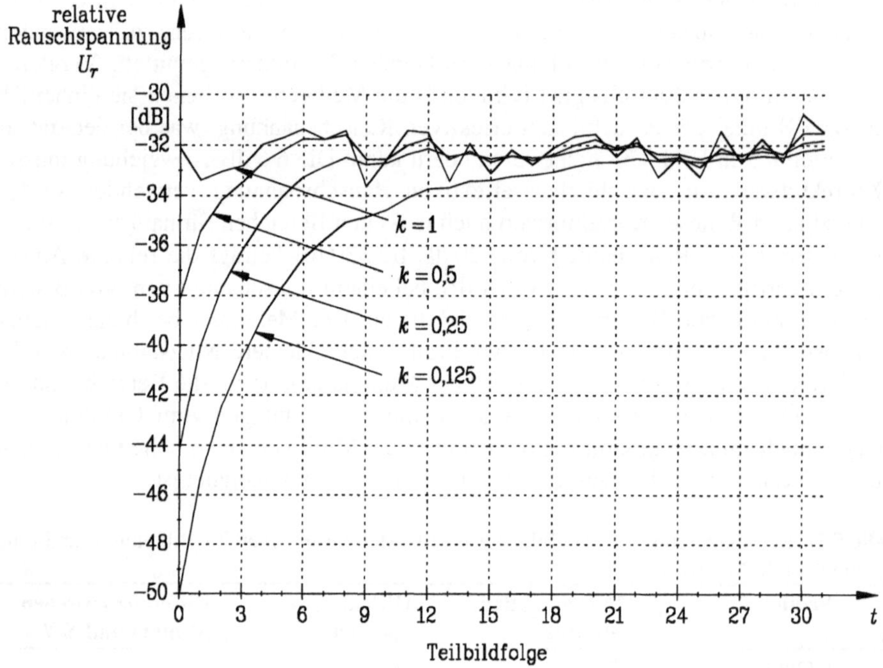

Bild 5.34
Zeitliches Einschwingverhalten des Rekursivfilters zur Messung der Rauschspannung bei verschiedenen Koeffizienten k

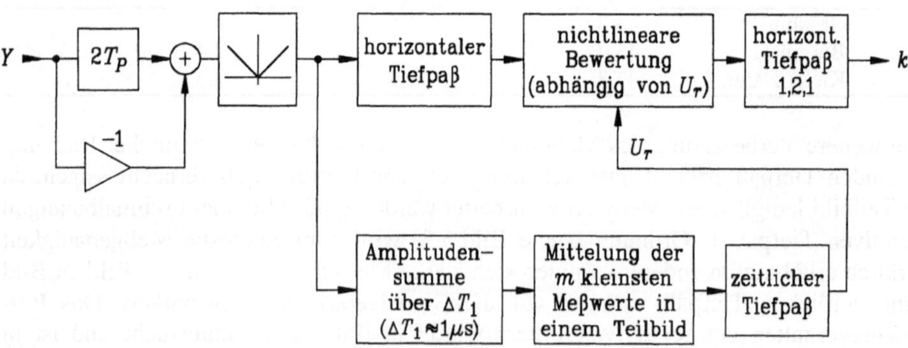

Bild 5.35
Rauschgesteuerter Detaildetektor (horizontal)

Einen von der Rauschspannung gesteuerter Detaildetektor zeigt Bild 5.35. Der Detaildetektor arbeitet mit einer Bandpaßfilterung und Betragsbildung am Eingang, was auch zur Messung der Rauschspannung genutzt werden kann. Die Bestimmung der Amplitudensumme zur Rauschmessung erfolgt nach der Betragsbildung. Danach werden die m kleinsten Meßwerte über ein Teilbild gemittelt und einer zeitlichen Tiefpaßfilterung unterzogen. Das Ausgangssignal U_r steuert die Empfindlichkeit der nichtlinearen Kennlinienbewertung.

5.4.5 Ergebnisse der detailadaptiven Rauschreduktion

Für die serielle detailadaptive Rauschreduktion nach Bild 5.26 wurde in horizontaler Richtung über fünf Bildpunkte gefiltert, während aus Aufwandsgründen in vertikaler Richtung die Filterung nur über drei Zeilen stattfand. Vor der Signalverarbeitung wurde eine planare Kantenanscharfung um 3 dB mit dem Detailfilter DF3 durchgeführt. Die Detaildetektion erfolgte unter Berücksichtigung des Signal-Rauschabstands mit den Schwellen σ und $3\,\sigma$ bei der nichtlinearen Kennlinienbewertung [PIERZINA].

Für die Versuche wurden verschiedene Sequenzen herangezogen, von denen exemplarisch ein Burgplatzausschnitt in Bild 5.36 bei verschiedenen Signal-Rauschabständen gezeigt werden soll. Bei 35 dB wird das Rauschen bei gleichzeitig hoher Detailauflösung reduziert. Eine Beeinträchtigung der Bildqualität durch die Signalverarbeitung ist nicht zu erkennen. Das ändert sich bei einem Signal-Rauschabstand von 30 dB. In Flächen wird die Tiefpaßfilterung wirksam und reduziert die örtlich hochfrequenten Rauschstörungen. Kanten und die meisten Details bleiben erhalten, allerdings ist in sehr kontrastschwachen Bereichen bereits eine leichte Beeinträchtigung des Nutzsignals zu erkennen. Insgesamt überwiegt jedoch die Rauschbefreiung, so daß bis zu diesem Signal-Rauschabstand eine Verbesserung der Bildqualität eintritt. Bei schlechteren Signal-Rauschabständen (25 dB) erscheinen die tiefpaßgefilterten Flächen subjektiv unnatürlich gegenüber der scharfen Kantenwiedergabe. Auch der Detailverlust ist nicht mehr zu vernachlässigen, so daß bei einem S/N von etwa 30 dB die Grenze der detailadaptiven Rauschreduktion erreicht wird. Eine Verarbeitung bei schlechteren Signal-Rauschabständen wird durch die zeitliche Verarbeitung ermöglicht, die insbesondere auch die für das Auge stark wahrnehmbaren örtlich niederfrequenten Rauschstörungen reduziert. Allerdings können bei der zeitlichen Filterung zusätzliche Bewegungsartefakte auftreten, die bei der detailadaptiven Rauschreduktion vermieden werden.

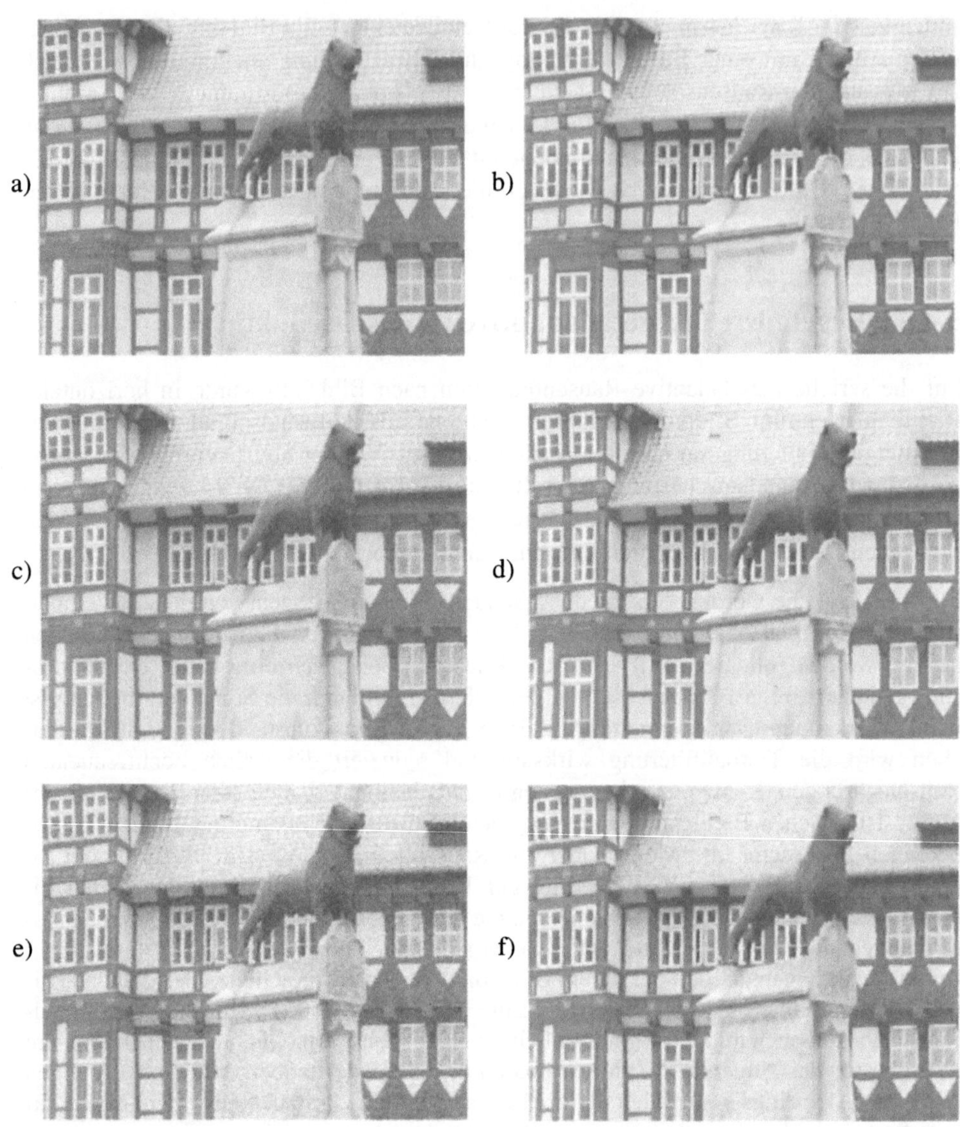

Bild 5.36

Burgplatzausschnitte zur detailadaptiven Rauschreduktion; a) Eingang S/N = 35 dB; b) Ausgang bei S/N = 35 dB; c) Eingang S/N = 30 dB; d) Ausgang bei S/N = 30 dB; e) Eingang S/N = 25 dB; f) Ausgang bei S/N = 25 dB

6 Flimmerreduktion

Bei der Einführung der heutigen Fernsehsysteme war die Parameterwahl wie Zeilenzahl, Bildfrequenz und Abtastraster (Interlace oder progressiv) von großer Bedeutung. Eine hohe Zeilenzahl bei gleichzeitig hoher Bildfrequenz und eine progressive Bildwiedergabe erfordern eine Übertragungsbandbreite, die wirtschaftlich nicht realisierbar war. Eine flüssige Bewegungswiedergabe ist bereits mit einer geringen Bildfrequenz erzielbar (18 ... 24 Bilder/s), jedoch muß wegen der auftretenden Flimmerstörungen (Großflächenflimmern) eine wesentlich höhere Wiedergabefrequenz gewählt werden. Durch die Interlace-Wiedergabe konnte die Teilbildfrequenz mit 50 Hz gegenüber der Bildfrequenz bei gleicher Bandbreite verdoppelt werden, was das Großflächenflimmern um etwa 30 dB reduziert (Kapitel 1.3.2). Trotzdem ist in hellen Flächen ein Restflimmern zu sehen, da die Teilbildfrequenz noch unterhalb der Flimmerverschmelzungsfrequenz liegt (Bild 6.1a).

Eine weitere Störung ist das Kantenflimmern mit der halben Teilbildfrequenz bei bestimmten Bildinhalten wie horizontale Kanten, Linien oder feine Strukturen (Bild 6.1b). Das Auge orientiert sich an der Kante und kann dann wahrnehmen, daß hier die Zeilen nur im Vollbildabstand geschrieben werden.

Die Interlace-Wiedergabe ist nach Bild 6.1c auch für das Zwischenzeilenflimmern und Zeilenwandern verantwortlich. Zwischenzeilenflimmern ist abhängig vom Betrachtungsabstand und entsteht durch die wechselnde Rasterlage von Teilbild zu Teilbild, während Zeilenwandern bei langsamen vertikalen Bewegungen gut wahrgenommen werden kann. Das Auge folgt der Bewegung und erkennt ein Zeilenraster mit der halben vertikalen Zeilenzahl.

Mit der digitalen Signalverarbeitung wird es zunehmend interessanter, zugunsten einer hohen Bildqualität auch diese verbleibenden Reststörungen zu eliminieren. Verschiedene Methoden zur Flimmerreduktion sind bekannt geworden [OKADA, KRAUS, JACKSON, MURATA, HENT 7]. Einfache Methoden basieren auf Interpolationsfiltern in vertikaler und zeitlicher Richtung, andere verwenden eine nichtlineare Medianfilterung. Komplexere Algorithmen nutzen einen Bewegungsdetektor, der zwei geeignete Filter für ruhende bzw. bewegte Bildinhalte miteinander kombiniert. Die Kombination zweier Flimmerreduktionsverfahren kann auch frequenzabhängig erfolgen, wie eine in [BOTTECK] beschriebene Höhen-Tiefentrennung zeigt. Als weitere hardwaregünstige Alternative wurde eine kantenadaptive Methode untersucht, die direkt das Kantenflimmern detektiert und gezielt an diesen Stellen auf ein geeignetes Filter überblendet.

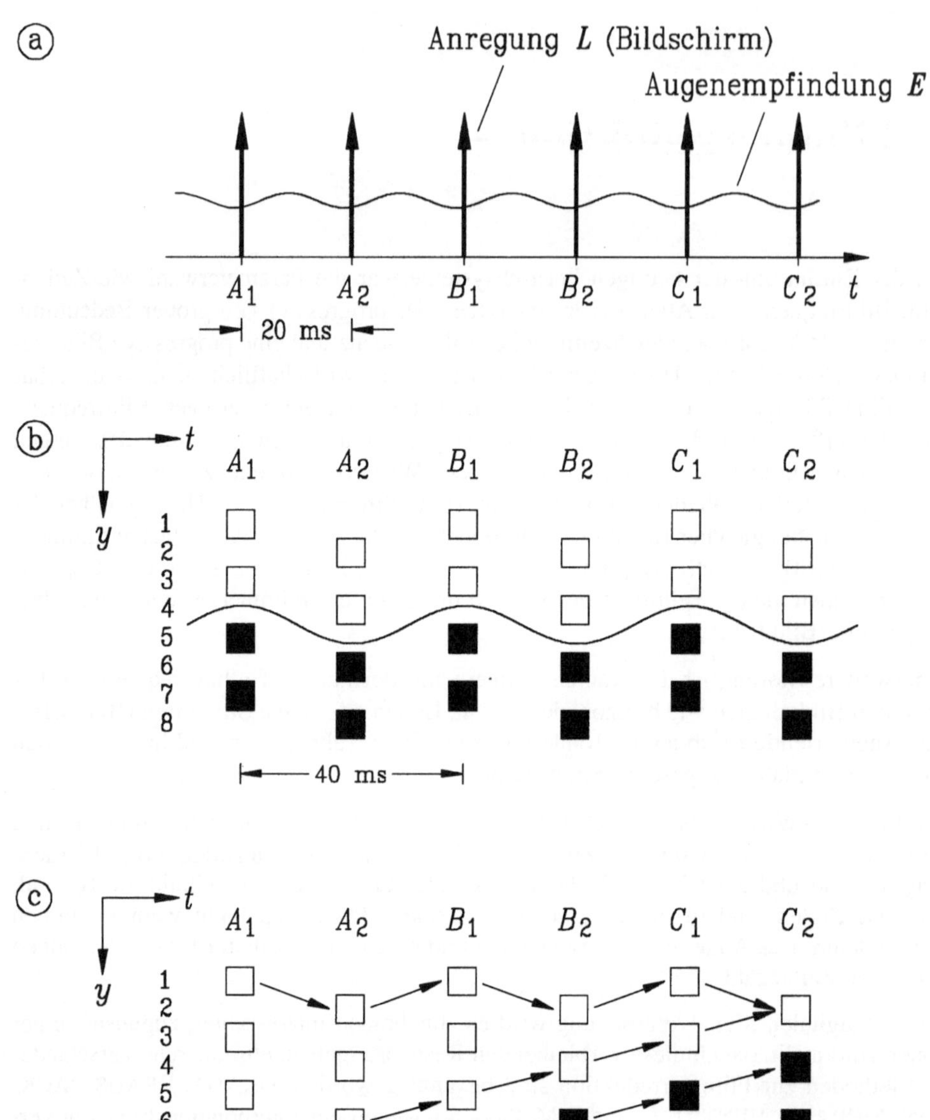

Bild 6.1
Entstehung von verschiedenen Flimmerstörungen bei der Zeilensprungwiedergabe; a) Großflächenflimmern; b) Kantenflimmern; c) Zwischenzeilenflimmern und Zeilenwandern

Die Methoden zur Flimmerreduktion können für eine progressive Wiedergabe oder zur Verdopplung der Teilbildfrequenz mit Interlace oder progressiver Wiedergabe genutzt werden. Generell hat jeder Wiedergabemodus seine spezifischen Vor- und auch Nachteile. Eine progressive Wiedergabe unterdrückt vollständig das Zwischenzeilenflimmern, jedoch verbleibt ohne eine erhöhte Wiedergabefrequenz das Großflächenflimmern. Die Verdopplung der Teilbildfrequenz bei gleichzeitiger Interlace-Wiedergabe reduziert das Zwischenzeilenflimmern erheblich, kann es aber nicht vollständig beseitigen. Doppelte Bildfrequenz und progressive Wiedergabe ist dagegen mit einem erhöhten Hardwareaufwand und hoher Verarbeitungsgeschwindigkeit verbunden.

Das Wiedergaberaster bestimmt die verbleibenden rasterspezifischen Artefakte, Kantenflimmern ist jedoch bildinhaltsabhängig. Daher kann Kantenflimmern nur durch eine geeignete bildinhaltsabhängige Filterung beseitigt werden. Hierin unterscheiden sich die verschiedenen Algorithmen zur Flimmerreduktion, da neben der Flimmerreduktion in der Regel auch ein unerwünschter Einfluß auf andere Bildinhalte ausgeübt wird.

In Ländern mit 50-Hz-Teilbildfrequenz ist das Großflächenflimmern besonders störend. Aus diesem Grund werden hier vor allem Flimmerreduktionsverfahren mit doppelter Teilbildfrequenz untersucht, jedoch sind die Ergebnisse - in Bezug auf das Kantenflimmern - weitestgehend auch für eine progressive Wiedergabe ohne Erhöhung der Teilbildfrequenz gültig.

Wegen der Vielzahl der Methoden wird eine einheitliche Nomenklatur verwendet, in der wesentliche Merkmale des Verfahrens bereits aus dem Kürzel ersichtlich sind. Der erste Buchstabe beschreibt den Algorithmus (F = FIR-Interpolationsfilter, M – Medianfilter, K = kantenadaptives Verfahren, B = bewegungsadaptives Verfahren), die darauffolgende Zahl ist eine fortlaufende Numerierung, und die Art der Wiedergabe wird durch i für Interlace und p für progressiv gekennzeichnet.

6.1 Vertikal-zeitliche Interpolation

In den ersten „flimmerfreien" Fernsehern wurde eine einfache Teilbildwiederholung verwendet [KRAUS], die aus der eingehenden Teilbildfolge ($A_1 A_2 B_1 ...$) die Ausgangsfolge ($A_1 A_1 A_2 A_2 B_1 B_1 ...$) erzeugt (Bild 6.2). Durch die Verdopplung der Teilbildfrequenz wird Großflächenflimmern wirkungsvoll unterdrückt, und die Teilbildwiederholung führt zu einer guten Wiedergabe bewegter Strukturen.

Allerdings wird nach Bild 6.2 zweimal hintereinander dieselbe Rasterlage geschrieben, so daß das Zwischenzeilenflimmern sich kaum von der 50-Hz-Wiedergabe unterscheidet. Auch das Kantenflimmern wird nicht unterdrückt, da aufgrund des Zeilenrasters jede einzelne Zeile eine 25-Hz-Grundwelle in zeitlicher Richtung besitzt. Die Wiedergabe im 25-Hz-Zeilensprungraster ist somit grundsätzlich nicht für eine flimmerfreie Kantenwiedergabe geeignet und kann kaum in adaptiven Strukturen genutzt werden.

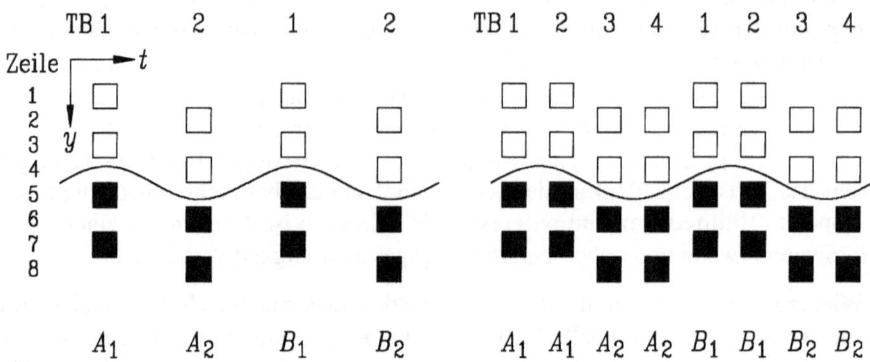

Bild 6.2
Kantenflimmern bei einfacher Teilbildwiederholung ($A_1\,A_1\,A_2\,A_2$)

Weitere Verfahren mit einem 50-Hz-Zeilensprungraster oder progressiver Wiedergabe sind in Tabelle 6.1 aufgeführt. Durch die Teilbildverdopplung besteht eine Sequenz nun aus 4 Teilbildern, bevor es zu einer Wiederholung der Signalverarbeitung kommt. Ähnlich dem bereits beschriebenen Verfahren verwendet F1i in zeitlicher Richtung eine Teilbildwiederholung, wobei vertikal zur Wiedergabe im alternierenden Zeilensprungraster eine Interpolation durchgeführt wird ($A_1\,A_{1i}\,A_{2i}\,A_2$). Die vertikale Interpolation erfolgt durch eine einfache Mittelwertbildung über zwei Zeilen im 2. und 3. Teilbild einer Sequenz. F2i verwendet eine Vollbildwiederholung mit voller vertikaler Auflösung, während F3i eine vertikal-zeitliche Interpolation über zwei Teilbilder ausführt.

Bei den progressiven Verfahren werden jeweils zwei Teilbildinhalte zum Gesamtbild verkämmt. Bei F1p erfolgt eine vertikale Interpolation innerhalb des aktuellen Teilbildes, bei F2p werden dagegen zwei benachbarte Teilbilder zusammengefaßt.

Tabelle 6.1   Flimmerreduktionsverfahren mit doppelter Teilbildfrequenz

Teilbild	Zeilensprungwiedergabe			progressive Wiedergabe	
	F1i	F2i	F3i	F1p	F2p
TB 1	A_1	A_1	$0{,}5\,(Z_{2i}+A_1)$	$A_1 \oplus A_{1i}$	$Z_2 \oplus A_1$
TB 2	A_{1i}	A_2	$0{,}5\,(A_{1i}+A_2)$	$A_1 \oplus A_{1i}$	$A_1 \oplus A_2$
TB 3	A_{2i}	A_1	$0{,}5\,(A_1+A_{2i})$	$A_2 \oplus A_{2i}$	$A_1 \oplus A_2$
TB 4	A_2	A_2	$0{,}5\,(A_2+B_{1i})$	$A_2 \oplus A_{2i}$	$A_2 \oplus B_1$

$\oplus$ geometrische Verkämmung zweier Teilbildinhalte

Zur Beurteilung des Kantenflimmerns wird ein vertikaler Sprung in zeitlicher Richtung für die verschiedenen Flimmerreduktionsverfahren in Bild 6.3 dargestellt. Die Teilbildwiederholung mit vertikaler Interpolation (F1i, F1p) führt weiterhin zu Kantenflimmern, das zwar in der Amplitude reduziert, aber dafür auf zwei Zeilen verbreitert wird. Bei den anderen Verfahren wird Kantenflimmern vollständig vermieden. F2i und F2p besitzen die volle vertikale Auflösung, während die Auflösung bei F3i durch die Interpolation in vertikal-zeitlicher Richtung reduziert ist.

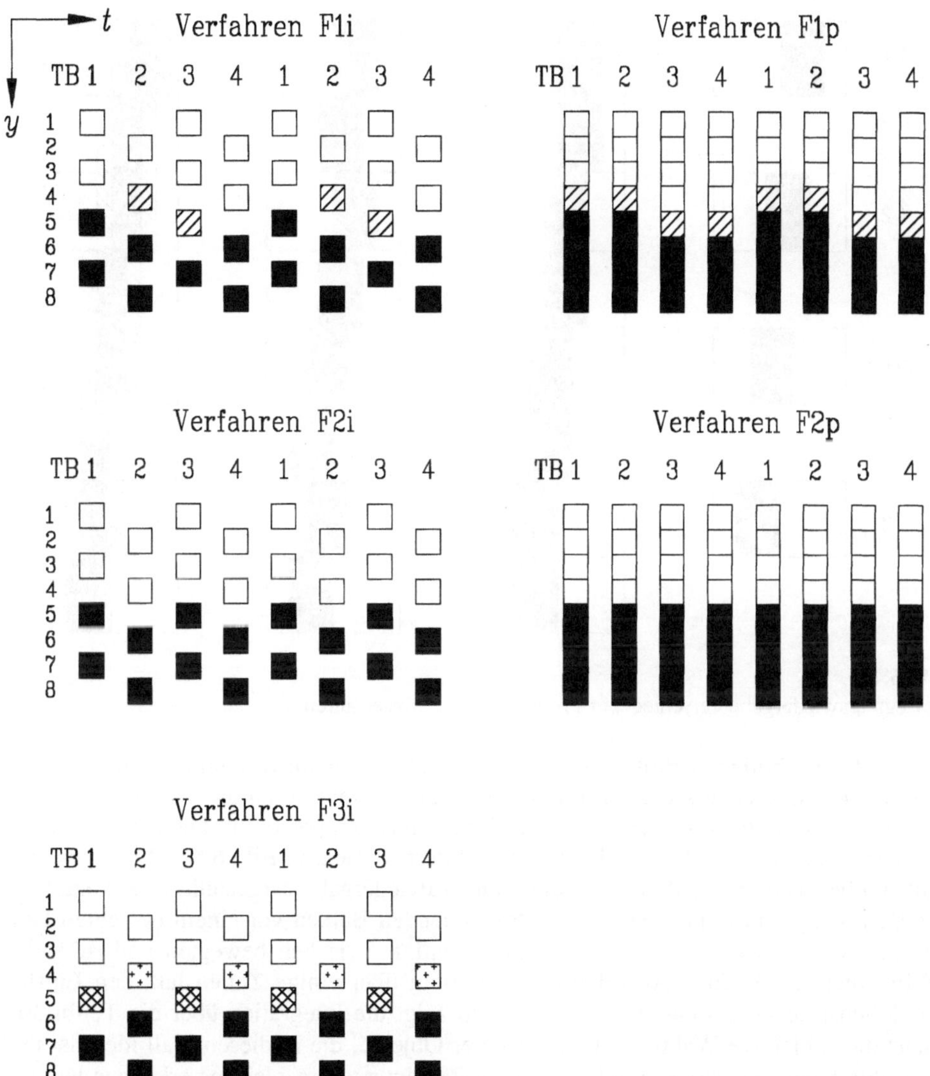

Bild 6.3
Wiedergabe vertikaler Übergänge bei verschiedenen Flimmerreduktionsverfahren

Entscheidend für die Qualität eines Verfahrens ist weiterhin die Bewegungswiedergabe. Dazu zeigt Bild 6.4 einen horizontal bewegten Balken über mehrere Teilbilder. Die Verfahren F1i und F1p mit der Teilbildwiederholung besitzen eine gute Bewegungswiedergabe, während die Vollbildwiederholung bei F2i zu einer Verwürfelung der Bewegungsphasen führt. F3i und F2p verwenden zur Interpolation benachbarte Teilbilder, was eine stärkere Bewegungsverschleifung mit sich bringt.

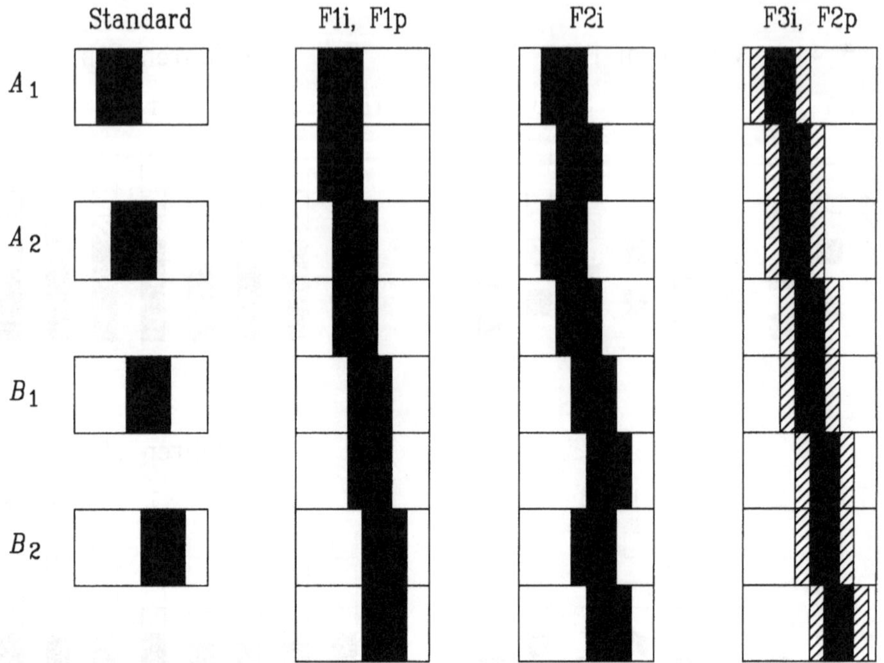

Bild 6.4
Bewegungswiedergabe verschiedener Flimmerreduktionsverfahren

Bereits die Teilbildwiederholung erzeugt eine wahrnehmbare Bewegungsverschleifung, was aus der Kinotechnik bereits bekannt ist. Dort entsteht durch die Wiederholung der 24 Bilder an bewegten Kanten eine stark flimmernde Doppelkontur. Die subjektiv empfundene Wiedergabe soll anhand Bild 6.5 erläutert werden. In Bild 6.5a ist ein bewegter Balken über mehrere Teilbilder für die Standardwiedergabe dargestellt. Das Auge folgt der Bewegung und nimmt dann einen feststehenden Balken vor einem bewegten Hintergrund wahr; es führt somit eine Transformation zwischen bewegten und ruhenden Bildinhalten durch. Eine Ausschnittvergrößerung über einige Zeilen läßt den Einfluß der Zeilensprungabtastung erkennen. Danach zeigt die Integration über die Teilbildsequenz die subjektive Wahrnehmung bewegter Objekte, die in diesem Fall ideal ist und keine durch den Wiedergabemodus erzeugte Bewegungsverschleifung erkennen läßt.

Bei der Teilbildwiederholung von Verfahren F1i in Bild 6.5b kann das Auge nicht zwischen der Wiederholung und dem Sprung in der Bewegungsphase unterscheiden, es folgt kontinuierlich der Bewegung und sieht nun zwei zueinander versetzt stehende Kanten. Nach der Integration über eine Teilbildsequenz ist neben der Doppelkontur (gleich Bewegungsverschleifung) noch eine Mäusezähnchenstruktur zu erkennen, deren Wahrnehmbarkeit vom Betrachtungsabstand abhängt. Die Breite der Doppelkontur entspricht der Breite einer kameraseitigen Bewegungsverschleifung bei einer Integrationszeit über ein Teilbild, nur daß bei der Kamera durch die kontinuierliche zeitliche Integration die Verschleifung nicht treppen-, sondern rampenförmig erfolgt.

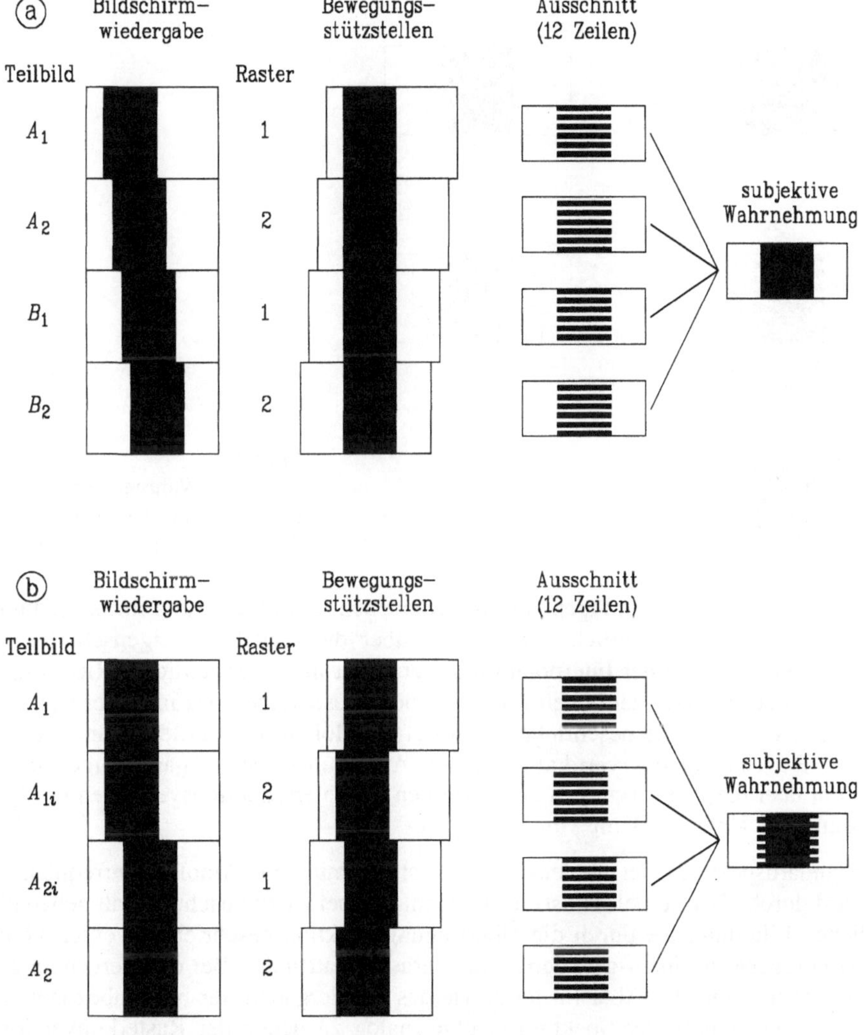

Bild 6.5
Subjektiv empfundene Wiedergabe eines horizontal bewegten Balkens; a) Standardwiedergabe; b) Verfahren F2i mit Teilbildwiederholung (100 Hz, Interlace)

Die subjektiv empfundene Kantenwiedergabe ist für alle Flimmerreduktionsverfahren in Bild 6.6 dargestellt. Die zeitliche Interpolation über zwei Teilbilder erzeugt bei den Verfahren F2i, F2p und F3i wesentlich breitere Unschärfebereiche, so daß diese Verfahren zwar Kantenflimmern unterdrücken, jedoch nicht für eine gute Bewegungswiedergabe geeignet sind. Der Unterschied zwischen den Interlace- und progressiven Verfahren besteht lediglich in der Zähnchenstruktur an bewegten Kanten, die auf die Wiedergabe im neu erzeugten 50-Hz-Interlace-Raster zurückzuführen ist und daher bei der progressiven Wiedergabe vermieden wird.

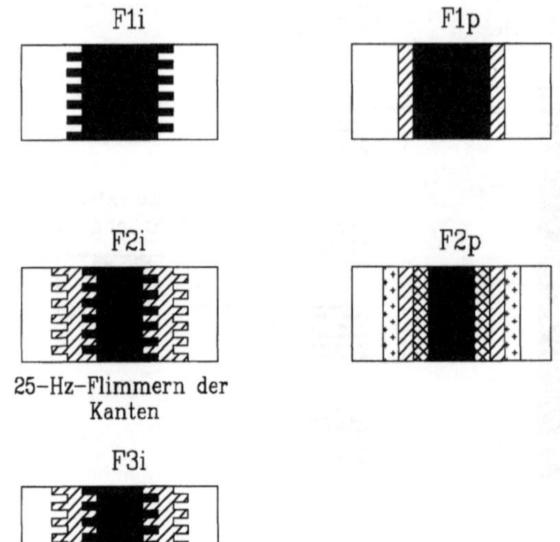

Bild 6.6
Subjektive Wahrnehmung einer bewegten Kante bei verschiedenen Flimmerreduktionsverfahren

Die Orts- und Zeitbetrachtungen der verschiedenen Verfahren zur Flimmerreduktion ermöglichen einen anschaulichen Überblick über die jeweiligen Eigenschaften. Die Rasterkonversion mit einer Interpolation in vertikaler und/oder zeitlicher Richtung läßt sich auch in der vertikal-zeitlichen Frequenzebene beschreiben. Da in dieser spektralen Darstellung ebenfalls die beschriebenen Störeffekte lokalisiert werden können, ermöglicht die Betrachtung des vertikal-zeitlichen Amplitudenfrequenzgangs eine einfache Übersicht über die Auswirkungen der einzelnen Flimmerreduktionsverfahren bezüglich Auflösung und Unterdrückung von Störungen.

Das Standardspektrum der Zeilensprungabtastung mit dem Amplitudenfrequenzgang eins wird durch die Interpolationsfilter verformt. Dabei ist zu beachten, daß neben einer möglichen Filterung, die durch die Übertragungsfunktion beschrieben werden könnte, eine Wiedergabe in einem geänderten Zeilenraster stattfindet. Bei der Berechnung der Spektren muß somit das Abtastraster sowie das Wiedergaberaster mit einbezogen werden. Eine Berechnung der Spektren erfolgt analog zu denen der Rasterkonversion in Kapitel 2, deren Herleitungen sich im Anhang A.1, A.2 befinden. Für die Flimmerreduktionsverfahren wurde bereits in [HENT 1] eine Herleitung der Spektren durchgeführt, so daß an dieser Stelle eine Interpretation der Ergebnisse genügen soll.

Die Spektren der Verfahren F1i und F1p veranschaulicht Bild 6.7. In der Regel unterscheidet sich die 100-Hz-Interlace-Wiedergabe von der progressiven Wiedergabe durch das Auftreten eines Nebenspektrums. Bei der 100-Hz-Progressivwiedergabe ist das ursprüngliche Zeilensprungraster enthalten, so daß die Wiedergabeträger mit Trägern der Zeilensprungabtastung zusammenfallen. Bei dieser Überabtastung wird der Gesamtfrequenzgang durch die Interpolationsfilter bereits durch ein Spektrum beschrieben. Bei einer 100-Hz-Interlace-Wiedergabe ist das ursprüngliche Zeilensprungraster nicht mehr enthalten, was sich spektral durch neue Träger bei $(f_v, f_t) = (\pm 312{,}5$ c/ph,

±50 Hz) auswirkt. Das entstehende Nebenspektrum durch die zusätzlichen Träger besitzt unterschiedliche Hüllkurven der Seitenlinien, weshalb das Gesamtspektrum durch ein Hauptspektrum mit den Trägern der ursprünglichen Zeilensprungabtastung und ein Nebenspektrum mit den neu entstandenen Trägern dargestellt wird. Als Punkte werden alle Träger in einem Diagramm wiedergegeben, deren Seitenlinien derselben Hüllkurve angehören. Dabei ist zu beachten, daß ein Linienpaar im Basisband in allen Teilspektren an jedem Träger reproduziert wird, so daß die dargestellten Spektren für die Gesamtbeurteilung zu überlagern sind.

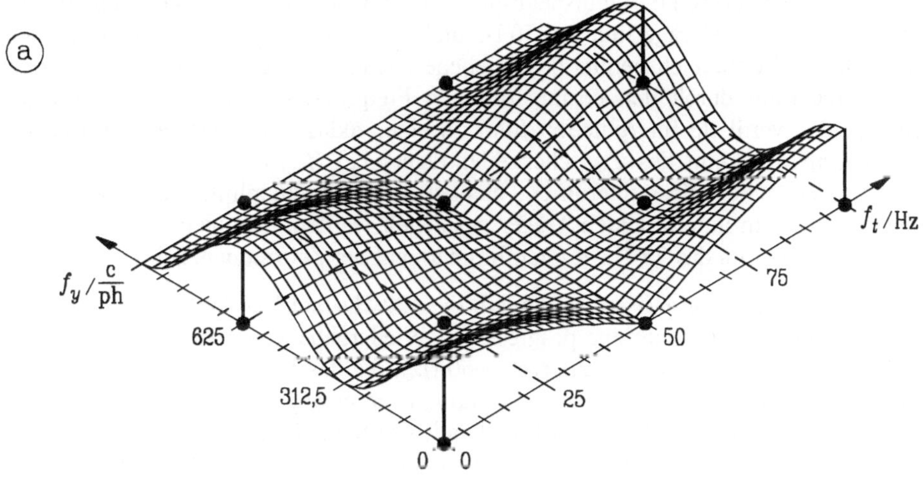

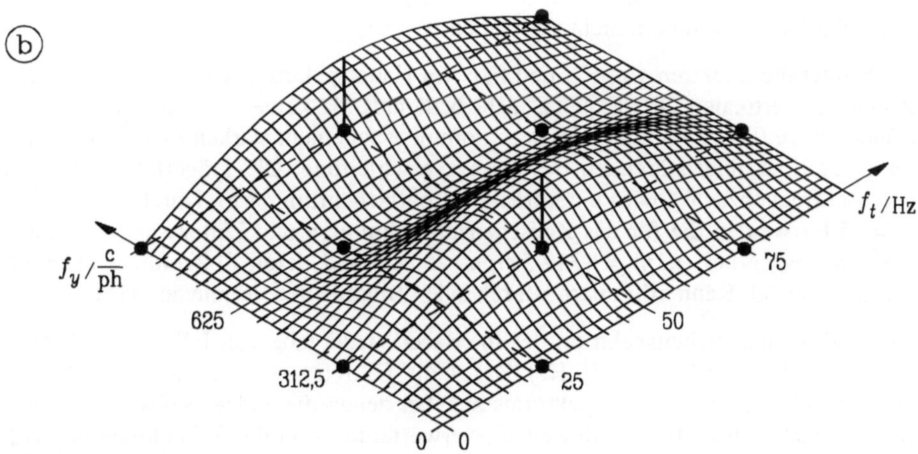

Bild 6.7
Übertragungsfunktion der Flimmerreduktionsverfahren F1i, F1p; a) Hauptfrequenzgang F1i, F1p; b) Nebenfrequenzgang F1i

Generell wäre es jedoch falsch anzunehmen, daß die Interlace-Wiedergabe mit höherer Teilbildfrequenz immer zu einem störenden Nebenspektrum führt. Bereits bei einer Interlace-Wiedergabe mit der dreifachen Teilbildfrequenz liegen die Wiedergabeträger auf den Trägern der ursprünglichen Zeilensprungabtastung, so daß kein Nebenspektrum entsteht. Der Aufwand für eine dreifache Teilbildfrequenz ist jedoch mit dem der progressiven Wiedergabe vergleichbar, weshalb in dieser Richtung keine weiteren Untersuchungen durchgeführt wurden.

Die Verfahren F1i, F1p verwenden eine Teilbildwiederholung mit vertikaler Interpolation und besitzen dasselbe Hauptspektrum in Bild 6.7a. Durch die Verdopplung der Bildfrequenz wird die Trägerlinie bei 50 Hz und somit das Großflächenflimmern unterdrückt. Die im Zeitbereich bereits beschriebene leichte Bewegungsverschleifung zeigt sich im Spektrum durch den cosinusförmigen Frequenzgangabfall in zeitfrequenter Richtung. Die vertikale Interpolation führt zu einer reduzierten vertikalen Auflösung und zur Unterdrückung des Zwischenzeilenträgers bei (f_y, f_t) = (312,5 c/ph, 25 Hz). Zwar wird der Träger selbst unterdrückt, nicht aber dessen Seitenlinien. Bei hohen Ortsfrequenzen, die am unterdrückten Träger gespiegelt werden, erzeugen die Seitenlinien des Trägers weiterhin das 25-Hz-Kantenflimmern auf der Zeitfrequenzachse.

Das Nebenspektrum von F1i entsteht durch die 100-Hz-Interlace-Wiedergabe und enthält somit alle Unterschiede zur progressiven Wiedergabe von F1p (Bild 6.7b). Neu sind die Träger bei (f_y, f_t) = (±312,5 c/ph, ±50 Hz), die das 50-Hz-Zwischenzeilenflimmern erzeugen und auch für die Zähnchenstruktur an bewegten Kanten verantwortlich sind. Weitere Träger in der Nähe des Basisbands werden unterdrückt, und deren Seitenlinien werden so stark bedämpft, daß sie für niedrige Orts- und Zeitfrequenzen kaum einen störenden Eindruck erwarten lassen. Bei höheren vertikalen Ortsfrequenzen im Bereich von 156 c/ph entstehen allerdings durch den Träger auf der Zeitfrequenzachse bei f_t = 25 Hz zusätzliche 25-Hz-Seitenlinien, die als Flimmerstörung sichtbar werden. Beide Verfahren zeichnen sich somit durch eine gute Bewegungswiedergabe aus, können aber das Kantenflimmern nicht vermeiden.

Bild 6.8 zeigt die Spektren von F2i und F2p. Im Hauptspektrum wird das Basisband in Richtung der vertikalen Ortsfrequenz nicht bedämpft, da keine vertikale Interpolation stattfindet. In zeitlicher Richtung dagegen kommt es zu einem starken Frequenzgangabfall und somit zu einer störenden Bewegungsverschleifung. Die Trägerlinie bei 50 Hz auf der Zeitfrequenzachse wird unterdrückt (Großflächenflimmern). Durch die Nullinie bei f_t = 25 Hz werden die für das Zwischenzeilenflimmern und Zeilenwandern verantwortlichen Träger bei (f_y, f_t) = (312,5 c/ph, 25 Hz) und deren Seitenlinien ebenfalls unterdrückt, so daß Kantenflimmern bei ruhenden Bildinhalten vermieden wird.

In Bild 6.8b ist das Nebenspektrum der Interlace-Wiedergabe von F2i mit dem neuen Träger bei (f_y, f_t) = (312,5 c/ph, 50 Hz) dargestellt. Es treten weitere unerwünschte Träger in der Nähe des Nutzsignalspektrums auf, bei denen die Träger selbst unterdrückt werden. Verantwortlich für die Bewegungsverwürfelung sind die Seitenlinien des Trägers auf der Zeitfrequenzachse bei 25 Hz, deren lokale Maxima bei 12,5 Hz und 50 Hz liegen. An diesem Träger werden Seitenlinien ins Basisband gespiegelt, die als flimmernde Aliaskomponenten - auch für horizontal bewegte Bildvorlagen - sichtbar wer-

den. Die Verfahren F2i und F2p eignen sich somit für eine gute Wiedergabe ruhender
Bildinhalte, verursachen aber eine starke Bewegungsverschleifung, die bei F2i zusätzlich durch Flimmerstörungen begleitet wird.

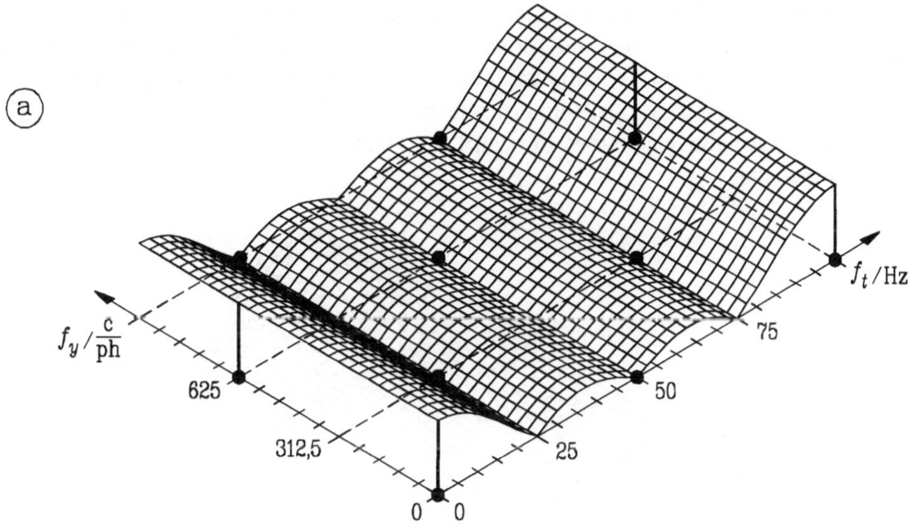

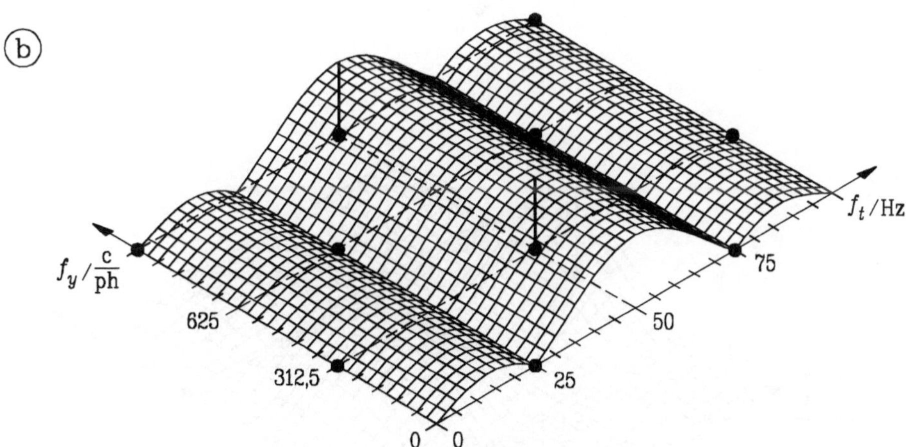

Bild 6.8
Übertragungsfunktion der Flimmerreduktionsverfahren F2i, F2p; a) Hauptfrequenzgang F2i, F2p;
b) Nebenfrequenzgang F2i

Die zeitliche und vertikale Interpolation aller Teilbilder bei Verfahren F3i führt zu dem
in Bild 6.9 dargestellten Spektrum. Das Hauptspektrum zeigt in zeitlicher und vertikaler

Richtung einen starken Frequenzgangabfall mit entsprechender Bewegungsverschleifung und Reduktion der vertikalen Auflösung. Die Nullinien bei 25 Hz und 50 Hz sorgen für eine Unterdrückung des Kantenflimmerns und Großflächenflimmerns. Weiterhin wird durch die Nullinie bei 312,5 c/ph Zwischenzeilenflimmern vermieden. Das Nebenspektrum enthält lediglich größere Seitenlinienamplituden um den neuen 50-Hz-Zwischenzeilenträger. Von den unterdrückten Trägern in der Nähe des Basisbands sind dank der stark bedämpften Seitenlinien keine merklichen Störungen zu erwarten, insbesondere auch kein Bewegungsflimmern wie bei Verfahren F2i. Die deutlich bessere Bewegungswiedergabe gegenüber F2i wird hier durch eine Reduktion der vertikalen Auflösung erreicht.

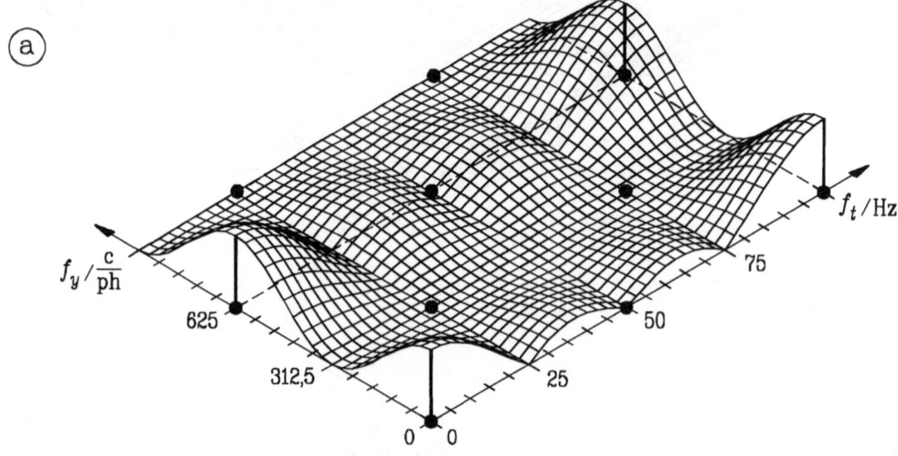

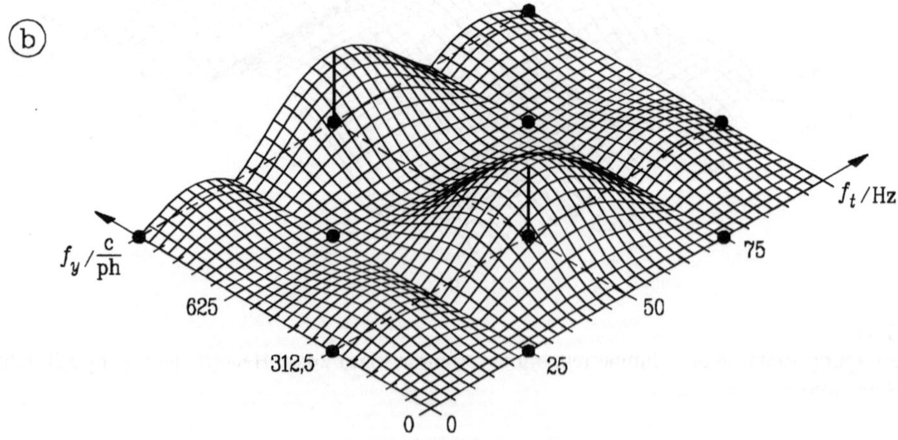

Bild 6.9
Übertragungsfunktion des Verfahrens F3i; a) Hauptfrequenzgang; b) Nebenfrequenzgang

Die vertikale Auflösung läßt sich anhand eines x^2/y^2-Zoneplate-Testbildes veranschaulichen, bei dem auch der Einfluß der fehlenden Gradationsvorentzerrung beim Testbild deutlich wird. Bild 6.10 zeigt auf der linken Seite das Eingangssignal (A_1 A_2), das mit der Wiedergabe von F2i, F2p übereinstimmt. Auf der rechten Seite ist das interpolierte Ausgangssignal von F3i zu sehen, bei dem bereits bei 156 c/ph eine Dämpfung von 6 dB stattfindet und die Nyquistfrequenz bei 312,5 c/ph vollständig unterdrückt wird. Hier wirkt sich auch besonders stark die fehlende Gradationsentzerrung aus, so daß dieser Bereich dunkler erscheint. Neben der unerwünschten Reduktion der vertikalen Auflösung werden bei F3i insbesondere auch Schwebungsmuster und Aliaskomponenten bei höheren Ortsfrequenzen unterdrückt.

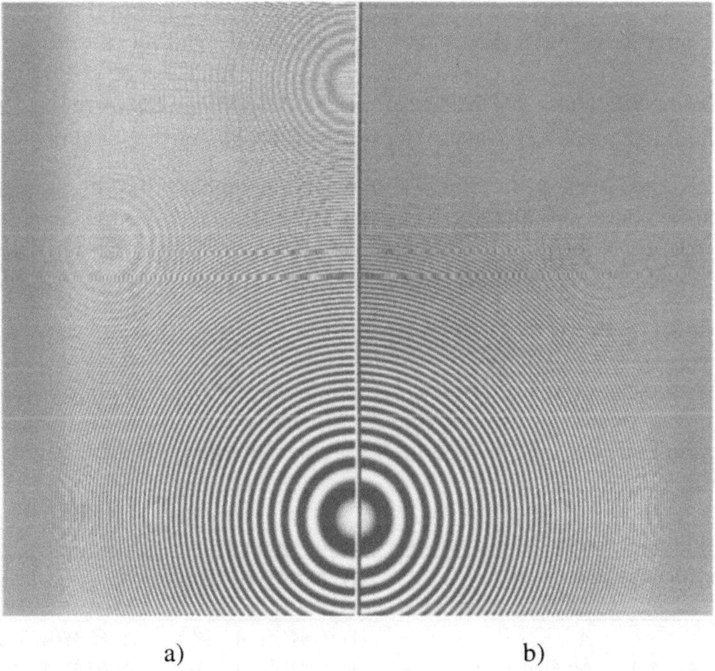

a)   b)

Bild 6.10
Zoneplate-Testbild zur Veranschaulichung der vertikalen Auflösung; a) Teilbildsequenz der Verfahren F2i, F2p; b) Teilbildsequenz des Verfahrens F3i

Im Vergleich mit der 100-Hz-Interlace-Wiedergabe hat die progressive Wiedergabe den Vorteil, daß das 50-Hz-Zwischenzeilenflimmern und die Zähnchenstruktur an bewegten Kanten vermieden wird. Nach der Augencharakteristik in Bild 1.19 (Kapitel 1.3.2) ist das 50-Hz-Zwischenzeilenflimmern der Interlace-Wiedergabe bereits bei geringen Betrachtungsabständen nicht mehr wahrnehmbar und daher unbedeutend. Die Zähnchenstruktur wird dagegen durch das Verfolgen eines Objektes sichtbar; hier transformiert das Auge die bewegte Struktur auf die Ortsfrequenzachse bei 312,5 c/ph. Die Wahrnehmbarkeit auf der Ortsfrequenzachse ist relativ hoch, so daß diese Reststörung den eigentlichen Unterschied zwischen der progressiven und der Interlace-Wiedergabe darstellt.

6.2 Medianfilter zur Flimmerreduktion

Die vorgestellten linearen Interpolationsverfahren führen zu unterschiedlich wahrnehmbaren Auflösungsverlusten in der zeitlichen und zum Teil zusätzlich in der vertikalen Bildrichtung. Neben einer adaptiven Verarbeitung bieten sich deshalb als Alternative zu den linearen Filtertechniken nichtlineare Interpolationsverfahren an [FRENCK, DOYLE]. Medianfilter sind hierfür besonders gut geeignet, da sie Helligkeitssprünge ohne Unschärfe reproduzieren können (siehe Kapitel 5.2.2). Jedoch ist es ebenso wie bei der Rauschreduktion sinnvoll, wegen der möglichen Bildpunktverwürfelung und Unterdrückung feiner Details (Tiefpaßcharakter) kurze Filterlängen zu verwenden.

Der Vergleich eines linearen Interlace-Verfahrens für ruhende Bildinhalte ($A_1\,A_2\,A_1\,A_2$) und eines für bewegte Bildinhalte ($A_1\,A_{1i}\,A_{2i}\,A_2$) zeigt, daß bei einer Sequenz aus vier Teilbildern das erste und vierte Teilbild identisch verarbeitet werden können. Eine nichtlineare Medianfilterung beschränkt sich somit auf die mittleren Teilbilder. Bei der progressiven Wiedergabe genügt die Kombination eines Originalbildes mit einem mediangefilterten Teilbild zur Ergänzung der fehlenden Rasterlage.

Durch die Medianfilterung soll erreicht werden, daß bei einer möglichst hohen Detail- und Bewegungsauflösung Kantenflimmern reduziert oder vollständig vermieden wird. Dafür eignet sich sowohl eine rein zeitliche Medianfilterung, als auch eine kombinierte vertikal-zeitliche Medianfilterung.

Tabelle 6.2 Flimmerreduktionsverfahren mit Medianfilterung

Teil-bild	Zeilensprungwiedergabe		progressive Wiedergabe	
	M1i	**M2i**	**M1p**	**M2p**
TB 1	A_1	A_1	$A_1 \oplus M(Z_2, A_{1i}, A_2)$	$A_1 \oplus M(A_1(n \pm 1), Z_2(n))$
TB 2	$M(Z_2, A_{1i}, A_2)$	$M(A_1(n \pm 1), A_2(n))$	$A_1 \oplus M(Z_2, A_{1i}, A_2)$	$A_1 \oplus M(A_1(n \pm 1), A_2(n))$
TB 3	$M(A_1, A_{2i}, B_1)$	$M(A_2(n \pm 1), A_1(n))$	$A_2 \oplus M(A_1, A_{2i}, B_1)$	$A_2 \oplus M(A_2(n \pm 1), A_1(n))$
TB 4	A_2	A_2	$A_2 \oplus M(A_1, A_{2i}, B_1)$	$A_2 \oplus M(A_2(n \pm 1), B_1(n))$

$\oplus$ geometrische Verkämmung zweier Teilbildinhalte

Tabelle 6.2 zeigt die Arbeitsweise verschiedener Medianfilter zur Flimmerreduktion. Bei Verfahren M1i [HENT 8] bildet ein rein zeitlich wirkendes Medianfilter 2. Ordnung die Medianwerte aus drei aufeinanderfolgenden Teilbildinhalten in den zweiten und dritten Teilbildern einer Vierersequenz (TB 2 und TB 3). Da der mittlere Teilbildinhalt in der komplementären Rasterlage geschrieben wird, werden die für das Medianfilter benötigten Werte durch eine lineare Interpolation in vertikaler Richtung erzeugt. M2i arbeitet mit einer vertikal-zeitlichen Medianfilterung dreier aufeinanderfolgender Zeilen, wobei zwei Zeilen ($n \pm 1$) des aktuellen und eine Zeile n des benachbarten Teilbildes verwendet werden. Die progressiven Verfahren M1p, M2p kombinieren in jedem Bild ein originales mit einem mediangefilterten Teilbild. M1p verwendet hierzu analog zu M1i ein zeitliches Medianfilter über drei Teilbilder, M2p analog zu M2i ein vertikal-zeitliches Medianfilter in zwei benachbarten Teilbildern.

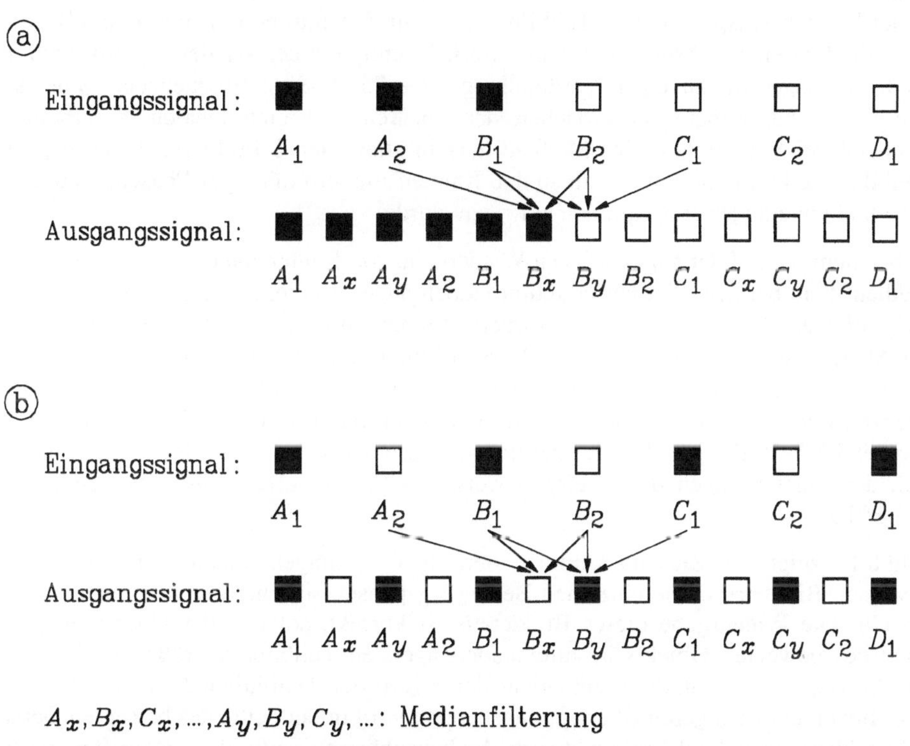

Bild 6.11
Arbeitsweise des zeitlichen Medianfilters M1i zur Flimmerreduktion; a) unveränderte Sprungantwort; b) Verdopplung der Signalfrequenz bei alternierenden Eingangssignalen

Ein Beispiel für die Bewegungswiedergabe von M1i ist der Sprung von schwarz nach weiß zwischen den Teilbildinhalten B_1 und B_2 in Bild 6.11a. Am Ausgang wird das Signal B_x aus den Teilbildinhalten A_2, B_1 und B_2 gebildet und ergibt schwarz. Bei der Bildung des darauffolgenden Teilbildsignals B_y aus den Teilbildinhalten B_1, B_2 und C_1 überwiegt weiß, so daß sich eine fehlerfreie Reproduktion der Sprungantwort ohne zeitliche Verwischung ergibt. Bild 6.11b zeigt die Wiedergabe alternierender Bildinhalte, deren Signalfrequenz verdoppelt wird. Ruhende Bildinhalte besitzen im Vollbildabstand dieselbe Information, so daß der zeitlich dazwischenliegende Teilbildinhalt keinen Einfluß mehr auf die Bildung der Medianwerte hat. Die Signalfrequenz ruhender Bildinhalte wird somit generell von 25 Hz auf 50 Hz verdoppelt. Kantenflimmern wird vermieden, und die vertikale Auflösung ist so hoch wie bei der Standardwiedergabe.

Die Verdopplung der Wiedergaberate an unbewegten Kanten oder auch allgemein bei alternierenden Teilbildinhalten entspricht einer zeitlichen Verwürfelung dieser Teilbildinhalte. Hervorgerufen wird diese Verwürfelung durch das Medianfilter, das bei der halben Abtastfrequenz (Nyquistgrenze) eine Phasendrehung des Eingangssignals um 180° bewirkt, ohne die Signalamplitude zu verändern (Kapitel 5.2.2). Während die ersten und vierten Teilbilder einer Vierersequenz unverändert wiedergegeben werden, findet bei den entsprechenden Teilbildinhalten in den mittleren Teilbildern TB 2 und TB 3 die Phasenumkehrung statt. Unter Berücksichtigung der Wiedergaberaster kommt es damit insgesamt zu einer Verdopplung aller 25-Hz-Signalfrequenzen. Ohne dem komplexen Zusammenspiel zwischen der linearen und nichtlinearen Verarbeitung, das heißt bei Verwendung des Medianfilters in allen vier Teilbildern, fände in jedem Teilbild eine Phasendrehung statt, so daß Kantenflimmern mit einer Phasendrehung um 180° und unveränderter Amplitude auftreten würde.

Neben dem Vorteil der flimmerfreien Wiedergabe von Kanten hat die Anwendung eines Medianfilters bei der Flimmerreduktion jedoch auch Nachteile, die auf den nichtlinearen zeitlichen Verarbeitungsmodus zurückzuführen sind. Eine Phasenumkehrung durch das Medianfilter - sie geht mit einer Verwürfelung von Teilbildinhalten einher - findet nicht erst bei der halben Abtastfrequenz statt, sondern kann bereits oberhalb von Frequenzen mit einem Viertel der Abtastfrequenz auftreten, also ab 12,5 Hz (siehe auch Kapitel 5.2.2, Bild 5.10). Bei der zeitlichen Interpolation von Teilbildinhalten machen sich die Auswirkungen dann beispielsweise als Flimmereffekte in bewegten Details bemerkbar.

Bild 6.12 zeigt das Zustandekommen derartiger Störungen anhand eines horizontal bewegten Bilddetails. Die einzelnen Bewegungsphasen sind hierbei untereinander dargestellt. Die Wiedergabe dieses Bilddetails ist korrekt, solange der Überlappungsbereich des bewegten Objekts in aufeinanderfolgenden Teilbildern größer als 50 % ist. Die Bewegungsverschleifung entspricht derjenigen der Teilbildwiederholung von F1i, F1p. Bei einem geringeren Überlappungsbereich wird in der Mitte des bewegten Details jedoch überwiegend auf Bildpunktwerte der benachbarten Teilbilder zugegriffen, so daß die Wiedergabe fehlerhaft wird. Ohne Überlappungsbereich werden bewegte Details sogar vollständig unterdrückt. Subjektiv führt die Phasenmodulation der Medianfilterung innerhalb der fehlerhaft wiedergegebene Bereiche zu einem 25-Hz-Bewegungsflimmern bei der Interlace-Wiedergabe und zu einer zunehmenden Detailunterdrückung.

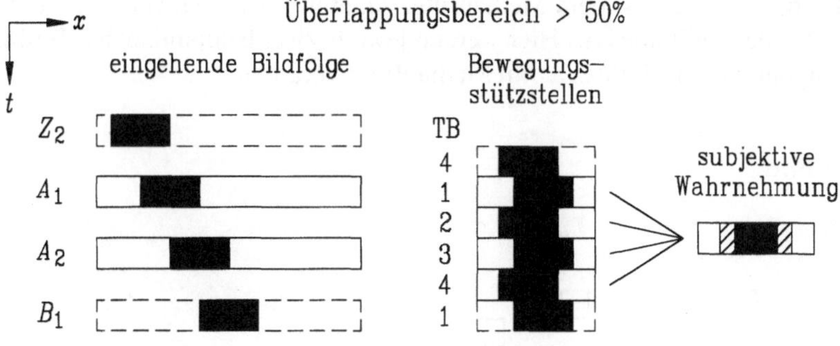

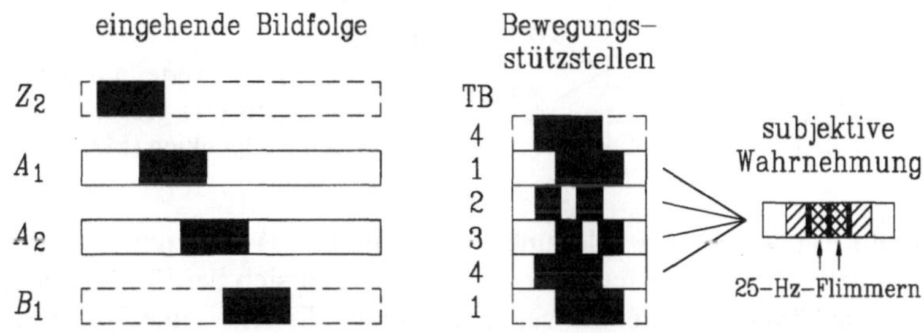

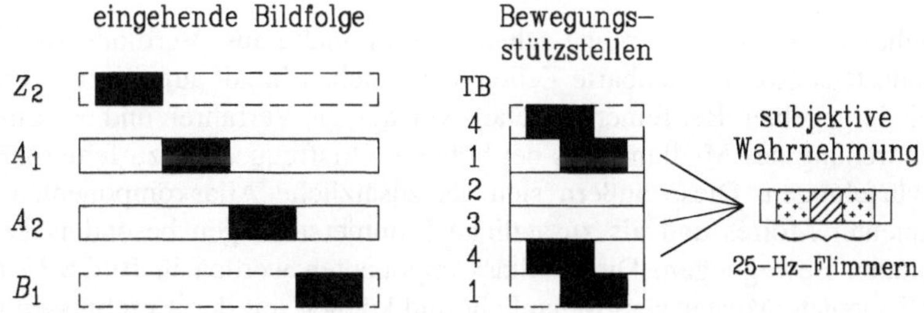

Bild 6.12
Subjektive Wahrnehmung bewegter Details bei einer zeitlichen Medianfilterung in Abhängigkeit vom Überlappungsbereich (100 Hz Interlace)

Als weiteres Verfahren M2i wurde ein vertikal-zeitliches Medianfilter untersucht, bei dem der Median jeweils aus drei vertikal untereinanderliegenden Bildpunkten gewonnen wird. Wie beim zeitlichen Medianfilter beschränkt sich die Medianfilterung auf die zweiten und dritten Teilbilder einer Vierersequenz. Die Bildung der Medianwerte in den Teilbildern A_x und A_y zeigt Bild 6.13. Im Teilbild A_x werden beispielsweise in der 4. Zeile jeweils zwei Bildpunkte aus dem Teilbild A_1 (Zeile 3 und 5) und ein Bildpunkt aus dem Teilbild A_2 (Zeile 4) dem Medianfilter zugeführt. Ähnlich verläuft die Auswahl der Bildpunkte des Teilbildes A_y. Hier werden jeweils zwei Bildpunkte des Teilbildes A_2 und ein Bildpunkt des Teilbildes A_1 im Medianfilter verarbeitet.

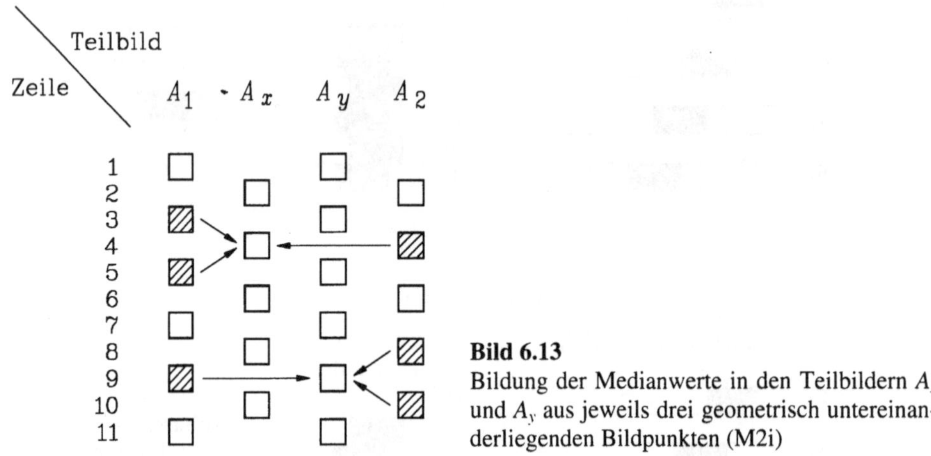

Bild 6.13
Bildung der Medianwerte in den Teilbildern A_x und A_y aus jeweils drei geometrisch untereinanderliegenden Bildpunkten (M2i)

Da im Teilbild A_x jeweils zwei Bildpunkte des Teilbildes A_1 und nur ein Bildpunkt des Teilbildes A_2 bzw. Z_2 zum Medianfilter gelangen, ergibt sich bei Flächen ohne vertikales Detail - unabhängig von der Bewegungsgeschwindigkeit - eine Wiederholung des Teilbildinhalts A_1. Analog dazu werden Details mit niederfrequenten vertikalen Ortsfrequenzen des Teilbildes A_2 im Teilbild A_y wiederholt. Die Bewegungswiedergabe dieses Medianfilters ist daher - mit einer Einschränkung für Bewegungen in diagonaler und vertikaler Richtung - so gut wie bei Verfahren F1i.

Anders sieht es bei der Wiedergabe ruhender Bildinhalte aus. Vertikale Bilddetails, in denen mindestens zwei benachbarte Zeilen den gleichen Inhalt aufweisen, werden flimmerfrei wiedergegeben. Bei feineren Details versagt das Verfahren und es kommt durch die Phasendrehung des Medianfilters bei höheren Ortsfrequenzen zu fehlerhaften Bildpunktverwürfelungen. Diese äußern sich als zusätzliche Aliaskomponenten in Form niederfrequenter Moirés und als zusätzliche Flimmerstörungen besonders bei langsamen vertikalen Bewegungen. Diese Aliaskomponenten werden in Bild 6.14 an einem ruhenden Zoneplate-Muster veranschaulicht und können mit den Ergebnissen der spektralen Analyse in Bild 5.12 verglichen werden. Bild 6.14a zeigt auf der linken Seite das Eingangssignal und auf der rechten Seite die mit einem Medianfilter verarbeiteten Teilbildinhalte A_x A_y. Besonders störend wirkt die durch den nichtlinearen Verarbeitungsprozeß entstehende 3. Oberwelle, die bei einem Drittel der Abtastfrequenz $(0{,}33\,f_{ay})$ ihre Maxima besitzt. Nebenmaxima durch die 5. Oberwelle treten bei $0{,}2\,f_{ay}$ und $0{,}4\,f_{ay}$ auf. Der Einfluß höherer Oberwellen ist zwar sichtbar, die Aliaskomponenten sind aber gegenüber dem Eingangssignal bereits um mehr als 20 dB abgesenkt. Abhängig von der momentanen Abtastphase kann es auch zu einer Auslöschung der Grundwelle bei einem Viertel der Abtastfrequenz kommen. Dies ist in Bild 6.14a deutlich zu erkennen.

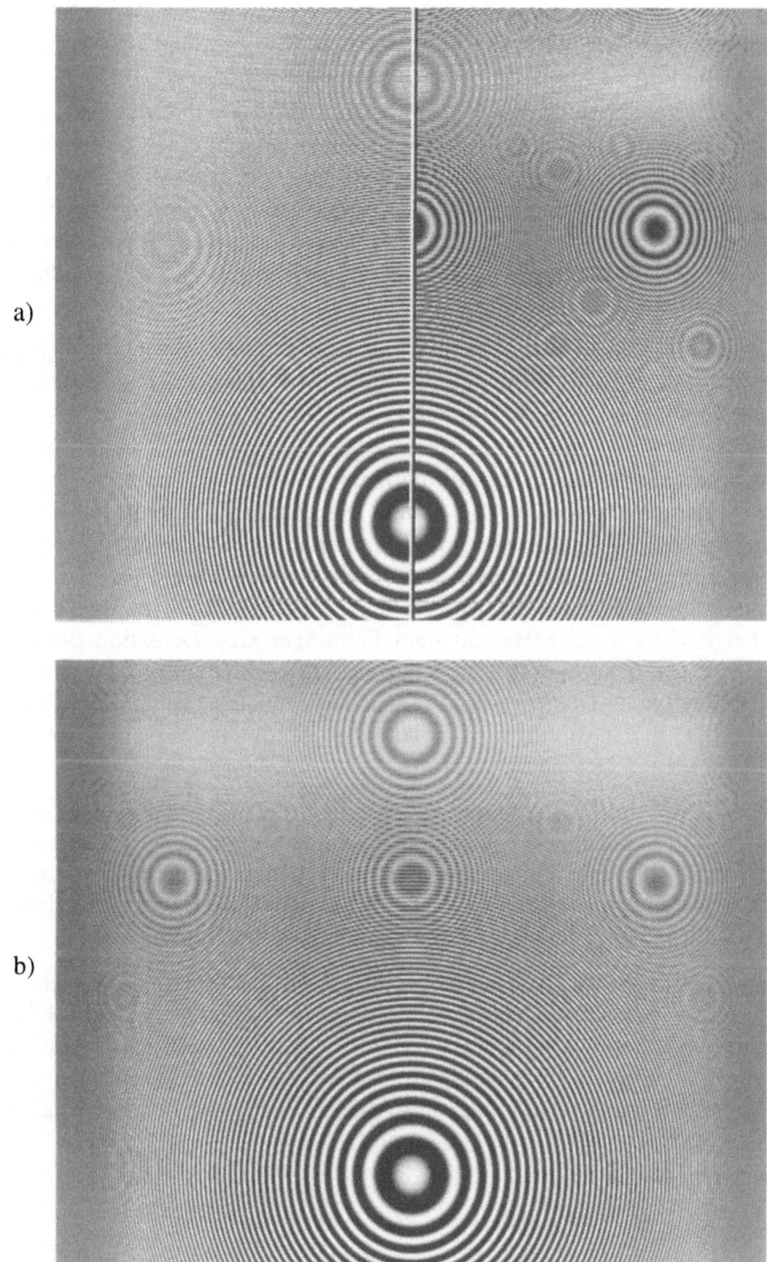

Bild 6.14
Aliaskomponenten bei den vertikal-zeitlichen Medianfiltern M1i, M1p; a) links: Eingangssignal
$A_1 A_2$, rechts: Medianfilter $A_x A_y$; b) Teilbildsequenz TB 1 ... TB 4

Die Aliaskomponenten werden bei den Flimmerreduktionsverfahren durch die nicht gefilterten Teilbilder TB 1 und TB 4 um 6 dB abgeschwächt, wie eine Teilbildsequenz aus allen vier Teilbildern zeigt (Bild 6.14b). Außerdem kommen wieder Signalfrequenzen bei einem Drittel der vertikalen Abtastfrequenz hinzu. Da die Medianfilterung keine Anteile dazu liefert, werden diese Frequenzen ebenfalls um 6 dB gegenüber ihrer ursprünglichen Amplitude reduziert. Die Phasendrehung bei Ortsfrequenzen mit der halben vertikalen Abtastfrequenz durch das Medianfilter führt in Verbindung mit den nicht gefilterten Teilbildern zu einer Unterdrückung dieser Frequenzkomponenten, ohne den Flimmereindruck zu vermindern. In den Aliaszentren treten sogar zusätzliche Flimmerstörungen durch die Medianfilterung auf.

Neben den Störungen in rein horizontal orientierten Strukturen fallen insbesondere die Moirézentren in diagonalen Strukturen auf (Bild 6.14). Diese Aliaskomponenten werden zwar ausschließlich durch die vertikale Medianfilterung erzeugt, deren Erscheinen ist aber auch in abgetasteten Systemen von der horizontalen Ortsfrequenz abhängig. In [HENT 1] wurde gezeigt, daß durch die horizontale Abtastung bei Ortsfrequenzen mit einem Vielfachen der vertikalen Aliaszentren die gleichen Phasenverschiebungen wie im Ursprung auftreten. Allgemein erzeugen die durch die Medianfilterung entstehenden Oberwellen die dem Grad der Oberwelle entsprechende Anzahl an Moirézentren in horizontaler Richtung bis zur Abtastfrequenz f_{ax}. In [DREIER] wird wegen der Korrespondenz bei $0{,}33\,f_{ax} = 4{,}5\,\text{MHz}$ mit dem Farbträger eine Detektion dieser Gebiete empfohlen, in denen dann eine lineare Interpolation die Medianfilterung ersetzt. Alternativ ist eine horizontale Überabtastung möglich, welche insbesondere die Aliaszentren bei $(0{,}33\,f_{ax},\ 0{,}33\,f_{ay})$ in Bereiche oberhalb der Bandgrenze von $5\,\text{MHz}$ verschiebt [PHILIPS].

Das Verfahren M2i mit vertikal-zeitliche Medianfilterung erlaubt eine gute Bewegungswiedergabe für die meisten Bildinhalte. Kantenflimmern wird insbesondere bei elektronischen Schrifteinblendungen oder breiteren Objektkanten unterdrückt, dagegen tritt bei feinen Details und vertikal bewegten Strukturen weiterhin Kantenflimmern auf. In bestimmten Bildinhalten kann die Aliaserzeugung störend wirken.

Bei der progressiven Wiedergabe mit M1p, M2p treten im Prinzip die gleichen Effekte auf, wie sie für die Interlace-Wiedergabe beschrieben wurden. Der Unterschied besteht in der Kombination eines Originalbildes mit einem mediangefilterten Bild in jedem Bild, so daß Flimmereffekte in ruhenden und bewegten Bildern vollständig vermieden werden. Die Bewegungsverschleifung und Aliaserzeugung ist hingegen mit der einer Interlace-Wiedergabe identisch.

6.3 Bewegungsadaptive Verfahren

Die untersuchten linearen und nichtlinearen Flimmerreduktionsverfahren haben gezeigt, daß es kein optimales Verfahren für alle Bildinhalte gibt. Es verbleiben entweder Reststörungen an Kanten, oder die Bewegungswiedergabe wird eingeschränkt. Die nichtlinearen Medianfilter ermöglichen eine Reduktion des Kantenflimmerns bei gleichzeitig guter Bewegungswiedergabe, erzeugen aber störende zusätzliche Aliaskomponenten. Erst adaptiv gesteuerte Filter können Abhilfe schaffen, da sie es ermöglichen, die Vorteile zweier Flimmerreduktionsverfahren zu kombinieren.

In einer adaptiven Anordnung eignen sich besonders gut die Verfahren F1i und F1p für eine gute Bewegungswiedergabe und die Wiedergabe ruhender Bildinhalte, solange keine hohen vertikalen Ortsfrequenzen vorhanden sind. Hohe Ortsfrequenzen würden das Kantenflimmern verursachen. Zur Unterdrückung des Kantenflimmerns sind die Verfahren F2i, F3i und F2p geeignet, die jedoch in der Bewegungswiedergabe Schwächen aufweisen.

Die nichtlinearen Medianfilter bringen bei der adaptiven Verarbeitung keine Vorteile, da ihre Stärken für bestimmte Bildinhalte vergleichbar sind mit denen linearer Flimmerreduktionsverfahren. Die zeitlich wirkenden Medianfilter M1i, M1p können bei ruhenden Bildinhalten nicht besser werden als F2i, F2p, erzeugen aber wie diese signifikante Bewegungsstörungen. Die vertikal-zeitlichen Medianfilter M2i, M2p besitzen eine gute Bewegungswiedergabe, produzieren aber gleichzeitig Aliaskomponenten in ruhenden und bewegten Bildinhalten, so daß für die Bewegungswiedergabe F1i, F1p vorzuziehen sind.

Die Adaption muß an die entsprechenden Rasterlagen angepaßt werden. Die Zeilensprungverfahren besitzen neue Zwischenzeilenträger bei $(f_y, f_t) = (\pm312{,}5 \text{ c/ph}, \pm50 \text{ Hz})$, woraus sich die Reihenfolge der Rasterlagen zu (1 2 1 2) ergibt. Diese Reihenfolge der adaptiv zu verarbeitenden Rasterlagen unterscheidet sich von einem progressiven Wiedergabesystem, da innerhalb einer Halbbilddauer neben dem aktuellen Teilbildinhalt die fehlende Rasterlage durch eine Interpolation (vertikal oder zeitlich) zusätzlich erzeugt wird. Daraus resultiert die Reihenfolge der adaptiv gesteuerten Rasterlagen in einem progressiven Wiedergabesystem zu (2 2 1 1).

Das Blockschema in Bild 6.15 zeigt ein adaptiv gesteuertes Flimmerreduktionsverfahren für eine 100-Hz-Zeilensprungwiedergabe. Das ankommende Videosignal wird halbbildweise in die Teilbildspeicher eingeschrieben und mit der doppelten Vertikalfrequenz ausgelesen. Für ruhende Bildinhalte und eine flimmerfreie Kantenwiedergabe wurde das Verfahren F2i mit der Vollbildwiederholung gewählt $(A_1 \, A_2 \, A_1 \, A_2)$. Über einen Multiplexer S_2 gelangt das Signal zur Überblendschaltung. Das zweite Flimmerreduktionsverfahren F1i $(A_1 \, A_{1i} \, A_{2i} \, A_2)$ für die störungsarme Bewegungswiedergabe gelangt über S_3 zum vertikalen Interpolator, in dem das zweite und dritte Teilbild einer Vierersequenz durch eine vertikale Mittelwertbildung benachbarter Zeilen innerhalb eines Teilbildes gebildet wird und anschließend zur Überblendschaltung gelangt. Im Blockschaltbild werden alle Teilbildinhalte einem Bewegungsdetektor zugeführt, der das Steuersignal zur Überblendung zwischen den beiden Verfahren erzeugt.

Während es sich bei den gewählten Flimmerreduktionsverfahren um lineare Interpolationsmethoden handelt, die über die Systemtheorie umfassend in der Frequenzebene beschrieben werden können, ist die Erzeugung des Detektionssignals ein nichtlinearer

Vorgang, der ein zeitvariantes Steuersignal bildet. Die Wechselspannungsanteile im Steuersignal führen zu einer Modulation zwischen den beiden Flimmerreduktionsverfahren in der Überblendschaltung, die im Ausgangssignal als störende Aliaskomponenten sichtbar werden können. Nur für ein konstant gehaltenes Steuersignal ergibt sich eine lineare Mischung zwischen den Flimmerreduktionsverfahren und damit wieder ein aliasfreies lineares Gesamtsystem. Dieser Fall kann durch ein tiefpaßgefiltertes Steuersignal angenähert werden, das eine entsprechend langsame Überblendung bewirkt.

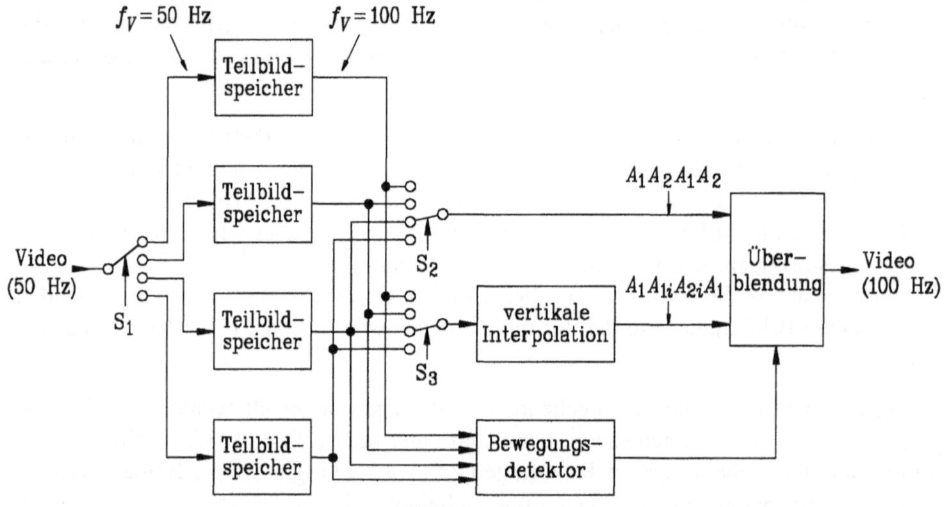

$A_1 A_2 A_1 A_2$: flimmerfreie Kantenwiedergabe

$A_1 A_{1i} A_{2i} A_1$: gute Bewegungswiedergabe

Bild 6.15
Blockschema einer bewegungsadaptiven Rasterkonversion

Bewegungsdetektoren mit Vollbildverzögerungen haben den Vorteil der örtlich gleichen Differenzbildung, womit horizontale Kanten sicher von einer Bewegung unterschieden werden können. In Kapitel 3.1 wurde jedoch gezeigt, daß nicht alle Bewegungsfrequenzen detektiert werden können; insbesondere Bewegungsfrequenzen bei $f_i \approx 25$ Hz werden wie ruhende Bildinhalte verarbeitet. Weiterhin passiert es häufig bei schnell bewegten Bildinhalten, daß sie an einem bestimmten Punkt nur innerhalb eines Teilbildes erscheinen. Das geht mit einer Verletzung des Abtasttheorems einher und ist sogar erwünscht, da Kameraaufnahmen durch kurze zeitliche Integrationszeiten eine Erhöhung der Bewegungsauflösung bewirken. Bild 6.16 zeigt solch ein schnell bewegtes Objekt über mehrere Teilbilder. Deutlich ist die Diskrepanz zwischen der subjektiven Bewegungsrichtung des Objekts nach links und der ortsfesten Bewegungsdetektion zu erkennen. Bei der Differenzbildung zweier Abtastpunkte im Vollbildabstand werden schnell bewegte Details mit geringem oder keinem Überlappungsbereich nur in jedem zweiten Teilbild als Bewegung erfaßt (D1) und führen aufgrund der fehlerhaften Detektion zu einer erheblichen Störung des Bewegungsablaufs. Abhilfe schafft ein paralleler zweiter Detektionszweig (D2), der mit einem Offset von einer Teilbilddauer wiederum die Differenz aufeinanderfolgender Vollbilder auswertet.

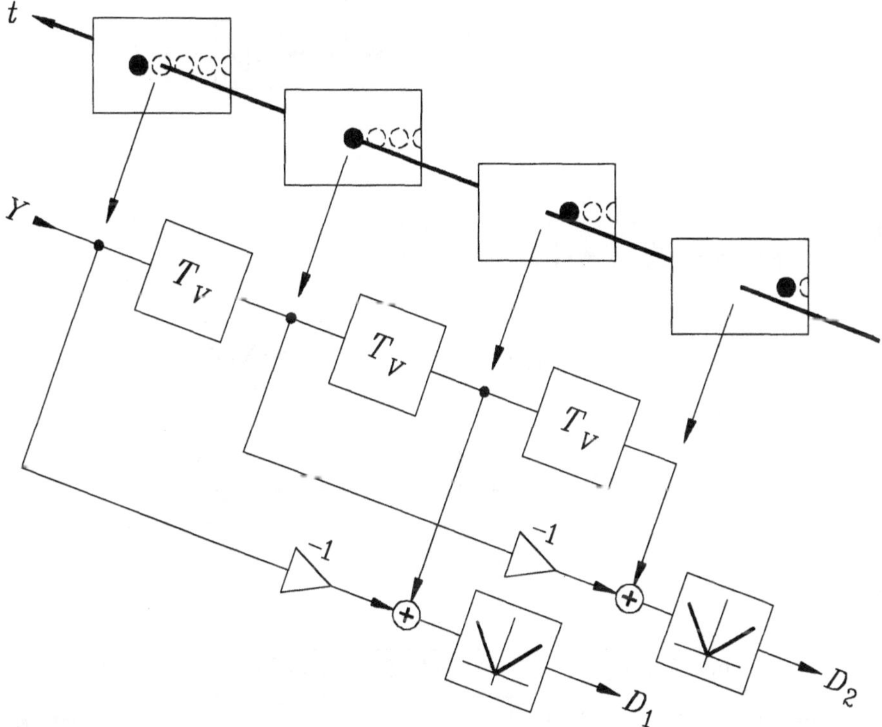

Bild 6.16
Bewegungsdetektion schnell bewegter Objekte

Zwei Detektortypen, die näher auf ihre Eignung zur Flimmerreduktion untersucht wurden, sind in Bild 6.17 dargestellt. Bild 6.17a zeigt eine einfache Detektion (B1) mit einer Vollbilddifferenz, Bild 6.17b einen erweiterten Detektor (B2) mit einer Paralleldetektion in zwei Zweigen. Der Gesamtaufwand an Teilbildspeichern, der für die adaptive Verarbeitung benötigt wird, hängt stark vom Detektionsverfahren ab. Ein Teilbildspeicher dient zur Erhöhung der Vertikalfrequenz und kann nicht gleichzeitig als Verzögerung für den Bewegungsdetektor genutzt werden. Daraus ergibt sich ein Gesamtaufwand von drei Teilbildspeichern für B1 und vier Teilbildspeicher für B2.

Das Differenzsignal aufeinanderfolgender Bildinhalte eignet sich nicht direkt als Steuersignal der Überblendschaltung, sondern muß noch weitergehend verarbeitet werden. Zunächst ist eine Gleichrichtung des Signals erforderlich, da eine zeitliche Amplitudenänderung unabhängig von der Richtung erkannt werden muß. Bei dem Detektortyp B2 werden die gleichgerichteten Signale über einen Maximumoperator zusammengeführt, um gerade schnell bewegte Details sicher zu erkennen (Bild 6.17b).

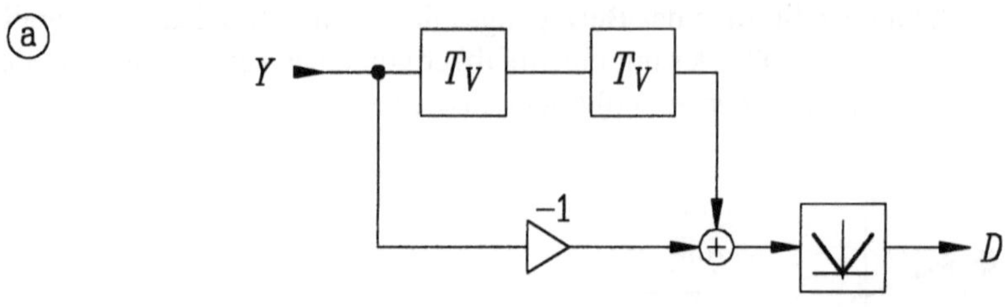

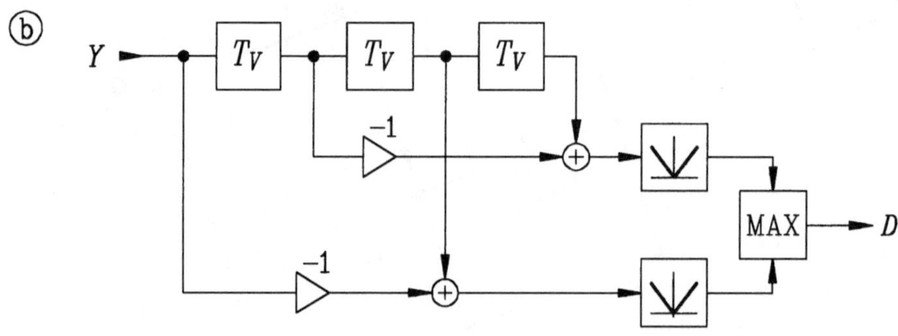

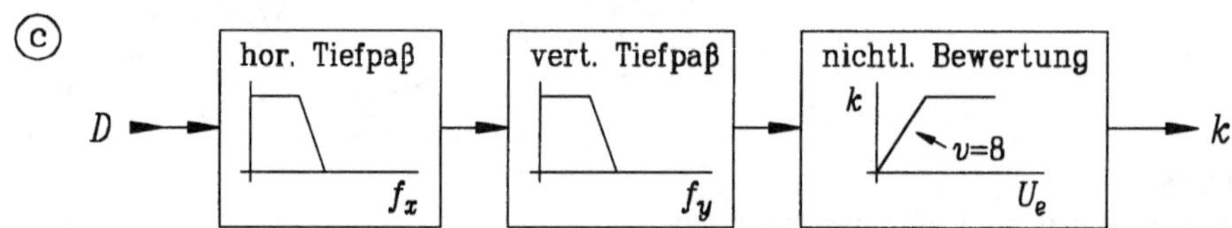

Bild 6.17
Bewegungsdetektion mit Vollbilddifferenzen; a) einfache Detektion (B1); b) zweifache Detektion
mit Teilbildoffset (B2); c) Nachverarbeitung beider Detektoren

Die Betragsbildung durch einen Gleichrichter ist ein nichtlinearer Vorgang, der neben
dem erwünschten Gleichspannungsanteil auch Wechselspannungsanteile beinhaltet.
Diese Wechselspannungsanteile würden in der Überblendschaltung zu einer Modulation
zwischen den Signalen der Interpolationsfilter führen und müssen daher in einer Nachverarbeitung weitgehend unterdrückt werden (Bild 6.17c). Für höhere horizontale und
vertikale Ortsfrequenzen, die gerade auch an bewegten Kanten auftreten, trägt eine
horizontale und vertikale Tiefpaßfilterung zu einer wesentlichen sanfteren Umsteuerung
bei. Den größten Anteil hätte bei der zeitlich wirkenden Bewegungsdetektion ein zeitliches Nachfilter, das bei B2 durch die parallele Detektion im zweiten Zweig ersetzt wird.
Die planare Nachfilterung verbreitert das Detektionsgebiet, wodurch im Bereich bewegter Kanten auf das Verfahren mit der guten Bewegungswiedergabe umgeblendet wird.

Dies führt beispielsweise dazu, daß kontrastreiche Schrifteinblendungen, an denen ein bewegtes Objekt vorbeiwandert, ebenfalls von der Detektion erfaßt werden. Als Folge wird wieder Kantenflimmern sichtbar und gleichzeitig die vertikale Auflösung reduziert.

Nach der Filterung kann das Steuersignal noch verstärkt und begrenzt oder einer anderen nichtlinearen Kennlinienbewertung unterzogen werden. Die Verstärkung beeinflußt das Überblendverhalten. Für Verstärkungsfaktoren bis ca. 7 wurden in natürlichen Szenen viele kontrastschwache bewegte Objekte nicht richtig detektiert und führten zu Flimmerstörungen bei der Kombination der Flimmerreduktionsverfahren F1i und F2i. Bei einer 10fachen Verstärkung genügten bereits geringfügige Rauschstörungen, um auch ruhende Bildinhalte nach Verfahren F1i im Bewegtbildmodus wiederzugeben. Eine Reduktion der Rauschstörungen durch die Einführung eines unteren Schwellenwertes führte selbst bei kleinen Schwellen zu drastisch verstärkten Bewegungsstörungen aufgrund mangelhafter Detektion kontrastschwacher Objekte.

Eine zu hohe Verstärkung verursacht zusätzliche Fehler, die bereits von einem Komparator her bekannt sind. Bei bewegten Objekten kann es aufgrund einer schnellen fehlerhaften Umschaltung zu einer zeitlich falschen Bildpunktreproduktion kommen, die am blitzartigen Ausfransen bewegter Strukturen sichtbar wird. Ein weiterer Nachteil der frühzeitigen Überblendung ist der Wechsel bei langsamen Bewegungen zwischen einer flimmerfreien Darstellung mit hoher Auflösung und dem plötzlichen Auflösungsverlust mit dem Wiederkehren von Flimmerstörungen in feinstrukturierten Objekten durch die Übertragungscharakteristik des Flimmerreduktionsverfahrens F1i bzw. F1p für bewegte Bildinhalte. Für die Wahl des Verstärkungsfaktors ergab sich somit nur ein sehr kleiner Spielraum; als Kompromiß wurde ein Verstärkungsfaktor von acht gewählt.

Bei den Betrachtungen zur Bewegungsdetektion blieb bisher die Chrominanzverarbeitung unberücksichtigt. In der Regel ist die Chrominanz mit der Luminanz korreliert, so daß die Bewegungsdetektion im Luminanzzweig ausreichend ist. Nur in ganz wenigen Fällen, wenn ein Farbübergang, der keinen Kontrastsprung in der Luminanz besitzt und gleichzeitig bewegt wird, kommt es zu einer Beeinträchtigung der Farbwiedergabe. Eine weitere Störung der Bewegungsdetektion könnte in den heutigen Fernsehsystemen (PAL, NTSC, SECAM) durch Farbträgerreste im Luminanzzweig auftreten. Der Farbträger enthält unter anderem Zeitfrequenzen, die vom Bewegungsdetektor auch in ruhenden Bildinhalten (z. B. an farbigen Übergängen) detektiert werden können, an denen Cross-Luminanz-Störungen auftreten. Ein einfaches horizontales Vorfilter vor der Gleichrichtung verhindert einen Einfluß des Farbträgers auf die Bewegungsdetektion. Andererseits wird die Bewegungsdetektion feiner bewegter Strukturen durch ein Vorfilter erschwert. An natürlichen Szenen zeigte sich, daß eine Vorfilterung eine Verschlechterung der Bewegungswiedergabe bewirkt, ruhende Bilder dagegen nur wenig beeinflußt. Daher kann auf die Vorfilterung verzichtet werden.

Abschließend wurden die Eigenschaften der verschiedenen Bewegungsdetektoren miteinander verglichen. Der Bewegungsdetektor B1 erzeugt ohne Nachverarbeitung ähnliche Fehler wie die Medianfilter M1i, M1p, mit der beschriebenen Nachverarbeitung wird die Bewegungswiedergabe deutlich besser. Erst bei hohen Bewegungsgeschwindigkeiten feiner Details treten Flimmerstörungen bzw. Bewegungsunschärfen in Erscheinung. Der Detektor B2 mit äquivalenter Detektion in benachbarten Teilbildern (bzw. zeitlicher Nachfilterung) ist in der Lage, in fast allen Fällen ruhende von bewegten Bildinhalten zu unterscheiden und ermöglicht eine weitgehend flimmerfreie Wiedergabe ohne gravierende Bewegungsstörungen. Eine Ausnahme bilden 25-Hz-Bewegungsfrequenzen, die bei beiden Detektoren mit der doppelten Frequenz wie ruhende Bildinhalte wiedergegeben werden.

6.4 Kantenadaptive Verfahren

Als Alternative zur bewegungsadaptiven Verarbeitung soll nun eine selektive Kantenadaption betrachtet werden, die kontrastreiche vertikale Übergänge und somit flimmernde Kanten erkennt [HENT 5]. Vom technischen Speicheraufwand her ist ein kantenadaptives Flimmerreduktionsverfahren einer Bewegungsdetektion weit überlegen. Für die Kantendetektion innerhalb eines Teilbildes werden lediglich Zeilenspeicher benötigt; die Anzahl der benötigten Teilbildspeicher ist von den gewählten Flimmerreduktionsverfahren abhängig.

Die Arbeitsweise der kantenadaptiven Verarbeitung veranschaulicht Bild A.8 (im Anhang) anhand des Burgplatzbildes. Um die Detektionsgebiete innerhalb eines natürlichen Bildes sichtbar zu machen, kann das Videobild entfärbt und die Detektionsgebiete rot markiert werden. Dies ist im Bild in der linken Bildhälfte zu sehen, während rechts das flimmerfreie Ausgangssignal dargestellt ist. An Stellen mit vertikalen Übergängen wird auf eine flimmerfreie Kantenwiedergabe übergeblendet.

Die Eigenschaften einer kantenadaptiven Verarbeitung lassen sich anhand der Detektionsgebiete in der Frequenzebene abschätzen (Bild 6.18). Da das Spektrum einer einzelnen Kante sehr breitbandig ist, reichen einfache Filter zur Kantendetektion völlig aus. Die einfachste - und wirkungsvollste - Filterung ist eine Differenzbildung aufeinanderfolgender Zeilen innerhalb eines Teilbildes. Im Detektionsgebiet sollte ein Verfahren mit flimmerfreier Kantenwiedergabe eingesetzt werden (F2i, F2p). Bei niedrigen vertikalen Ortsfrequenzen eignen sich die Verfahren F1i, F1p mit guter Bewegungswiedergabe. Die horizontale Ortsfrequenzrichtung kann man sich senkrecht stehend auf der Zeichenebene vorstellen, so daß auch hier im Bereich niedriger vertikaler Ortsfrequenzen keine Beeinträchtigung der Bewegungswiedergabe stattfindet. Eine Beeinträchtigung der Bewegungswiedergabe kann erst im Durchlaßbereich des Kantendetektors bei höheren vertikalen Ortsfrequenzen auftreten, wobei die Art der sichtbaren Artefakte von den gewählten Flimmerreduktionsverfahren abhängt. Sehr hohe vertikale Ortsfrequenzen in der Nähe der halben vertikalen Abtastfrequenz ($f_y \approx 312{,}5$ c/ph) fallen nicht in den Detektionsbereich, sind empfangsseitig aber auch nicht von einer hohen Bewegungsgeschwindigkeit zu unterscheiden. In diesem Fall wird die Bewegungswiedergabe nach Verfahren F1i, F1p bevorzugt.

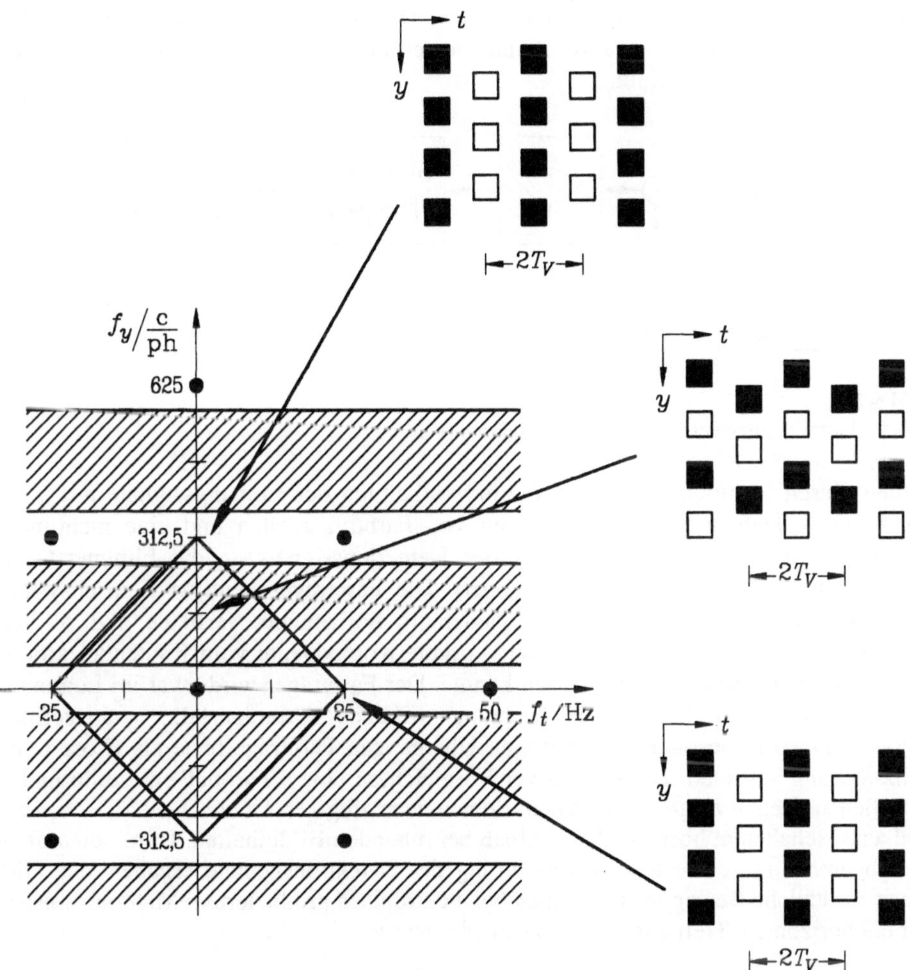

Bild 6.18
Durchlaßbereiche eines vertikalen Kantendetektors

6.4.1 Kantendetektion innerhalb eines Teilbildes

In Bild 6.19 ist das Prinzipschaltbild eines Kantendetektors für vertikale Übergänge dargestellt, das sich von der Struktur her nicht von einem Bewegungsdetektor unterscheidet. Der wesentliche Unterschied liegt in den Verzögerungsgliedern, zur Kantendetektion werden lediglich Zeilenspeicher benötigt. Nach der Differenzbildung zwischen zwei aufeinanderfolgenden Zeilen folgt eine Betragsbildung, da eine Kante unabhängig von der Richtung des Übergangs detektiert werden soll. Die durch die Gleichrichtung entstehenden Oberwellen führen bei der Überblendung zu Aliaseffekten, die durch ein planares Nachfilter reduziert werden können. Das Ausgangssignal wird anschließend noch durch eine nichtlineare Kennlinienbewertung verformt, die entscheidend den Überblendvorgang beeinflußt.

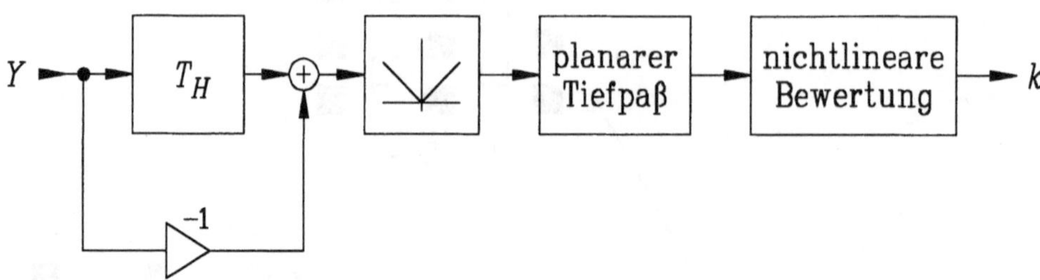

Bild 6.19
Blockschaltbild eines vertikalen Kantendetektors (K1)

Neben diesen Komponenten ist eine Vorverarbeitung der Eingangssignale mit einem horizontalen Tiefpaß zur Unterdrückung von Farbträgerresten und eine nichtlineare Amplitudenbewertung zur Anpassung des Detektionssignals an die Flimmerstörung möglich (in Bild 6.19 nicht eingezeichnet). Die Farbträger heutiger Fernsehsysteme beinhalten im dreidimensionalen Frequenzraum horizontale, vertikale und zeitliche Komponenten, wobei insbesondere die vertikale Komponente vom Kantendetektor als vertikaler Übergang detektiert werden könnte. Der Farbträger wird zwar im Luminanzkanal durch eine in horizontaler Richtung wirkende Farbträgerfalle herausgefiltert, jedoch können insbesondere an farbigen Übergängen Farbträgerreste als Cross-Luminanz-Störung auftreten. Ein subjektiver Vergleich an einem Farbbalkentestbild und an natürlichen Szenen zeigte allerdings nur einen geringfügigen Unterschied zwischen ein- und ausgeschaltetem horizontalen Tiefpaß bei ruhenden Bildinhalten. Durch die mit der Bandbegrenzung verbundene Verbreiterung der Detektionsgebiete ergaben sich allerdings zusätzliche Bewegungsstörungen bei elektronisch produziertem Material, weshalb auf die horizontale Tiefpaßfilterung verzichtet wurde.

Zur Detektion von Kantenflimmern ist eine Differenzbildung über zwei aufeinanderfolgende Zeilen nur bedingt in der Lage. In dunkleren Bildbereichen sind Flimmerstörungen selten zu finden, in hellen Bildbereichen dagegen häufiger. Die Vermutung lag nahe, daß das Kantenflimmern zum einen von der Amplitudendifferenz, zum anderen aber auch von der momentanen Helligkeit abhängig ist. Aus diesem Grund wurden die gegenseitigen Abhängigkeiten durch subjektive Studien ermittelt [HENT 1]. Aus den Parametern der momentalen Helligkeit und der Amplitudendifferenz läßt sich die Größe des Kantenflimmerns ableiten, jedoch zeigt bereits eine eindimensionale Entzerrung nach der Leuchtdichte ($\gamma = 2{,}2$) eine wesentlich bessere Anpassung der Detektionsgebiete an die Flimmeramplitude. Die Entzerrung muß selbstverständlich vor der Differenzbildung stattfinden.

Bei einer kantenadaptiven Kombination der Verfahren F1i, F1p mit F2i, F2p treten starke Aliaskomponenten auf, wenn das Detektionssignal nach der Gleichrichtung direkt als Steuersignal für die Überblendung verwendet wird. Die größten Aliaszentren liegen bei einem Drittel der vertikalen Abtastfrequenz für waagerechte und diagonale Strukturen, der Anteil der Nebenzentren ist geringer. Die Aliasstrukturen entsprechen weitgehend denen der vertikal-zeitlichen Medianfilter M2i, M2p (Bild 6.14b), obwohl die Ursachen durchaus unterschiedlich sind. Bei der Medianfilterung entstehen die Aliaskomponenten direkt aus den erzeugten Oberwellen, während bei einer kantenadaptiven Steuerung die durch die Gleichrichtung erzeugten Oberwellenanteile zu einer Modulation zwischen den beiden gewählten Flimmerreduktionsverfahren führen. Hier liegt gleichzeitig eine Stärke kantenadaptiver Verfahren, da innerhalb des Detektionszweiges durch eine geeignete Nachverarbeitung des Steuersignals die Aliasanteile erheblich reduziert werden können.

Zur Glättung des vertikalen Detektionssignals ist nach der Betragsbildung ein in gleicher Richtung wirkendes vertikales Nachfilter am besten geeignet. Auf der einen Seite werden höherfrequente Anteile unterdrückt, auf der anderen Seite geht mit einer linearen Filterung eine Verschleifung von impulsförmigen Signalen einher, so daß einzelne kontrastreiche Kanten unter Umständen nicht mehr sicher erkannt werden. Letzterem kann durch eine Nachverstärkung des Detektionssignals entgegengewirkt werden. Bereits eine Filterung in horizontaler Richtung reduziert Aliaskomponenten in diagonalen Strukturen, da diese auch horizontale Ortsfrequenzen beinhalten. Dieses Filter beeinflußt die Kantendetektion in vertikaler Richtung und in diagonalen Strukturen nur geringfügig.

Das Ergebnis einer horizontalen und vertikalen Nachfilterung mit einer zweifachen Verstärkung im Detektionszweig ist in Bild 6.20 anhand von Zoneplate-Testbildern für die Kombination der Flimmerreduktionsverfahren F1i, F1p und F2i, F2p dargestellt. Eine horizontale Nachfilterung reduziert die Aliaskomponenten in diagonalen Strukturen, da nur in diesen Bereichen gleichzeitig vertikale und horizontale Ortsfrequenzen auftreten. Das vertikale Nachfilter reduziert die Aliaskomponenten gleichermaßen in horizontalen und diagonalen Strukturen, so daß bei einer Kombination beider Filter Aliaskomponenten in diagonalen Strukturen fast vollständig vermieden werden. Ein Nachteil der Nachfilterung ist die Verbreiterung der Detektionsgebiete, da mit der Größe der Detektionsgebiete auch die Bewegungsstörungen ansteigen.

Die Nachverstärkung (nichtlineare Bewertung in Bild 6.19) beeinflußt ebenfalls den Überblendvorgang. Eine hohe Verstärkung bewirkt bereits eine Überblendung bei vertikalen Übergängen mit geringen Amplitudenunterschieden und damit eine hohe Reduktion des Kantenflimmerns. Ein zu frühes Umsteuern kann aber auch Störungen verursachen. Detektierte vertikal bewegte Details mit geringen Kontrastunterschieden führen zu verstärktem Flimmern im Bereich der Kante. Außerdem werden proportional zur Verstärkung die Aliasanteile, die aufgrund der Restwelligkeit nach der Filterung verbleiben, mit verstärkt. Mit der Überblendkennlinie kann ein Kompromiß gefunden werden zwischen den verbleibenden Bewegungsstörungen, der Höhe der Aliasanteile und der Reduktion der Flimmereffekte. Bei einem Verstärkungsfaktor zwischen zwei und drei und anschließender Begrenzung auf den Maximalpegel ($k = 1$) bleiben Aliaskomponenten ausreichend bedämpft, die Reduktion des Kantenflimmerns ist hoch und Bewegungsstörungen sind gering.

Detektionssignal   Ausgangssignal

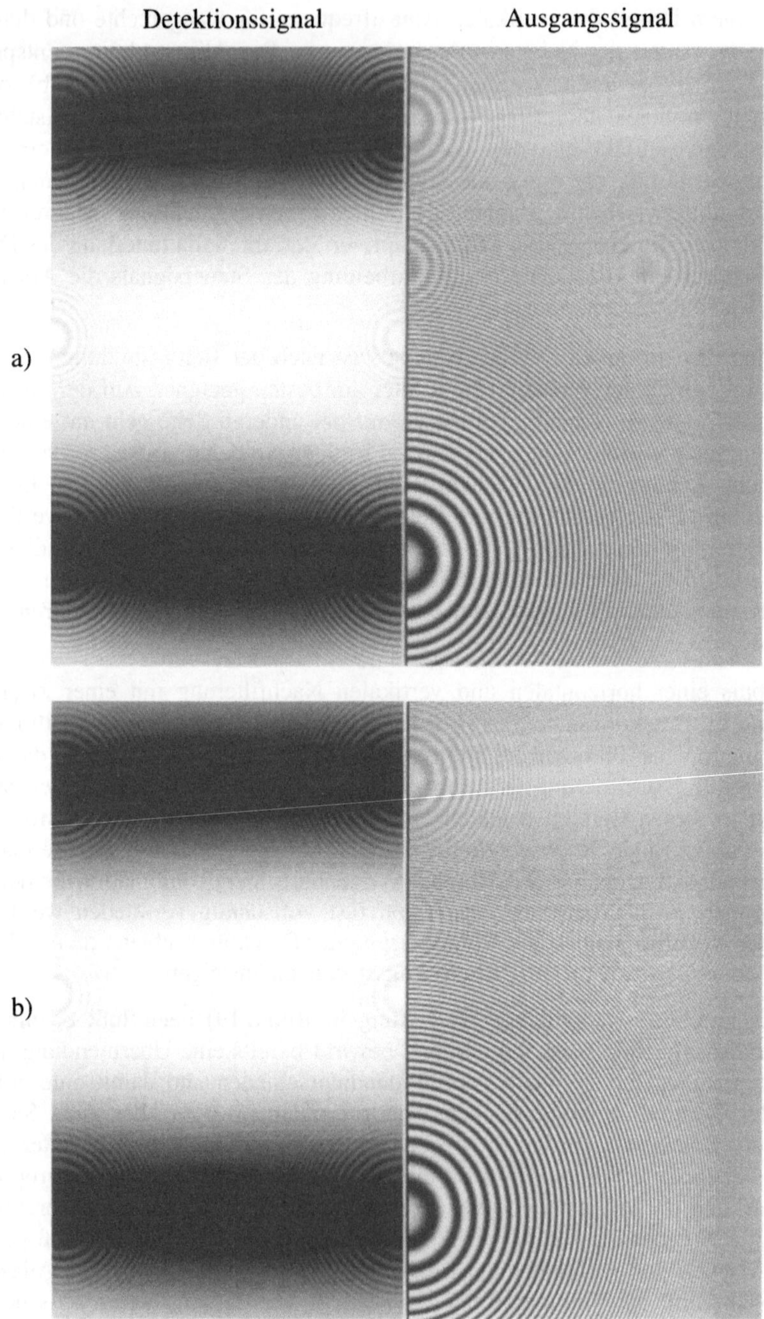

Bild 6.20
Einfluß der Nachfilterung bei der Kantendetektion im aktuellen Teilbild auf die Aliaskomponenten; a) horizontales Nachfilter $\cos^2(2\pi f_x/f_{ax})$; b) planares Nachfilter $\cos^2(2\pi f_x/f_{ax}) \cdot \cos^2(2\pi f_y/f_{ay})$

6.4.2 Kantendetektion in mehreren Teilbildern

In ruhenden Bildinhalten hat die Kantendetektion innerhalb eines Teilbildes ihre Grenzen, wenn die Zeilenbreite flimmernder Details unter zwei Zeilen sinkt, entsprechend bei Ortsfrequenzen oberhalb von einem Viertel der vertikalen Abtastfrequenz. Eine Flimmerbefreiung oberhalb dieser Frequenz ist möglich, wenn parallel zum aktuellen Teilbild das benachbarte Teilbild ebenfalls auf das Vorhandensein kontrastreicher vertikaler Übergänge untersucht wird. Die Erweiterung einer Kantendetektion auf benachbarte Teilbilder kann allerdings auch eine Zunahme der Bewegungsstörungen für vertikale Ortsfrequenzen bedeuten.

Verschiedene Möglichkeiten zur Kantendetektion in mehreren Teilbildern sollen an dieser Stelle vorgestellt und im technischen Aufwand abgeschätzt werden. Die Hinzunahme des benachbarten Teilbildes erfordert keine zusätzliche Teilbildverzögerung, da die Teilbildverzögerung vom Verfahren für die flimmerfreier Kantenwiedergabe mit genutzt werden kann. Daher ist der Aufwand für den zweiten Detektionszweig gering (Bild 6.21a). Neben einem Hochpaßfilter mit Zeilenverzögerungen werden ein Betragsbildner und eine Kombination der beiden Kantendetektoren über eine Mittelwertbildung benötigt.

Bei einer Kantendetektion im komplementären Raster würde eine Differenzbildung aus zwei Zeilen zwar zu derselben sinusförmigen Übertragungscharakteristik führen, die detektierte Rasterlage wäre allerdings um eine Zeile verschoben, das heißt es macht sich ein Laufzeitfehler bemerkbar. Grundsätzlich kann das Übertragungsverhalten des gewünschten Filters über die Impulsantwort approximiert werden [LÜKE], wobei durch ein Abtasten der Impulsantwort mit einer Diracstoßfunktion - bei der über die Phasenlage des Abtastrasters die gewünschte Rasterlage vorgegeben werden kann - die Koeffizienten gewonnen werden. Zur Approximation des sinusförmigen Übertragungsverhaltens in der komplementären Rasterlage ergeben sich allerdings eine unendlich lange Reihe von Koeffizienten mit kleinen, langsam abfallenden Werten, so daß für eine ausreichende Approximation viele Verzögerungsglieder nötig sind.

Ein Filter 2. Ordnung ($\sin^2(\pi\ f_y/f_{ay})$) ist ebenfalls zur Kantendetektion geeignet und unterscheidet sich von einem Filter 1. Ordnung nicht wesentlich im Übertragungsverhalten, besitzt aber die gewünschte Laufzeit, bzw. richtige Rasterlage. Das unterschiedliche Phasenverhalten ist nicht relevant, da die Detektionssignale erst nach der Betragsbildung zusammengeführt werden.

Statt einer Kombination der beiden Detektionszweige über eine Mittelwertbildung ist auch eine Maximumbildung denkbar, was ebenfalls untersucht wurde. Dabei trat jedoch eine deutliche Verschlechterung der Bewegungswiedergabe auf. Detektierte bewegte Kanten des benachbarten Teilbildes werden wie ruhende Kanten wiedergegeben und bewirken verstärktes Flimmern in bewegten Bildinhalten. Die Mittelwertbildung reduziert diese Bewegungsstörungen.

Eine weitere Reduktion der Bewegungsartefakte kann durch eine zeitliche Tiefpaßfilterung erzielt werden, wozu allerdings ein zusätzlicher Teilbildspeicher benötigt wird

(Bild 6.21b). Während das aktuelle Teilbild direkt passieren kann, findet in den benachbarten Teilbildern (Vollbilddifferenz) eine zeitliche Mittelwertbildung statt. Bewegte Kanten erzeugen nur in einem der benachbarten Teilbilder ein Detektionssignal, das durch die Tiefpaßfilterung wirkungsvoll bedämpft wird.

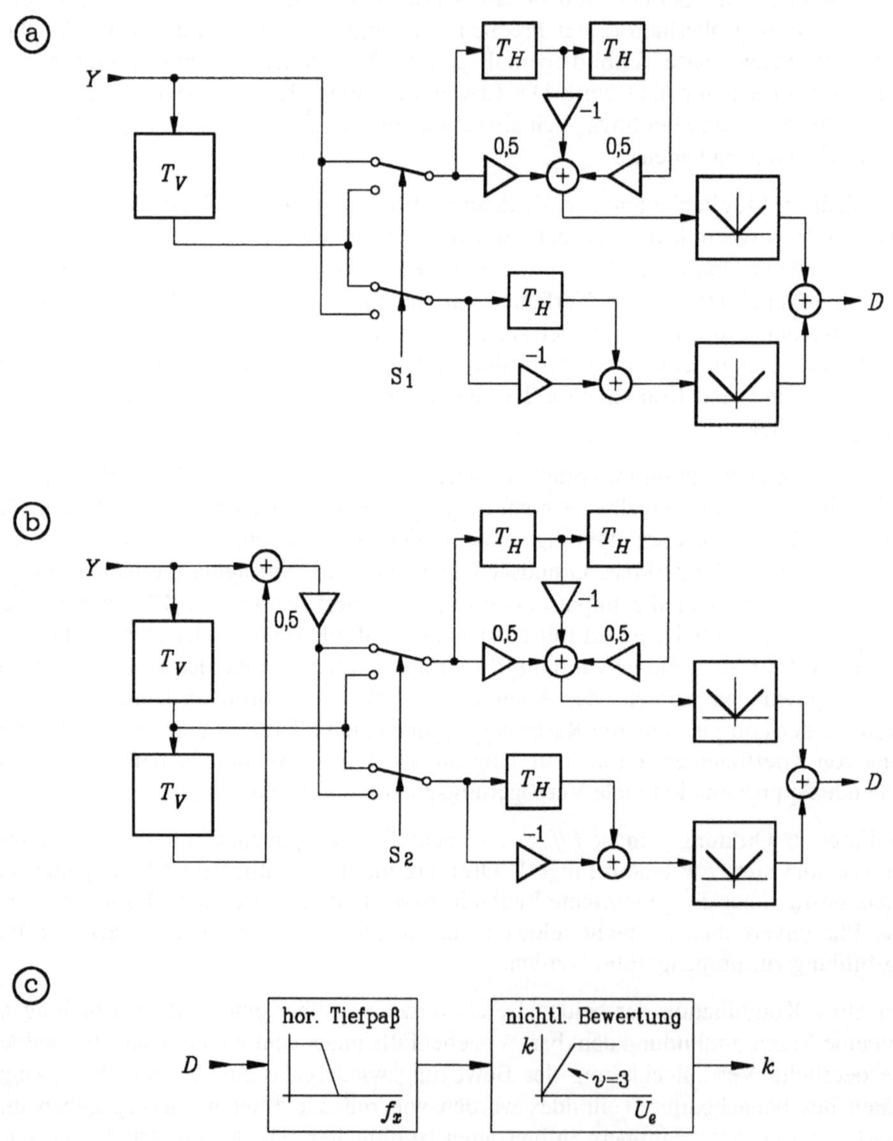

Bild 6.21
Blockschaltbilder einer Kantendetektion in mehreren Teilbildern; a) Detektion in zwei benachbarten Teilbildern (K2); b) Detektion in drei Teilbildern mit zeitlicher Tiefpaßfilterung (K3); c) Nachverarbeitung beider Detektoren

Die Nachverarbeitung für beide Detektortypen beschränkt sich auf einen horizontalen Tiefpaß zur Glättung und die nichtlineare Bewertung bzw. Signalverstärkung. Auf eine vertikale Nachfilterung kann verzichtet werden, da diese durch den zweiten Detektionszweig mit anschließender Mittelwertbildung ersetzt wird.

Zur Optimierung der nichtlinearen Bewertung (Signalverstärker mit Begrenzer) muß zwischen der Güte der Bewegungs- und Kantenwiedergabe ein Kompromiß gefunden werden. Bei einer sehr hohen Verstärkung wird die Mittelwertbildung wirkungslos, bei zu geringer Verstärkung wird Kantenflimmern nur unzureichend reduziert. Ein guter Kompromiß konnte bei einem Verstärkungsfaktor von zwei bis drei gefunden werden.

Die Reduktion der Aliaskomponenten durch eine Kantendetektion in mehreren Teilbildern (Bild 6.21a, b) ist anhand eines Zoneplate-Bildes in Bild 6.22 dargestellt. Es erfolgt keinerlei Nachverarbeitung, lediglich eine Verstärkung mit Begrenzung um den Faktor drei. Aliaskomponenten innerhalb des Basisbands werden bis etwa zur 0,4-fachen vertikalen Abtastfrequenz vermieden und liegen damit außerhalb des Auflösungsbereichs, der durch den *Kell-Faktor* bestimmt wird. Innerhalb des Detektionsgebiets ist die Auflösung hoch und Flimmerstörungen treten nur im Bereich der halben Abtastfrequenz auf.

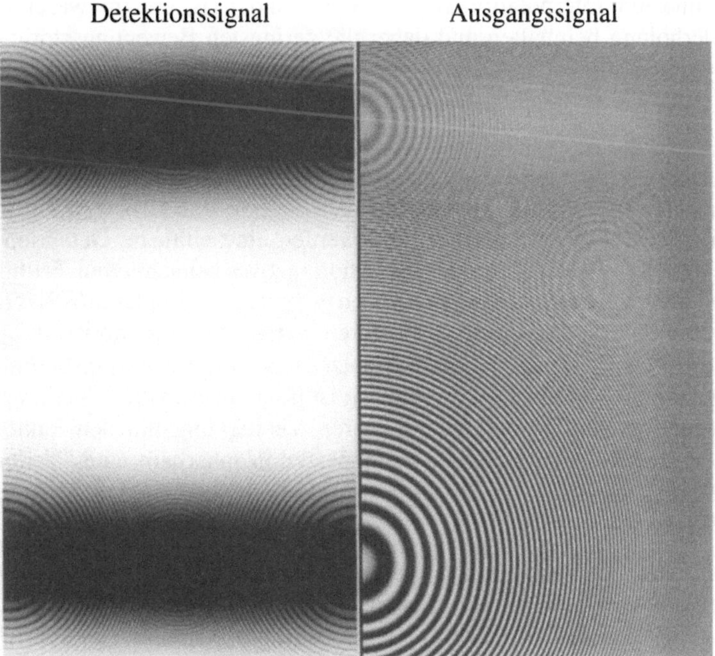

Bild 6.22
Reduktion der Aliaskomponenten einer Kantendetektion durch Detektion in mehreren Teilbildern (ohne Nachverarbeitung)

Neben der Luminanzverarbeitung soll zum Abschluß noch auf die Chrominanzverarbeitung in kantenadaptiven Verfahren eingegangen werden. Die für PAL-Signale notwendige Interpolation der Chrominanzkomponenten U und V (PAL-Delay-Line) führt zu einer Reduzierung der vertikalen Auflösung und damit auch zu einer Reduktion des Kantenflimmerns, welches durch farbige Übergänge hervorgerufen wird. Für die Chrominanzverarbeitung kann daher bei geringfügigen Qualitätseinbußen auf eine kantenadaptive Verarbeitung verzichtet werden. Empfehlenswert ist eine Signalverarbeitung nach Verfahren F1i, F1p mit einer vertikalen Interpolation in das Wiedergaberaster. Bei einer einfachen Zeilenwiederholung treten durch eine falsche Zuordnung der Rasterlage vertikale Laufzeitfehler auf, die als flimmernde Aliaskomponenten sichtbar werden.

6.5 Subjektiver Vergleich

Für einen subjektiven Vergleich der Leistungsfähigkeit der unterschiedlichen Ansätze wurden aus jeder Kategorie Flimmerreduktionsverfahren ausgewählt. Als Referenz dienten die linearen Interpolationsverfahren F1i und F1p, die im wesentlichen eine Teilbildwiederholung beinhalten und daher die geringsten Bewegungsstörungen verursachen. Bei den nichtlinearen Interpolationsverfahren wurden die zeitlichen Medianfilter M1i, M1p und die vertikal-zeitlichen Medianfilter M2i, M2p mit einbezogen.

Für die adaptive Signalverarbeitung zur Flimmerreduktion eignet sich sowohl eine bewegungsselektive als auch eine kantenselektive Steuerung. Kombiniert werden die linearen Verfahren F1i, F2i für die Interlace-Wiedergabe und F1p, F2p für die progressive Wiedergabe. Bei der Kantendetektion werden eine einfache Detektion innerhalb eines Teilbildes (K1) (Bild 6.19), eine Detektion in zwei benachbarten Teilbildern (K2) (Bild 6.21a) und eine Detektion in drei benachbarten Teilbildern (K3) (Bild 6.21b) miteinander verglichen. Alle drei Detektoren verwenden ein horizontal wirkendes Vorfilter ($\cos^2(2\pi\, f_x/f_{ax})$), eine Gradationsentzerrung vor der Betragsbildung und ein horizontal wirkendes Nachfilter, das identisch ist mit dem Vorfilter. Auch die Transferkennlinie besteht einheitlich aus einer linearen Verstärkung um den Faktor drei mit anschließender Begrenzung. Bei der Kantendetektion innerhalb eines Teilbildes (K1) wird zusätzlich ein vertikales Nachfilter ($\cos^2(2\pi\, f_y/f_{ay})$) verwendet, um Aliaskomponenten zu reduzieren.

Zwei Versionen der bewegungsadaptiven Steuerung sind für den subjektiven Test interessant. Der erste Detektor arbeitet mit einer Vollbilddetektion ohne zeitliche Nachfilterung (B1) und der zweite Detektor mit einer zweifachen Vollbilddetektion im Teilbildoffset (B2) (Bild 6.17). Zur Nachverarbeitung werden einfache Tiefpaßfilter in horizontaler und vertikaler Richtung verwendet ($\cos^2(2\pi\, f/f_a)$), und als nichtlineare Bewertung dient eine achtfache Verstärkung mit anschließender Begrenzung.

Die Testsequenzen wurden unterteilt in natürliche und besonders kritische elektronisch erzeugte Szenen mit jeweils einem Beispiel für ruhende, schwach bewegte und stark bewegte Bildinhalte. Die Testsequenzen waren:

ruhend:	1) Standbild mit feinem Lamellenmuster
	2) vertikaler Sweep $(0,15 - 0,35\, f_{ay})$
schwach bewegt:	3) fein kariertes Kostüm
	4) vertikal bewegter Sweep $(0,15 - 0,35\, f_{ay})$
stark bewegt:	5) Fußballspiel
	6) diagonal bewegte Balken.

Die ruhenden Bildinhalte sind für ein bewegungsadaptives Verfahren mit Vollbildverzögerungen nicht besonders aussagekräftig, da ohne überlagerte Rauschstörungen der Bewegungsdetektor kein Ausgangssignal liefert. Erst bei langsam bewegten Bildinhalten blendet er auf das Verfahren zur Bewegungswiedergabe um, was zu einer plötzlichen Änderung der vertikalen Auflösung und zu wiederkehrendem Kantenflimmern führen kann. Daher wurde zur kritischen Beurteilung ein vertikales Sweep-Testbild mit maximaler Modulation verwendet, das abwechselnd ruhend und langsam bewegt dargestellt wurde. Weiterhin sollte eine Aufnahme vom Filmabtaster beurteilt werden, in der ein langsam bewegtes fein kariertes Kostüm zu sehen war. Fußballspiele eignen sich besonders gut zur Beurteilung der Bewegungswiedergabe, da neben schnellen Bewegungen auch Kameraschwenks und Zoomaufnahmen vorkommen. Zusätzlich sollten diagonal bewegte Balken beurteilt werden, die ideal erzeugt wurden (ohne zeitliche Integration), einen Überlappungsbereich zwischen aufeinanderfolgenden Teilbildern von ca. 30 % besitzen und denen die Probanden noch gut folgen konnten.

Der Betrachtungsabstand betrug die vierfache Bildhöhe und die Spitzenhelligkeit wurde für die Interlace-Wiedergabe auf 70 cd/m^2 bei einer Hintergrundhelligkeit von 15 cd/m^2 festgelegt. Bei den progressiven Flimmerreduktionsverfahren ergab sich die doppelte Leuchtdichte. An den subjektiven Tests beteiligten sich insgesamt 44 Probanden. Nach einer Empfehlung der ITU-R [I-500] wurden die Szenen anhand der fünfstufigen Impairment Skala zur Beurteilung von Störungen beurteilt. Für die statistische Auswertung wurde eine *T*-Verteilung angenommen und der 95 % Vertrauensbereich bestimmt [SACHS].

Das Ergebnis der subjektiven Untersuchungen für die 100-Hz-Interlace-Wiedergabe ist in Bild 6.23 dargestellt. Ruhende Bildinhalte wurden sehr gut beim zeitlichen Medianfilter M1i und allen adaptiven Verfahren beurteilt. Die kantenadaptiven Verfahren K2i und K3i bieten selbst bei kritischen Bildinhalten die gleiche Bildqualität wie bewegungsadaptive Verfahren. Das vertikal-zeitliche Medianfilter M2i schneidet dagegen schlecht ab, besonders beim vertikalen Sweep-Testbild werden Flimmerstörungen und Alias sichtbar.

Bei langsam bewegten Bildern mit feinen Strukturen arbeiten alle kantenadaptiven Verfahren gut, da kein zusätzlicher Alias erzeugt und Kantenflimmern weiterhin vermieden wird. Die bewegungsadaptiven Verfahren blenden frühzeitig auf die Bewegtbildwiedergabe um, so daß die negativen Eigenschaften von Verfahren F1i sichtbar werden: reduzierte Vertikalauflösung und Kantenflimmern. Auch die Medianfilter bieten keine gute Bildqualität, besonders schlecht wird das vertikal-zeitliche Medianfilter M2i beurteilt.

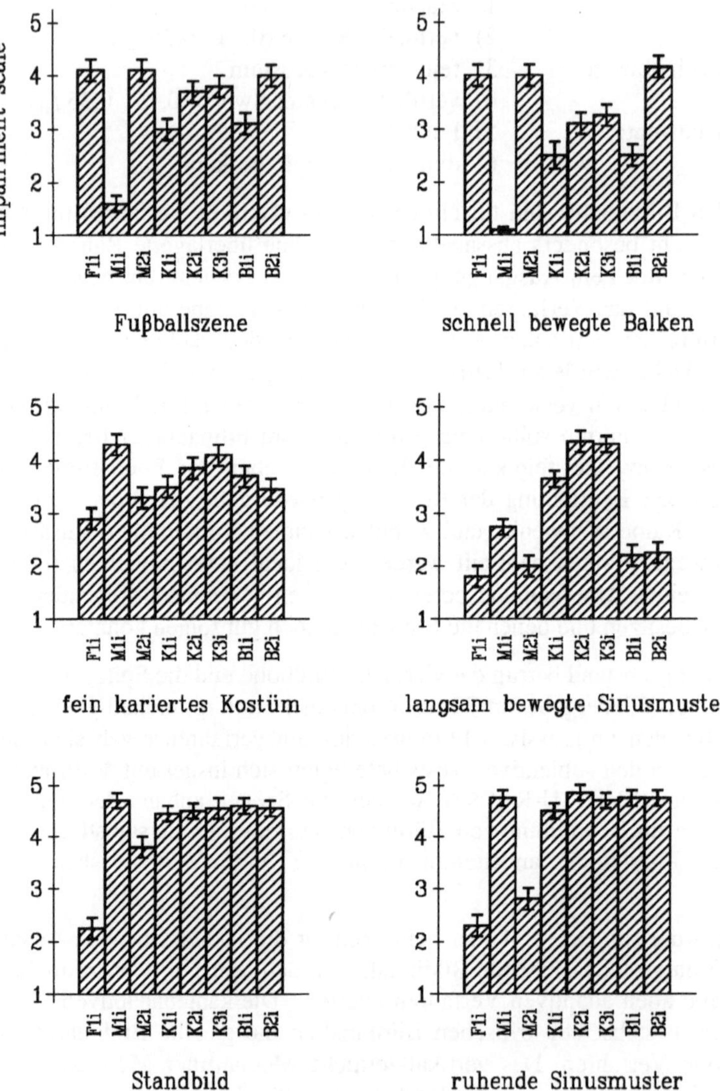

Bild 6.23
Subjektive Bewertung der Flimmerreduktionsverfahren mit 100-Hz-Teilbildfrequenz und Zeilensprungwiedergabe

Bei allen Verfahren tritt im Vergleich zur 50-Hz-Standardwiedergabe eine Bewegungsverschleifung auf, die bereits bei der einfachen Teilbildwiederholung entsteht. Da alle verglichenen Verfahren mit doppelter Teilbildfrequenz davon betroffen sind, sollte diese gemeinsame Eigenschaft beim Vergleich der Verfahren nicht beurteilt werden. Daher diente bei der Beurteilung der schnellen Bewegungswiedergabe Verfahren Fli mit der Teilbildwiederholung als Referenz.

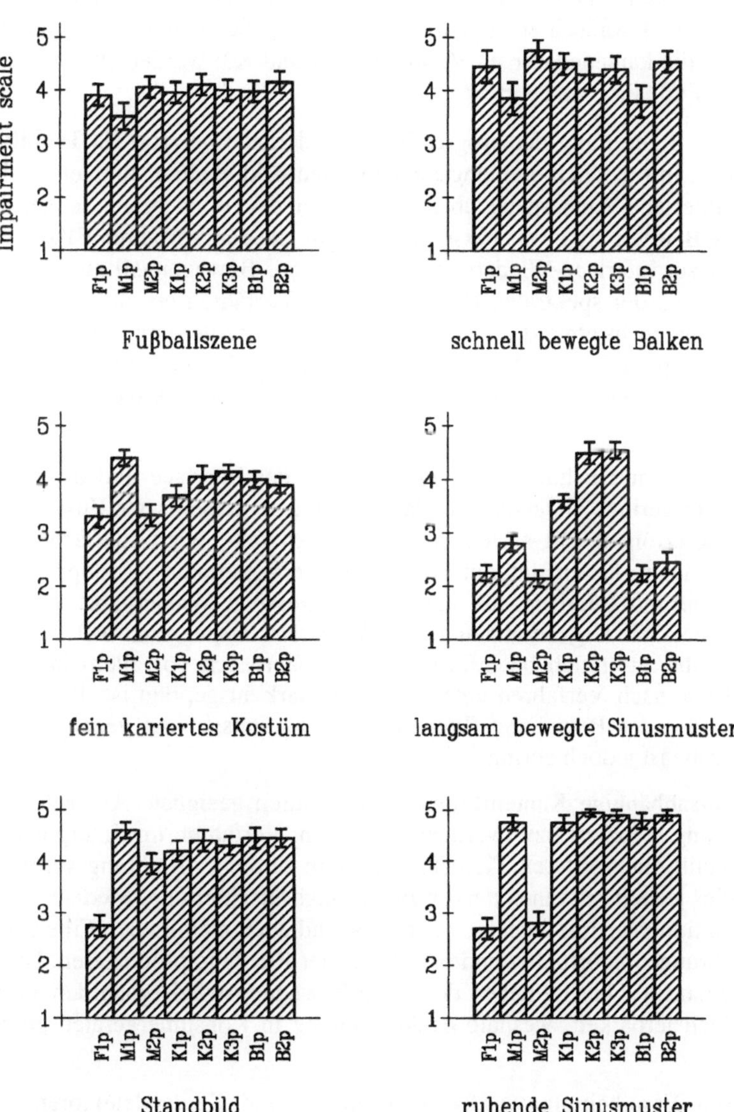

Bild 6.24
Subjektive Bewertung der Flimmerreduktionsverfahren mit 100 Hz Teilbildfrequenz und progressiver Wiedergabe

Bei der Fußballsequenz arbeiten die lineare Interpolation F1i, das vertikal-zeitliche Medianfilter M2i, die kantenadaptiven Verfahren K2i und K3i und das bewegungsadaptive Verfahren B2i gut, während bei K1i und B1i Flimmerstörungen in bewegten Bereichen sichtbar werden. Das zeitliche Medianfilter M1i erzeugt starkes Bewegungsflimmern und eine Bewegungsunschärfe, so daß es für eine qualitativ hochwertige Wiedergabe insgesamt ungeeignet ist. Größere Unterschiede zwischen den Verfahren werden bei der elektronisch erzeugten Balkenwiedergabe sichtbar. K1i und B1i versagen, und auch die kantenadaptiven Verfahren K2i und K3i werden etwas schlechter im Vergleich zur Fußballszene beurteilt.

Die subjektive Beurteilung der progressiven Wiedergabe bei 100-Hz-Teilbildfrequenz zeigt Bild 6.24. In ruhenden und langsam bewegten Bildinhalten stimmen die Ergebnisse mit der Interlace-Wiedergabe überein, nur bei der Wiedergabe schnell bewegter Inhalte ist die Beurteilung etwas besser. Hier diente die das Verfahren F1p als Referenz. Im Gegensatz zur Interlace-Wiedergabe wird jegliches Bewegungsflimmern vermieden, wie es bereits aus der spektralen Betrachtung der Verfahren ersichtlich war. Fast alle Verfahren erzeugen in etwa die gleiche Bewegungsverschleifung, nur beim zeitlichen Medianfilter M1p und beim bewegungsadaptiven Verfahren B1p ist die Unschärfe größer. Bei diesen beiden Verfahren fällt dann auch die subjektive Beurteilung etwas schlechter aus.

Die subjektiven Untersuchungen zeigen zwischen der Interlace und der progressiven Wiedergabe nur geringe Unterschiede, daher kann eine gemeinsame Zusammenfassung der Ergebnisse erfolgen. Die systemspezifischen Artefakte wie Großflächen- und Zwischenzeilenflimmern lassen sich durch einen Wiedergabemodus mit doppelter Teilbildfrequenz sowohl mit Interlace- als auch mit progressiver Wiedergabe vermeiden. Die 100-Hz-Interlace-Wiedergabe erzeugt allerdings Nebenspektren, welche die Bewegungswiedergabe zusätzlich beeinflussen. Dies äußert sich vor allem in Bewegungsflimmern, das je nach Verfahren unterschiedlich stark ausgeprägt ist. Progressive Verfahren vermeiden das Bewegungsflimmern, der Qualitätsgewinn gegenüber der Interlace-Wiedergabe ist jedoch gering.

Das bildinhaltsabhängige Kantenflimmern kann durch geeignete Algorithmen zur Signalverarbeitung reduziert bzw. vermieden werden. Verfahren mit Interpolationsfiltern können Kantenflimmern durch Tiefpaßfilterung in zeitlicher Richtung vermeiden, verbunden ist dies jedoch mit einer starken Bewegungsverschleifung. Medianfilter sind zur Flimmerreduktion prinzipiell geeignet, aber es sind auch nichtlineare Filter, die zusätzliche Aliasstörungen in örtlicher und/oder zeitlicher Richtung produzieren. Das vertikalzeitliche Medianfilter besitzt neben der guten Bewegungswiedergabe den Vorteil einer einfachen Realisierbarkeit, weshalb es Anwendung in Konsumergeräten gefunden hat [PHILIPS].

Zur adaptiven Verarbeitung wurden Bewegungs- und Kantendetektoren eingesetzt. Bewegungsadaptive Verfahren zeichnen sich durch eine gute Wiedergabe ruhender Bildinhalte aus, die lediglich durch die Rauschempfindlichkeit gestört wird. Das frühzeitige Überblenden macht sich bei langsam bewegten Strukturen störend bemerkbar, weshalb der hohe technische Aufwand nicht gerechtfertigt erscheint. Die kantenadaptiven Verfahren sind in ruhenden Bildinhalten qualitativ mit den bewegungsadaptiven Verfahren vergleichbar, wegen der geringen Rauschempfindlichkeit sogar besser geeignet. Bei langsam bewegten Strukturen erzielen sie die beste Beurteilung, nur schnelle Bewegungen werden schlechter beurteilt.

Insgesamt erzielten kantenadaptive Verfahren die beste Beurteilung, wobei der qualitative Unterschied zwischen K2i, K3i und K2p, K3p imaginal ist. Mit einem Hardwareaufwand von nur zwei Teilbildspeichern bilden damit K2i, K2p eine qualitativ hochwertige Lösung bei gleichzeitig geringem Hardwareaufwand. Daher erscheint eine weitere Optimierung dieses Verfahrens sinnvoll, in der die Erkenntnisse der subjektiven Untersuchungen mit genutzt werden.

6.6 Optimierung eines kantenadaptiven Verfahrens

Das kantenadaptiven Verfahren K2i, K2p besitzen große Vorteile gegenüber den Interpolationsfiltern, den Medianfiltern und den bewegungsadaptiven Verfahren, es verbleiben jedoch geringe Reststörungen besonders in schnell bewegten Gebieten. Aufbauend auf den Ergebnissen der subjektiven Untersuchungen zur Flimmerreduktion sollten diese Reststörungen weiter reduziert werden.

Die Signalverarbeitung des kantenadaptiven Verfahrens kann in drei Zweige aufgespalten werden: die Kantendetektion, die Wiedergabe horizontaler Kanten und die Bewegungswiedergabe. Die Optimierung der drei Zweige soll im folgenden beschrieben werden.

6.6.1 Kantendetektion

Der in Bild 6.21a vorgestellte Kantendetektor K2 verwendet eine getrennte Detektion in den beiden benachbarten Teilbildern. Die Mittelung der Signale nach der Betragsbildung führt zu einer aliasarmen Überblendung, ohne die Notwendigkeit einer Nachverarbeitung. Ein scheinbarer Vorteil ist die flimmerfreie Wiedergabe einzelner Linien. Einzelne Linien sind jedoch extrem selten und werden sogar bei elektronisch produziertem Material wie Schrifteinblendungen weitgehend vermieden. Ein Nachteil der Kantendetektion in beiden Teilbildern wird bei vertikalen Bewegungen sichtbar, da in beiden Teilbildern je eine Kante an verschiedenen Stellen detektiert wird. In diesen versetzten Zeilen setzt das Verfahren zur Vermeidung des Kantenflimmerns ein (F2i, F2p), und Bewegungsartefakte werden als Flimmerstörung und/oder Bewegungsunschärfe sichtbar.

Die Bewegungsartefakte können mit einem Kantendetektor nach Bild 6.25 vermieden werden. Die Signalverarbeitung bis zur Betragsbildung ist ähnlich dem Kantendetektor K2, jedoch kann auf die horizontale Vorfilterung verzichtet werden. Vor der Differenzbildung ist eine nichtlineare Entzerrung nach der Leuchtdichte möglich mit einer geringfügig verbesserten Anpassung der Kantendetektion an die Flimmerstörung. Nach der Betragsbildung werden die Signale nicht mehr gemittelt, sondern über einen Minimumoperator zusammengeführt. Bei vertikalen Bewegungen werden die horizontalen Kanten jeweils nur in einem Teilbild detektiert und fallen nach der Minimumbildung heraus. Dadurch wird erreicht, daß die gute Bewegungswiedergabe ohne zusätzliches Detailflimmern (F2i) und Kantenunschärfe erhalten bleibt.

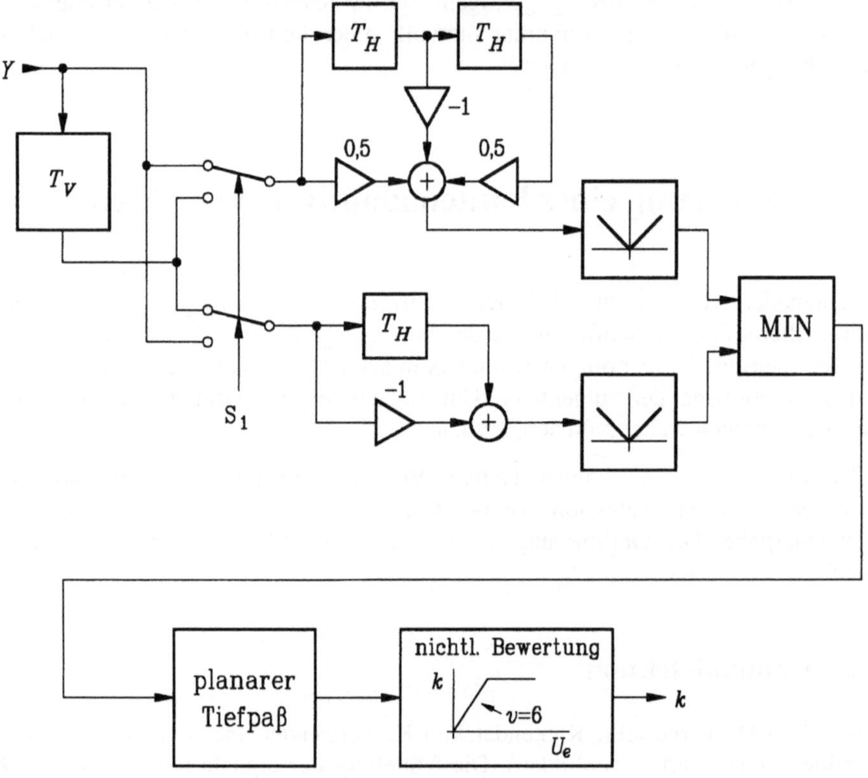

Bild 6.25
Optimierter Kantendetektor zur Flimmerreduktion

Durch die Minimumbildung treten bei der Überblendung wieder Aliaskomponenten im Ausgangssignal auf. Das liegt daran, daß sich das Detektionssignal pixelweise in der Amplitude stark ändern kann. Die Differenzbildung bei einem sinusförmigen Eingangssignal kann phasenabhängig - unabhängig von der Frequenz - symmetrisch zum Scheitelwert erfolgen, wobei die Differenz zu null wird. Andererseits ergibt die Differenzbildung auf der Flanke ein maximales Ausgangssignal. Durch eine planare Nachfilterung im Kantendetektor ist eine Glättung des Detektionssignals möglich, was Alias im Ausgangssignal stark reduziert. Das schwächere Detektionssignal gegenüber K2 (aufgrund der Minimumbildung und Tiefpaßfilterung) kann durch eine steilere Kennlinie mit einer Verstärkung von circa 6 im Übergangsbereich und einem nachgeschalteten Begrenzer an die Überblendung angepaßt werden.

6.6.2 Wiedergabe horizontaler Kanten

Die bei den subjektiven Untersuchungen eingesetzte Vollbildwiederholung (F2i) besitzt eine schlechte Bewegungswiedergabe, was sich bei der Kantenadaption K2 als Detailflimmern und Unschärfe an vertikal bewegten Strukturen äußert. Bei der progressiven Wiedergabe mit F2p wird das Detailflimmern vermieden, dadurch fällt die subjektive Beurteilung hier deutlich besser aus. Besonders störend wirkt also das Bewegungsflimmern, das bei der Kantenwiedergabe vermieden werden sollte.

Eine Möglichkeit zur Vermeidung von Bewegungsflimmern bei gleichzeitig flimmerfreier Kantenwiedergabe ist die vertikal-zeitliche Interpolation, für die in Tabelle 6.3 drei Beispiele gezeigt werden. Nach einer Sequenz von 4 Teilbildern (TB 1 ... TB 4) wiederholt sich das Schema. In zeitlicher Richtung wird jeweils über zwei Teilbilder gefiltert, wobei die Koeffizientensumme in jedem Teilbild 0,5 ergibt. Das entspricht in zeitlicher Richtung in jedem Teilbild einer cosinusförmigen Frequenzcharakteristik. Bewegungsflimmern wird bei dieser Interpolation vollständig vermieden.

Tabelle 6.3 Filterkoeffizienten zur Vermeidung von Kantenflimmern

	geometri-	TB 1		TB 2		TB 3		TB 4	
	sche Zeile	Z_2	A_1	A_1	A_2	A_1	A_2	A_2	B_1
Filter 1	n - 1	1				1			
alle	n		2	1		2			1
Werte	n + 1	1			2		1	2	
: 4	n + 2			1					1
Filter 2	n - 2		-3			-3			
	n - 1	8			-3		8	-3	
alle	n		22	8		22			8
Werte	n + 1	8			22		8	22	
: 32	n + 2		-3	8		-3			8
	n + 3				-3			-3	
Filter 3	n - 3	4					4		
	n - 2		-15	4		-15		4	
	n - 1	28			-15		28	-15	
alle	n		94	28		94			28
Werte	n + 1	28			94		28	94	
: 128	n + 2		-15	28		-15			28
	n + 3	4			-15		4	-15	
	n + 4			4					4

In vertikaler Richtung zeigt Bild 6.26 die Frequenzgänge für die drei Interpolationsfilter mit 3, 5 und 7 Koeffizienten. Die vertikale Auflösung ist bei nicht vorgefilterten Signalen durch den *Kell-Faktor* gegeben und liegt bei $0{,}33\,f_{ay}$. Das einfache 3-Tap-Filter erzeugt noch eine sichtbare Auflösungsreduktion, aber bereits das 5-Tap-Filter erreicht die Grenze, die durch den *Kell-Faktor* gegeben ist. Die weitere Steigerung der Bildqualität durch das 7-Tap-Filter ist gering.

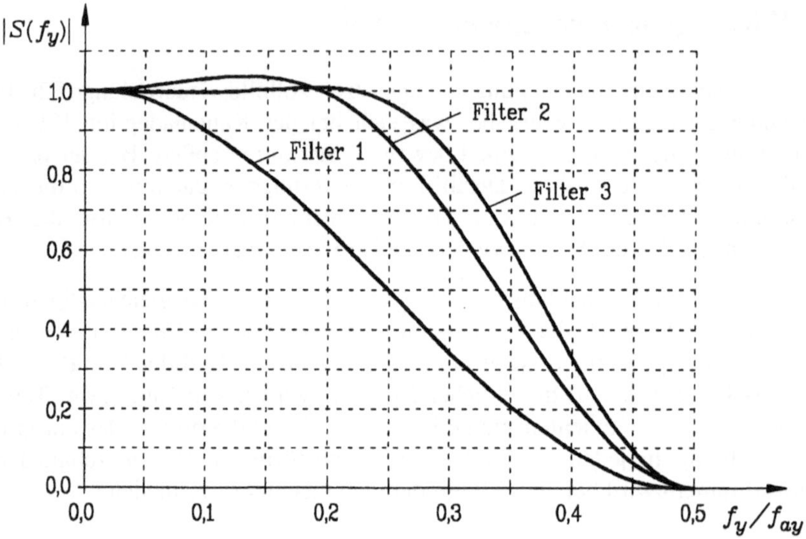

Bild 6.26
Vertikale Frequenzgänge dreier Interpolationsfilter zur Unterdrückung des Kantenflimmerns

6.6.3 Bewegungswiedergabe

Beim Verfahren mit der besten Bewegungswiedergabe wurde lediglich eine Teilbildwiederholung sowohl für die Interlace als auch für die progressive Wiedergabe eingesetzt. Bereits diese Teilbildwiederholung führt zu einer Bewegungsverschleifung mit einer Doppelkontur in der 100-Hz-Wiedergabe (siehe Kapitel 6.1, Bild 6.5).

Vergleichbar ist diese Unschärfe mit der Wiedergabe auf einem LC-Display, wenn ein Bildpunkt über eine Teilbildperiode erhalten bleibt [HENT 1]. Im Unterschied zur Doppelkontur tritt beim LC-Display jedoch eine kontinuierliche Verschleifung auf (Rampe).

Die Bewegungsunschärfe ist im normalen Betrieb nicht besonders störend, wirkt sich jedoch beim direkten Vergleich mit einer 50-Hz-Wiedergabe und bei Sportaufnahmen mit schnellen Bewegungen negativ aus. Eine Reduktion der Bewegungsunschärfe ist durch eine Bewegungsschätzung und Bewegungskompensation der erzeugten 100-Hz-Bilder möglich. Da die Bewegungsschätzung und Kompensation auch in anderen Bereichen der Videotechnik von Bedeutung ist, wird sie in einem gesonderten Kapitel behandelt.

Für den weiterentwickelten kantenadaptiven Algorithmus wurde eine Hardware erstellt, die den optimierten Kantendetektor, das Filter 1 (3-Tap) zur Kantenwiedergabe und weiterhin die Teilbildwiederholung zur Bewegungswiedergabe einsetzt. Im Ergebnis konnten die positiven Eigenschaften von K2i, K2p für ruhende und langsam bewegte Strukturen beibehalten und die schnelle Bewegungswiedergabe stark verbessert werden. Der geringe vertikale Auflösungsverlust wird - wie bereits erwähnt - mit dem 5-Tap-Filter stark reduziert. In bewegten Gebieten treten weder Detailflimmern und noch eine Detailunschärfe auf. Die Bewegungswiedergabe ist nur noch an extrem kritischen Material von der Teilbildwiederholung mit F1i, F1p zu unterscheiden. Die erzielte Bildqualität ist somit allen anderen untersuchten Verfahren überlegen bei einem gleichzeitig geringen Hardwareaufwand von zwei Teilbildspeichern.

7 Bewegungskompensation zur Zwischen-bilderzeugung

Bei vielen Verfahren zur Qualitätsverbesserung kann adaptiv auf ein örtliches Filter ohne zeitliche Komponente zurückgeschaltet werden, um die ursprünglich hohe Bewegungsauflösung zu bewahren (u. a. Luminanz-Chrominanz-Trennung und Rauschreduktion). Dies ist jedoch nicht mehr bei einer Normkonversion möglich, wie zum Beispiel bei einer 50 Hz - 60 Hz Wandlung zwischen dem europäischen und amerikanischen Fernsehsystem, der Erhöhung der Bildfrequenz zur Flimmerreduktion oder der Erzeugung einer Zeitlupensequenz aus wenigen Originalbildern. In diesen Fällen kann die Bewegungswiedergabe durch geeignete Zwischenbilder deutlich verbessert werden.

Sowohl in Kapitel 1.3 als auch in Kapitel 6 werden nichtlineare Eigenschaften des menschlichen Gesichtssinns beschrieben, die bei der Verfolgung bewegter Strukturen auftreten. Das Auge führt eine Transformation zwischen bewegten und feststehenden Bildinhalten durch und nimmt in diesem Fall die bewegten Strukturen wie ruhende Bildinhalte wahr. Lineare Filter in zeitlicher Richtung wirken jedoch ortsfest und erzeugen eine Verschleifung von Kanten. Beim Folgen der Bewegung entsteht so eine störende Unschärfe. Bereits die Integrationszeit einer Kamera über ein Halbbild verursacht einen sichtbaren Auflösungsverlust, der bei CCD-Shutterkameras vermieden werden kann. Der Shuttermodus verkürzt die zeitliche Integration, die systemtheoretisch durch eine kurze Apertur mit einem sehr breiten Spektrum beschrieben wird. Bei einer beispielsweise 1 ms langen Integrationszeit entsteht ein si-förmiges Spektrum mit der ersten Nullstelle bei 1000 Hz, was bei einer zeitlichen Abtastfrequenz von $f_{at} = 50$ Hz eine grobe Verletzung des Abtasttheorems bedeutet. Trotzdem erscheint das Bild in der Regel schärfer und qualitativ besser als ein systemtheoretisch richtig vorgefiltertes Bild.

Durch eine ortsrichtige Interpolation der bewegten Bildinhalte kann eine qualitativ hochwertige Zwischenbilderzeugung realisiert werden, die frei ist von der üblichen Bewegungsverschleifung (Bild 7.1). Im einfachsten Fall werden zur Bewegungsschätzung zwischen zwei aufeinanderfolgenden Bildern die Verschiebungen dx und dy bestimmt, um mit dieser Information die lagerichtigen Zwischenbilder zu erzeugen. Zur Bestimmung der Bewegungsvektoren existieren verschiedene Ansätze:

- Verfahren im Spektralbereich,
- differentielle Algorithmen und
- Suchverfahren (Blockmatching).

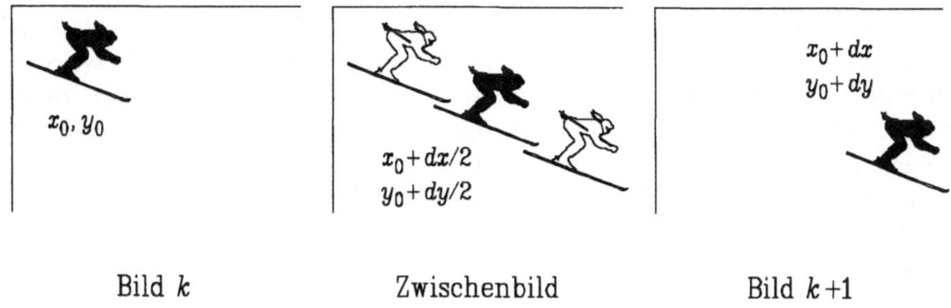

Bild 7.1
Bewegungskompensierte Zwischenbilderzeugung

Bei den Verfahren im Spektralbereich wird der Verschiebungssatz der Fouriertransformation ausgenutzt, nachdem sich eine Verschiebung im Zeitbereich in der Phasendifferenz zwischen dem Original- und dem verschobenen Bild im Frequenzbereich widerspiegelt. Probleme gibt es durch Mehrdeutigkeiten bei der Differenzphasenberechnung und vor allen Dingen aus der Forderung, daß sich das Objekt vor einem konstanten Hintergrund bewegen muß. Lösungen sind durch Segmentierung der bewegten Objekte oder Einsatz der Phasenkorrelationstechnik [THOMAS] bekannt geworden. Der Rechenaufwand ist bei allen Verfahren im Spektralbereich jedoch sehr hoch, weshalb diese Verfahren nicht weiter betrachtet werden.

Unter bestimmten Voraussetzungen können einfache differentielle Algorithmen zur Bestimmung der Verschiebung eingesetzt werden [THOMAS, CAFFORI]. Der Helligkeitsverlauf muß einen linearen Zusammenhang zur Verschiebung aufweisen, weiterhin ist eine Änderung der Objekthelligkeit während der Verschiebung unzulässig. Aus den korrespondierenden Bilddifferenzen und Differenzen aufeinanderfolgender Pixel in x- und y-Richtung wird die Verschiebung bestimmt. Die differentiellen Algorithmen arbeiten subpixelgenau, sind allerdings nur für kleine Verschiebungen geeignet. Verbesserungen lassen sich durch rekursive Verfahren erreichen [NETRAV, BERGM], wobei jedoch der Rechenaufwand je nach geforderter Schätzgenauigkeit erheblich ansteigen kann und die Berechnungszeit nicht mehr konstant bleibt.

Weit verbreitet sind die Suchverfahren (Blockmatching), die eine speicherintensive, aber vom Rechenaufwand her eine einfache Hardwarerealisierung ermöglichen. In [HAAN] wird ein Verfahren vorgestellt, das kommerziell genutzt wird. Beim Blockmatching wird ein Meßfenster im benachbarten Bild mit einem gleichgroßen Suchfenster verglichen, das in einem bestimmten Bereich um den Ausgangsort verschoben wird. Das Suchfenster mit der größten Ähnlichkeit zum Meßfenster zeigt den Verschiebungsvektor an. Blockmatchingverfahren bieten gute Möglichkeiten zur Reduzierung des Rechenaufwandes und liefern gute Ergebnisse. Daher fiel die Wahl auf ein Blockmatchingverfahren zur Zwischenbilderzeugung.

Alle Verfahren zur Bewegungsschätzung haben ihre Schwächen, die zu einer fehlerhaften Vektorbestimmung führen können. Falsche Bewegungsvektoren führen zu einer örtlich fehlerhaften Wiedergabe, auf die das Auge sehr empfindlich reagiert und die nur in geringem Maß toleriert wird. Ein „Fall back"-Modus mit zeitlicher Interpolation kann in diesen Fällen ein wesentlich besseres Bild ergeben. Problematisch sind mehrdeutige Strukturen wie periodische Gitter, feinstrukturierte Flächen oder Rauschstörungen in schwachstrukturierten Flächen, die selbst bei ruhenden Bildinhalten zu einer Fehlbestimmung der Bewegungsvektoren führen können. Daher ist es zweckmäßig, über einen ortsinvarianten Bewegungsdetektor (Bildänderungsdetektor) die Gebiete vorzuselektieren, in denen die Bewegungsschätzung stattfinden soll.

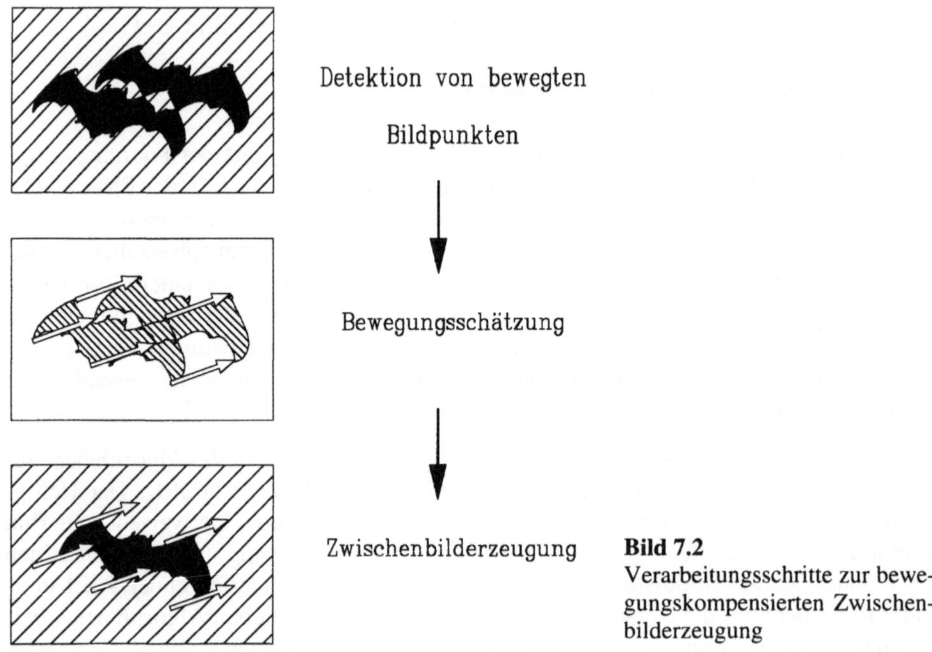

Bild 7.2
Verarbeitungsschritte zur bewegungskompensierten Zwischenbilderzeugung

Die Bewegungsschätzung zur Zwischenbilderzeugung kann nach Bild 7.2 in drei Blökke gegliedert werden: die Detektion von bewegten Bildpunkten, die Bewegungsschätzung und die Zwischenbilderzeugung. Die einzelnen Blöcke werden vor allem unter dem Aspekt der Zeilensprungabtastung und des reduzierten Hardwareaufwandes in den folgenden Kapiteln näher beschrieben.

7.1 Vorselektion der Gebiete zur Bewegungskompensation

Zur Vorselektion der Gebiete, in denen eine Bewegungskompensation stattfinden soll, wird ein ortsinvarianter Bewegungs- oder Bildänderungsdetektor benötigt. Zunächst muß bei der Zeilensprungabtastung zwischen Bewegungsdetektoren im Teilbild- und im Vollbildabstand unterschieden werden. Viele Verfahren zur Bewegungskompensation basieren auf einer progressiven Abtastung, das im Bildabstand deckungsgleiche Raster besitzt. Der Vorteil liegt in der guten Erkennung unbewegter Gebiete, da die örtliche Differenz in ruhenden Bildinhalten zu null wird. Bei der Zeilensprungabtastung steht dem jedoch der Nachteil gegenüber, daß deckungsgleiche Raster erst nach zwei Teilbildern geschrieben werden. Zum einen lassen sich nach Kapitel 3 nicht mehr alle bewegten Bildinhalte erkennen, und zum anderen legen gleichförmig bewegte Objekte den doppelten Weg gegenüber einer Teilbildverzögerung zurück. Zur Bewegungsschätzung ist bei gleichem Kompensationsbereich ein doppelt so großer Suchbereich erforderlich, entsprechend der 4fachen Fläche. Aus diesen Gründen fiel die Wahl auf einen Bewegungsdetektor mit Teilbildverzögerung.

Unter den Bewegungsdetektoren mit Teilbildverzögerung eignet sich besonders gut der „Mäusezähnchendetektor" nach Kapitel 3, da dieser weitestgehend ruhende von bewegten Strukturen unterscheiden kann und robust gegenüber Rauschstörungen ist [SCHILL]. Darüberhinaus werden nur relevante Bildänderungen erkannt, in denen eine Bewegungskompensation nutzbringend ist. Wie schon erwähnt, kann bei geringfügigen Änderungen bzw. Bewegungsgeschwindigkeiten der „Fall back"-Modus günstiger sein als Fehler bei der Bewegungskompensation.

Der „Mäusezähnchendetektor" nach Bild 3.9 arbeitet zuverlässig, wenn das Vollbild-Hochpaßsignal D_{VB} zur Bildänderungserkennung etwa 1,8 mal höher ist als das Maximum der Teilbildzweige D_{TB1} und D_{TB2}. Ein Offset von 0,06 U_{max} erhöht die Sicherheit bei sehr kleinen Amplituden. Da die Bewegungsdetektion lediglich der Vorselektion bewegter Gebiete dient, beschränkt sich das Ausgangssignal auf die zwei Zustände bewegt-unbewegt, die mittels eines Komparators entschieden werden.

Die pixelweise Entscheidung kann zusammenhängende Gebiete erzeugen, allerdings treten ebensogut einzelne bewegte Bildpunkte oder kleine Lücken zwischen bewegten Punkten auf, die als umgebungsfremd bezeichnet werden können. Für die Bewegungskompensation sind nur die zusammenhängenden Gebiete wichtig, da keine Kompensation einzelner Punkte erfolgen kann. Mit einer entsprechenden Nachverarbeitung werden die umgebungsfremden Punkte eliminiert und über eine Dilatation zusammenhängende Gebiete erzeugt.

Die Nachverarbeitung zeigt Bild 7.3. Zunächst werden bei den als bewegt detektierten Bildpunkten die umgebungsfremden Punkte (U) markiert. Dazu wird die unmittelbare Nachbarschaft (8 Punkte) betrachtet. Was ein umgebungsfremder Punkt ist, wird über die Vorgabe der maximal benachbarten gleichartigen Bildpunkte entschieden. Als umgebungsfremd werden in diesem Fall alle Punkte markiert, in deren Nachbarschaft sich weniger als drei gleichartige Punkte befinden. Das gilt für bewegte und unbewegte Punkte. Anschließend werden diese Punkte invertiert und der mehrheitlichen Umgebung angepaßt. Die nachfolgende Dilatation ist ein Sortierprozeß mit Maximumbildung in einer 3 · 3 Umgebung. Dadurch werden alle an bewegten Gebieten angrenzenden Randpunkte ebenfalls als bewegt gesetzt und das Detektionsgebiet verbreitert.

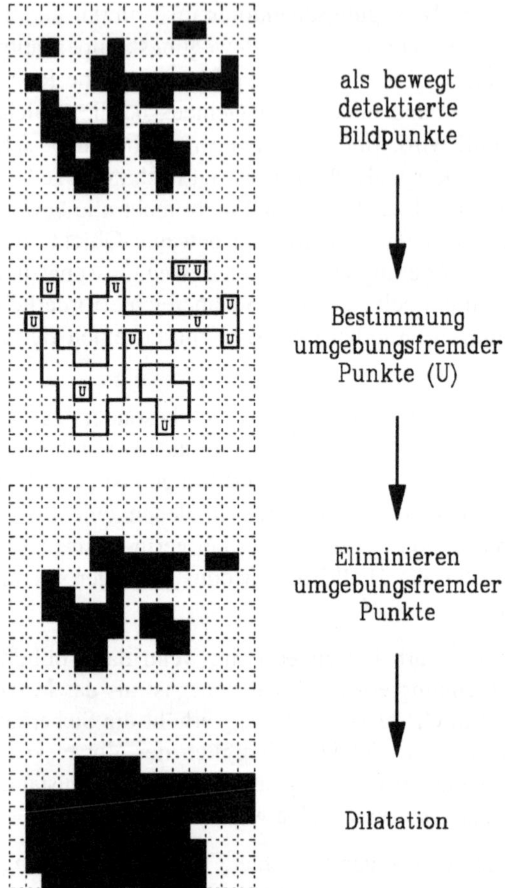

Bild 7.3
Nachverarbeitung im Bewegungsdetektor

Das Ausgangssignal des Bewegungsdetektors enthält nur noch zusammenhängende Gebiete, wobei das kleinste als bewegt detektierte Gebiet $3 \cdot 3$ Pixel groß ist. Der Detektor zeichnet sich durch hohe Zuverlässigkeit und große Robustheit gegenüber Rauschstörungen aus. Der schaltungstechnische Aufwand bleibt bei nur einer Teilbildverzögerung gering.

7.2 Bewegungsschätzung mit Blockmatching

Die Aufgabe der Bewegungsschätzung ist die Bestimmung der Bewegungsvektoren zwischen zwei Bildern in Betrag und Phase. Beim Blockmatching wird dazu ein Bild in Blöcke der Größe $M \cdot N$ segmentiert und im benachbarten Bild in einem vorgegebenen

Suchbereich die größte Übereinstimmung ermittelt. Bei der größten Übereinstimmung erhält der gesamte Block den ermittelten Bewegungsvektor. Matchingverfahren gehen davon aus, daß immer Gebiete miteinander korreliert sind und deshalb blockweise Bewegungsvektoren zulässig sind. Sie eignen sich somit vorzugsweise für translatorische Bewegungen vor einem mehr oder weniger konstanten Hintergrund.

Beim Blockmatching bietet sich als Kriterium für den Vergleich zweier verschobener Blöcke die normierte Kreuzkorrelationsfunktion *NKKF* an

$$NKKF(i,j) = \frac{\displaystyle\sum_{m=1}^{M}\sum_{n=1}^{N} s_k(m.n) \cdot s_{k-1}(m+i,n+j)}{\sqrt{\displaystyle\sum_{m=1}^{M}\sum_{n=1}^{N} s_k^2(m.n)} \cdot \sqrt{\displaystyle\sum_{m=1}^{M}\sum_{n=1}^{N} s_{k-1}^2(m+i,n+j)}} \quad . \tag{7.1}$$

Die *NKKF* ist jedoch sehr rechenintensiv, weshalb einfachere Algorithmen zur Bestimmung der größten Ähnlichkeit verschobener Blöcke gesucht wurden. Als geeignet erweisen sich der mittlere quadratische Fehler (*MSE*: Mean Square Error) oder die mittlere absolute Differenz (*MAD*: Mean Absolute Difference)

$$MSE(i,j) = \frac{1}{M \cdot N} \sum_{m=1}^{M}\sum_{n=1}^{N} \left(s_k(m,n) - s_{k-1}(m+i,n+j)\right)^2 \tag{7.2}$$

$$MAD(i,j) = \frac{1}{M \cdot N} \sum_{m=1}^{M}\sum_{n=1}^{N} \left|s_k(m,n) - s_{k-1}(m+i,n+j)\right| \quad . \tag{7.3}$$

Der gesuchte Bewegungsvektor wird bei beiden Fehlermaßen durch das Minimum bestimmt. Der mittlere quadratische Fehler (*MSE*) ist ein Leistungsmaß mit einer etwas höheren Genauigkeit als die mittlere absolute Differenz, dem steht jedoch aufgrund der notwendigen Multiplikationen ein erheblich höherer Rechenaufwand gegenüber. Ein Vergleich zwischen den Verfahren zeigte keinen signifikanten Unterschied, so daß häufig die *MAD* mit dem geringsten Rechenaufwand zur Bestimmung der Verschiebungsvektoren verwendet wird [MUSMN].

7.2.1 Suchstrategien zur Verringerung des Rechenaufwandes

Der Rechenaufwand kann erheblich verringert werden, wenn nicht an allen Verschiebungspositionen die *MAD* bestimmt wird (volle Suche). Verschiedene Suchstrategien sind in [JAIN, SRINIVAS, KOGA] beschrieben, die in [GILGE] mit einem eigenen Vorschlag vergleichend gegenüber gestellt wurden. Die Strategien zur Bewegungsvektorbestimmung sind in Bild 7.4 für ein Suchgebiet von ±6 Pixel dargestellt. Die Suche beginnt jeweils bei den Koordinaten (0,0), und die untersuchte Umgebung wird bei jedem Schritt fortlaufend numeriert. Die Positionen mit den größten Übereinstimmungen sind im Bild durch Linien verbunden.

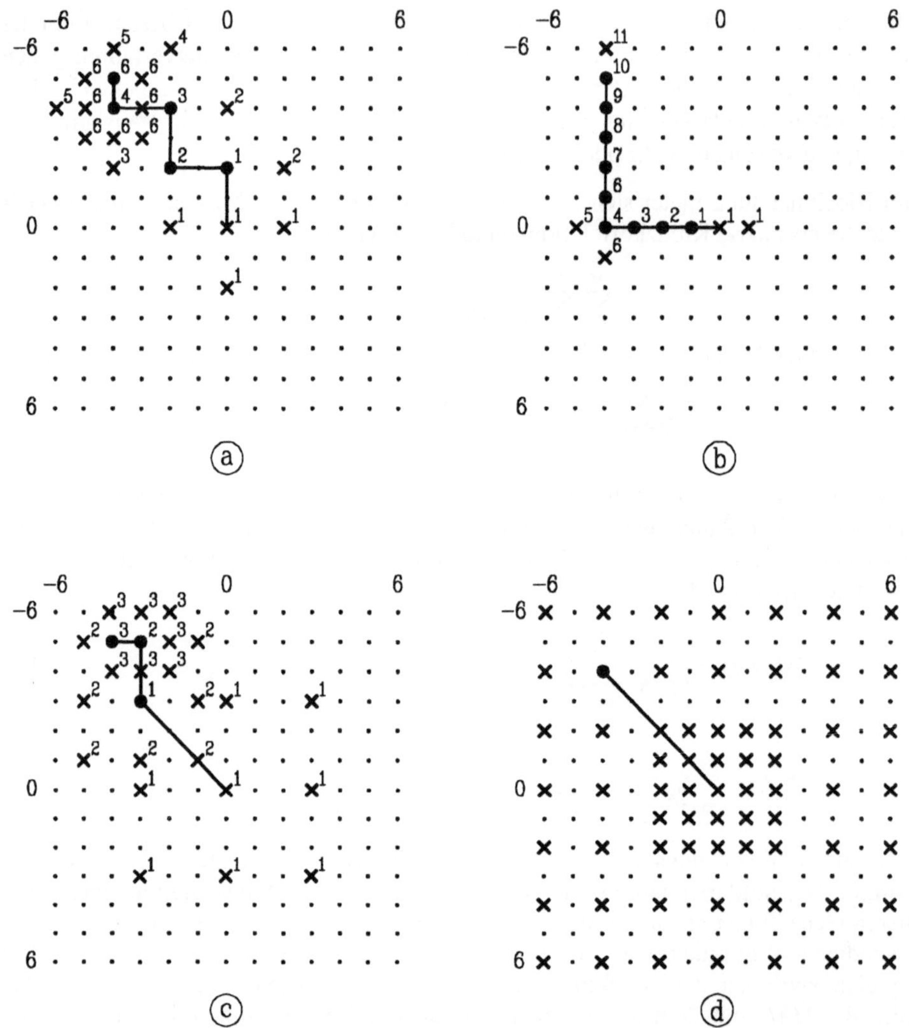

Bild 7.4
Suchverfahren; a) 2D-Logarithmic; b) Conjugate Direction; c) Three-Step; d) modifizierte volle
Suche

Beim „2D-Logarithmic"-Suchverfahren wird vom Nullvektor in Punkt (0,0) ausgehend
in der Vierernachbarschaft die größte Übereinstimmung gesucht (Bild 7.4a). Liegt die
größte Übereinstimmung an einem der vier Außenpunkte, so wird das Suchgebiet in
zwei Teile geteilt, wobei die Grenzlinie quer zur gefundenen Verschiebungsrichtung
verläuft. Der verlassene Bereich beinhaltet bei Schritt 1 die Zeilen 0 ... 6, die nicht weiter berücksichtigt werden. Es ist somit nicht möglich, sich in Form einer Schneckenlinie
um den Ausgangspunkt zu bewegen. Anschließend wird am Punkt der größten Übereinstimmung ein neuer Suchschritt eingeleitet. Beendet wird die Suche entweder am

Rand des Suchbereichs, oder man findet in der Viererumgebung keine weitere Verbesserung mehr. Nun wird die Suche mit der halben Schrittweite fortgesetzt bis zur Schrittweite von einem Pixel. Dann wird die Suche mit der Betrachtung der Achternachbarschaft abgeschlossen (im Beispiel Schritt 6). Die Anzahl der Suchschritte und Berechnungen ist vom Bildmaterial abhängig und beträgt maximal $Q_{ls} = 23$ Fehlermaßberechnungen, was gegenüber der vollen Suche (full search) mit $Q_{fs} = 169$ Suchpunkten eine enorme Ersparnis an Rechenschritten bedeutet (Tabelle 7.1).

Tabelle 7.1 Anzahl der Suchpunkte und Stufen bei verschiedenen Suchverfahren in einem Verschiebungsgebiet von ±6 Pixel

Suchverfahren	Suchpunkte		Stufen	
	min	max	min	max
volle Suche	169	169	1	1
2D-Logarithmic	13	13	2	6
Conjugate Direction	5	15	2	12
Three-Step	25	25	3	3
modifizierte volle Suche	65	65	1	1

Die vereinfachte „Conjugate Direction Search" nach [MUSMN] sucht das erste relative Minimum zunächst in horizontaler und dann in vertikaler Richtung (Bild 7.4b). Die Anzahl der Berechnungen ist mit maximal $Q_{cd} = 15$ gering, jedoch wird bei der Suche des Minimums die diagonale Richtung vernachlässigt. Das „Three-Step"-Verfahren arbeitet in drei Suchschritten mit 3, 2 bzw. 1 Pixel jeweils in der Achternachbarschaft des besten Verschiebungsvektors (Bild 7.4c). Die Anzahl der Berechnungen ist im Gegensatz zu den vorgenannten Suchverfahren konstant ($Q_{ts} = 25$).

Die beschriebenen Suchverfahren gehen von einem monotonen Fehlermodell aus, das heißt das reale Fehlerminimum befindet sich immer in der Suchrichtung. In der Praxis ist dies eher die Ausnahme, weshalb die vereinfachten Suchverfahren immer schlechtere Ergebnisse liefern als bei einer vollen Suche. In [GILGE] wird daher eine modifizierte volle Suche vorgeschlagen, die in Bild 7.4d dargestellt ist ($Q_{mfs} = 65$). In der Nähe des Nullvektors wird im Pixelabstand gesucht, während bei größeren Verschiebungen eine gröbere Verschiebung zulässig ist. Bei größeren Bewegungsgeschwindigkeiten reagiert das menschliche Auge auch weniger empfindlich auf Fehler. Für die Beurteilung der Genauigkeit der Vektoren wirkt es sich bei der modifizierten vollen Suche allerdings als Nachteil aus, das die Schätzung größerer Bewegungsvektoren nicht mehr pixelgenau erfolgt. Dieser Nachteil kann jedoch durch eine hierarchische Suche - mit entsprechend höherem Rechenaufwand - ausgeglichen werden.

Der Leistungsvergleich mit der Testsequenz „Miss America" ergab die qualitativ aufsteigende Reihenfolge: Conjugate Direction Search, 2D-Logarithmic Search, Three-Step-Search etwa gleich mit der modifizierten vollen Suche und die volle Suche. Das Three-Step-Verfahren und die modifizierte volle Suche kommen qualitativ schon nahe an das Ergebnis der vollen Suche heran [GILGE]. Beim Vergleich der Leistungsfähigkeit zum Aufwand nach Tabelle 7.1 bietet das Three-Step-Verfahren sehr gute Ergebnisse, weshalb es zur Bewegungsschätzung herangezogen wurde.

7.2.2 Hierarchisches Blockmatching

Die Blockgröße und der Suchbereich bestimmen die Grenzen der Bewegungskompensation. Auf der einen Seite sollen auch größere Bewegungsgeschwindigkeiten erfaßt werden (z. B. bei einem Kameraschwenk oder einem geschlagenen Ball beim Sport), was durch einen großen Suchbereich ermöglicht wird. Bei kleinen Blockgrößen treten jedoch häufig Mehrdeutigkeiten auf, insbesondere periodische Strukturen im Bild führen dann zu gravierenden Fehlern. Dem kann durch Vergrößerung der Blockgröße entgegengewirkt werden, so daß das Verhältnis Suchbereich/Blockgröße wieder verringert wird. Auf der anderen Seite gibt es bei großen Blöcken Schwierigkeiten bei der Erkennung kleiner Objekte, die eine andere Bewegungsrichtung haben. Kleine Objekte können als Information sehr wichtig sein. Gerade in der Fernsehtechnik sind beliebige Bildinhalte zulässig, so daß für möglichst viele Fälle ein guter Kompromiß gefunden werden muß.

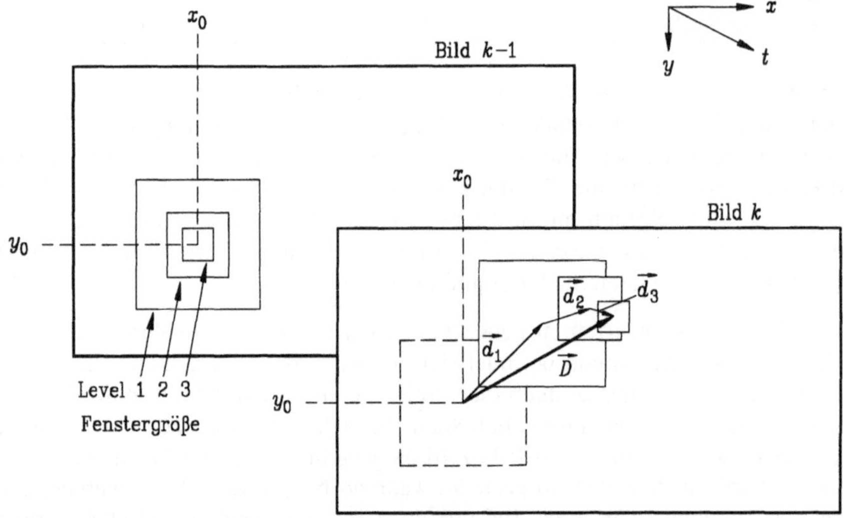

Bild 7.5
Suchweg beim hierarchischen Blockmatching mit 3 Leveln

In [THOMA] wird ein hierarchisches Blockmatching vorgestellt, das einen Kompromiß zwischen der Erkennung größerer Geschwindigkeiten als auch möglichst vieler Bewegungen erlaubt. Das Schema des hierarchischen Blockmatchings mit drei Leveln ist in Bild 7.5 dargestellt. Die drei Level unterscheiden sich in der Fenstergröße und den maximalen Verschiebungsvektoren. Gestartet wird mit einem großen Fenster, um die Hauptbewegung größerer Objekte zu erfassen. Der Algorithmus arbeitet rekursiv, das heißt die im 1. Level gefundene Verschiebung dient als Startposition der nächsten Hierarchiestufe mit kleinerer Fenstergröße und kleinerem Suchbereich. Die wesentliche Verschiebung wird also bereits im 1. Level bestimmt, anschließend können kleinere Verschiebungen die Genauigkeit verbessern und auch zusätzliche Bewegungen erfassen, die im 1. Level nicht erkannt wurden. Der Gesamtvektor $\vec{D}$ ergibt sich dann aus der Summe der Einzelvektoren $\vec{d}_1$, $\vec{d}_2$ und $\vec{d}_3$ aller drei Level.

Bild 7.5 zeigt das Prinzip, jedoch ist die Verschiebung zur Veranschaulichung übertrieben groß dargestellt. Nach [THOMA] beträgt die Fenstergröße im 1. Level 64 · 64 Pixel und der maximale Verschiebungsvektor ±7 Pixel. Die weiteren Level haben eine Fenstergröße von 28 · 28 bzw. 12 · 12 Pixel bei einer maximalen Verschiebung um ±3 bzw. ±1 Pixel. Bei den großen Fenstern wären bei der vollständigen Suche für den Teilvektor $\vec{d}_1$ eines einzigen Blockes bereits $64^2 \cdot (2 \cdot 7 + 1)^2 = 921.600$ Differenzbildungen nötig, was einen unverhältnismäßig hohen Aufwand bedeutet. Zur Reduktion des Rechenaufwandes findet horizontal und vertikal in Level 1 und 2 eine Unterabtastung um den Faktor 4 statt, in Level 3 um den Faktor 2. Ohne Vorverarbeitung würden durch spektrale Überlappungen bei der Unterabtastung erhebliche Probleme entstehen, die durch eine Tiefpaßfilterung vermieden werden. Einfache Filter wie 5 · 5 oder 3 · 3 Mittelwertfilter bieten neben einer ausreichenden Tiefpaßfilterung eine gute Reduktion der Rauschstörungen (Kapitel 5). Wird zur weiteren Vereinfachung noch das Three-Step-Suchverfahren angewendet, so sind für den Vektor $\vec{d}_1$ nur noch $16^2 \cdot 25 = 6400$ Differenzbildungen nötig, eine Ersparnis um 99,3 %.

Als letzte Variable fehlt die Angabe der Schrittweite, denn es ist nicht sinnvoll, im Abstand der Fensterprobe zu messen und der gesamten Fenstergröße einen Bewegungsvektor zuzuordnen. Die Schrittweite beträgt im 1. Level 8 und wird in den folgenden Leveln jeweils halbiert. Damit bekommen in Level 1 jeweils 8 · 8 große Blöcke einen gemeinsamen Bewegungsvektor. Die größte Auflösung für einen Vektorblock wird in Level 3 mit 2 · 2 Pixel erreicht.

7.2.3 Blockmatching mit großem Schätzbereich

Das vorgestellte hierarchische Blockmatching nach [THOMA] wurde vor allem für Anwendungen in der Bildtelefonie mit begrenztem Suchbereich und für bestimmte Bildinhalte (Head and Shoulder) untersucht und kann so für Fernsehanwendungen nicht direkt übernommen werden. Neben dem technischen Unterschied der Zeilensprungabtastung sind beliebige Bildinhalte zulässig und auch die maximale Bewegungsgeschwindigkeit kann erheblich höher sein. Gerade die höheren Bewegungsgeschwindigkeiten erfordern einen großen Schätzbereich, der im wesentlichen - wie auch der Rechenaufwand - im ersten Level festgelegt wird.

Bei einer Messung im Teilbildabstand wird bei gleichem Suchalgorithmus der Schätzbereich gegenüber dem Vollbildabstand verdoppelt. Der Nachteil der komplementären Rasterlage ist nicht so gravierend. Durch eine vertikale Interpolation innerhalb der Teilbilder wurde das gewünschte progressive Raster erzeugt.

Größere Meßfenster und Suchbereiche erhöhen der Rechenaufwand, der aber gerade in Verbindung mit Konsumergeräten gering gehalten werden sollte. Daher sind weitere

Überlegungen zur Optimierung des Schätzverfahrens angebracht. Die Messung mit quadratischen Fenstern und quadratischem Suchbereich ist nicht zwingend vorgegeben. Während für beliebige Bildinhalte die quadratische Fenstergröße weiterhin zweckmäßig erscheint, ist eine Anpassung des Suchbereichs an das Bildseitenverhältnis eher vorteilhaft. Große Bewegungsgeschwindigkeiten treten überwiegend in horizontaler Richtung auf, z. B. bei einem Kameraschwenk oder Sportaufnahmen. Sie können vom Auge wegen des Bildseitenverhältnisses auch länger verfolgt werden (tracking) und sind daher für die Bewegungsschätzung von größerer Bedeutung.

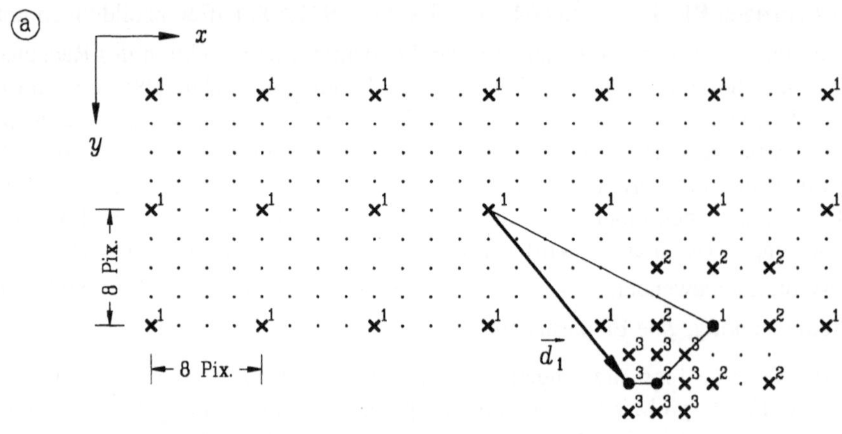

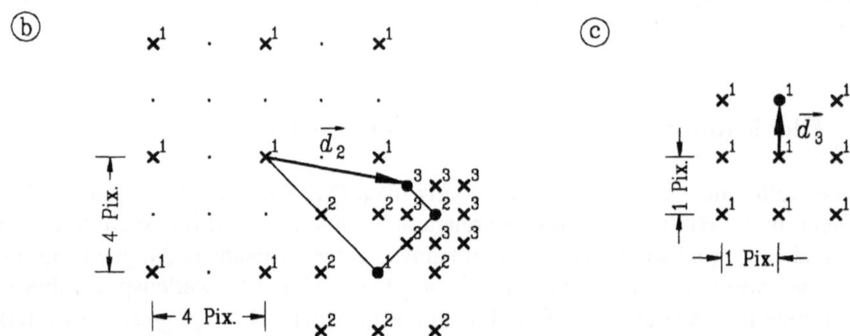

Bild 7.6
Suchpunkte beim hierarchischen Blockmatching mit erweitertem Schätzbereich; a) Level 1: horizontal ±7 Pixel, vertikal ±14 Pixel; b) Level 2: ±7 Pixel; c) Level 3: ±1 Pixel

Die Suchpunkte für einen stark erweiterten Schätzbereich - insbesondere in horizontaler Richtung - sind in Bild 7.6 dargestellt. Verwendet wird ein hierarchisches Blockmatching mit einem modifizierten Three-Step-Suchverfahren. In Level 1 wird mit einer Schrittweite von 8 Pixel die Umgebung untersucht, wobei der Suchbereich in horizontaler Richtung ±24 Pixel und in vertikaler Richtung ±8 Pixel beträgt. In den darauffolgenden Stufen wird die Schrittweite jeweils halbiert und nur noch die Achternachbarschaft untersucht. Der maximale Verschiebungsvektor $\vec{d}_1$ in Level 1 beträgt somit

$$\vec{d}_1 = \begin{pmatrix} 24 \\ 8 \end{pmatrix} + \begin{pmatrix} 4 \\ 4 \end{pmatrix} + \begin{pmatrix} 2 \\ 2 \end{pmatrix} = \begin{pmatrix} 30 \\ 14 \end{pmatrix} . \tag{7.4}$$

In Level 2 wird die Three-Step-Suche in der Achternachbarschaft bei einer Anfangsschrittweite von 4 Pixel durchgeführt, während in Level 3 lediglich die unmittelbare Nachbarschaft untersucht wird. Der maximale Verschiebungsvektor $\vec{D}$ ergibt sich aus der Summe der Einzelvektoren

$$\vec{D} = \vec{d}_1 + \vec{d}_2 + \vec{d}_3 = \begin{pmatrix} 30 \\ 14 \end{pmatrix} + \begin{pmatrix} 7 \\ 7 \end{pmatrix} + \begin{pmatrix} 1 \\ 1 \end{pmatrix} = \begin{pmatrix} 38 \\ 22 \end{pmatrix} \tag{7.5}$$

und ist damit auch für hohe Bewegungsgeschwindigkeiten geeignet. Weiterhin liegt das Verhältnis der maximalen Verschiebung mit $dx/dy = 1{,}73$ ziemlich nah an einem Bildseitenverhältnis von 16:9 ($= 1{,}78$), wodurch eine Anpassung des Schätzbereichs an die Eigenschaften des Fernsehsystems erreicht wird.

Tabelle 7.2 Parameter der hierarchischen Bewegungsschätzung

Level	Fenstergröße	Subsampling	TP-Größe	Schrittweite
1	65 · 65	4	9 · 9	8
2	33 · 33	4	9 · 9	4
3	17 · 17	2	5 · 5	2

Die Parameter wie Fenstergröße, Subsampling, Tiefpaßgröße und Schrittweite sind in Tabelle 7.2 zusammengefaßt. Die vor dem Subsampling erforderlichen Tiefpaß-Mittelwertfilter wurden schmalbandig gehalten, um Aliasanteile weitgehend zu unterdrücken. Aufgrund der Aliasanteile könnten sonst zusätzliche lokale Minima entstehen, die Fehlschätzungen begünstigen.

7.2.4 Vektornachverarbeitung

Das im vorangegangenen Kapitel beschriebene Blockmatchingverfahren bietet einen sehr großen Schätzbereich bei relativ wenigen Suchpunkten. Der große Schätzbereich wird vor allem in Level 1 erreicht. Schätzfehler in Level 1 können durch die darauffolgenden Stufen nicht mehr korrigiert werden, weshalb gerade hier eine sorgfältige Messung erfolgen muß. Die *MAD* als Fehlerkriterium ist bei den wenigen Suchpunkten nicht mehr genügend aussagekräftig, insbesondere bei periodischen Strukturen können mehrere lokale Minima zu Fehlschätzungen führen. Daher wurden neben dem *MAD*-Kriterium weitere Algorithmen zur Nachverarbeitung untersucht, die eine verbesserte Vektorschätzung zum Ziel haben. Verglichen wurden die Eigenschaften folgender vier Verfahren:

- *MAD*-Kriterium,
- Nachbarschaftsvergleich unsicherer Vektoren,
- erweitertes Blockmatching in Level 1,
- eindimensionale Kreuzkorrelationsfunktion in Level 1.

Beim *MAD*-Kriterium wird in jedem Level der Vektor mit dem kleinsten Fehler verwendet. Das Auftreten mehrerer lokaler Minima wird nicht berücksichtigt, was gerade in Level 1 zu größeren Schätzfehlern führen kann. Lokale Minima können unter anderem dadurch erfaßt werden, daß die *MAD*-Ergebnisse eines Levels zwischen dem maximalen und minimalen Wert normiert und die Suchpunkte mit *MAD*-Werten im unteren Viertel als unsichere Vektoren gespeichert werden. Beim Nachbarschaftsvergleich werden in jedem Level bis zu drei Vektoren gespeichert und anschließend die Übereinstimmung der Verschiebung *dx* und *dy* mit den Nachbarvektoren verglichen. Die Verschiebungen mit der jeweils größten Übereinstimmung bestimmen den Vektor. Bei mehr als vier lokalen Minima wird die Schätzung so unsicher, daß auf den „Fall Back"-Modus mit einem Nullvektor zurückgeschaltet wird. Der Nachbarschaftsvergleich wird in Level 2 und 3 auch für das „erweiterte Blockmatching" und die „eindimensionale *KKF*" verwendet, diese beiden Verfahren verwenden lediglich in Level 1 eine besondere Nachverarbeitung.

Nach einem Vorschlag von [SCHILL] wird beim erweiterten Blockmatching bei mehr als einem lokalen Minimum in Level 1 mit einem kleinen $11 \cdot 11$ Pixel großen Fenster in einem $9 \cdot 9$ Pixel Suchbereich das absolute Minimum gesucht. Bei diesem erweiterten Matching findet weder eine Unterabtastung noch Tiefpaßfilterung statt. Der Rechenaufwand erhöht sich mit jedem unsicheren Vektor um $11^2 \cdot 9^2 = 9801$ Operationen.

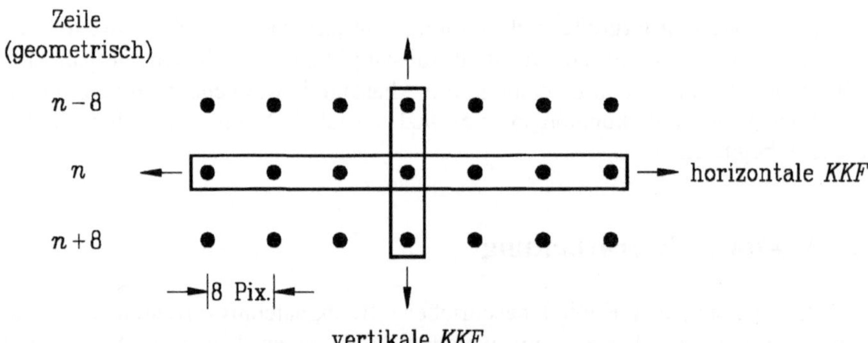

Bild 7.7
Eindimensionale *KKF* zur Untersuchung der Umgebung beim Auftreten unsicherer Vektoren

Ein weiteres Entscheidungskriterium zur Analyse unsicherer Vektoren ist die diskrete eindimensionale Kreuzkorrelationsfunktion (*KKF*)

$$KKF(i) = \sum_{n=1}^{N} s_k(n) \cdot s_{k-1}(n+i) , \qquad (7.6)$$

die in einer Richtung die Umgebung auf die größte Übereinstimmung untersucht (Bild 7.7). Dazu bieten sich die x- und y-Richtungen an, aber es sind natürlich auch diagonale Untersuchungen möglich. Ein nicht vorgefiltertes horizontales Fenster über 51 Pixel wird in einem Suchbereich von ±24 Pixel bildpunktweise verschoben und über diesen Bereich die *KKF* gebildet. Bei Bedarf kann noch die *KKF* in vertikaler Richtung gestartet werden, was wegen des unsymmetrischen Fensters in Level 1 für einen Suchbereich von ±8 Pixel getestet wurde.

Im Anhang zeigt Bild A.9 Beispiele aus der Sequenz „Car and Gate", die neben den Suchbereichen in Level 1 die Ergebnisse der horizontalen und vertikalen Kreuzkorrelationsfunktion veranschaulichen. Bei dieser Sequenz bewegt sich vor allem das Tor in horizontaler Richtung. Zusätzlich gibt es noch geringe Bewegungsgeschwindigkeiten beim Auto und einen langsamen, vernachlässigbaren Zoom.

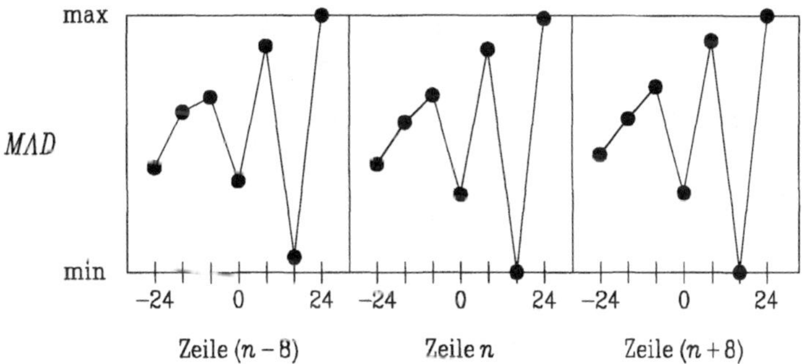

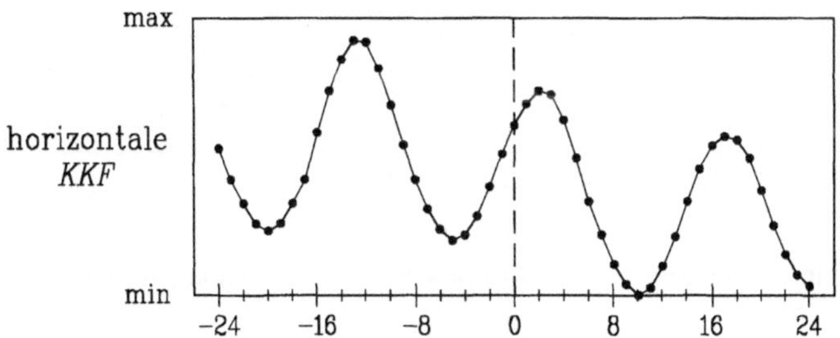

Bild 7.8
Verbessertes Matching mit eindimensionaler Kreuzkorrelationsfunktion (Beispiel 1)

Gerade am periodischen Tor läßt sich die Effektivität der *KKF* gut darstellen (Bild 7.8). Bei der Schätzung mit der *MAD* wird in allen drei untereinander liegenden Zeilen das Minimum bei einer Verschiebung von 16 Pixel gemessen. Die horizontale *KKF* zeigt dagegen eine periodische Struktur mit der höchsten Übereinstimmung bei den relativen Maxima $dx = -13$, 2 und 17 Pixel. Nun stellt sich die Frage nach dem sichersten Vektor. Zum einen kommen statistisch gesehen kleine Verschiebungen häufiger vor als große, zum anderen bedeutet eine große Verschiebung oberhalb der Periodizität der Struktur eine zeitliche Unterabtastung und Verletzung des Abtasttheorems. Daher wird das relative Maximum mit der kleinsten Verschiebung als sicherer Vektor gewählt, was im Beispiel auch visuell die richtige Entscheidung ist. Im zweiten Beispiel in Bild 7.9 wird eine Messung im Bereich des Nummernschildes durchgeführt. Bereits das *MAD*-Kriterium weist eindeutig auf einen Nullvektor hin, weshalb sich die *KKF* im Prinzip erübrigt. Die *KKF* zeigt im diesem Beispiel viele relative Maxima, wobei das nächste und stark ausgeprägte Maximum bei $dx = -1$ Pixel liegt.

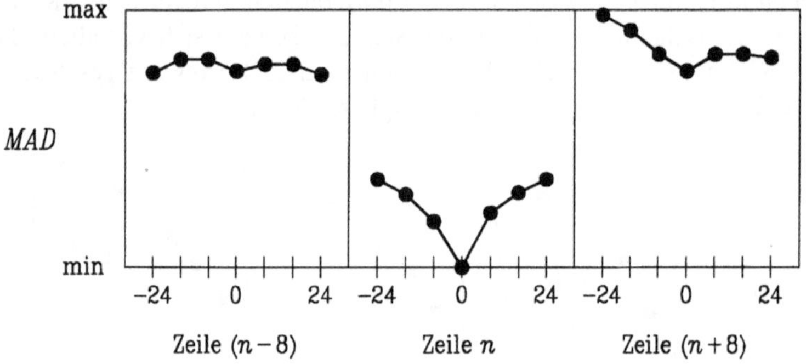

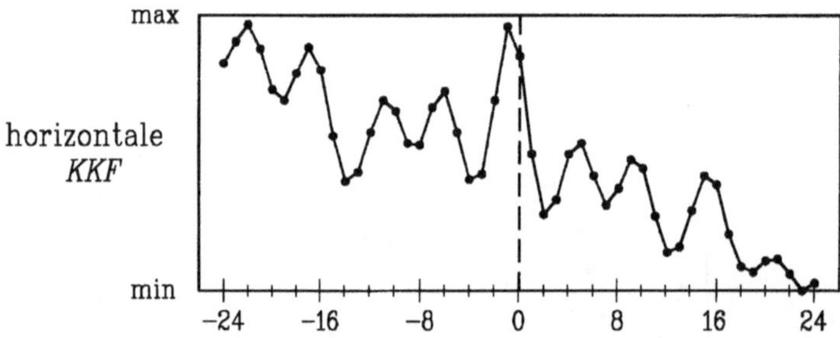

Bild 7.9
Verbessertes Matching mit eindimensionaler Kreuzkorrelationsfunktion (Beispiel 2)

Die vertikale *KKF* zeigte keine so eindeutigen Ergebnisse wie die horizontale *KKF*, was mit dem kleineren Meßfenster (±4 Pixel) und Suchbereich (±8 Pixel) zusammenhängt. Eine vertikale Fehlschätzung wirkt sich auch nicht so gravierend aus, da der vertikale Suchbereich wesentlich kleiner als der horizontale Suchbereich ist. Pro unsicherem Vektor werden für die horizontale plus vertikale *KKF* lediglich $51 \cdot 29 + 9 \cdot 17 = 1632$ Rechenoperationen benötigt.

Die weitere Nachverarbeitung der Vektoren zielt auf homogene Vektorfelder ab. Bereits das Prinzip des Blockmatchings basiert darauf, daß sich Regionen mit gleicher Geschwindigkeit in eine Richtung bewegen. Inhomogene Vektorfelder können durch eine anschließende Medianfilterung geglättet werden. Dabei werden die Komponenten *dx* und *dy* in jedem Level getrennt gefiltert.

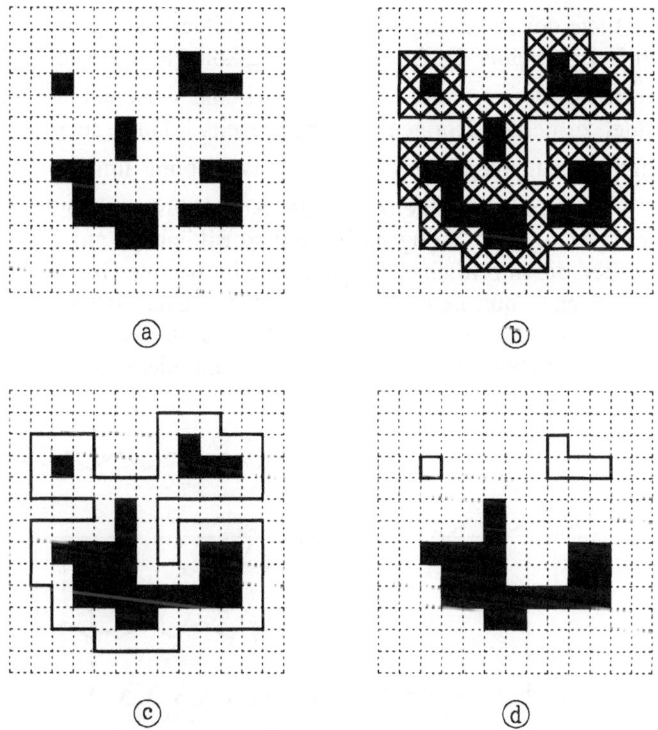

Bild 7.10
Nachverarbeitung der Vektorzielpunkte; a) Vektorzielpunkte; b) Dilatation; c) Erosion; d) Löschen kleine Gebiete, die weniger als 9 Zielpunkte enthalten

Trotz der Medianfilterung werden vom Vektorfeld nicht alle Zielgebiete richtig erfaßt. Bewegte Regionen, die nur aus wenigen Bildpunkten bestehen oder einzelne Zielpunkte, die von den Vektoren nicht erreicht werden, können zu zusätzlichen Störungen führen. Dies äußert sich in Ausfransen oder Flimmerstörungen in den bewegten Objekten. Diese Störungen werden stark gemindert, wenn die Vektorzielpunkte einer Dilatation und anschließend einer Erosion unterzogen werden (Bild 7.10). Besonders vereinzelte und ausgefranste Zielgebiete werden an ihren Rändern homogener. Zum Abschluß werden sehr kleine Regionen gelöscht, wenn sie weniger als neun zusammenhängende Zielpunkte aufweisen.

Auch die Frage, ob man mit einem Vorwärts- oder Rückwärtsmatching günstigere Ergebnisse erzielt, wurde näher untersucht. Zwischen beiden Methoden ergaben sich zwar unterschiedliche Vektorfelder, die visuell aber zu sehr ähnlichen Ergebnissen führten. Eine Verbesserung der Bewegungsschätzung läßt sich durch Auswertung beider Vektorfelder erzielen, jedoch ist der Aufwand für die Berechnung größer.

7.3 Zwischenbilderzeugung

Die Anzahl oder Lage der zu erzeugenden Zwischenbilder ist eng mit der Anwendung verknüpft. Beim Beispiel einer Teilbildverdopplung können originale Bilder mit bewegungskompensierten Bildern ergänzt werden, wobei eine Verschiebung um $1/2 \cdot \vec{D}$ für die Zwischenbilder zu berücksichtigen ist. Andererseits können aber auch alle Bildinhalte neu erzeugt werden, möglich wäre eine Verschiebung um jeweils $1/4 \cdot \vec{D}$ und $3/4 \cdot \vec{D}$. Die Wahl der zeitliche Lage ist von der Anwendung abhängig. Bei Verfahren zur Qualitätsverbesserung wird häufig für bestimmte Bildinhalte auf eine andere Verarbeitung umgeschaltet, die in zeitlicher Richtung eine bestimmte Gruppenlaufzeit besitzt. Um bei bewegten Szenen nun keine Störungen an den Umschaltpunkten durch einen Laufzeitversatz zu bekommen, kann die Gruppenlaufzeit der bewegungskompensierten Bilder über die Verschiebungsvektoren der Zwischenbilderzeugung auf das andere Verfahren abgestimmt werden.

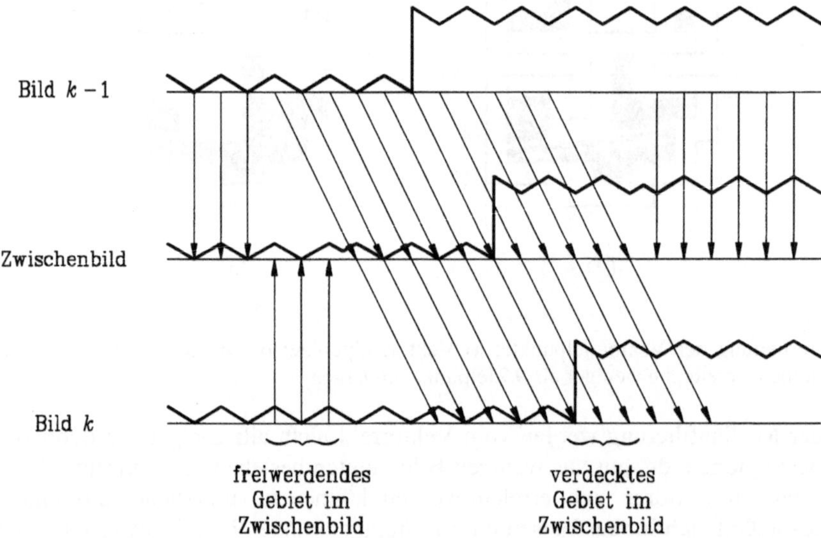

Bild 7.11
Behandlung freiwerdender und verdeckter Gebiete bei der Zwischenbilderzeugung

Bei der Zwischenbilderzeugung verdecken bewegte Objekte im Zielgebiet einen Teil des Hintergrundes, während an der Startposition Hintergrund freigegeben wird. Die Problematik der Verschiebung von Bildinhalten wird in Bild 7.11 erläutert. Gemessen wird die Verschiebung einer Kante zwischen Bild k - 1 und k, außerhalb der Verschiebung sind die Bildinhalte gleich. Die Bewegungsschätzung ermittelt nun Bewegungsvektoren in einem Bereich um die bewegte Kante, der restliche Bildinhalt wird als ruhend angesehen. Zunächst wird der Bildinhalt k - 1 im Zwischenbild übernommen, und anschließend werden die bewegten Bereiche mit den Vektoren $1/2 \cdot \bar{D}$ im Zwischenbild verschoben. Die dabei freiwerdenden Gebiete werden durch Bild k aufgefüllt.

Die in Bild 7.11 beschriebene Situation ist typisch an Rändern weitgehend homogener Bildinhalte, die in der Praxis häufig vorkommen. Im Gegensatz zu kleinen bewegten Objekten, die bei der Bewegungsschätzung komplett erfaßt werden können, ist hier keine eindeutige Aussage darüber möglich, ob sich das bewegte Objekt rechts- oder linksseitig der Kante befindet. Die Folge ist eine Korona beidseitig einer bewegten Kante, die von der Struktur des Objektes und Hintergrundes abhängen. Im Zwischenbild (Bild 7.11) äußert sich dies als eine leichte Störung an den Grenzen zwischen den verschobenen und ortsfesten Inhalten.

In [THOMA] wird unter Zuhilfenahme des Bewegungsdetektionssignals ein Verfahren beschrieben, das die Unterscheidung zwischen bewegten Objekten und ruhendem Hintergrund verbessert, aber auch hier sind insbesondere bei der Auswertung von nur zwei Bildern Grenzen gesetzt. Bei dem Verfahren muß davon ausgegangen werden, daß das bewegte Objekt möglichst komplett bei der Bewegungsdetektion erfaßt wird, um anschließend mit Hilfe der Bewegungsvektoren freiwerdenden und verdeckten Hintergrund segmentieren zu können. Dies ist jedoch bei beliebigen Bildinhalten im Fernsehen eher die Ausnahme, da der Bewegungsdetektor nur die Bereiche der Bildänderung zwischen bewegter und ruhender Struktur erkennt. In Kapitel 3 wurde in Bild 3.6 gezeigt, daß insbesondere im Überlappungsbereich bewegte, homogene Gebiete vom Detektor nicht als Bewegung erkannt werden können.

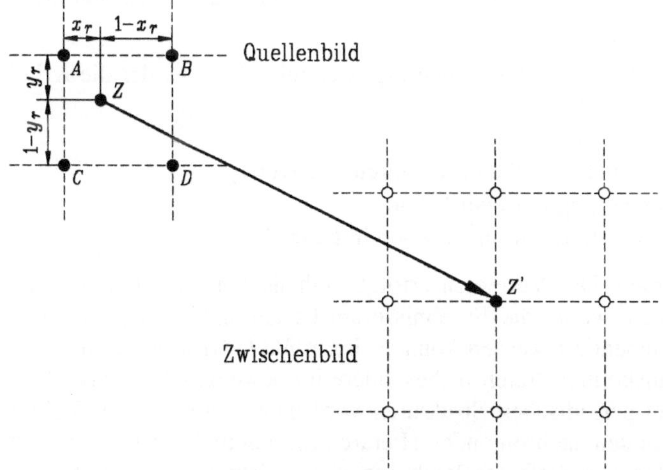

Bild 7.12
Bilineare Interpolation zur Zwischenbilderzeugung

Zum Abschluß muß das Interpolationsfilter zur Zwischenbilderzeugung betrachtet werden, da die Verschiebungsvektoren in der Regel nicht auf die Rasterpunkte des Zwischenbildes zeigen, sondern dazwischen liegen können. Ein höherwertiges planares Interpolationsfilter würde die Auflösung erhöhen, was aber in den bewegten Gebieten nicht unbedingt erforderlich ist. Eine bilineare Interpolation mit vier Eckpunkten ist einfach zu realisieren und für diesen Zweck völlig ausreichend (Bild 7.12). Ein gegenüber Punkt A um x_r und y_r verschobener Punkt Z errechnet sich aus den vier Nachbarpunkten zu

$$Z = (1 - x_r)(1 - y_r)A + x_r(1 - y_r)B + (1 - x_r)y_r C + x_r y_r D. \tag{7.7}$$

Die bilineare Interpolation sollte - wie in Bild 7.12 dargestellt - bereits im Quellenbild erfolgen, damit nach einer Verschiebung um den Vektor $\vec{D}$ das Zielraster im Zwischenbild getroffen wird. Anderenfalls befindet sich Z' zwischen vier Rasterpunkten, deren Wert anteilig berechnet werden müßte. Hinzu kämen zu jedem Rasterpunkt die Anteile der weiteren benachbarten Vektorzielpunkte.

7.4 Ergebnisse der Bewegungskompensation

Die Bewegungskompensation wurde zur Zwischenbilderzeugung für eine Teilbildverdopplung untersucht. Die größten Fehler werden bei einer Verschiebung um $1/2 \cdot \vec{D}$ sichtbar, weshalb diese Verschiebung für einen Vergleich verschiedener Algorithmen herangezogen wurde. Gemeinsam ist allen Verfahren die Verwendung des „Mäusezähnchendetektors" zur Vorselektion der Gebiete, in denen die Bewegungsschätzung gestartet wird. Bei der Vektorermittlung wird das in Kapitel 7.2.3 beschriebene Blockmatching mit großem Schätzbereich verwendet und ebenso die bilineare Zwischenbildinterpolation.

Unterschiede bestehen in der Vektornachverarbeitung (Kapitel 7.2.4), bei der die Kriterien

- MAD,
- Nachbarschaftsvergleich unsicherer Vektoren in Level 1,
- erweitertes Blockmatching in Level 1, und
- eindimensionale Kreuzkorrelationsfunktion in Level 1

miteinander verglichen wurden. Der Vergleich erfolgte anhand von Simulationen mit unterschiedlichen Bildinhalten, wobei die Ergebnisse am besten an der Sequenz „Car and Gate" in Bild 7.13 dokumentiert werden können. Beim MAD-Kriterium, das ohne weitere Nachverarbeitung auskommt, treten insbesondere im bewegten Tor starke Störungen auf (Bild 7.13a). Bei periodischen Strukturen wird häufig ein falscher Vektor aus Level 1 verwendet, der in den nachfolgenden Hierarchiestufen nicht mehr korrigiert werden kann. Durch den Nachbarschaftsvergleich unsicherer Vektoren werden bereits viele falsche Vektoren in Level 1 korrigiert (Bild 7.13b), aber auch dieses Ergebnis ist unakzeptabel. Die Nachverarbeitung unsicherer Vektoren durch das erweiterte Blockmatching mit kleinem Fenster und Suchbereich arbeitet fast fehlerfrei (Bild 7.13c). Der zusätzliche Rechenaufwand ist jedoch nicht zu vernachlässigen. Fehler treten nur noch im unteren Viertel des Tores auf. Die besten Ergebnisse werden mit der eindimensionalen Kreuzkorrelationsfunktion in Level 1 erzielt (Bild 7.13d), hier werden alle periodischen Strukturen sicher erkannt. Auch bei unterschiedlichen Bildinhalten in verschiedenen Sequenzen erwies sich die eindimensionale *KKF* überlegen gegenüber allen anderen verglichenen Verfahren. Der zusätzliche Rechenaufwand kann bei dem großen Suchbereich als sehr gering angesehen werden.

a)

b)

Bild 7.13
Bewegungskompensation mit großem Schätzbereich bei der Sequenz „Car and Gate" (Teilbilddarstellung); a) MAD-Kriterium ohne weitere Nachverarbeitung; b) Nachbarschaftsvergleich von maximal drei unsicheren Vektoren

c)

d)

Bild 7.13
Bewegungskompensation mit großem Schätzbereich bei der Sequenz „Car and Gate" (Teilbild-darstellung); c) erweitertes Blockmatching in Level 1; d) eindimensionale Kreuzkorrelations-funktion in Level 1

Zum Abschluß wurde die Robustheit gegenüber Rauschstörungen untersucht. Der Se-quenz „Car and Gate" wurde weißes Rauschen bis zu einem Signal-Rauschabstand von 20,5 dB überlagert. Das Ergebnis ist in Bild 7.14 zu sehen. Auch bei diesem extrem schlechten Störabstand arbeitet der Algorithmus mit der eindimensionalen *KKF* zuver-lässig.

Bild 7.14
Bewegungskompensation mit eindimensionaler *KKF* bei der Sequenz „Car and Gate" (Teilbild-darstellung) und stark verrauschtem Eingangssignal (S/N = 20,5 dB)

Anhang

A.1 Spektrum einer kontinuierlichen vertikal-zeitlichen Bandaufspaltung

Für die Abtastung der beiden Teilbilder wird die Näherung gemacht, daß der abgetastete vertikale Signalverlauf unabhängig von dem zeitlichen Signalverlauf ist. Dies ist gleichbedeutend mit einer diracförmigen Abtastung eines kompletten Halbbildes zu einem Zeitpunkt t. In diesem Modell wird vernachlässigt, daß jede Zeile gegenüber der vorangegangenen um eine Zeilendauer später geschrieben wird. Bezogen auf die Teilbilddauer ist die Dauer einer Zeile jedoch sehr klein, so daß der entstehende Fehler an einem bestimmten Ort vernachlässigt werden kann.

Durch diese Näherung ist eine Separation der beiden Funktionen möglich mit einer entsprechenden Vereinfachung bei der Transformation in den Frequenzbereich, da sich die Faltung auf eindimensional abgetastete Signalverläufe beschränkt. Zusätzlich gilt bei separierbaren Funktionen

$$s_a(y,t) = s_a(y) \cdot s_a(t) \quad \circ\!\!-\!\!\bullet \quad S_a(f_y, f_t) = S_a(f_y) \cdot S_a(f_t), \tag{A.1}$$

so daß sich nach einer Multiplikation im Zeitbereich im Frequenzbereich statt einer Faltung wiederum eine Multiplikation ergibt. Für die Abtastung der beiden in Bild 2.16a (Kapitel 2.4) dargestellten Teilbilder gilt nun für den Tiefpaßanteil

$$
\begin{aligned}
s_{a1}(y,t) = \frac{1}{2}\Bigg[&\left(\frac{186}{256}s(y) - \frac{28}{256}s(y \pm 2\Delta y) - \frac{1}{256}s(y \pm 4\Delta y) \right) \cdot \\
&\cdot 2\Delta y \sum_{m=-\infty}^{\infty} \delta(y - 2m\Delta y) \cdot s(t) \cdot 2\Delta t \sum_{n=-\infty}^{\infty} \delta(t - 2n\Delta t) + \\
&+ \left(\frac{56}{256}s(y \pm \Delta y) + \frac{8}{256}s(y \pm 3\Delta y) \right) \cdot 2\Delta y \sum_{m=-\infty}^{\infty} \delta(y - 2m\Delta y) \cdot \\
&\cdot s(t + \Delta t) \cdot 2\Delta t \sum_{n=-\infty}^{\infty} \delta(t - 2n\Delta t) \Bigg],
\end{aligned}
\tag{A.2}
$$

$$
\begin{aligned}
s_{a2}(y,t) = \frac{1}{2}\Bigg[&\left(\frac{186}{256}s(y) - \frac{28}{256}s(y\pm 2\Delta y) - \frac{1}{256}s(y\pm 4\Delta y) \right)\cdot 2\Delta y\,\cdot \\
&\cdot \sum_{m=-\infty}^{\infty} \delta(y - 2m\Delta y - \Delta y)\cdot s(t)\cdot 2\Delta t \sum_{n=-\infty}^{\infty}\delta(t - 2n\Delta t - \Delta t) + \\
&+ \left(\frac{56}{256}s(y\pm\Delta y) + \frac{8}{256}s(y\pm 3\Delta y) \right)\cdot \\
&\cdot 2\Delta y \sum_{m=-\infty}^{\infty}\delta(y - 2m\Delta y - \Delta y)\cdot \\
&\cdot s(t+\Delta t)\cdot 2\Delta t \sum_{n=-\infty}^{\infty}\delta(t - 2n\Delta t - \Delta t) \Bigg] .
\end{aligned}
\tag{A.3}
$$

Nur der Übersicht halber werden zwei Zeilen, die mit demselben Koeffizienten bewertet werden, in einem Term zusammengefaßt

$$
a\cdot s(y-\Delta y) + a\cdot s(y+\Delta y) =: a\cdot s(y\pm\Delta y) .
\tag{A.4}
$$

Ebenso wird für die Fouriertransformierte eine einfachere Schreibweise definiert

$$
e^{+j2\pi\Delta y f_y} + e^{-j2\pi\Delta y f_y} =: e^{\pm j2\pi\Delta y f_y} .
\tag{A.5}
$$

Weiterhin gilt für die Fouriertransformation einer gedehnten Diracstoßfolge [LÜKE]

$$
\sum_{n=-\infty}^{\infty}\delta(t - nT) \qquad \circ\!\!-\!\!\bullet \qquad \frac{1}{|T|}\sum_{n=-\infty}^{\infty}\delta\!\left(f - \frac{n}{T} \right) .
\tag{A.6}
$$

Nun erhält man aus den Gleichungen A.2 und A.3 mit Hilfe der Fouriertransformation die Teilbildspektren $S_{a1}(f_y, f_t)$ und $S_{a2}(f_y, f_t)$

$$
\begin{aligned}
S_{a1}(f_y, f_t) = \frac{1}{2}\Bigg[&\left(\frac{186}{256}S(f_y) - \frac{28}{256}S(f_y)\cdot e^{\pm j4\pi\Delta y f_y} - \right. \\
&\left. - \frac{1}{256}S(f_y)\cdot e^{\pm j8\pi\Delta y f_y} \right) * \sum_{m=-\infty}^{\infty}\delta\!\left(f_y - \frac{m}{2\Delta y} \right) \Bigg]\cdot \\
&\cdot \left[S(f_t) * \sum_{n=-\infty}^{\infty}\delta\!\left(f_t - \frac{n}{2\Delta t} \right) \right] + \frac{1}{2}\Bigg[\left(\frac{56}{256}S(f_y)\cdot e^{\pm j2\pi\Delta y f_y} + \right. \\
&\left. + \frac{8}{256}S(f_y)\cdot e^{\pm j6\pi\Delta y f_y} \right) * \sum_{m=-\infty}^{\infty}\delta\!\left(f_y - \frac{m}{2\Delta y} \right) \Bigg]\cdot \\
&\cdot \left[\left(S(f_t)\cdot e^{+j2\pi\Delta t f_t} \right) * \sum_{n=-\infty}^{\infty}\delta\!\left(f_t - \frac{n}{2\Delta t} \right) \right].
\end{aligned}
\tag{A.7}
$$

$$S_{a2}(f_y, f_t) = \frac{1}{2}\left[\left(\frac{186}{256}S(f_y) - \frac{28}{256}S(f_y)\cdot e^{\pm j4\pi\Delta y f_y} - \frac{1}{256}S(f_y)\cdot\right.\right.$$

$$\left. e^{\pm j8\pi\Delta y f_y}\right)*\left(\sum_{m=-\infty}^{\infty}\delta\left(f_y - \frac{m}{2\Delta y}\right)\cdot e^{-j2\pi\Delta y f_y}\right)\right].$$

$$\left[S(f_t)*\left(\sum_{n=-\infty}^{\infty}\delta\left(f_t - \frac{n}{2\Delta t}\right)\cdot e^{-j2\pi\Delta t f_t}\right)\right] +$$

$$+\frac{1}{2}\left[\left(\frac{56}{256}S(f_y)\cdot e^{\pm j2\pi\Delta y f_y} + \frac{8}{256}S(f_y)\cdot e^{\pm j6\pi\Delta y f_y}\right)*\right.$$

$$*\left.\left(\sum_{m=-\infty}^{\infty}\delta\left(f_y - \frac{m}{2\Delta y}\right)\cdot e^{-j2\pi\Delta y f_y}\right)\right].$$

$$\left[\left(S(f_t)\cdot e^{+j2\pi\Delta t f_t}\right)*\left(\sum_{n=-\infty}^{\infty}\delta\left(f_t - \frac{n}{2\Delta t}\right)\cdot e^{-j2\pi\Delta t f_t}\right)\right].$$

$$(A.8)$$

Statt der ausführlichen Herleitung der Ergebnisse aus den Gleichungen A.7 und A.8 soll ein separierbares Beispiel für die Faltung einer eindimensionalen Abtastung betrachtet werden

$$S_{2y}(f_y) = \left(S(f_y)\cdot e^{\pm j2\pi\Delta y f_y}\right)*\left(\sum_{m=-\infty}^{\infty}\delta\left(f_y - \frac{m}{2\Delta y}\right)\cdot e^{-j2\pi\Delta y f_y}\right)$$

$$= \int_{-\infty}^{+\infty} S(f_y - f_y^*)\cdot e^{\pm j2\pi\Delta y(f_y - f_y^*)}\cdot$$

$$\cdot \sum_{m=-\infty}^{\infty}\delta\left(f_y^* - \frac{m}{2\Delta y}\right)\cdot e^{-j2\pi\Delta y f_y^*}\, df_y^*$$

$$= \sum_{m=-\infty}^{\infty} S\left(f_y - \frac{m}{2\Delta y}\right)\cdot e^{\pm j2\pi\Delta y\left(f_y - \frac{m}{2\Delta y}\right)}\cdot e^{-j2\pi\Delta y\frac{m}{2\Delta y}}$$

$$= \sum_{m=-\infty}^{\infty} S\left(f_y - \frac{m}{2\Delta y}\right)\cdot e^{\pm j2\pi\Delta y f_y}$$

$$= \sum_{m=-\infty}^{\infty} S\left(f_y - \frac{m}{2\Delta y}\right)\cdot 2\cos(2\pi\Delta y f_y).$$

$$(A.9)$$

Die Integration über eine Diracstoßfunktion ist besonders einfach, da das Integral über einen Diracimpuls 1 ist und in diesem Fall lediglich Anteile für f_y^* im Abstand von $m/(2\,\Delta y)$ existieren.

Die Teilspektren ergeben unter Berücksichtigung der Separierbarkeit und des Superpositionsprinzips für additiv verknüpfte Funktionen die Teilbildspektren $S_{a1}(f_y, f_t)$ und $S_{a2}(f_y, f_t)$

$$
\begin{aligned}
S_{a1}(f_y, f_t) = \frac{1}{2} \sum_{m=-\infty}^{\infty} \sum_{n=-\infty}^{\infty} & S\left(f_y - \frac{m}{2\Delta y}, f_t - \frac{n}{2\Delta t}\right) \cdot \\
& \cdot \left[\frac{186}{256} - \frac{28}{256} \cdot e^{\pm j4\pi\Delta y f_y} - \frac{1}{256} \cdot e^{\pm j8\pi\Delta y f_y} + \right. \\
& \left. + \left(\frac{56}{256} \cdot e^{\pm j\pi(2\Delta y f_y - m)} + \frac{8}{256} \cdot e^{\pm j\pi(6\Delta y f_y - 3m)} \right) \cdot \right. \\
& \left. \cdot\ e^{j\pi(2\Delta t f_t - n)} \right],
\end{aligned}
$$

$$
\tag{A.10}
$$

$$
\begin{aligned}
S_{a2}(f_y, f_t) = \frac{1}{2} \sum_{m=-\infty}^{\infty} \sum_{n=-\infty}^{\infty} & S\left(f_y - \frac{m}{2\Delta y}, f_t - \frac{n}{2\Delta t}\right) \cdot \\
& \cdot \left[\left(\frac{186}{256} - \frac{28}{256} \cdot e^{\pm j4\pi\Delta y f_y} - \frac{1}{256} \cdot e^{\pm j8\pi\Delta y f_y} \right) \cdot \right. \\
& \left. \cdot\ e^{-j\pi m} \cdot e^{-j\pi n} + \right. \\
& \left. + \left(\frac{56}{256} \cdot e^{\pm j2\pi\Delta y f_y} + \frac{8}{256} \cdot e^{\pm j6\pi\Delta y f_y} \right) \cdot e^{j2\pi\Delta t f_t} \right].
\end{aligned}
$$

$$
\tag{A.11}
$$

Das Gesamtspektrum $S(f_y, f_t)$ ergibt sich aus der Addition der Teilbildspektren $S_{a1}(f_y, f_t)$ und $S_{a2}(f_y, f_t)$

$$
\begin{aligned}
S(f_y, f_t) = \frac{1}{2} \sum_{m=-\infty}^{\infty} \sum_{n=-\infty}^{\infty} & S\left(f_y - \frac{m}{2\Delta y}, f_t - \frac{n}{2\Delta t}\right) \cdot \left(1 + (-1)^{m+n}\right) \cdot \\
& \cdot \left[\frac{186}{256} - \frac{28}{256} \cdot e^{\pm j4\pi\Delta y f_y} - \frac{1}{256} \cdot e^{\pm j8\pi\Delta y f_y} + \right. \\
& \left. + \left(\frac{56}{256} \cdot e^{\pm j2\pi\Delta y f_y} + \frac{8}{256} \cdot e^{\pm j6\pi\Delta y f_y} \right) \cdot e^{j2\pi\Delta t f_t} \right],
\end{aligned}
$$

$$
\tag{A.12}
$$

$$S(f_y, f_t) = \frac{1}{2} \sum_{m=-\infty}^{\infty} \sum_{n=-\infty}^{\infty} S\left(f_y - \frac{m}{2\Delta y}, f_t - \frac{n}{2\Delta t}\right) \cdot \left(1 + (-1)^{m+n}\right) \cdot$$

$$\cdot \left[\frac{186}{256} - \frac{28}{256} \cdot 2\cos(4\pi\Delta y f_y) - \frac{1}{256} \cdot 2\cos(8\pi\Delta y f_y) + \right. \tag{A.13}$$

$$\left. + \left(\frac{56}{256} \cdot 2\cos(2\pi\Delta y f_y) + \frac{8}{256} \cdot 2\cos(6\pi\Delta y f_y)\right) \cdot e^{j2\pi\Delta t f_t}\right].$$

Mit der *Eulerschen Formel* für komplexe Zahlen $e^{j\varphi} = \cos\varphi + j\sin\varphi$ kann der Amplitudenfrequenzgang berechnet werden

$$A = \frac{186}{256} - \frac{28}{256} \cdot 2\cos(4\pi\Delta y f_y) - \frac{1}{256} \cdot 2\cos(8\pi\Delta y f_y), \tag{A.14}$$

$$B = \frac{56}{256} \cdot 2\cos(2\pi\Delta y f_y) + \frac{8}{256} \cdot 2\cos(6\pi\Delta y f_y), \tag{A.15}$$

$$\left|S(f_y, f_t)\right| = \frac{1}{2} \sum_{m=-\infty}^{\infty} \sum_{n=-\infty}^{\infty} S\left(f_y - \frac{m}{2\Delta y}, f_t - \frac{n}{2\Delta t}\right) \cdot \left(1 + (-1)^{m+n}\right) \cdot$$

$$\cdot \sqrt{\left(A + B \cdot \cos(2\pi\Delta t f_t)\right)^2 + B^2 \cdot \sin^2(2\pi\Delta t f_t)}$$

$$= \frac{1}{2} \sum_{m=-\infty}^{\infty} \sum_{n=-\infty}^{\infty} S\left(f_y - \frac{m}{2\Delta y}, f_t - \frac{n}{2\Delta t}\right) \cdot \left(1 + (-1)^{m+n}\right) \cdot \tag{A.16}$$

$$\cdot \sqrt{A^2 + B^2 + 2AB \cdot \cos(2\pi\Delta t f_t)}.$$

Der zweidimensionale Amplitudenfrequenzgang ist in Bild 2.17 (Kap. 2.4) dargestellt.

A.2 Spektrum einer Bandaufspaltung im Vollbild

Bei der Bandaufspaltung im Vollbild werden jeweils zwei Teilbilder zu einem Vollbild zusammengefaßt, die Bandaufspaltung im Vollbild durchgeführt, und anschließend im Zeilensprungverfahren übertragen (Kapitel 2.4, Bilder 2.15 und 2.16b). Danach werden die nächsten zwei Teilbilder zusammengefaßt und ebenso verarbeitet. Aufgrund dieser Maßnahme ergibt sich ein anderes Verhalten als bei der kontinuierlichen vertikal-zeitlichen Bandaufspaltung (Kapitel 2.4, Anhang A.1). Das unterschiedliche Verhalten im Zeitbereich spiegelt sich ebenfalls im Frequenzbereich wider.

Für die Abtastung der beiden in Bild 2.16b dargestellten Teilbilder gilt für den Tiefpaßanteil

$$
\begin{aligned}
s_{a1}(y,t) = \frac{1}{2}\Bigg[&\left(\frac{186}{256}s(y) - \frac{28}{256}s(y \pm 2\Delta y) - \frac{1}{256}s(y \pm 4\Delta y) \right) \cdot \\
&\cdot 2\Delta y \sum_{m=-\infty}^{\infty} \delta(y - 2m\Delta y) \cdot s(t) \cdot 2\Delta t \sum_{n=-\infty}^{\infty} \delta(t - 2n\Delta t) + \\
&+ \left(\frac{56}{256}s(y \pm \Delta y) + \frac{8}{256}s(y \pm 3\Delta y) \right) \cdot \\
&\cdot 2\Delta y \sum_{m=-\infty}^{\infty} \delta(y - 2m\Delta y) \cdot s(t + \Delta t) \cdot 2\Delta t \sum_{n=-\infty}^{\infty} \delta(t - 2n\Delta t) \Bigg],
\end{aligned}
\tag{A.17}
$$

$$
\begin{aligned}
s_{a2}(y,t) = \frac{1}{2}\Bigg[&\left(\frac{186}{256}s(y) - \frac{28}{256}s(y \pm 2\Delta y) - \frac{1}{256}s(y \pm 4\Delta y) \right) \cdot \\
&\cdot 2\Delta y \sum_{m=-\infty}^{\infty} \delta(y - 2m\Delta y - \Delta y) \cdot \\
&\cdot s(t) \cdot 2\Delta t \sum_{n=-\infty}^{\infty} \delta(t - 2n\Delta t - \Delta t) + \\
&+ \left(\frac{56}{256}s(y \pm \Delta y) + \frac{8}{256}s(y \pm 3\Delta y) \right) \cdot \\
&\cdot 2\Delta y \sum_{m=-\infty}^{\infty} \delta(y - 2m\Delta y - \Delta y) \cdot \\
&\cdot s(t - \Delta t) \cdot 2\Delta t \sum_{n=-\infty}^{\infty} \delta(t - 2n\Delta t - \Delta t) \Bigg].
\end{aligned}
\tag{A.18}
$$

Die Teilspektren ergeben unter Berücksichtigung der Separierbarkeit und des Superpositionsprinzips für additiv verknüpfte Funktionen die Teilbildspektren $S_{a1}(f_y, f_t)$ und $S_{a2}(f_y, f_t)$

$$
\begin{aligned}
S_{a1}(f_y, f_t) = \frac{1}{2} \sum_{m=-\infty}^{\infty} \sum_{n=-\infty}^{\infty} &S\left(f_y - \frac{m}{2\Delta y}, f_t - \frac{n}{2\Delta t} \right) \cdot \\
&\cdot \Bigg[\frac{186}{256} - \frac{28}{256} \cdot e^{\pm j 4\pi \Delta y f_y} - \frac{1}{256} \cdot e^{\pm j 8\pi \Delta y f_y} + \\
&+ \left(\frac{56}{256} \cdot e^{\pm j \pi (2\Delta y f_y - m)} + \frac{8}{256} \cdot e^{\pm j \pi (6\Delta y f_y - 3m)} \right) \cdot \\
&\cdot e^{j \pi (2\Delta t f_t - n)} \Bigg],
\end{aligned}
\tag{A.19}
$$

$$S_{a2}(f_y, f_t) = \frac{1}{2} \sum_{m=-\infty}^{\infty} \sum_{n=-\infty}^{\infty} S\!\left(f_y - \frac{m}{2\Delta y}, f_t - \frac{n}{2\Delta t}\right) \cdot$$

$$\cdot \left[\left(\frac{186}{256} - \frac{28}{256} \cdot e^{\pm j 4\pi\Delta y f_y} - \frac{1}{256} \cdot e^{\pm j 8\pi\Delta y f_y} \right) \cdot \right.$$

$$\cdot\, e^{-j\pi(m+n)} +$$

$$\left. + \left(\frac{56}{256} \cdot e^{\pm j 2\pi\Delta y f_y} + \frac{8}{256} \cdot e^{\pm j 6\pi\Delta y f_y} \right) \cdot e^{-j 2\pi\Delta t f_t} \right].$$

$$(\text{A.20})$$

Das Gesamtspektrum $S(f_y, f_t)$ ergibt sich aus der Addition der Teilbildspektren $S_{a1}(f_y, f_t)$ und $S_{a2}(f_y, f_t)$

$$S(f_y, f_t) = \frac{1}{2} \sum_{m=-\infty}^{\infty} \sum_{n=-\infty}^{\infty} S\!\left(f_y - \frac{m}{2\Delta y}, f_t - \frac{n}{2\Delta t}\right) \cdot$$

$$\cdot \left[\left(\frac{186}{256} - \frac{28}{256} \cdot 2\cos(4\pi\Delta y f_y) - \frac{1}{256} \cdot 2\cos(8\pi\Delta y f_y) \right) \cdot \right.$$

$$\cdot \left(1 + (-1)^{m+n} \right) +$$

$$\left. + \left(\frac{56}{256} \cdot 2\cos(2\pi\Delta y f_y) + \frac{8}{256} \cdot 2\cos(6\pi\Delta y f_y) \right) \cdot \right.$$

$$\left. \cdot \left((-1)^{m+n} \cdot e^{j 2\pi\Delta t f_t} + e^{-j 2\pi\Delta t f_t} \right) \right].$$

$$(\text{A.21})$$

Für gerade $(m + n)$ und ungerade $(m + n)$ ergeben sich unterschiedliche Seitenlinien-amplituden, die überlagert das Gesamtspektrum darstellen. Das Seitenlinienspektrum für gerade $(m + n)$ folgt zu

$$S_g(f_y, f_t) = \sum_{m=-\infty}^{\infty} \sum_{n=-\infty}^{\infty} S\!\left(f_y - \frac{m}{2\Delta y}, f_t - \frac{n}{2\Delta t}\right) \cdot$$

$$\cdot \left[\frac{186}{256} - \frac{56}{256} \cdot \cos(4\pi\Delta y f_y) - \frac{2}{256} \cdot \cos(8\pi\Delta y f_y) + \right.$$

$$\left. + \left(\frac{112}{256} \cdot \cos(2\pi\Delta y f_y) + \frac{16}{256} \cdot \cos(6\pi\Delta y f_y) \right) \cdot \right.$$

$$\left. \cdot \cos(2\pi\Delta t f_t) \right]$$

$$(\text{A.22})$$

und für ungerade $(m + n)$

$$S_u(f_y, f_t) = \sum_{m=-\infty}^{\infty} \sum_{n=-\infty}^{\infty} S\left(f_y - \frac{m}{2\Delta y}, f_t - \frac{n}{2\Delta t}\right) \cdot e^{-j\frac{\pi}{2}} \cdot$$

$$\cdot \left(\frac{112}{256} \cdot \cos(2\pi\Delta y f_y) + \frac{16}{256} \cdot \cos(6\pi\Delta y f_y)\right) \cdot \sin(2\pi\Delta t f_t). \tag{A.23}$$

Der Exponentialfaktor $e^{-j\pi/2}$ entspricht einer Phasendrehung um -90°. Der Amplitudenfrequenzgang ist in Bild 2.18 (Kapitel 2.4) dargestellt.

A.3 Nachweis zur maximalen Rauschreduktion durch Mittelwertfilter

In Kapitel 5.2.1 wird für transversale Filter behauptet, daß bei gegebener Koeffizientenanzahl der maximale ungewichtete Rauschreduktionsfaktor durch Mittelwertfilter erzielt wird. Der Nachweis für die Richtigkeit dieser Behauptung soll indirekt geführt werden. Es wird angenommen, daß es ein Filter mit $(N+1)$ Koeffizienten gibt, das bereits bei nur einem Koeffizienten größer dem Mittelwert $(1/(N+1) + \varepsilon,\ \varepsilon \in \Re^+)$ eine kleinere Rauschleistung P_a ermöglicht. Die Summe der Koeffizienten wird auf 1 normiert, so daß sich alle anderen Koeffizienten zu $(1/(N+1) - \varepsilon/N)$ ergeben. Dann gilt mit $U = 1$ für die Rauschleistung P_a des Filters mit einem größeren Koeffizienten

$$P_a = \left(\frac{1}{N+1} + \varepsilon\right)^2 + N \cdot \left(\frac{1}{N+1} - \frac{\varepsilon}{N}\right)^2 \tag{A.24}$$

und für die Rauschleistung P_b des Mittelwertfilters

$$P_a = (N+1) \cdot \left(\frac{1}{N+1}\right)^2 . \tag{A.25}$$

Mit der Behauptung, daß ein Filter mit wenigstens einem größeren Koeffizienten als dem Mittelwert eine kleinere Rauschleistung erzeugen kann als ein Mittelwertfilter, gilt $P_a < P_b$ oder

$$\left(\frac{1}{N+1} + \varepsilon\right)^2 + N \cdot \left(\frac{1}{N+1} - \frac{\varepsilon}{N}\right)^2 < (N+1) \cdot \left(\frac{1}{N+1}\right)^2 . \tag{A.26}$$

Als Ergebnis erhält man

$$\varepsilon^2 + \frac{\varepsilon^2}{N} < 0 , \tag{A.27}$$

was für alle $\varepsilon \in \Re^+$ falsch ist. Das Mittelwertfilter ermöglicht folglich den größten Rauschreduktionsfaktor.

A.4 Spektrale Analyse einer Medianfilterung 2. Ordnung

Der Amplitudenfrequenzgang eines Medianfilters kann nicht allgemein angegeben werden, da die Medianfilter zu den nichtlinearen Filtern gehören, die sich nicht mit Hilfe der linearen Systemtheorie beschreiben lassen. Jedoch ist es möglich, für bestimmte Eingangssignale das Ausgangsspektrum zu berechnen. Als Eingangssignale eignen sich besonders gut sinusförmige Signalverläufe, da diese nur eine Frequenz enthalten. Die durch die nichtlineare Filterung entstehenden Verzerrungen treten als deutlich sichtbare Oberwellen in Erscheinung.

Eine periodische, stetige Funktion läßt sich nach dem *Satz von Dirichlet* durch eine Fourierreihe in ihre Spektralanteile zerlegen. Das zeitdiskrete Signal nach einer Medianfilterung ist dafür nicht geeignet, aber zur Analyse kann auf das zeitkontinuierliche periodische Ausgangssignal zurückgegriffen werden. Der allgemeine Ansatz für eine Fourierreihenentwicklung lautet

$$f(x) = \frac{a_0}{2} + \sum_{k=1}^{\infty} \left(a_k \, \cos(k\,x) + b_k \, \sin(k\,x) \right) \tag{A.28}$$

und ist beispielsweise in [BRONST] beschrieben. Eine Approximation dieser Funktion ist bei einem Abbruch der Reihenentwicklung bei $k = n$ möglich. Die Fourierkoeffizienten ergeben sich zu

$$a_k = \frac{1}{\pi} \int_{-\pi}^{\pi} f(x) \cos(k\,x)\, dx \qquad \text{für } k = 0, 1, 2, \dots \tag{A.29}$$

$$b_k = \frac{1}{\pi} \int_{-\pi}^{\pi} f(x) \sin(k\,x)\, dx \qquad \text{für } k = 1, 2, 3, \dots . \tag{A.30}$$

Das Ausgangssignal nach einer Medianfilterung 2. Ordnung ist in Bild A.1 dargestellt. Die Punktsymmetrie bewirkt, daß alle Koeffizienten a_k zu null werden. Für die verbleibenden Koeffizienten b_k gilt nun

$$b_k = \frac{2}{\pi} \int_{0}^{\pi} f(x) \sin(k\,x)\, dx \qquad \text{für } k = 1, 2, 3, \dots . \tag{A.31}$$

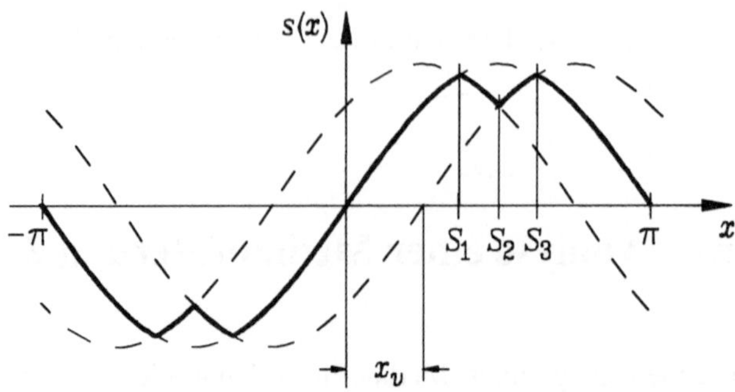

Bild A.1
Sinusförmiges Eingangssignal nach einer Medianfilterung 2. Ordnung

Das kontinuierliche Ausgangssignal ist nach Bild A.1 abschnittsweise durch einfache Funktionen beschreibbar

$$
\begin{aligned}
s_1(x) &= \sin x & 0 &\leq x \leq S_1 \\
s_2(x) &= \sin(x + x_v) & S_1 &\leq x \leq S_2 \\
s_3(x) &= \sin(x - x_v) & S_2 &\leq x \leq S_3 \\
s_4(x) &= \sin x & S_3 &\leq x \leq \pi \,.
\end{aligned}
\tag{A.32}
$$

Die Schnittpunkte S_1 bis S_3 werden durch Gleichsetzen der entsprechenden Gleichungen ermittelt und sind abhängig vom Verhältnis der Verzögerung x_v zur Periode 2π. Die Koeffizienten b_k können nun durch eine Addition der abschnittsweise berechenbaren Integrale gewonnen werden

$$
\begin{aligned}
b_k = \frac{2}{\pi} \Bigg(&\int_0^{S_1} s_1(x)\sin(k\,x)\,dx + \int_{S_1}^{S_2} s_2(x)\sin(k\,x)\,dx + \\
&+ \int_{S_2}^{S_3} s_3(x)\sin(k\,x)\,dx + \int_{S_3}^{\pi} s_4(x)\sin(k\,x)\,dx \Bigg) .
\end{aligned}
\tag{A.33}
$$

Eine Berechnung der Koeffizienten b_k ergibt für gerade Werte von k den Wert null [BERLIPS]. Daher entstehen neben dem Grundwellenanteil b_1 nur Oberwellenanteile ungerader Harmonischer. Diese Anteile sind abhängig vom Verhältnis $x_v/(2\pi)$ (siehe Bild A.1), was über die Verzögerungszeit T zur Periodendauer T_0 auf das Frequenzverhältnis f/f_a übertragen werden kann. Die Koeffizienten betragen dann in Abhängigkeit vom Frequenzverhältnis f/f_a für die Grund- und ersten Oberwellen

$$
b_1\!\left(\frac{f}{f_a}\right) = \frac{1}{\pi}\left(2\pi\,\frac{f}{f_a}\cos\!\left(2\pi\,\frac{f}{f_a}\right) - 2\pi\,\frac{f}{f_a} + \pi\right)
\tag{A.34}
$$

$$
b_3\!\left(\frac{f}{f_a}\right) = \frac{1}{\pi}\sin\!\left(2\pi\,\frac{f}{f_a}\right)\cdot\left(1 - \cos\!\left(2\pi\,\frac{f}{f_a}\right)\right)
\tag{A.35}
$$

$$b_5\left(\frac{f}{f_a}\right) = \frac{1}{3\pi}\sin\left(2\pi\,\frac{f}{f_a}\right)\cdot\left(1-2\sin^2\left(2\pi\,\frac{f}{f_a}\right)-\cos\left(2\pi\,\frac{f}{f_a}\right)\right) \qquad (A.36)$$

$$b_7\left(\frac{f}{f_a}\right) = \frac{1}{3\pi}\sin\left(2\pi\,\frac{f}{f_a}\right)\cdot\cos\left(2\pi\,\frac{f}{f_a}\right)\cdot$$
$$\cdot\left(1+\cos\left(2\pi\,\frac{f}{f_a}\right)\cdot\left(1-2\cos\left(2\pi\,\frac{f}{f_a}\right)\right)\right). \qquad (A.37)$$

Der betragsmäßige Verlauf der Grundwelle und der ersten Oberwellen einer Medianfilterung 2. Ordnung ist in Bild 5.13 (Kapitel 5.2.2) dargestellt.

A.5 Filterkoeffizienten zur Bandaufspaltung

Tabelle A.1 Koeffizienten der Bandaufspaltung mit 12/4 bzw. 24/8 Koeffizienten (Kapitel 2)

Koeffizienten 12/4		Koeffizienten 24/8	
$h_T(n)$	$h_H(n)$	$h_T(n)$	$h_H(n)$
12-Tap-Tiefpaß	4-Tap-Hochpaß	24-Tap-Tiefpaß	8-Tap-Hochpaß
-0,033887485		-0,003935753	
-0,041169946		-0,000432490	
-0,000003363		0,008533566	
0,092261532		0,014577170	
0,203432339	0,16149254	0,007041686	
0,279366920	-0,33850744	-0,016119077	
0,279366920	0,33850744	-0,040532961	
0,203432339	-0,16149254	-0,039948491	
0,092261532		0,006743030	-0,01552376
-0,000003363		0,097132275	-0,02926467
-0,041169946		0,199647088	0,17122695
-0,033887485		0,267293895	-0,31503212
		0,267293895	0,31503212
		0,199647088	-0,17122695
		0,097132275	0,02926467
		0,006743030	0,01552376
		-0,039948491	
		-0,040532961	
		-0,016119077	
		0,007041686	
		0,014577170	
		0,008533566	
		-0,000432490	
		-0,003935753	

Tabelle A.2 Koeffizienten der Bandaufspaltung mit 36/12 bzw. 48/16 Koeffizienten (Kapitel 2)

Koeffizienten 36/12		Koeffizienten 48/16	
$h_T(n)$	$h_H(n)$	$h_T(n)$	$h_H(n)$
36-Tap-Tiefpaß	12-Tap-Hochpaß	48-Tap-Tiefpaß	16-Tap-Hochpaß
0,000600106		0,000624417	
0,000970443		-0,000312329	
0,001747917		-0,000009930	
-0,000053464		-0,000517837	
-0,003810411		-0,000538607	
-0,006578624		0,000405980	
-0,004134360		0,001483626	
0,004828329		0,001601046	
0,015320820		0,001357283	
0,017774437		-0,000973013	
0,004019813		-0,004537206	
-0,022877514		-0,006540896	
-0,045743937	-0,00232675	-0,003548249	
-0,039558234	0,01403184	0,004821800	
0,011933657	-0,01385557	0,016443254	
0,102242389	-0,04865870	0,017974024	
0,199887489	0,18158424	0,003040773	-0,00031378
0,263431158	-0,29997131	-0,023479587	0,00047007
30,263431158	0,29997131	-0,045600841	-0,00401208
0,199887489	-0,18158424	-0,039581860	0,01523672
0,102242389	0,04865870	0,012246970	-0,01271798
0,011933657	0,01385557	0,102778081	-0,05052091
-0,039558234	-0,01403184	0,199830505	0,18199259
-0,045743937	0,00232675	0,263032521	-0,30023712
-0,022877514		0,263032521	0,30023712
0,004019813		0,199830505	-0,18199259
0,017774437		0,102778081	0,05052091
0,015320820		0,012246970	0,01271798
0,004828329		-0,039581860	-0,01523672
-0,004134360		-0,045600841	0,00401208
-0,006578624		-0,023479587	-0,00047007
-0,003810411		0,003040773	0,00031378
-0,000053464		0,017974024	
0,001747917		0,016443254	
0,000970443		0,004821800	
0,000600106		-0,003548249	
		-0,006540896	
		-0,004537206	
		-0,000973013	
		0,001357283	
		0,001601046	
		0,001483626	
		0,000405980	
		-0,000538607	
		$\ldots$	

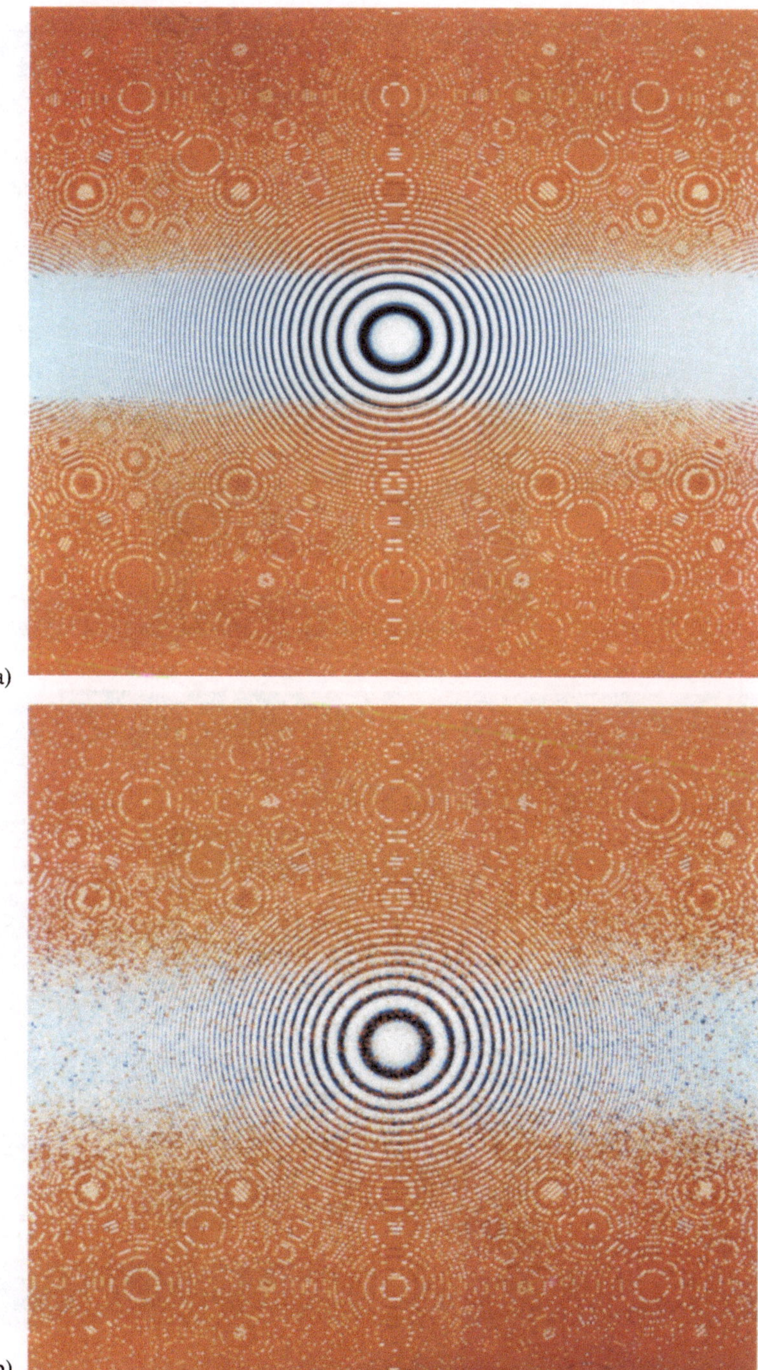

a)

b)

Bild A.2:
Detektionsgebiete (rot) bei einem konventionellen Bewegungsdetektor mit Teilbildverzögerung;
a) unverrauscht; b) Signal-Rauschabstand 29 dB unbewertet

a)

b)

Bild A.3:
Detektionsgebiete (rot) in der Sequenz „Car and Gate" bei einem konventionellen Bewegungsdetektor mit Teilbildverzögerung; a) unverrauscht; b) Signal-Rauschabstand 33 dB unbewertet

Bild A.4:
Detektionsgebiete (rot) bei einem $S/N = 29$ dB mit dem „Mäusezähnchendetektor"

a)

b)

Bild A.5:
Detektionsgebiete (rot) in der Sequenz „Car and Gate" bei dem „Mäusezähnchendetektor"; a) ohne Nachverarbeitung (unverrauscht); b) Nachverarbeitung mit Erosion und Dilatation, $S/N = 33$ dB unbewertet

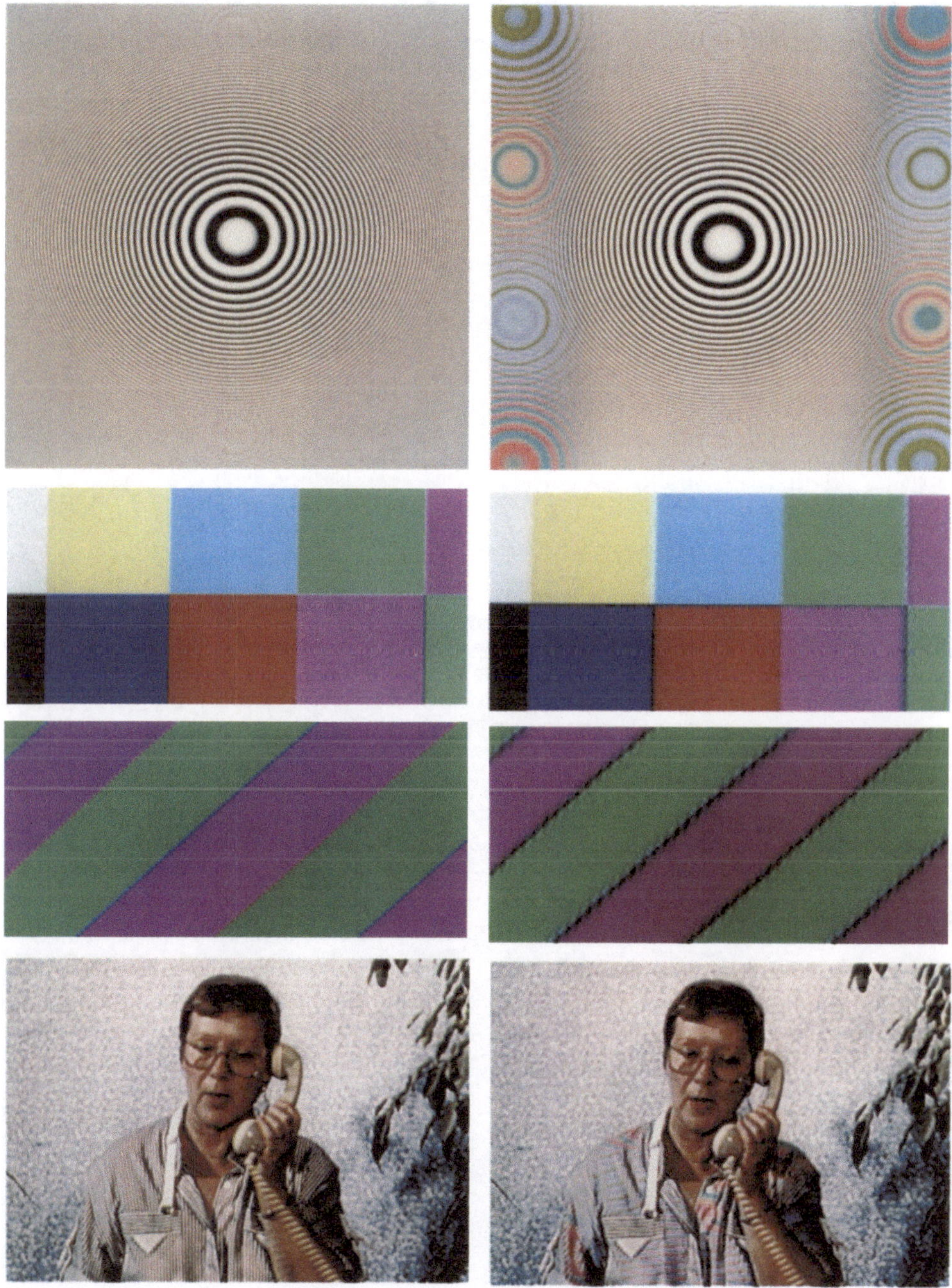

Bild A.6:
Vergleich verschiedener Filter zur Luminanz-Chrominanz-Trennung im Empfänger
a) - d) Original
e) - h) Bandpaß / Bandsperre

a	e
b	f
c	g
d	h

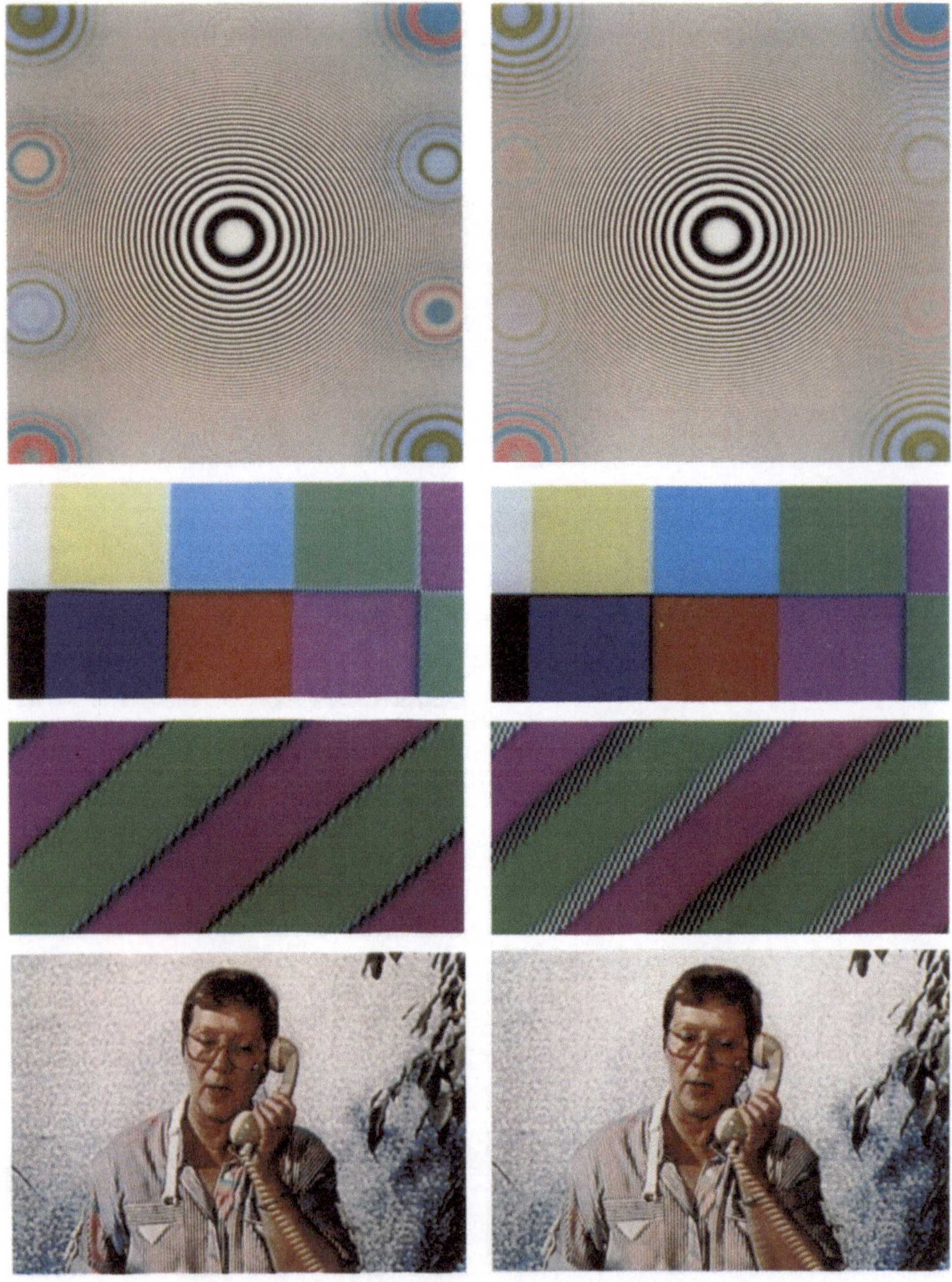

Bild A.6:
Vergleich verschiedener Filter zur Luminanz-Chrominanz-Trennung im Empfänger
i) - l) Zeilenkammfilter
m) - p) Teilbildkammfilter

i	m
j	n
k	o
l	p

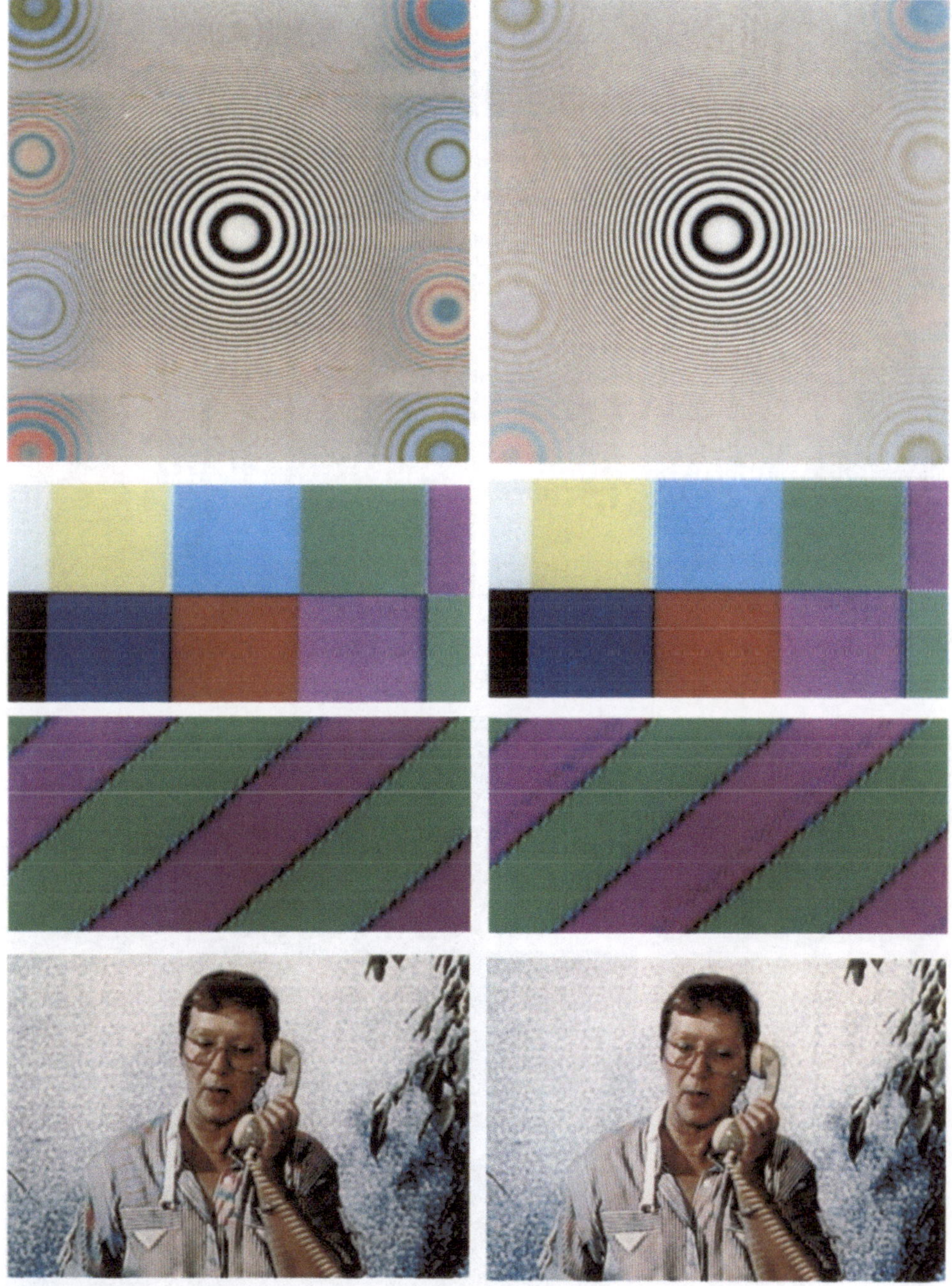

Bild A.7:
Vergleich adaptiver Strukturen zur Luminanz-Chrominanz-Trennung im Empfänger
a) - d) vertikaladaptives Zeilenkammfilter
e) - h) adaptives Teilbildkammfilter mit „Mäusezähnchendetektor"

a	e
b	f
c	g
d	h

Bild A.8:
Wirkungsweise eines Kantendetektors zur Flimmerreduktion; links: rot markierte Detektionsgebiete im schwarzweißen Ausgangssignal; rechts: flimmerfreies Videobild

Bild A.9:
Markante Gebiete bei der Bewegungsschätzung mit eindimensionaler Kreuzkorrelationsfunktion

A.7 Verzeichnis häufig verwendeter Symbole

(625/50/2:1)	Bildabtastung mit 625 Zeilen, 50-Hz-Teilbildfrequenz, Zeilensprung
(625/100/1:1)	Bildabtastung mit 625 Zeilen, 100-Hz-Bildfrequenz, progressiv
$\vec{D}$	Gesamtverschiebungsvektor
$\vec{d}_1$	Verschiebungsvektor in Level 1
$\vec{d}_2$	Verschiebungsvektor in Level 2
$\vec{d}_3$	Verschiebungsvektor in Level 3
$\oplus$	geometrische Verkämmung zweier Teilbildinhalte
α	Winkel
γ	Gradationskoeffizient (Gamma)
$\delta(t)$	Diracstoß
ΔQ	relative Erhöhung der Quantisierung in bit
Δt	zeitlicher Teilbildabstand
Δy	vertikaler Zeilenabstand (geometrisch)
$\varepsilon(y)$	Sprungfunktion
$\mathfrak{R}^+$	positive reelle Zahl
σ	Standardabweichung
τ	Laufzeit
τ_g	Gruppenlaufzeit
$+T$	Bewegungsrichtung
$\pm T$	gegenläufige Bewegungsrichtungen
A	Austastsignal
A_1	Teilbildinhalt, ungerades Zeilenraster
A_2	Teilbildinhalt, gerades Zeilenraster
A_i	vertikal interpolierter Teilbildinhalt, allgemein
a_k	Koeffizient, allgemein
$A_M(f)$	Maximalamplitude nach einer Medianfilterung
A_x, A_v	Teilbildinhalte nach einer Medianfilterung
B	Farbwertsignal Blau
B1	Bewegungsdetektor mit 2 Teilbildspeichern
B2	erweiterter Bewegungsdetektor mit 3 Teilbildspeichern
BAS	Fernsehsignal: Bild- (*B*), Austast- (*A*) und Synchronsignal (*S*)
b_i	Koeffizient, allgemein
b_k	Koeffizient, allgemein
BKF	Bildkammfilter
c	Periode (cycle)
C	Chrominanzsignal
C/N	Carrier/Noise (effektive Träger- zur Rauschleistung)
c/ph'	Perioden (cycles) pro aktiver Bildhöhe (ph')
C_B, C_R	Farbdifferenzsignale (digital)

CS	Kontrastempfindlichkeit (contrast sensitivity)
CS_n	normierte Kontrastempfindlichkeit auf 250:1
d	Abstand
deg	Grad (degree)
D_{TB1}	Detektionssignal im Teilbild 1
D_{TB2}	Detektionssignal im Teilbild 2
D_{VB}	Detektionssignal im Vollbild
dx	Verschiebung in horizontaler Richtung
dy	Verschiebung in vertikaler Richtung
E	subjektive Hellempfindung
E_f	Flankenfehler (Energie)
E_m	mittlere Hellempfindung
E_r	Rekonstruktionsfehler (Energie)
E_s	Signalenergie im Stoppband
f	Frequenz
f_0	Signalfrequenz
f_a	Abtastfrequenz, allgemein
f_{at}	zeitliche Abtastfrequenz
f_{ax}	horizontale Abtastfrequenz
f_{av}	vertikale Abtastfrequenz
f_B	Bildfrequenz
$FBAS$	Fernsehsignal: Farbart (F), Bildsignal (B), Austastsignal (A), Synchronsignal (S)
f_g	Grenzfrequenz
f_{gn}	normierte Grenzfrequenz
f_H	Horizontal- oder Zeilenfrequenz
FIR	Finite Impulse Response
f_{Nv}	Nyquistfrequenz
f_s	Schwebungsfrequenz
f_{SC}	Farbträgerfrequenz (SC: Subcarrier)
f_t	Zeitfrequenz
f_V	Vertikalfrequenz (Halbbildwechselfrequenz)
FVF	Flimmerverschmelzungsfrequenz
f_x	Ortsfrequenz (horizontal)
f_v	Ortsfrequenz (vertikal)
f_v^A	Ortsfrequenz des menschlichen Auges
f_v^M	Ortsfrequenz des Monitors
G	Farbwertsignal Grün
H	Hellzeit in %
$H(f)$	Übertragungsfunktion
$h(t)$	Stoßantwort
$h_H(n)$	Koeffizienten (Hochpaß)
$h_T(n)$	Koeffizienten (Tiefpaß)
k	numerische Variable, allgemein
k	Überblendsignal

K1	vertikaler Kantendetektor innerhalb eines Teilbildes
K2	vertikaler Kantendetektor mit Auswertung in 2 Teilbildern
K3	vertikaler Kantendetektor mit Auswertung in 3 Teilbildern
KKF	Kreuzkorrelationsfunktion
k_t	Koeffizient (t-Richtung)
k_x	Koeffizient (x-Richtung)
k_{yt}	Koeffizient (yt-Richtung)
L	Leuchtdichte
$L(t)$	zeitlicher Leuchtdichteverlauf
L_0	Sehschwelle der Leuchtdichte
L_c	wahrgenommene Kontrastschwelle der Leuchtdichte
LC-Display	Flüssigkristalldisplay (Liquid Crystal Display)
L_m	mittlere Leuchtdichte
L_{max}	maximale Leuchtdichte
m	numerische Variable, allgemein
$M(Z_2, A_{1i}, A_2)$	Medianwert aus drei Teilbildinhalten
MAD	Mittlere Absolute Differenz (Mean Absolute Difference)
MSE	Mittlerer Quadratischer Fehler (Mean Square Error)
n	numerische Variable, allgemein
N	numerische Variable, allgemein
$NKKF$	normierte Kreuzkorrelationsfunktion
P_a, P_b	Rauschleistung
ph	virtuelle Bildhöhe (picture height)
ph'	sichtbare Bildhöhe (ohne vertikale Austastlücke)
Q	Quantisierung in bit
Q_{cd}	Suchschritte beim Suchverfahren „Conjugate Direction"
Q_{fs}	Suchschritte beim Suchverfahren „volle Suche (Full Search)"
Q_{ls}	Suchschritte beim Suchverfahren „2D-Logarithmic (Logarithmic Search)"
Q_{mfs}	Suchschritte beim Suchverfahren „modifizierte volle Suche (Modified Full Search)"
Q_{ts}	Suchschritte beim Suchverfahren „Three-Step"
R	Farbwertsignal Rot
S	Synchronsignal
$S(f_v, f_t)$	Orts-Zeitfrequenzspektrum, allgemein
$s(n)$	zeitdiskreter Signalverlauf
$s(t)$	zeitlicher Signalverlauf
$s(y, t)$	zweidimensionaler Signalverlauf
S/N	Signal-Rauschabstand
$s_{2a}(n)$	zeitdiskretes Ausgangssignal
$S_a(f_v, f_t)$	zweidimensionales Frequenzspektrum des abgetasteten Signals
$s_{da}(n)$	zeitdiskretes Detektionssignal
$s_M(t)$	zeitkontinuierlicher Signalverlauf nach einer Medianfilterung
S_n	Schnittpunkt, allgemein
SNF	Gewinn im Signal-Rauschabstand (Signal Noise Factor)

t	Variable in zeitlicher Richtung
T_0	Periodendauer
T_B	Bilddauer
T_H	Zeilendauer
TKF	Teilbildkammfilter
T_V	Teilbilddauer
U	Spannung
U	Farbdifferenzsignal (PAL-Norm)
U_F	moduliertes Farbdifferenzsignal U
U_G	Gleichspannungsanteil
U_{max}	maximale Spannung
U_N	effektive Rauschspannung
U_r	Rauschspannung
$\hat{U}_S$	Signal-Spitzenspannung
v	Verstärkung
V	Farbdifferenzsignal (PAL-Norm)
V_F	moduliertes Farbdifferenzsignal V
v_r	Verstärkung der Rauschspannung
v_s	Entzerrersteilheit
W_a	Ausgangswertebereich des quantisierten Signals
W_e	Eingangswertebereich des quantisierten Signals
x	Variable in horizontaler Richtung
y	Variable in vertikaler Richtung
Y	Luminanzsignal
z	Zeile
ZF	Zwischenfrequenz
ZKF	Zeilenkammfilter

Literaturverzeichnis

[ANNEGA]   Annegarn, M.J.J.C.; Nillesen, A.H.H.J.; Raven, J.G.: *Digital Signal Processing in Television Receivers*. Philips Technical Review Vol. 42, (1985/86), No. 6/7, pp. 183-200.

[BARAB]   Barabell, A.J.; Crochiere, R.E.: *Sub-Band Coder Design Incorporating Quadrature Filters and Pitch Prediction*. ICASSP 1979, pp. 530-533.

[BERGM]   Huang, T.S. (Editor): *Image Sequence Processing and Dynamic Scene Analysis*. Bergmann, H.C.: *Analysis of Different Displacement Estimation Algorithms for Digital Television Signals*. Springer-Verlag, Berlin · Heidelberg · New York · Tokyo (1983), pp. 215-234.

[BERLIPS]   Berlips, C.: *Analyse und Simulation einer vertikal-zeitlichen Medianfilterung 2. Ordnung*. Studienarbeit am Institut für Nachrichtentechnik der TU Braunschweig, Nr. St 966 (1989).

[BOETCH]   Boetcher, S.: *Untersuchungen zur Verarbeitung und Übertragung des Helper-Signals beim PALplus-Verfahren*. Diplomarbeit am Institut für Nachrichtentechnik der Technischen Universität Braunschweig 1993.

[BOFF]   Boff, K.R.; Kaufman, L.; Thomas, J.P. (Hrsg.): *Handbook of Perception and Human Performance, Volume 1: Sensory Processes and Perception*. Wiley Sons New York · Chichester · Brisbane · Toronto · Singapore 1986.

[BOOR]   de Boor, C.: *Bicubic Spline Interpolation*. Journal of Mathematics and Physics 41 (1962), S. 212-218.

[BOTTECK]   Botteck, M.: *Mehrdimensionale Interpolationstechniken für eine verbesserte Wiedergabe von Videosignalen*. Dissertation an der Universität Dortmund, 1992.

[BRONST]   Bronstein, I.N.; Semendjajew, K.A.: *Taschenbuch der Mathematik*. 23. Auflage, Verlag Harri Deutsch, Thun und Frankfurt/Main 1987.

[BUCHHA]   Buchhagen, Th.: *Programmentwurf zur Simulation einer Bandaufspaltung für Videosignale*. Diplomarbeit am Institut für Nachrichtentechnik der Technischen Universität Braunschweig 1991.

[BUCHW]   Buchwald, W.-P.: *Analyse von Halbleiter-Farbfernsehkameras erhöhter Bildauflösung*. Dissertation an der TU Braunschweig, 1986.

[CAFFORI]   Cafforio, L.; Rocca, F.: *Methods for Measuring Small Displacements of Television Images.* IEEE Transactions on Information Theory Vol. 12 (1976), Sept., pp. 573-579.

[CLARKE]   Clarke., C.K.P.: *Colour Encoding and Decoding Techniques for Line-Locked Sampled PAL and NTSC Television Signals.* BBC Research Department Report 1986/2.

[CROCH 1]   Crochiere, R.E.: *Digital Signal Processor: Sub-Band Coding.* The Bell System Technical Journal Vol. 60, Sept. 1981, pp. 1633-1653.

[CROCH 2]   Crochiere, R.E.; Rabiner, L.R.: *Multirate Digital Signal Processing.* Prentice-Hall, Inc., Englewood Cliffs, New Jersey 07632, 1983.

[DOYLE]   Doyle, T.; Frencken, P.: *Median Filtering of Television Images.* ICCE Digest of Technical Papers (1986), pp. 186-187.

[DREIER]   Dreier, H.J.: *Studie zur nichtadaptiven Bildrasterkonversion.* 14. Jahrestagung der FKTG, Kassel, Mai 1990, Tagungsband Teil 2, S. 918-928.

[DREW 1]   Drewery, J.O.: *The Zone Plate as a Television Test Pattern.* BBC Research Department Report 1978/23.

[DREW 2]   Drewery, J.O.: *The Filtering of Luminance and Chrominance Signals to Avoid Cross-Colour in a PAL Colour System.* BBC Research Department Report 1975/36.

[DREW 3]   Sandbank, C.P. (Editor): *Digital Television.* Kapitel 5: Drewery, J.O.: *Digital Filtering of Television Signals.* John Wiley Sons, Chichester · New York · Brisbane · Toronto · Singapure 1990.

[EBNER]   Ebner, A.; Matzel, E.; Morcom, R.; Ochs, R.; Riemann, U.; Silverberg, M.; Storey, R.; Vreeswijk, F.; Westerkamp, D.: *PALplus: Übertragung von 16:9-Bildern im terrestrischen PAL-Kanal.* Fernseh- und Kino-Technik, Bd. 46 (1992), Nr. 11, S. 733-739.

[ETSI]   ETSI: *PALplus System Specification (June 1994).* European Telecommunications Standards Institute. EBU/ETSI JTC 12 (95) 4.

[FRENCK]   Frencken, P.: *Two Integrated Progressiv Scan Converters.* IEEE Transactions on Consumer Electronics, Vol. CE-32 (1986), No. 3, pp. 237-240.

[GILGE]   Gilge, M.; Guse, W.; Schneider, L.: *Codierung von farbigen Bewegtbildszenen mit 64 kBit/s - Ein neuer Ansatz zur Verwirklichung des Bildtelefons im ISDN (Teil 1-3).* Frequenz 43 (1989), H. 3, 4, 5.

[HAAN]   de Haan, G.: *Motion Estimation and Compensation - An Integrated Approach to Consumer Display Field Rate Conversion.* Philips Electronics N.V., Natuurkundig Laboratorium, Eindhoven 1992.

[HABERM] Habermann, W.: *„Breit-PAL" - Anlaß und Überlegungen zu einer Variante des PAL-Standards.* Vortrag auf den 2. Darmstädter Fernsehtagen 1989, BTS Berichte, S. 69-72.

[HEBER] Heber, H.; Winter, E.; Ziemer, A: *Neue Studios für verbesserte Fernsehnormen?* Fernseh- und Kino-Technik 45 (1991), Nr. 1, S. 13-19.

[HENT 1] Hentschel, Ch.: *Fernsehen mit erhöhter Bildqualität: Flimmerreduktion durch erhöhte Vertikalfrequenz im Empfänger.* (Dissertation an der TU Braunschweig) Drei-R-Verlag, Berlin 1990.

[HENT 2] Hentschel, Ch.; Buchwald, W.-P.: *Augencharakteristik in der vertikal-zeitlichen Frequenzebene.* Fernseh- und Kino-Technik, Bd. 45 (1991), Nr. 4, S. 181-187.

[HENT 3] Hentschel, Ch.: *Die Augencharakteristik als optischer Tiefpaß in der Videotechnik.* Fernseh- und Kino-Technik, Bd. 45 (1991), Nr. 5, S. 231-240.

[HENT 4] Hentschel, Ch.; Schönfelder, H.: *Probleme des Formatwechsels bei zukünftigen verbesserten PAL-Verfahren.* Fernseh- und Kino-Technik, Bd. 45 (1991), Nr. 7, S. 347-355.

Sonderband „3. Darmstädter Fernsehtage" (1991)

Problémy zmeny formátu u budoucích zdokonalených televizních soustav PAL. Rozhlasová a televizní technika 37 (1992), č. 3, S. 70-81.

[HENT 5] Hentschel, Ch.: *Comparison between Median Filtering and Vertical Edge Controlled Interpolation for Flicker Reduction.*

(Abstract). ICCE Digest of Technical Papers, Chicago, Juni 1989, pp. 202-203

IEEE Transactions on Consumer Electronics Vol. CE-35 (1989), No. 3, pp. 279-289.

[HENT 6] Hentschel, Ch.; Johansen, Ch.; Teichner, D.: *Bildspeichergestützte digitale Verarbeitung von Farbfernsehsignalen.* Fernseh- und Kino-Technik, Bd. 40 (1986) Nr. 3, 4, 5.

[HENT 7] Hentschel, Ch.: *Linear and Nonlinear Procedures for Flicker Reduction.* (Abstract). Picture Coding Symposium, Stockholm, Juni 1987, Tagungsband, pp. 13-14

(Abstract). ICCE Digest of Technical Papers, Chicago, Juni 1987, pp. 174-175

IEEE Transactions on Consumer Electronics Vol. CE-33 (1987), pp. 192-198.

[HENT 8]   Hentschel, Ch.: *Theoretischer und subjektiver Vergleich verschiedener Flimmerreduktionsverfahren.* Rundfunktechnische Mitteilungen 31 (1987), Nr. 2, S. 75-82.

Theoretical and Subjective Comparison of Flicker-Reduction Methods. EBU Review - Technical No. 222, April 1987, pp. 70-79.

Comparaison theorique et subjective de differents procedes de reduction du papillotement. Revue de l'UER - Technique no 222, Avril 1987, pp. 70-79.

[HERFET]   Herfet, T.: *Bandaufspaltung zur kompatiblen 16:9-Übertragung.* Rundfunktechnische Mitteilungen 35 (1991), Nr. 1, S. 29-35.

[HERMN]   Hermann, W.: *Entwicklung eines Experimentieraufbaus zur Untersuchung der subjektiv empfundenen Helligkeit in Abhängigkeit von der Bildfrequenz.* Diplomarbeit am Institut für Nachrichtentechnik der Technischen Universität Braunschweig 1987.

[HOOK]   Hook, R.; Jeeves, T.A.: *'Direct search' solution of numerical and statistical problems.* Journal Ass. Computing Machines, Vol. 8 (1961), No. 4, pp. 212-229.

[HUANG]   Huang, T.S. (Editor): *Image Sequence Analysis.* Kapitel 4: Huang, T.S.; Hsu, Y.P.: *Image Sequence Enhancement.* Springer-Verlag, Berlin · Heidelberg · New York (1981).

[I-500]   ITU-R Rec. 500: *Method for the Subjective Assessment of the Quality of Television Pictures.* Recommendation 500-2. XVth Plenary Assembly, Geneva 1982. Vol. XI-Part 1: Broadcasting Service (Television), S. 165-168. Hrsg. v. d. UIT, Genf 1982.

[I-567]   ITU-R Rec. 567-3: *Transmission Performance of Television Circuits Designed for Use in International Connections.* Recommendation 567-3 (1990).

[I-601]   ITU-R Rec. 601: *Bit-Parallel Digital Interface for Component Video Signals in 625-Line Television Systems.* Recommendation 601. Report 629-2 (1983).

[JACKSON]   Jackson, R.N.; Annegarn, M.J.J.C.: *Compatible Systems for High-Quality Television.* SMPTE Journal, July 1983, pp. 719-723.

[JACOBSN]   Jacobsen, H.-M.: *Bildschärfeverbesserung mittels digitaler Verarbeitung im PAL-Farbfernsehempfänger.* Dissertation an der TU Braunschweig, 1983.

[JAIN]   Jain, J.R.; Jain, A.K.: *Displacement Measurement and its Application in Interframe Image Coding.* IEEE Transactions on Communications Vol. COM-29 (1981), No. 12, pp. 1799-1808.

[JOHNSTN] Johnston, J.D.: *A Filter Family Designed for Use in Quadrature Mirror Filter Banks.* ICASSP 1980, pp. 291-294.

[KAWAI] Kawai, K.; Yasuki, S.; Yamada, M.; Hirata, T.; Makino, S.: *IDTV Receiver.* IEEE Transactions on Consumer Electronics, Vol. CE-33 (1987), No. 3, pp. 181-191.

[KAYS] Kays, R.: *Ein Verfahren zur verbesserten PAL-Codierung und -Decodierung.* Fernseh- und Kino-Technik 44 (1990), Nr. 11, S. 595-602.

[KOGA] Koga, T.; Iinuma, K.; Hirano, A.; Iijima, Y; Ishiguro, T.: *Motion-Compensated Interframe Coding for Video Conferencing.* NTC 81 (New Orleans, LA), Proc., pp. G5.3.1-G5.3.5.

[KRAUS] Kraus, U.: *Vermeidung des Großflächenflimmerns in Fernseh-Heimempfängern.* Rundfunktechnische Mitteilungen 25 (1981), Nr. 6, S. 264-269.

[KUESTER] Kuester, J.L.; Mize, J.H.: *Optimization Techniques with Fortran.* Mc Graw-Hill, New York 1973.

[KUNZ 1] Kunz, R.-P.: *Die subjektive Hellempfindung in Abhängigkeit von der Bildfrequenz.* Studienarbeit am Institut für Nachrichtentechnik der Technischen Universität Braunschweig 1992.

[KUNZ 2] Kunz, R.-P.: *Rauscheigenschaften verschiedener Videosysteme in Abhängigkeit des Übertragungsweges.* Diplomarbeit am Institut für Nachrichtentechnik der Technischen Universität Braunschweig 1993.

[LANDOIS] Landois-Rosemann, (Hrsg.: Rosemann, H.-U.): *Lehrbuch der Physiologie des Menschen, Band 2.* Müller-Limmroth, W.: Gesichtssinn. Verlag Urban Schwarzenberg, 28. Auflage 1962.

[LEBOWS] Lebowsky, F.: *Hierarchische Bildqualitätsverbesserung mit Multiprozessorsystemen.* Fernseh- und Kino-Technik 46 (1992), Nr. 3, S. 155-164.

[LEE] Lee, J.-S.: *Digital image smoothing and the sigma filter.* Computer Vision, Graphics, and Image Processing, Vol. 24 (1983), pp. 255-269.

[LÜKE] Lüke, H.D.: *Signalübertragung.* 2. Auflage, Springer-Verlag, Berlin · Heidelberg · New York 1979.

[MÄUSL 1] Mäusl, R.: *Analoge Modulationsverfahren.* Hüthig Buch Verlag Heidelberg. 2. Auflage 1992.

[MÄUSL 2] Mäusl, R.: *Fernsehtechnik; Von der Kamera zum Bildschirm.* Hüthig Buch Verlag Heidelberg 1991.

[MURATA] Murata, T.; Nakagawa, I.; Matsuura, S.; Kubota, S.: *A Consumer Use Flicker Free Color Monitor Using Digital Signal Processing.* IEEE Transactions on Consumer Electronics, Vol. CE-32 (1986), No. 3, pp. 215-227.

[MUSMN]   Musmann, G.; Pirsch, P.; Grallert, H.-J.: *Advances in Picture Coding.*
             Proceedings of the IEEE, Vol. 73 (1985), No. 4, pp. 523-548.

[NETRAV]   Netravali, A.N.; Robbins, J.D.: *Motion-Compensated Television Coding:*
             Part 1. The Bell System Technical Journal Vol. 58 (1979), No. 3,
             pp. 631-670.

[OKADA]   Okada, T.; Hongu, M.; Tanaka, Y.: *Flicker-Free Non Interlaced Recei-*
             ving System For Standard Color TV Signals. IEEE Transactions on Con-
             sumer Electronics Vol. 31 (1985), No. 3, pp. 240-254.

[ONO]   Ono, Y.: *HDTV and Today's Broadcasting World.* SMPTE Journal 99,
             Januar 1990, pp. 4-15.

[PEARSON]   Pearson, D.E.: *Transmission and Display of Pictorial Information.* Pen-
             tech Press, London 1975.

[PHILIPS]   *ICs for Television: Picture Quality Improvements in Buscontrolled TV*
             Receivers. Philips Semiconductors Laboratory Report.

[PIERZINA]   Pierzina, U.: *Detailgesteuerte Verfahren zur Rauschreduktion.* Diplomar-
             beit am Institut für Nachrichtentechnik der Technischen Universität
             Braunschweig 1995.

[POYNTON]   Poynton, C.A.: *„Gamma" and Its Disguises: The Nonlinear Mappings of*
             Intensity in Perception, CRTs, FILM, and Video. SMPTE Journal 102,
             December 1993, pp. 1099-1108.

[RABELO]   Rabelo, C.; Grüsser, O.-J.: *Die Abhängigkeit der subjektiven Helligkeit*
             intermittierender Lichtreize von der Flimmerfrequenz (Brücke-Effekt,
             „brightness enhancement"): Untersuchungen bei verschiedener Leucht-
             dichte und Feldgröße. Psychologische Forschung 26 (1961), S. 299-312.

[RECH]   Rechenzentrum TU Braunschweig: *Zeichnen von Isolinien.* Benutzer-
             handbuch, 3. Auflage 1987.

[REIMERS]   Reimers U.; Sandbank, C.P.; Ziemer, A.: *PALplus - eine vollkompatible*
             Weiterentwicklung des PAL-Farbfernsehens. Fernseh- und Kino-Technik
             45 (1991), Nr. 8, S. 391-397.

[RENSB]   van Rensburg, C.D.J.; de Jager, G.; Curle, A.L.: *The Measurement of*
             Signal to Noise Ratio of a Television Broadcast Picture. IEEE Transac-
             tions on Broadcasting, Vol. 37 (1991), No. 2, pp. 35-43.

[ROSSI]   Rossi, J.P.: *Digital Techniques for Reducing Television Noise.* SMPTE
             Journal 87 (1978), No. 3, pp. 134-140.

[SACHS]   Sachs, L.: *Angewandte Statistik - Planung und Auswertung, Methoden*
             und Modelle. Springer-Verlag, Berlin · Heidelberg · New York, 3. Aufla-
             ge 1974.

[SCHÄFER]   Schäfer, R.; Kauff, P.: *HDTV Colorimetry and Gamma Considering the Visibility of Noise and Quantization Errors.* SMPTE Journal 96, September 1987, pp. 822-833.

[SCHILL]   Schilling, O.: *Bewegungskompensierte Zwischenbilderzeugung.* Diplomarbeit am Institut für Nachrichtentechnik der Technischen Universität Braunschweig 1993.

[SCHMIDT]   Schmidt, R.F.; Thews, G. (Hrsg.): *Physiologie des Menschen.* Springer-Verlag, Berlin · Heidelberg · New York · Tokyo, 22. Auflage 1985, Kapitel 8.

[SCHÖN 1]   Schönfelder, H. (Hrsg.): *Digitale Filter in der Videotechnik.* Drei-R-Verlag, Berlin 1988.

[SCHÖN 2]   Schönfelder, H.: *Fernsehtechnik, Teil 1.* Justus von Liebig Verlag, Darmstadt 1972.

[SCHÖN 3]   Schönfelder, H.: *Verbesserung der PAL-Bildqualität durch digitale Interframetechnik.* Fernseh- und Kino-Technik 38 (1984), Nr. 6, S. 231-238.

[SCHÖN 4]   Schönfelder, H.: *Fernsehtechnik, Teil 2.* Justus von Liebig Verlag, Darmstadt 1973.

[SCHRÖD]   Schröder, H.; Silverberg, M.; Wendland, B.; Huerkamp, G.: *Scanning Modes for Flicker-Free Colour TV-Reproduction.* IEEE Transactions on Consumer Electronics, Vol. CE-31 (1985), No. 4, pp. 627-641.

[SCHYMU]   Schymura, H.: *Rauschen in der Nachrichtentechnik.* Hüthig und Pflaum Verlag, München · Heidelberg 1978.

[SMITH]   Smith, M.J.T.; Barnwell, Th.: *Exact Reconstruction Techniques for Tree-Structured Subband-Coders.* IEEE Transactions on Acoustics, Speech and Signal Processing Vol. ASSP-34 (1986), No. 3, pp. 434-441.

[SRINIVAS]   Srinivasan, R.; Rao, K.R.: *Motion Compensated Coder for Videoconferencing.* IEEE Transactions on Communications Vol. COM-35 (1987), No. 3, pp. 297-304.

[STEVEN 1]   Stevens, S.S.: *The Psychophysics of Sensory Function.* American Scientist Vol. 48 (1960), pp. 226-253.

[STEVEN 2]   Autrum, H.; Jung, R.; Loewenstein, W.R.; MacKay, D.M.; Teuber, H.L. (Hrsg.): *Handbook of Sensory Physiology, Volume 1: Principles of Receptor Physiology.* Stevens, S.S.: Chapter 7: *Sensory Power Functions and Neural Events.* Springer-Verlag Berlin · Heidelberg · New York 1971.

[STEVEN 3]   Stevens, S.S.: *Psychophysics.* John Wiley Sons New York · London · Sydney · Toronto 1975.

[SUYIGA]   Suyigama, M.; Hirahata, S.; Katsumata, K.; Ishikura, K.; Okuda, A.; Sakamoto, T.; Matono, T.; Suzuki, S.; Nakagawa, I.; Achiha, M.: *High Quality Digital TV With Frame Store Processing.* IEEE Transactions on Consumer Electronics, Vol. CE-33 (1987), No. 3, pp. 98-108.

[SUZUKI 1]   Suzuki, N.; Kageyama, M.; Ishikura, K.; Hirano, Y.; Yoshigi, H.; Fukinuki, T.: *Matrix Conversion for Improvement of Vertical-Temporal Resolution in Letter-Box Wide-Aspect TV.* SMPTE Journal 100, Februar 1991, pp. 104-110.

[SUZUKI 2]   Suzuki, N.; Kageyama, M.; Yoshigi, H.; Fukinuki, T.: *Improved Synthetic Motion Signal for Perfect Motion-Adaptive Pro-Scan Conversion in IDTV Receivers.* IEEE Transactions on Consumer Electronics, Vol. CE-35 (1989), No. 3, pp. 266-271.

[TEICHN 1]   Teichner, D.: *Fernsehen mit erhöhter Bildqualität: Bildinhaltsabhängige Filterung von PAL-Signalen.* (Dissertation an der TU Braunschweig) Drei-R-Verlag, Berlin 1990.

[TEICHN 2]   Teichner, D.: *Adaptive Filter Techniques for Separation of Luminance and Chrominance in PAL TV Signals.* IEEE Transactions on Consumer Electronics, Vol. CE-32 (1986), No. 3, pp. 241-250.

[TEICHN 3]   Teichner, D.: *PAL-Coder und -Decoder mit dreidimensionalen Filtertechniken - Subjektive Tests.* Fernseh- und Kino-Technik 43 (1989), Nr. 6, S. 310-322.

[THOMA]   Thoma, R.; Bierling, M.: *Motion Compensating Interpolation Considering Covered and Uncovered Background.* Signal Processing: Image Communication 1 (1989), pp. 191-212.

[THOMAS]   Thomas, G.A.: *Television Motion Measurement For DATV and Other Applications.* BBC Research Department Report 1987/11.

[UHLEN 1]   Uhlenkamp, D.: *Bewegungsadaptive Steuerung für flimmerfreie Bildwiedergabe.* 11. Jahrestagung der FKTG, Hamburg 1984, Tagungsband S. 558-578.

[UHLEN 2]   Uhlenkamp, D.: *Schaltungsanordnung zur Detektion einer Bewegung in einem Fernsehbild.* Offenlegungsschrift DE 35 26 596 A1.

[VETTERLI]   Vetterli, M.: *Multi-dimensional sub-band coding: Some Theory and Algorithms.* Signal Processing, Vol. 6 (1984). pp. 97-112.

[VOGEL]   Vogel, D.: *Entwurf von Interpolations-Dezimationsfiltern zur Bandaufspaltung und Synthese mit einer Kompensation der Aliasanteile.* Diplomarbeit am Institut für Nachrichtentechnik der Technischen Universität Braunschweig 1991.

[VOGT]   Vogt, C.: *Fernsehkameras mit erhöhter örtlicher und zeitlicher Auflösung.* (Dissertation an der TU Braunschweig) Fortschrittberichte VDI, Reihe 10: Informatik/Kommunikationstechnik, Nr. 206, VDI Verlag 1992.

[WAHL]   Wahl, F.M.: *Digitale Bildsignalverarbeitung.* Springer-Verlag, Berlin · Heidelberg · New York · Tokyo 1984.

[WENDLD]   Wendland, B.: *Zur Theorie der Bildabtastung.* ntz-Archiv 4 (1982), Nr. 10, S. 293-301.

[WESTER]   Westerkamp, D.; Vreeswijk, F.W.P.: *Ein wichtiger Schritt zum 16:9-Breitbild.* Funkschau (1991), Nr. 18, S. 66-71.

[WISCHER]   Wischermann, G.: *Median Filtering of Video Signals - A Powerful Alternative.* SMPTE Journal 100 (1991), No. 7, pp. 541-546.

[ZIEMER]   Ziemer, A., Matzel, E.: *Der Weg zu PAL-Plus - Eine kompatible Verbesserung des PAL-Systems.* Fernseh- und Kino-Technik 43 (1989), Nr. 8, S. 407-410.

Sachverzeichnis

Informationstechnik

Herausgegeben von
Prof. Dr.-Ing. Dr.-Ing. E.h. **Norbert Fliege**, Mannheim
Prof. Dr.-Ing. **Martin Bossert**, Ulm

Systemtheorie
Von Prof. Dr.-Ing. Dr.-Ing. E.h. **N. Fliege**, Mannheim
1991. XV, 403 Seiten mit 135 Bildern. ISBN 519-06140-6

Nachrichtenübertragung
Von Prof. Dr.-Ing. **K. D. Kammeyer**, Bremen
2., neubearbeitete und erweiterte Auflage.
1996. XVIII, 759 Seiten mit 405 Bildern. ISBN 3-519-16142-7

Multiraten-Signalverarbeitung
Von Prof. Dr.-Ing. Dr.-Ing. E.h. **N. Fliege**, Mannheim
1993. XVII, 405 Seiten mit 314 Bildern. ISBN 3-519-06155-4

Pseudorandom-Signalverarbeitung
Von Prof. Dr.-Ing. habil. **A. Finger**, Dresden
1997. XI, 308 Seiten mit 135 Bildern. ISBN 3-519-06184-8

Systemtheorie der visuellen Wahrnehmung
Von Prof. Dr.-Ing. **G. Hauske**, München
1994. XI, 270 Seiten mit 138 Bildern. ISBN 3-519-06156-2

Architekturen der digitalen Signalverarbeitung
Von Prof. Dr.-Ing. **P. Pirsch**, Hannover
1996. IX, 368 Seiten mit 207 Bildern. ISBN 3-519-06157-0

Signaltheorie
Von Dr.-Ing. **A. Mertins**, Hamburg-Harburg
1996. XI, 312 Seiten mit 101 Bildern. ISBN 3-519-06178-3

Digitale Audiosignalverarbeitung
Von Dr.-Ing. **U. Zölzer**, Hamburg-Harburg
2., durchgesehene Auflage. 1997. IX, 303 Seiten mit 277 Bildern.
ISBN 3-519-16180-X

Video-Signalverarbeitung
Von Dr.-Ing. habil. **C. Hentschel**, Eindhoven/NL
1998. VIII, 269 Seiten. ISBN 3-519-06250-X

B. G. Teubner Stuttgart · Leipzig

Informationstechnik

Digitale Netze
Grundlegende Verfahren und Konzepte
Von Prof. Dr.-Ing. **M. Bossert** und Dr.-Ing. **M. Breitbach**, Ulm
1998. ca. 400 Seiten. ISBN 3-519-06191-0

Digitale Mobilfunksysteme
Von Dr.-Ing. **K. David**, Münster, und Dr.-Ing. **T. Benkner**, Siegen
1996. XIII, 457 Seiten mit 217 Bildern. ISBN 3-519-06181-3

Analyse und Entwurf digitaler Mobilfunksysteme
Von Priv.-Doz. Dr.-Ing. habil. **P. Jung**, Kaiserslautern
1997. XI, 416 Seiten mit 97 Bildern. ISBN 3-519-06190-2

Mobilfunknetze und ihre Protokolle
Von Prof. Dr.-Ing. **B. Walke**, Aachen
Band 1: Grundlagen, GSM, UMTS und andere zellulare Mobilfunknetze
1998. XIX, 468 Seiten mit 198 Bildern. ISBN 3-519-06430-8
Band 2: Bündelfunk, schnurlose Telefonsysteme, W-ATM, HIPERLAN,
Satellitenfunk, UPT
1998. XX, 456 Seiten mit 257 Bildern. ISBN 3-519-06431-6
Band 1 u. 2: (im Set) ISBN 3-519-06182-1

GSM
Global System for Mobile Communication
Vermittlung, Dienste und Protokolle in digitalen Mobilfunknetzen
Von Prof. Dr.-Ing. **J. Eberspächer**
und Dipl.-Ing. **H.-J. Vögel**, München
1997. XI, 342 Seiten mit 177 Bildern. ISBN 3-519-06192-9

Digitale Sprachsignalverarbeitung
Von Prof. Dr.-Ing. **P. Vary**, Aachen, Prof. Dr.-Ing. **U. Heute**, Kiel,
und Prof. Dr.-Ing. **W. Hess**, Bonn
1998. XIII, 591 Seiten, ISBN 3-519-06165-1

Kanalcodierung
Von Prof. Dr.-Ing. **M. Bossert**, Ulm
2., neubearbeitete und erweiterte Auflage.
1998. ca. 450 Seiten. ISBN 3-519-16143-5

B. G. Teubner Stuttgart · Leipzig